庭院设计解析与实例

詹咪莎 郭洋 陈坚◎著

CFPH
中国林業出版社

图书在版编目(CIP)数据

庭院设计解析与实例 / 詹咪莎，郭洋，陈坚著. 北京 ：
中国林业出版社，2024. 8. -- ISBN 978-7-5219-2803-7

Ⅰ. TU986.2

中国国家版本馆CIP数据核字第2024EH0286号

责任编辑：李春艳

封面设计：睿思视界视觉设计

出版发行：中国林业出版社

（100009，北京市西城区刘海胡同7号，电话010-83143579）

电子邮箱：30348863@qq.com

网址：https://www.cfph.net

印刷：北京博海升彩色印刷有限公司

版次：2024年8月第1版

印次：2024年8月第1次

开本：787mm×1092mm 1/16

印张：19.5

字数：470千字

定价：108.00元

家是每个人心中一盏永不熄灭的灯！

家是我们遮风避雨的港湾，给我们温暖和关爱，是茫茫天地间的一种归属。

同时，家需要呵护和打理，需要责任和担当，需要彼此之间的坦诚相待。

因为爱是相互的，有爱的地方才叫家！

人生之路很漫长，生活有时就像是一场艰难的斗争。

但是请记住，即使荆棘密布，我们也要生活在阳光之下！

有梦想，爱拼搏，肯努力，勇前行，积极乐观地面对每一天。

家永远是你们坚强的后盾，陪你们一起经历人生的酸甜苦辣！

今时的你们虽然只有三岁，但是希望三十岁时候的你们不要被生活的琐碎劳苦了心志，愿你们有一方心灵的庭院，沉淀生活世俗，享受人间清欢！

献给 郭语橙 钱峥澄 小朋友

前言

园林设计的第一课就告诉我们园林景观设计涉及面非常广，大到区域规划，小到庭院设计，方方面面、各种类型，在这么多类型中最让笔者意惹情牵的还是庭院设计，原因有三：一是中国古典造园艺术的传承，二是中国诗词文化的影响，三是当代人对家的情怀。

得益于中国五千年深厚的文化底蕴和悠久的历史渊源，中国园林被称为世界园林之母，这些文化和历史的精髓都在古典造园艺术中被深刻地体现出来，而中国古典园林并不是公众开放式园林，它是典型的私家园林，可以说中国古典园林的发展也正是中国庭院景观的发展。

宋代林逋的《山园小梅》中写道：“众芳摇落独暄妍，占尽风情向小园。疏影横斜水清浅，暗香浮动月黄昏。”诗中所描绘的景色正是庭院布局的精髓，所以，古典庭院是充满诗情画意的地方，庭院空间经过诗词歌赋的渲染更显意境。

70 后、80 后总是喜欢回忆小时候的时光，觉得那时虽贫苦却快乐，其实他们回忆的不是当时贫苦的生活，而是简单的快乐。这部分人群正是当代社会的主力军，生活和工作的压力大，社会的复杂和工作的内卷让他们越来越想逃离，渴望拥有一方天地，享受家庭的呵护和片刻的宁静，舒适的生活环境才能满足他们诗意栖居的诉求。

虽说都是表达诗情画意，但是时代在进步，当代庭院景观设计不可能照搬照抄中国古典园林。如何传承和发展才能使之符合当代社会人群的需求呢？基于此，笔者萌生了撰写此书的念头。浙江亿匠园林设计有限公司多年来致力于庭院景观的设计与施工，匠心独运，在浙江省内打造了无数优质庭院，因而诚邀其合作，合力著成此书。目前，关于庭院景观设计主题的书籍大多都是教材，内容多偏向于庭院设计概论或者施工图集，本书基于当代庭院设计现状，详细介绍当代庭院从方案设计到施工图设计全过程的设计要点，在内容上将理论与实践结合起来，方便读者更快更好地掌握技术要点。

本书由三个部分组成，第一部分为概述篇，内容包括庭院的概念、庭院在中国的发展、庭院类型、庭院功能、庭院风水、庭院风格、庭院设计的基础理论、庭院景观的设计元素；第二部分为方案设计篇，详细介绍了庭院方案设计的流程，有接受任务书、场地踏勘与研讨、项目策划、方案构思、方案草图、总体设计、详细设计、专项设计和投资估算；第三部分为施工图设计篇，介绍了庭院中地形、给排水、照明、景亭、花架、景墙、铺装、园桥、台阶、种植池、假山、水池、瀑布与跌水、驳岸、挡土墙、栅栏、围墙、园门、植物等方面的具体施工图设计。书中含较多实例解析，案例皆来自浙江亿匠园林设计有限公司设计师作品以及浙江农林大学暨阳学院自 2015 级起园林和环境设计专业学生的优秀作业，在此向他们表示由衷的感谢！

我们坚信，此书能为园林和环境设计等相关专业的学生、庭院业主以及庭院景观设计人员提供指导。但是囿于笔者水平有限，书中内容虽经反复斟酌和修改，仍然难免出现错误和不当之处，恳请广大读者朋友批评指正。

著者

2024 年 6 月

目录

壹 概述篇

贰 方案设计篇

叁 施工图设计篇

壹 概述篇

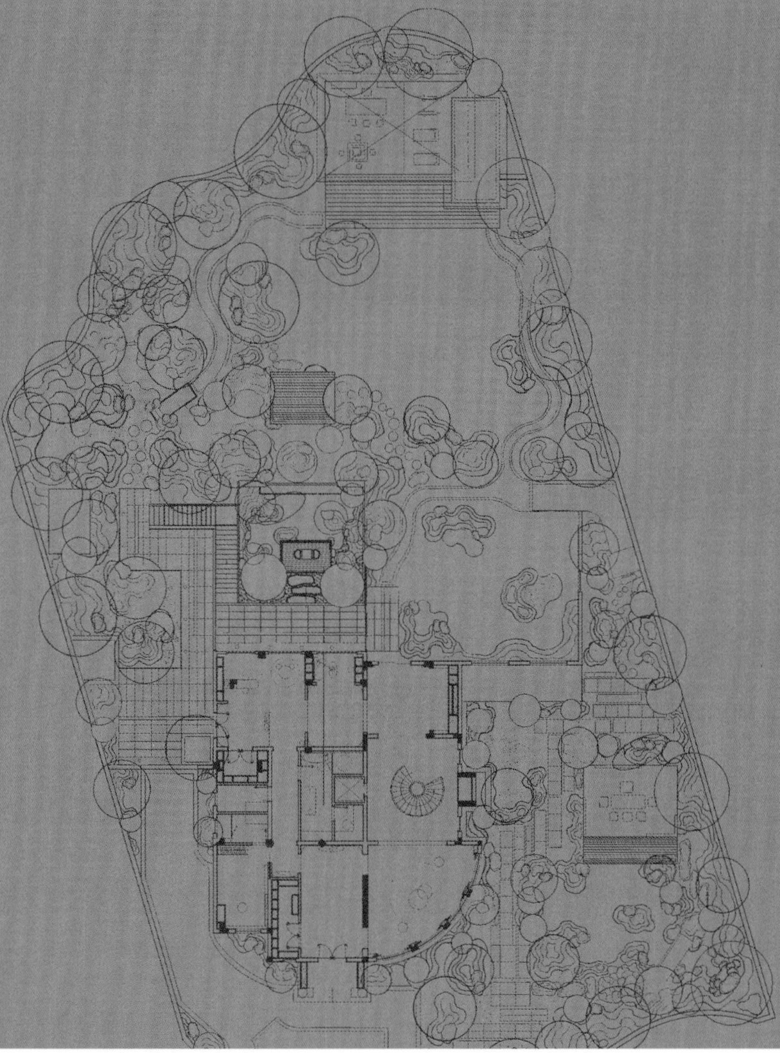

1 庭院的概念

《辞源》有说：庭者，堂阶前也；院者，周垣也，宫室有垣墙者曰院。因此庭院，一般指建筑物的附属空间，是建筑物前后左右被围合形成的户外活动场地。根据庭院承担的功能和意境表现差异以及位置不同，庭院可分为前院、后院、中庭（图 1–1），但对于户型多样化的今天来说，也不能一概而论。

前院，一般与庭院主入口相连接，是主入口和住宅入户门的过渡空间。其作为庭院门面，设计要素丰富，景观性好，是从庭院主入口观赏住宅庭院景观的前景，有展示形象、接待及礼仪功能。

俗语有云："才子佳人后花园，只种芭蕉不种树"，所以后院主要为园主人服务，私密性强，功能空间丰富，如聚散空间、储藏空间、就餐空间、园艺空间等，须尽心组织和设计。

中庭，面积较小，起承上启下作用，是前院和后院的连接。于建筑而言，一般与客厅或者书房相接，旨在为室内空间创造山野之趣，因此设计较为简洁、大气。

鸟瞰图

前院

中庭

后院

图 1–1　庭院

亚伦・罗斯说："在属于你的庭院里，在合适的照明下，在合适的时间里，任何东西都会独具特色。"庭院空间是私密性较强的空间形式，空间的营造主要取决于庭院主人的品位与喜好，在"千城一面"的时代背景下，其一户一景的特点使庭院设计成为风景园林设计领域的一股清流，极具个性。

现当代庭院的面积规模一般不大，少则仅有 100m² 左右，但不管规模大小，庭院都应进行整体规划布局（图 1–2）以及山石、水景、铺装、小品、植物、边界等要素（图 1–3）的搭配和详细设计，仅在庭院空间里进行些许装饰和美化不能称为庭院景观设计，当然，没有景观意义的场地也不属于庭院。

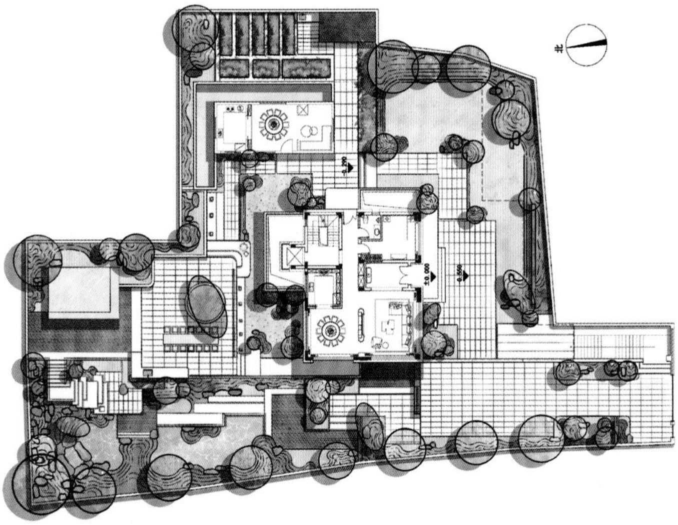

总平面图

鸟瞰图

夜景效果图

效果图

图 1–2　庭院整体规划布局

总体来说，庭院不只是一块小土地，庭院是一种思想寄托，是一种生活方式，是人温暖的避风港，是人与自然最亲密的接触空间，它承载了人对生活的热爱和对品质的追求，表达了人渴望自然的诉求和敬重生命的态度。

铺装

山石、水景

边界

植物

图 1-3　庭院要素

2 庭院在中国的发展

中国庭院的发展是伴随着人们追求物质文明上升到精神文明的变化进程的，早期的庭院是人们饲养家畜和种植蔬菜的场所，渐渐地庭院成了上流社会和文人士大夫寄情山水的场所，庭院中会筑山、叠石、理水、种植树木花草、营造建筑和布置花街铺地，其景观的营造被称为“一枝之上，巢父得安巢之所；一壶之中，壶公有容身之处”。山水格局也是中国早期庭院的基本形式，也因山水风景、山水画、山水文学、山水园林同步发展而形成了一种中国特色的文化现象——山水文化（图 1-4）。清代画家笪重光说过：“文章是案头上的山水，山水是地面上的文章。”中国园林艺术与中国文学息息相关，由此可见一斑。儒家、道家倡导以根本的“道”来统摄万事万物的“器”，形成思维之更注重综合观照和往复推衍，因而铸就中国古典园林(图 1–5)得以参悟于诗画艺术，形成“诗情画意”的独特品质。但是在古代，园林都是文人把玩的艺术品，平民百姓没有属于自己的庭院。

改革开放以来，国家的工作重心主要放在城市建设，随着城市生活水平的提高和国家对别墅开发建设的政策支持，在中国房地产“意气风发”的 20 年里，别墅庭院在中国大地上“花枝招展”地生长着。之所以用“花枝招展”来形容，是因为改革开放让中国意识形态发生翻天

山水风景

山水画

山水园林

山水文学

图 1–4　中国山水文化

北方园林

江南园林

图 1–5　中国古典园林

覆地的变化，中国开始“崇洋媚外”，早期别墅甚至好似直接从西方移植过来的洋房，这种只注重形式而全无特色与个性的设计很难与居住者产生精神共鸣，后期为迎合不同人的品位，开始引进国外不同风格和不同形式的别墅。庭院设计也相应经历了早期的生搬硬套和后期的借鉴模仿两个阶段，此时的庭院景观五花八门、形式丰富、风格迥异（图 1–6），但是基本都虚有其表，鲜有民族特色和文化内涵。

中式庭院

欧式庭院

法式庭院

日式庭院

英式庭院

现代庭院

图 1–6　庭院风格

党的十九大以来，实施乡村振兴战略，走城乡融合发展之路是我党根据我国社会发展趋势作出的重大战略判断，此后“山水林田湖草沙是生命共同体”以及文商旅农体融合发展战略等渐渐把大众审美拉回到乡野之风（图 1–7）。乡村拥有自然的山、水、林、田、湖、草要素，在生态、文化、社会、形态肌理等方面都具有独特的价值，自古就是中国山水文化艺术和山水景观的发源地。“明月松间照，清泉石上流”（图 1–8）、“绿树村边合，青山郭外斜”（图 1–9）、“少无适俗韵，性本爱丘山”“树树皆秋色，山山唯落晖”等许多古诗词中都描述了乡野山林的美景

图 1–7　乡野之风

图 1–8　松林清泉之景

绿树小径　　庭院丛林

图 1–9　绿树村边合，青山郭外斜

图 1–10　淡泊舒适之景

和乡人淡泊自适的生活场景（图 1–10）。近年来，政府开始开发山地、郊野，将别墅建在风景秀丽、远离尘世喧嚣之地，尤其是在新冠肺炎的影响下，城市人工作、生活压力大，也希望为生活奔波忙碌之余能在回到家后摘瓜果、闻花香、赏美景、聊家常，沏一壶好茶、享晚风拂面（图 1–11），在休闲中舒缓精神压力。此时，庭院设计开始偏向自然风味浓郁的朴素山水风格（图 1–12），表达居住者宁静致远、返璞归真的心态特征，同时具备中国传统园林的意境美和含蓄美，也就是说庭院景观是具有地方文化、乡土风貌以及场所特征的中国特色园林（图 1–13）。

聊家常

摘瓜果

沏一壶好茶

闻花香

图 1–11　庭院生活场景

图 1-12　山水风格

植物小径特色　　　　山水园林特色

图 1-13　中国特色园林

那么，中国人理想中的生活和生活环境应该是怎样的？乾隆《诸暨县志》中有云：“昔人论诗，曰诗中有画，论画，曰画中有诗。而诗家之真境，画家之粉本，取于山水为多。”所以，笔者认为理想的生活环境（图 1-14）应是“青砖黛瓦白墙，小桥流水人家，田畈茅屋荷塘，对诗烫酒沏茶”。在尘世间拥有一方与自然共舞，融山共水的庭院空间是每个人心之所往。中国传统园林是艺术、自然与哲理的完美结合，创造出了惊人的美和宁静的和谐，现代庭院景观设计是兼具传承和发展的,体现了“崇尚隐逸”“ 寄情山水”的情感表达和理性思维两方面特质。一方面，现代庭院设计通过物景设计塑造空间意境，寄情山水，隐于田园，在一草一木中寻找空间意境和情感的联系点，以期诗意地栖居在庭院中；另一方面，时代的发展带来了技术的进步和材料的开发，信息化、智能化、功能化和生态化对现代庭院（图 1-15）景观设计提出了新的挑战，庭院空间需要利用现代科技和理性思维来构建，在秩序中表达情感。

粉墙黛瓦　　小桥流水

图 1-14　理想生活环境

图 1-15　现代庭院

3 庭院类型

庭院景观的分类方式有很多种，从使用者角度来看，庭院可以分为私人庭院和公共庭院（图 1–16）。私人庭院包括乡村自建房庭院、别墅庭院、家庭型屋顶花园、露台花园等（图 1–17）；公共庭院有公共建筑庭院、公共游憩庭院、商业庭院等（图 1–18）。

公共庭院

私人庭院

图 1–16　庭院类型

别墅庭院

家庭型屋顶花园

露台花园

乡村自建房庭院

图 1–17　私人庭院类型

公共建筑庭院（酒店庭院）

公共建筑庭院（写字楼庭院）

公共建筑庭院（售楼处庭院）

公共游憩庭院（园博会主题庭院）

图 1-18　公共庭院类型

3.1 屋顶花园

屋顶花园是指在一切建筑物和构筑物的顶部、城围、桥梁、天台、露台或是大型人工假山等之上所进行的绿化装饰及造园活动，种植树木花卉的统称。现代城市屋顶花园有公共游憩型、盈利型和家庭型三大类，其中公共游憩型屋顶花园和盈利型屋顶花园都属于公共庭院，多建于居住建筑、商业建筑等公共建筑的顶上或公共平台，设计上常考虑公共性和娱乐性；家庭型屋顶花园多建于私家别墅或高层屋顶，有时也会以露台花园形式建于二层建筑平台，主要设计目的是供家庭成员休息、亲朋好友聚谈和老人小孩活动。

3.2 乡村自建房庭院

乡村自建房住宅在我国属于数量最多、分布最广、形式最丰富的住宅建筑，担负农民日常生活和从事家庭副业生产的双重功能，乡村庭院则是自建房周边被围合、半围合或完全开敞的室外空隙地及自然环境，大多都是养殖型或种植型的经济生产型庭院，有时也具备存储功能，以满足农民使用，最具乡土气息。近十年来农村经济条件改善，有不少人自发地在庭院中种植花木、摆放盆景、装点庭院，随着乡村振兴战略的实施，在各市妇联的推动下，各乡镇街道开始在所辖村内开展美丽庭院建设项目，结合生活、生产功能为乡村住户营造良好的生活环境，以小家之美助推农村环境提升。

3.3 别墅庭院

别墅庭院即私人住宅庭院，是最为常见的庭院类型，与人们日常生活密切相关，是开展家庭活动的主要场所。别墅庭院在功能划分上完全受业主意愿控制，在风格特色上极受建筑风格影响，综合考虑香味、声音、触觉、光照、功能、对比、透视、变化、焦点、动势、生态、感官和个性等诸多要素（图 1–19）。

3.4 公共建筑庭院

公共建筑庭院指一些公共性建筑所属的庭院，有酒店庭院、校园庭院、医院庭院、写字楼庭院等。此类庭院功能性较强，主要是为相关人群在居住、上课、就医、工作的闲暇之余提供交流、庇护、活动、娱乐等休闲活动的场所空间，有助于缓解疲劳、乏闷等不良情绪，疗愈心灵。此类庭院设计针对性强，需结合具体使用对象的使用特点和功能要求进行创造。

3.5 公共游憩庭院

公共游憩庭院是指由建筑或围墙围合形成的室外开放绿地，如园林园艺博览会中的主题庭院、

变化

动势

对比

光影

触觉

焦点

生态

透视

功能

声音

香味

图 1-19　别墅庭院设计影响要素

开发商售楼处的室外庭院就属于这一类型。公共游憩庭院通常使用人群较多，能容纳较多游客，庭院设计风格多样，游憩空间舒适宜人，景观环境赏心悦目。

3.6 商业庭院

商业庭院介于私人庭院和公共建筑庭院之间，功能纯粹但形式丰富，具有较强的主题性和趣味性。有些庭院也会依托于公共建筑，比如办公楼、商业会所等，与公共建筑庭院的区别是这类庭院都以商业营业为目的，景观的营造有助于提升环境品位，为顾客提供良好的户外消费体验。

4 庭院功能

人类既有衣食住行、柴米油盐的生存需求，也有摆花弄草、寄情山水的精神情感需求。东晋诗人陶渊明在《饮酒·其五》中就有写“采菊东篱下，悠然见南山”，前半句表明了活动场所和活动内容，后半句描述了庭院周边的美好自然景致，这说明理想的庭院不仅具有静穆、淡远的乡村闲适之风，还需满足人的物质和精神双重需求。因此，庭院空间就好比人与建筑之间的联系和桥梁，赋予了原本只能满足人生存需求的钢筋混凝土结构一定的人情温暖属性。庭院景观设计的目的就是在人造建筑空间中自然地引入游憩和植物空间，利用其围合空间结构，从人的生活和精神需求出发，打造符合居住者个性的具有观赏、生活、休闲属性的空间环境。所以，庭院不同于公园，公园具有公众游览性，庭院则是满足家庭居住使用。每个家庭由于主人性格、爱好、工作性质、社交等不同，相应对庭院功能需求也会有所侧重。总体来说，庭院的功能有生态与疗愈功能、共享与交流功能、生活与生产功能、交通与组织功能、游憩与观赏功能五大类型。

4.1 生态与疗愈功能

“苔痕上阶绿，草色入帘青”。庭院设计时常会引入绿色植物、花卉、水以及其他自然要素，这些自然要素搭配形成的景观能调节空气的湿度和温度，提供较好的户外活动场所。优秀的庭院景观设计不仅只是呈现美丽的景观效果或绝佳的功能空间，还能在一定程度上改善自然环境，节能减排，让建筑空间冬暖夏凉，更适宜居住（图 1–20）。绿色植物种类丰富，每种植物都具有各自形态、线条、色彩、季相等自然美，同时又具备降温、减尘、杀菌、增加湿度和隔离噪声的作用，能吸收空气中的二氧化碳，释放氧气；花卉色彩艳丽且形态丰富多样，具有较好的景观效果，在庭院空间中独树一帜，能吸引人的注意，形成视线中心，也与绿色植物一样具

图 1–20　生态庭院

有改善生态环境、提高空气质量的作用，同时，不同的花卉具有不同的花语，它们不仅能形成景观，更具备文化内涵；“仁者乐山，智者乐水”“因可无山，但不可无水”，水景可以改善环境、调节气候、汇集排泄天然雨水、提供防灾用水、隔离防护等，另外，水景形式丰富，宋代画家郭熙在《林泉高致》中曾说：“水，活物也，其形欲深静，欲柔滑，欲汪洋，欲环绕，欲肥腻，欲喷薄……”就极为详尽地描绘了水多种多样的形态，而且水本身没有声音和颜色，但可以通过对水的控制使其发出各式各样的声响，可以通过对周围环境或池底池壁的设计让水呈现出颜色丰富的效果，从而让人在观景过程中心情愉悦……所以，不管是植物还是水景，除其本身具备生态功能外，可通过对其进行艺术化的设计营造，以艺境浸润思想，以艺术滋养心灵，刺激五感，达到舒缓身心、消除疲劳、敞开心扉、疗愈心灵的功效。

4.2 共享与交流功能

“开轩面场圃，把酒话桑麻”。庭院空间因有围墙围合，对外属于私密性极强的景观类型，但是对内部居住者而言，却极具场所感，是家庭聚会、交流、休闲、活动的首选之地。庭院设计时常考虑不同活动类型的选择与组合，因而空间氛围较为活泼。活动类型一般有用餐、烧烤、喝茶、聊天、打牌、下棋、看书、读报、嬉戏、聚会、健身、纳凉、晒太阳、听歌曲、荡秋千、洗衣物以及从事园艺活动等（图 1–21）。现代人易焦虑，庭院空间能让人暂别城市喧嚣、治愈心灵，因此人还可通过视觉、听觉、触觉、嗅觉、味觉等五感感知自然。例如在庭院中进行浇水、施肥、种花、种菜、种树、插花、压花、盆景修剪等园艺活动（图 1–22），能让人身心投入，忘却烦恼；丰富的花草景观（图 1–23）能打开知觉、打开心扉，促进人与人之间的交流，让人精神愉悦；一定的活动空间给家人提供交流互动的场所，从而减少抑郁和焦虑，促进家庭和谐，提升幸福指数。

聊天

嬉戏

烧烤

洗衣物

园艺活动

图 1-21　庭院活动类型

喷灌

施肥

浇水

修剪

图 1-22　园艺活动

图 1-23　花草景观

4.3 生活与生产功能

“雉鸡出没荆棵里，桃李朦胧碧树间”。庭院本就起源于人类的定居生活环境，且庭院空间是室内生活空间的延伸，因此庭院中可以从事各项种植、养殖活动，如栽种瓜果蔬菜（图 1–24）、圈养牲畜动物等，也可以从事菜园摘菜、果园摘果、户外用餐、纳凉休憩等日常活动。如前文所述，瓜果蔬菜种植活动不仅能让人忘却烦恼，而且其产生的蔬菜、瓜、果可以满足一部分生活需求。因此，庭院景观设计时会结合生产功能衍生出相应设计要素，满足日常生活需求的同时丰富日常活动，从景观设计角度来说，这类生产性景观在公园、风景区、绿地、游园设计中都很难满足，但是在庭院景观设计时却可以做到，而且还独具特色，是生产性和观赏性兼备的景观空间。

蔬菜景观

水果景观

图 1–24　庭院瓜果蔬菜

4.4 交通与组织功能

图 1-25　绿竹幽径

"绿竹入幽径，青萝拂行衣"（图 1-25）。庭院空间是建筑空间的室外拓展和延伸，不仅补充和丰富了建筑室内空间的功能和活动，而且和室内装修设计一起彰显了园主人的性格和趣味，庭院空间在形态上可以分为点、线、面三种类型。点的功能性相对较弱，是面相空间中的视线焦点，设计时常运用对比、破图、视角的思路方法打造焦点景观，从而在空间上起到视觉引导的作用，增添空间活力与趣味；线是带状元素，主要起沟通各功能空间的作用，通过线路组织（图 1-26）合理安排好空间环境的先后活动顺序，也易于自然地将视线引向线性空间的端点，形成较好的聚景景观；面是庭院的空间围合，依照使用功能不同可以围合形成不同特征的空间环境，围合界面因构成要素（如植物、山石、水体、小品等）不同而形成不同开敞程度的功能空间，人可在此交谈、散步、交流、健身、活动、观赏、倾听。

汀步

活动广场

游步道

图 1-26　庭院线路组织

4.5 游憩与观赏功能

“桃叶园林风日好，曲径珍丛，处处闻啼鸟”。庭院作为景观的一种形式，最基本的功能就是创造美好的庭院风景供人游憩、观赏（图 1–27）。《牡丹亭》有云“良辰美景奈何天，赏心悦事谁家院”，事实上，在美妙的庭院里，时时是良辰，处处是美景，即便在此劳作、发呆也是一桩美事，更不用提观万壑叠嶂、听泉水叮咚、享鸟语花香、尝鲜果时蔬、拂微风和雨。因此，为营造良好的庭院环境，须先把握设计理念，意在笔先，再进行规划布局直至物景空间的设计，力求规划合理、布局精美，以地形、植物、建筑、水系分隔空间，同时进行良好的交通路线组织，串联空间，创造步移景异的景观效果。

图 1–27　庭院游赏

5 庭院风水

风水学起源于中国，是古人为了获得最佳居住环境而通过观测天象和勘查地理所总结出来的生活智慧，传统造园无论是相地立基还是屋宇园林、掇山理水无一不在讲究聚气凝神、天人合一，希望通过合理的规划布局调节“风”与“水”，从而建设一个藏风得水、生机盎然的生存空间，使人健康舒适地居住其间。

图 1-28 藏风聚水

那么，什么是“风水”呢？

有人认为风水是迷信，从目前的科学水平来看，很多风水理论都可以从天文学、地理学和人体工程学找到依据支撑，而有些被认为是迷信的内容可能只是暂时没被科学所解释，所以风水不是迷信，而是一种学问，是由天文学、地理学、生态学、景观设计学、建筑学等多种学科综合而成的一门自然科学。中国古人把风水称为堪舆之术，或称地理，因而合称“堪舆风水地理”。堪即观天象，舆为勘查地，风为气，水为水文水质，地指地形地质，理则为综合分析理论。传统庭院造园重视风水之理，讲究“山水聚合，藏风得水”（图 1-28），传统风水文化理论数不胜数，无不彰显着华夏文明和古人世代传承的经验与智慧。

现当代景观设计工程中依然沿用风水理论，尤其是庭院景观设计，庭院是人的居住空间，讲究气运，从庭院选址到景观要素的布置，都要遵从风水理论。所以庭院建设之初，必会进行审慎周密的考察，全面掌握场地环境信息，在此基础上利用和改造自然，以期达到天人合一的居住意境。然而，我们也不能全盘照搬传统风水学理论和应用形式，而应综合考虑国情自然条件、人文历史、场地特征、园主需求等因素，合理应用风水学理论。

5.1 风水的价值和作用

在庭院景观中，风水常被用来引导气场的流通，深深影响着庭院空间布局，又直接作用于人的身体和心灵，以帮助人们更好地适应自然环境，所以，风水不仅可以满足人们对居住空间的使用需求，也能满足人们心理健康和精神层面的需求。

随着社会的发展和时代的进步，人们对物质和精神层面的追求越来越高，别墅是人们对高品质生活的追求之一，而庭院景观是别墅的重要组成部分，如何设计才能使得庭院景观与别墅建筑、周围环境相辅相成，甚至提升别墅建筑和周围环境的品质，这是别墅庭院景观设计需要思考的重点，也是难点。将中国传统风水理论应用于庭院景观设计（图 1-29），

图 1-29 庭院风水景观

取其精华，去其糟粕，摸索出一条新的设计理论道路，运用科学的风水知识指导庭院景观的空间布局和详细规划，从而调整庭院空气流通、改善居住环境、提高生活品质、促进身心健康。

5.2 风水在庭院设计中的应用原则

5.2.1 整体系统原则

庭院景观虽由多种要素构成，但是各要素之间是相互关联、相互制约、相互依存、相互影响的，都不是独立存在于环境中的，所以无论是景观设计，还是风水设计，都要从整体上进行把握，整体系统原则（图 1–30）是景观设计和风水设计的总原则。将庭院空间乃至整体小区环境作为一个系统进行综合考虑，从宏观上把握，探寻各要素和子系统之间的关联，从而正确处理要素与要素之间、人与环境之间的关系，以创造适宜居住的庭院空间。

图 1-30 整体系统

5.2.2 因地制宜原则

中国传统风水理论讲究尊重自然、顺应自然，每个庭院都有自己特有的自然环境和社会环境，内部环境和外部环境，设计时要尊重场地的自然属性和人文属性，正确把握庭院内建筑、地形地貌、地质土壤、水文、光照、小气候、视线等客观特点，根据实际情况进行科学合理的设计，从而以最经济的成本创造最理想的生态居住环境（图 1–31）。

5.2.3 观形察势原则

大处着眼，小处着手，庭院不是孤立的环境，清代《阳宅十书》中写道："人之居处以大地山河为主，其来脉气势最大，关系人祸福最为切要"，中国传统风水理论就十分重视观形察势（图 1–32），认为应把小环境融入大环境去考虑，从大环境入手，发现小环境所受到的外界制约和影响。

图 1–31　因地制宜

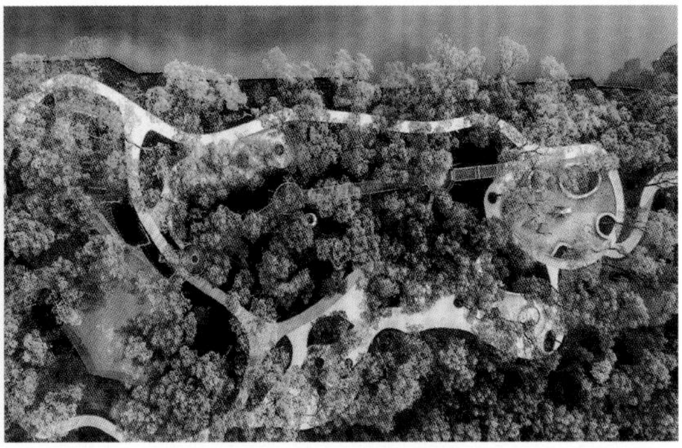

图 1–32　观形察势

5.2.4 坐北朝南原则

《园冶》中写道："凡园圃立基，定厅堂为主。先乎取景，妙在朝南"。自原始社会起，中国先民在择址时就遵循坐北朝南的原则，认为北为阴，南为阳，山北水南为阴，山南水北为阳，这并不是封建迷信，而是因为我国地处北半球，大部分陆地在北回归线以北，太阳东升西落，东边阳光照射时间短，南边光线充足，西边阳光暴晒，北边无阳光直照，再加上我国位于东亚季风区，夏季有太平洋凉风，冬季有西伯利亚寒流，坐北朝南不仅能保证采光，还能躲避西北风。所以，坐北朝南原则（图 1–33）反映了我国传统风水理论对自然现象的正确认识，顺应自然

图 1–33　坐北朝南

才能受日月之光华，得山川之灵气，从而有利于人的身心健康、陶冶情操。

5.2.5 适中居中原则

早在先秦时适中的风水原则就已产生，这也是中庸之道的核心思想。所谓适中，首先就是指不偏不倚，恰到好处，“欲其高而不危，欲其低而不没，欲其显而不彰扬暴露，欲其静而不幽国吸喧，欲其奇而不怪，欲其巧而不劣”，尺度合适、比例协调，不大不小、不高不低、不紧不松、不密不疏，所有的元素、结构都恰如其分（图 1–34）。其次是指突出中心，布局整齐，庭院设计时往往有主轴线或布局中心，所有的元素和节点围绕此轴线或中心展开。然后就是有居于正中之意，就如古代都城择址从不选上海、广州等边界城市，洛阳能成九朝古都就是因为其居于天下之中，便于守护和控制全国，现代社会中银行、商铺等择址的道理不也正是如此吗？所以，庭院建筑常居于中心，南端开阔敞亮，视野清晰，庭院主景也常位于视线集中处，从而层次分明、主景突出，给人气定神闲之感。

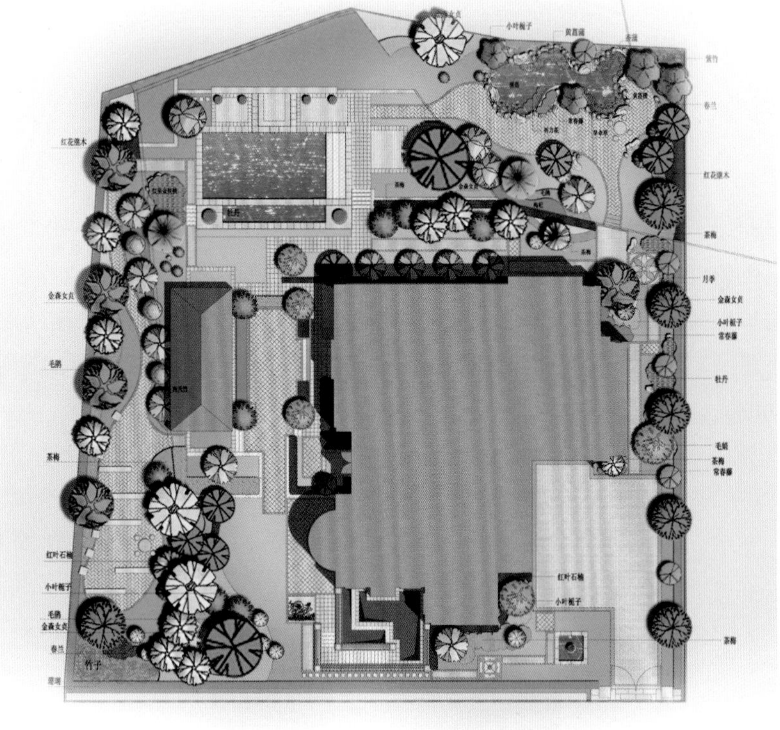

图 1–34　**适中居中**

5.2.6 顺乘生气原则

风水理论认为气乃万物之源，一气积而生两仪，一生三而五行具，土得之于气，水得之于气，人得之于气，气感而应，万物莫不得于气。有气则生，无气则死，生则以其气，只有在有生气的地方居住，植物才能欣欣向荣，人才能顺风顺水、健康长寿，这就是顺乘生气（图 1–35）。

图 1-35　顺乘生气

图 1-36　山水相依

5.2.7 山水相依原则

别墅庭院位置选择原本讲究依山傍水（图 1-36），但是现代庭院小区的总体位置并不能由个人决定，所以庭院景观设计时多考虑山水元素，有山有水，虽囿于庭院范围，山不高水不长，但是仍可凭借对山水意境的把握，营造山重水复、峰回路转之态势。

5.3 庭院中的风水元素

5.3.1 选址布局

在庭院选址上，“背山面水”是我国传统风水文化所主张的基本理论。“山”是大自然中稳定与自然财富的象征，而水作为动态景观，在风水上可为庭院增添活力，象征着能量流通与物质财富。传统风水理论认为住宅庭院选址基本格局为左青龙，右白虎，前朱雀，后玄武，呈“负阴抱阳，背山面水”的山环水抱之势（图 1-37）。这里住宅为阳，庭院为阴，阳是积极跃动的，阴则平静滞动的，要把握平衡需处理好住宅和庭院的布局关系。

庭院中花草树木、山石流水都需要合理布局，不仅要注重美观和意境营造，还要符合风水之道（图 1-38）。前庭是整个庭院最具风水影响力的部分，引气入宅，进气纳福，设计应开阔通畅，若场地宽敞，则大门、植物、铺装空间设计活跃大气，若场地狭小，则可利用围墙边界和植物设计从视觉上扩大空间。中庭应有平衡、稳定之感，注重采光和通风，不设池塘和大树以保证充足的光照和气流稳定。后院是家庭人丁和智慧的象征，是真正属于庭院主人自己的空

背山

负阴抱阳

面水

图 1-37　庭院选址

前庭

后院

中庭

图 1-38 庭院的意境与风水

间，无须似前庭般豪华大气，也不似中庭低调简约，后院稳重、简约又彰显个性，色彩选择不宜过亮，花木搭配不宜过杂，让居住其中的人有神清气爽之感。

5.3.2 园路设计

风水学认为，庭院之气是由路进入住宅的，道路宽度、方位和高差都会不同程度影响庭院风水之气。景为珠，路是链，以路相连，全园贯通，庭院道路与公园不同，无须设置三级路网，道路不会过宽，否则气散不聚，自然也不至过窄，行动不便则气运阻滞。庭院道路很少使用直线形式，讲究柔和的曲线之美，峰回路转，曲径通幽（图 1-39）。庭院四周都可铺路，但

曲径通幽

园路装饰

图 1-39 园路风水

要注意把握平衡，利用花坛、植物进行装点，园路自然而富有野趣。路面材料要结合环境特点，图案精美而不花哨，色彩丰富而不艳丽，讲究耐看、安全、实用、耐久、和谐的同时兼具艺术效果。

5.3.3 山石设计

靠山而居是大吉之象，但庭院面积本就不多，营造土山很难实现，城市别墅也无自然山林可借，所以庭院中常掇山置石。假山、池塘与植物结合搭配，设于生旺方位，西方、西北、北方最佳，东北位次之，东方、东南方、南方和西南方不宜设。置石可作独立峰特置、对置、散置和群置，点石于小径尽头、狭池岸边、竹木之下、转角之处、粉墙之前，再配以树木花草，疏密有致，虚实变化，遥相呼应。山石本是庭院的点缀品，设置以美观为主，数量不宜过多，以免影响庭院土气，数量过多则夏季生热，冬季寒冷，雨季阴湿，因而山石不能不设，但需精心布置，庭院须以植物为主，山石点缀（图 1–40）。

5.3.4 水体设计

“宅以泉水为血脉”，水是庭院中重要的风水元素，晶莹剔透，清澈萦回，静如处子，动若脱兔。水景（图 1–41）形式多样，有静水、落水和动力水，不同的水景有不同的风水讲究。

水池是庭院中应用较多的水景形式，设计前需实地勘查，因地制宜，选择方位、大小、水深和形状，规则式水池以方形、圆形和椭圆形为主，自然式水池宜修建于阳光充足之处；建筑东西侧不设水池，以防清晨阳光和夕阳经水池反射形成眩光，南侧空地可设半圆形水池，圆弧朝外，直缘朝内；水池之水为活水，清澈见底，水不宜深，水中可养观赏鱼和植物以添活力。

“问渠哪得清如许，为有源头活水来”，溪流是自然的活水，蜿蜒曲折。庭院溪流设置不宜过宽、过深，转弯处不宜过大，水流不宜过缓，也不宜过急，时断时续亦非吉相，一般溪流坡度为 5‰，急流处不超过 3%，水宽 1 ~ 2m，水深 0.3 ~ 1m。

喷泉被称为“活的雕塑”，除了能增加空气湿度，提升负氧离子浓度，改善庭院空气质量，还能借助视觉、听觉，陶冶情操，培养审美情趣。庭院喷泉形式自由，变化简洁，色彩朴素，夜景灯光不宜华丽，位置选择时首先考虑喷泉的设计主题和形式，结合环境特征，多设置于门

图 1–40　点石成景

图 1–41　水景

口两侧和空间转折处等避风环境中，以免大风吹袭，水落池外。

瀑布跌水是庭院中极具动感的装饰水景，能使环境有声有色，动静结合，大大提升庭院空间艺术性。瀑布按跌落形式有条落、线落、布落、片落、层落、叠落、挂落、壁落、滑落、雾落等，造型多姿多彩，但庭院瀑布不能随意设计，宅前设瀑布不宜过高，否则易生压迫感；不宜离建筑过近，水流也不能过急，否则水气飞溅易使庭院阴湿；瀑布与山石结合，水不宜长时间断流，山石浸润水中气运才能畅通；中庭空间狭窄不宜布设瀑布，若户主喜欢，则应不近不高或可以玻璃相隔，隔绝瀑布于屋外的同时还可室内观赏。

5.3.5 植物设计

花草树木决定了庭院的生机与活力，风水理论认为“草木葱郁，吉气相随”，庭院的立地条件决定了植物的生长态势，植物的选择和生长影响了庭院的精气神，庭院的气场影响了生活其中的人的心情和身体健康，所以植物、庭院和人是相互影响的。自古以来就有不少关于植物方面的风水研究（图 1–42），较为重要的几个方面有植物配置方向和方位的风水研究、植物树形和色彩选择方面的风水研究、植物配置模式和季节性观赏效果以及植物的吉祥寓意选择等研究。

“东植桃柳，南植梅枣；西栽栀榆，北栽杏李”，植物栽植方位的选择与地方的阳光、温湿度、风向等都有关系。另外，院中不宜种大树，门前不宜种枯树、歪树，树干不立于门窗前，房宅前不设绿篱、行道树等，所以，庭院中植物栽植位置的选择还应规避一二。

植物树形是植物重要的观赏特性，庭院植物选择时对植物的树形要求也较高，风水理论主张端正方圆，对称均衡，树屈驼背不可取，形似伏牛不可选，植物有灵性，植物树形也会给庭院带来不同的能量，植物树形以“健康而无病，端庄而不妖”为佳。风水理论对于植物色彩的运用和选择也主要考虑颜色给人的心理感受，它将环境色彩按照“金、木、水、火、土”五行进行划分，白色属金、绿色属木、黑色属水、红色属火、黄色属土，白色纯洁高雅，绿色沉静清新，黑色深远幽邃，红色热情似火，黄色明朗活力，色彩也是植物观花、观果、观叶等观赏特性的重要方面。

植物的配置是为了造景，在庭院造景中植物造景起着重要的作用，风水理论中要求植物景观营造首先应符合自然规律，遵循气象特点，依照四季有景原则，然后讲究空间布局，确保植物具有合适的生存空间和观景效果，植物空间围合时注意聚气凝神，可遵循“金角银边，中间

位置选择

种类选择

图 1–42　植物风水

留白”的原则，种类不宜过多，层次切记分明，形式简洁、风格统一、挡风聚气、阴阳均衡方为准则。

此外，庭院植物选择时尤其讲究寓意，庭院是家，每个人都对家庭和生活充满了期待和美好憧憬，庭院植物多选择具有健康长寿、富贵生财、吉祥喜庆、多子多福、加官晋爵以及护宅等寓意的植物。梅、兰、竹、菊、榆树、紫薇、松、枇杷、海棠、蜡梅、桂花、石榴、桃、柳、牡丹、山茶、杜鹃、铜钱草、萱草、荷花、睡莲等都是较好的庭院寓意植物。

5.3.6 环境小品设计

环境小品（图 1–43）兼具艺术和功能价值，庭院中无论用于点景还是组景，它都被安排在重点位置上，一是考虑平面布局，二是考虑竖向效果，所以位置要求“露则浅而藏则深，为忌浅露而求得意”，开门见山不取，一览无余不当，环境小品总是以合适的体量、材料、色彩藏于幽深之处或隐于山石之后。总体来说，环境小品在庭院景观中起着聚气补缺、凝聚心力之用，设计时除了遵循场地特征做到自然一体，情境效应才是追求的最高境界，也就是“天人合一”的至善境界。现代风水理论总结前人所得，研究自然山川水流、花草树木组合，景观千变万化，人类居住其中，深受影响，进而总会刻意营造适于生存的人文环境。环境小品虽为庭院景观中极小的一部分要素，我们也会遵循风水理论，考虑如何选择合适位置、如何避开不利因素、如何化解不利因素影响从而改善环境，创造舒适的人居空间。

图 1–43　环境小品

6 庭院风格

从各个国家的角度来谈庭院设计风格（图 1–44），一般认为有中式古典型、日式枯山水、英式田园风、美式自由风、欧派规则式、意大利台地式、地中海风情、东南亚小调和现代简约型等，每种风格都独具特色，国内不少专家、学者和同行都对此有深入研究和深刻见解。但从现代中国庭院的实际发展来看，即使是中式古典风格，也需要有适宜的建筑氛围和古典意境来呼应，其并不与现代节奏相匹配；而其余设计风格中有的需要借助当地的气候、地形和土壤条件，并不适用于中国；有的精致美观，颇具现代特色，但需勤于打理，只能远观而不可近玩；有的简洁大气、热情奔放，符合现代人个性和品位，但不少设计元素的实用价值不高……因此，综合实用性、美观性、政策性、经济性等各方面因素，总结了三大类适于现代中国的庭院设计风格。

地中海风情　欧派规则式

日式枯山水　英式花园　英式田园风

意大利台地式　中式古典型

图 1–44　庭院设计风格

6.1 滴金流翠的田园风——不受纷扰的平凡喜悦

都市田园风

乡村田园风

图 1-45 田园风

田园风格庭院最大的居住感受就是“远离城市喧嚣，静享幽静生活”，风格自然、清新、淡雅，其设计特点有两种，一是自然气息，二是田野风味，根据庭院所处位置和主人品位的不同，可以分为都市田园风和乡村田园风两类（图 1-45）。都市田园风强调自然美，色彩选择以暖色系为主，多以自然材料组合搭配，赋予庭院自然韵味，同时要素设计时注意人文气息和意境营造，创造一种心灵上的自然回归之感；乡村田园风重在“野”字，模拟自然乡野环境，营造田野风味景观空间，蔬菜瓜果、碎花野草，曲径通幽处、石砖嵌绿草，色彩选择以浅色系为主，切忌太多混色，尽显山水田园之风。

田园风格的庭院最能让人平心静气，就这么放空思绪，静静地坐着、悠悠地走着、浅浅地听着、淡淡地回味着，或是拿起锄头挥洒下汗水，不费脑力地简单耕作着。总之，什么都不想、什么都不苛求，就让时间这样慢慢地流淌着。

6.2 柳暗花明的简约风——不显山、不露水却又不简单

简约风格是现代主义的代表性风格，简约不同于简单，这是一种更高层次的创作境界，这类庭院主要是利用现代新颖的装饰材料，再以简单的线条勾勒庭院整体轮廓、功能空间范围以及小品轮廓等，转角和细节处加以修饰和镶边，凸显庭院质量，以简约时尚的灰白素色为主色调，突出庭院的精致和超前感（图 1-46）。现代简约风较受中产阶级的欢迎，在设计上更强调功能、结构和形式的完善，更追求材料、技术的展现和景观空间的表现深度，不依靠过度的装饰博人眼球，一切从功能出发，造型分明、比例适度、结构明确，在简约中展现自由、大气、明快之风，具有看一眼就喜欢上的视觉冲击之美，明亮而耐看。

图 1-46 简约风

越是简单的东西越容易暴露设计的细节和材料质感问题，简

约风格要以轻快的线条、素灰颜色突显庭院格调，对设计师的艺术修养和实践经验要求很高，它是以简洁的方块塑造空间、精简的植物营造环境，摒弃冗繁的装饰和夸张的颜色，大有“清水出芙蓉，天然去雕饰”之姿。居住其间，心之淡然，生活是真、是纯粹。

6.3 畅快怡然的轻奢风——忘却冗杂释放身心

图 1–47　轻奢风

轻奢风（图 1–47）属于极具现代设计感的高端风格，说是高端风格，因为它不像简约风格那样随意，它的产生是因为人们生活品质的提升，促使大家去追求更深层次的物质和精神享受，基本的设计理念就是将品位和高贵并存，表现舒适、优雅的生活态度。色彩绝大多数都是黑白灰的无彩色系列，在这里，黑、灰都显得非常高级和尊贵，有种看似不起眼却又很亮眼的感觉，是简洁朴素外表之下折射出来的含蓄高贵之美。而这种高贵的气质是如何体现出来的呢？首先，是空间设计的舒适、通透与合理，然后是材料的选择和科技元素的利用、细节的装饰和刻画，还有不同要素的组合，尤其是软质和硬质的搭配等（图 1–48）。奢华设计的目的是为了舒适地居住和享受，所以除了满目所及的奢华视觉冲击之外，舒适度是最优先考虑的方面，满足身心愉悦的奢华才是最极致的奢华感受。

如果用几个词来总结现代轻奢风格，就是低调、奢华、有内涵。简单的颜色、明快的线条、质感的装饰、通透的空间，让整个环境尽显清澈、宁静、怡和、时尚和雅致之美。

硬质活动空间

软质活动空间

图 1–48　庭院活动空间

7 庭院设计的基础理论

庭院功能和特点决定了庭院设计是需要融合艺术、文化、使用、生活等多方面需求的，它不同于其他公众性景观，庭院是有生命的，寄托了庭院主人的精神理想，生态性是本质特点，满足家人的栖居梦想；艺术性是视觉特点，多景点的往返穿梭、造型与色彩的综合都能满足人获得观赏体验的艺术要求；生活其中除了观赏，对环境的使用才是最直接的功能。从园林和环境设计学科角度来看，设计是综合了生态学、地理学、行为学、心理学等多学科以及艺术、文化、传统等多方面知识的，中国传统的山水文化造就了自然山水园林形式和造园学，西方在工业化进程中开创了规则开阔的园林形式和景观设计学。综合来看，目前对庭院景观设计影响较大的理论有景观生态学、设计美学、环境心理学和人机工程学等。

7.1 景观生态学

景观生态学作为一门学科，最早于 20 世纪 60 年代在欧洲形成，80 年代以后才开始于各领域进行广泛应用研究，属于新兴的、正在深入开拓和迅速发展的地理学和生态学的交叉学科，主要研究景观单元的类型组成、空间配置及其与生态学过程的相互作用。目前很多环境问题和城市问题都与景观生态息息相关，景观生态学具有独特的生命力和高度的综合性，担负着解决生态问题、维护生态平衡、促进可持续发展的重要使命。

景观生态学的核心功能是运用生态系统原理和系统方法来研究景观结构和功能、景观动态变化以及相互作用、景观的美化格局、优化结构、合理利用和保护，普遍应用于各种景观的营造，包括别墅庭院。别墅庭院看似为面积不大的私家庭院，要创造景色如画、环境舒适的游憩空间，设计难度却不小，对庭院主人而言，自家的庭院空间是其接触和使用最多的景观空间，而自然与生态是庭院空间设计的永恒主题，它是确保诗意栖居的基础条件。庭院空间设计、布局形式、功能结构布置都应以生态学理论为指导，确立“斑块—廊道—基质”的基本景观结构。

7.2 设计美学

设计美学的产生来自人对自然和物质空间的审美需求，主要研究设计过程中的形式问题，研究范畴涉及技术产品、视觉传达、平面广告和环境空间等。很多人以为人的审美观念和美学传承是人类的后天发明，其实它根源于人对自然的深层认知，人在自然中汲取美学养分，又将其以文学、绘画的形式吸收和传承。目前，设计美学学科的研究主要集中于技术与艺术相融合的设计审美观、形式与形象的造型语言、综合技术、艺术与功能的审美形态、设计文化传承和时代特色发展等美学问题。随着物质生活水平的提高，人们越来越关注精神追求，所以健康美学也是设计美学的重要研究点。从环境空间这个研究范畴看，环境空间是人类活动形成的景观，设计中材料的使用、颜色的搭配以及人在空间中视觉、听觉、触觉、味觉、嗅觉的五感体验都会对人的生理和心理健康产生不同程度影响，这种影响取决于人自身的审美需求。所以，首先审美要健康，美可以疏导人的情感、稳定人的情绪、促进人的身心健康，对美的精神摄取是人保持生理和心理健康的保障；其次审美要享受，人可以通过自己的感官系统进行审美活动，获得审美享受；最高层次为审美要超越，人在审美过程中净化心灵，培养积极、健康的情感，提高生活情趣。

别墅庭院景观设计也是环境空间的组成部分，其设计要综合考虑园林植物、园林建筑、园林生态和园林文化等方面。设计往往从整体布局构图、园林要素平面和立体造型、色彩变化等方面入手，将自然形态融入设计，营造富有传统文化和场地文化底蕴的使用空间，以境透意，从美学层面建立与庭院使用者的情感联系，从而获得物质和精神上的归属感。

庭院美学的主要特点为以艺术美为手段，展现空间自然美；强调外在形式与内在意境的协调统一，意借旨与地宜而生，旨借意而具内蕴，由此发挥神形兼备的艺术效果；强调虚与实的辩证统一，虚实相生，虚实相应，以虚衬实；强调意境深邃，情景交融，达到园林艺术设计的最高境界。艺术设计是人类文明的重要组成部分，而设计美学又是艺术设计的重要组成部分，别墅庭院景观设计时以设计美学为指导，可以为使用者创造优质的生态景观生活环境，促进人的身心健康。

7.3 环境心理学

环境心理学是研究环境空间布局设计与人的行为和心理关系的交叉学科，着重从心理学和行为学两个角度探讨环境的最优化设计，这里的环境主要指人为设计环境，包括空气、土壤、温度、噪声、建筑、植物、个人空间等，环境设计应以人的使用为根本，从人的需求来考虑设计问题，从而更为深刻地把握环境空间设计。马斯洛提出的需求层次理论把需求分成五大类，分别是生理需求、安全需求、社交需求、尊重需求和自我实现需求，其中安全需求仅次于生理需求，居于第二位。园林环境是公众开放的活动交往场所，人与环境是相互作用的，人创造了环境，环境又因人的使用而影响着人，当人置身于环境之中，安全性就是必须考虑的重要因素。公共环境中的安全要素分为日常安全需求和特殊安全需求，日常安全需求指人在心理上获得的安全感和人进行交往活动时不因环境受伤害，特殊安全需求是指在户外园林环境中免受犯罪活动或自然灾害的侵害。

人在公园内的活动频率和活动选择与安全程度密不可分，这里我们需要了解环境心理学针对环境空间设计的理论。环境心理学理论认为，人的心理与环境设计的关系主要有感官刺激与空间体验、心理认知与空间环境、行为需求与空间功能、心理需求与空间形态。人通过感官系统感知环境空间，形成知觉体验，环境知觉是人以第一直观感受体会环境空间的一种过程，感受过程中解读环境的表现形式，转化为心理认知，人易受环境影响，通过环境要素的使用与环境互动。而当多人使用环境空间时，每个人都拥有自己独立的“空间气泡”，可简单解读为“我的地盘我做主”，每个个体周围的空间都如同一个触碰不到的“气泡”，人依靠个体空间来管控自己与他人的沟通效能，在进行不同活动时与他人之间都应保持不同的社交距离。人都具有较强的领域意识，人对于户外公共空间难免具有防御意识，领域感可帮助人提升对环境空间的控制感。霍尔的人际距离理论认为人际距离包括密切距离、个人距离、社会距离和公共距离四类，按照人际距离及其相应的感官和行为特点可对公园活动进行分类设计。户外活动空间也并不全是公众开放活动的，任何空间中都应设置私密空间，如利用视线遮挡或声音隔离来创造。

与环境心理学相关的还有色彩心理学，但其是一门新的学科，相关理论还未进一步深入研究和完善，因而还未被正式列入心理学范畴。园林中各要素的设计离不开色彩，生活中也有不少案例需要色彩心理学来诠释，所以它的研究价值和应用范围是比较广的。色彩是一种语言，人通过视觉感官与色彩交流，传递出不同色彩表达的不同信息、思想和情感，从而影响人的心理感知，色彩心理学研究的就是色彩与人类心理和行为的相互影响作用。色彩通过人的视觉感知影响人的心理、生理和想象，人的心理、生理状态又会持续影响人对色彩的感知，从而更好地利用色彩的搭配营造不同的空间氛围。色彩有冷暖之分，红、橙、黄等暖色让人温暖和兴奋，蓝、绿、紫等冷色让人安定和平静，黑、白、灰等中性色不冷不暖，用于冷暖色调的调和。色彩可以传递情感，调节人的情绪，红色让人兴奋、喜悦，蓝色让人宁静、忧郁，绿色是活泼、生气之色，黄色象征高贵、庄严，白色感觉单调、纯洁，灰色表达和谐、静止，彩色让人感觉绚丽、斑驳，有序搭配对人的心情有积极促进的作用，无序搭配易使人心烦意乱。

别墅庭院设计本着不同使用者有不同的需求特征的人本主义精神，合理组织庭院空间，各部分有机相连，自然过渡，设计好各要素、色彩、光影，确保从布局到细节都能满足居住者的使用要求。庭院居住者的个性、爱好、生活习惯、行为方式、文化背景等都各不相同，所以把环境心理学纳入庭院设计的基础理论能更好地分析不同使用者的心理变化，处理好人与庭院环境的关系，营造舒适、安全、雅致、愉悦、富有特色和具有文化底蕴的庭院景观，提升别墅庭院的规划设计质量。

色彩心理学在别墅庭院景观营造过程中也具有举足轻重的作用，不同的庭院、不同的景观空间需要不同的色彩搭配，人置身不同色彩的空间环境中也会产生不同的生理和心理变化。设计时根据使用对象、周边环境和整体风格进行定位，要素设计和材料的选择注重色彩的搭配效果，若以年轻人居住为主，色彩选择偏暖，色彩效果表现生机与活力，而以中老年为主的庭院，色彩多选偏冷的灰色调，色彩搭配注意营造平稳、健康之感。好的景观设计师善于利用不同植物叶、花、果的颜色倾向，来调和整个庭院空间的色彩平衡，创造良好的视觉空间，从而满足使用者的心理需求。

7.4 人机工程学

人机工程学的概念起源于欧美国家，因工业生产需要大量使用机械设备，所以需要把握人与机械如何配合操作，以及从人的生理、心理特征出发，研究人、机械设备、作业环境三者之间的相互影响关系。人机工程学研究的内容有人体结构特征和机能特征，一是人体各部分的尺寸、重量、体表面积、比重、重心以及开展不同活动时人体各部分之间的相互关系和可及范围，二是从人体各部分在活动时的范围、动作特点、速度频率、行为习惯等出发分析人视觉、听觉、触觉、味觉、嗅觉等感官方面的机能特性，所以人机工程学是综合了人体测量学、工程心理学和劳动生理学等多学科知识，研究“人—机—环境”关系，探讨人在工作、生活、休闲等不同时候的行为特点，营造舒适、安全、健康的工作、生活、休闲环境。

将人机工程学应用到别墅庭院景观设计，最直接的目的就是为了满足人在庭院空间中休闲、生活、游览等不同的使用需求，要求以人为研究主体，研究人体结构、功能、感官体验、生理需求和心理变化，以适合人身心活动要求为准则，合理进行功能分区、安排位置、明确范围、协调不同功能区之间的关系，进而调节人与环境的尺度和比例以及庭院设施、器材的尺寸，让庭院大至空间组织，小至座椅等设施的尺寸设计都能取得最佳使用效果。人机工程学在庭院景观设计中的应用表现在功能上的综合性、设计上的艺术性和生态上的科学性三个方面，设计时充分考虑各年龄段不同使用者的行为需求，考虑人在庭院环境中的空间尺度、感官知觉和心理活动，考虑如何在有限的空间范围内营造最全面、丰富的景观，提高居住者的归属感。比如开放空间设计并非大而无当，否则浪费土地不说，人在其中活动易产生枯燥、乏味之感；封闭空间也不是拔地倚天，平面仍需宽敞，植物不能遮天蔽日，景墙、建筑等在把握宽度、高度、长度尺寸的同时还要注意其与观景点之间的距离，否则易造成压抑、危险之感；设计还需重视人在庭院中的五感体验，营造“绿阴不减来时路，添得黄鹂四五声”的意境，生活其中真正享受“花木清香庭院翠”的惬意，从而达到大隐隐于市的生活理想。

8 庭院景观的设计元素

8.1 山石

山石要素是中国园林的一大特色，对形成中国园林民族特色起到至关重要的作用。山石可孤赏、可群置、可堆叠，设计常以自然山石为材料，拟自然山石之造型，艺术化处理，创造“本于自然、高于自然”的景观效果。

8.1.1 山石景观的类型与功能

山石景观（图 1–49）主要有假山景观、自然石景观和山石器设三大类。

假山景观指庭院中以造景游览为目的，以土、石为材料，以自然山水为蓝本，并加以艺术提炼人工再造的山水景观，春山淡冶而如笑，夏山苍翠而欲滴，秋山明净而如妆，冬山惨淡而

假山

洗手台

石桌

石凳

山石小品

粉壁置石

特置山石

图 1-49 山石景观

如睡，现代也作塑形假山，指用雕塑艺术的手法仿造天然山石景观人工塑造的假山；自然石景如即置石景观，主要表现山石的个体美或局部组合而不具备完整的山形，有特置、对置、散置、群置，有时也会将山石进行艺术雕刻或建筑砌石，此类山石作品具有一定工艺美，可称为石作景观；山石器设是指用自然山石作室外环境的家具器设，如石屏风、石榻、石桌、石几、石凳、石栏、石水钵等，既有实用价值，又可装点环境。

8.1.2 庭院景观山石材料

中国古典园林中置石掇山要求创造“境生于象外”的意境空间，因此选石很讲究，石的美应具有个性，不流俗，质好形宜，可“怪丑”，可“自然”，是抽象、含蓄的美。常见的庭院山石材料有湖石、黄石、泰山石、青石、石笋、卵石，另外还有吸水石、木化石、石珊瑚、黄蜡石、雪花石、响水石、松皮石等（图 1-50）。以上石材皆为自然山石，塑形假山则用人工山石材料，如灰塑、混凝土、树脂混凝土等。

湖石　吸水石　石笋　千层石

卵石（石蛋）　桐庐石

泰山石　黄石

图 1-50　庭院山石材料

（1）湖石（太湖石 / 北太湖石 / 英石 / 灵璧石）

太湖石是经过熔融的石灰岩，因原产太湖一带而得名，是江南园林中运用最为普遍的一种。计成称其“性坚而润，有嵌空、穿眼、宛转、险怪势……其纹理纵横，笼络起隐，于石面遍多坳坎，盖因风浪中冲激而成，谓之‘弹子窝’，扣之有微声”。太湖石大多玲珑剔透、质地圆润、洞穴宏大、嵌空险怪，取石虽小却有山形气势，有“瘦、漏、透、皱”之美。

北太湖石，为北京皇家园林所用，产于北京房山大灰场一带，又名房山石。新开采的房山石呈土红色、橘红色或更淡一些的土黄色，日久以后表面带些灰黑色。质地不如南方的太湖石那样脆，但有一定的韧性。

英石，岭南园林所用山石，原产广东省英德市一带，有白英、灰英和黑英三种，可置几案，可点盆，亦可掇小景。但白英、黑英物稀为贵，多用特置，灰英常用。

灵璧石，原产安徽省灵璧县，“石产土中，岁久，穴深数丈。其质为赤泥渍满，土人多以铁刃遍刮，凡三次，既露石色”，质清润，扣之铿然有声。石面有坳坎，石形变化多，缺少宛转之势，须借人力全其美，庭院中多用作小巧盆景，或点缀河溪驳坎。

（2）黄石

黄石四处皆产，块状，是一种带橙黄色的细砂岩。质坚而无孔洞，节理面近乎垂直，平正大方、立体感强，是较好的驳岸置石材料，明代以后，黄石叠山在江南园林中也较为流行。

（3）泰山石

泰山石产自泰山山脉周边的溪流山谷，形如泰山，呈山字形三角状，纹理如云、色泽温润、造型自然、质地坚硬，远观有古朴苍穹之感，具自然之神韵。成语有云：“稳如泰山”，将泰山石置于建筑之后寓有稳固靠山，具有镇宅辟邪、吉祥富贵之意，因此在庭院中普遍使用。

（4）青石

青石是清代皇家园林叠山材料的一种，产自北京西郊红山口一带。青石与黄石同属细砂岩一类，但节理面不似黄石规整，有方形节理，称“青石块”，也有交互斜生的纹理，因形体呈片状而称“青云片”。

（5）石笋

石笋是外形修长如竹笋的一类山石的总称，因造型独特故不与其他山石混搭，多用于点景特置或对置，有白果笋、乌炭笋、慧剑等，种类丰富，产地较广。石笋单向纹理较强，凿取成形如剑，故又名“剑石”。

（6）吸水石

吸水石，即为碳酸钙水生苔藓植物化石，顾名思义，其吸水性能特别强，因为表面粗糙多孔，互相串联通气，石质不坚，不宜作大山用。吸水石多为土黄色，建于水池中，或水边，或沼泽处，大的孔洞内填土后可栽种植物，因吸水性强，植物长势较好。有时在山石盆景中也常用。

（7）卵石

此处所指卵石并非作各式图案的铺装卵石，而是作山石用的卵石，也称石蛋，卵圆形，较大，多产于山脚、水边，有砂岩及各种质地的，较为坚硬，庭院中常作池塘、溪流的驳岸，或是在盆景中点缀。

（8）其他石品

除以上山石以外，还有木化石、石珊瑚、松皮石、黄蜡石、响水石、雪花石等，在庭院中常作石玩之用，有时也作置石小品，点景之用。

（9）人工山石材料

塑形假山有钢筋混凝土塑山和砖石混凝土塑山两种，有时两者也可混合使用，钢筋混凝土结构适用于大型假山，砖骨架适用于小型塑山。因所使用的材料为混凝土、水泥砂浆等现代灰色材料，所以塑山缺乏生气，远观有势而近看无质，设计时多考虑与水景及植物相搭配。目前常用的现代材料有 FRP——玻璃纤维强化树脂（Glass Fiber Reinforced Plastics）、GRC——玻璃纤维强化水泥（Glass Fiber Reinforced Cement）；CFRC——碳纤维增强混凝土（Carbon Fiber Reinforced Cement or Concrete）。

8.1.3 庭院山石景观营造

（1）识山石

有说叠石的关键在于“源石之生，辨石之灵，识石之态”，因此选石最为要紧，需熟知石性，如石块的色泽纹理、脉络走向、阴阳向背、石形石质等，这都会对人产生不同的心理和生理感觉，以石性和纹理为例，横向石形稳定、静态，斜向纹理高远、动态，不规则曲线纹理生动、优美。

置石（图 1–51）有特置、对置、散置、群置 4 种。特置选石要求外轮廓凹凸明显，姿态优美，石体通透；对置选石要求石形优美，有较高的艺术性或观赏价值，两块山石可大小不一，但须有顾盼生辉、相互成应之效；散置之石不可凌乱散漫，也不可整齐划一，须有自然之趣，交相呼应；群置也称大散点，与散置相似。

（2）讲布局

无论是假山还是置石，都要处理好山石与周边环境的关系（图 1–52），假山还应注意造型关系、前后观赏关系、平面轮廓范围以及与游人活动的关系等。设计须确定假山、置石在庭院中的位置，假山一般布置在庭院一角或湖池溪泉等水体边上，山水结合，交互成景；平面布局主次分明、脉络清晰，主峰、次峰和配峰结构完整、关系协调；设计注重风景效果，合理布置峰、峦、岩、洞、涧、曲水、瀑布等多种景观以及植物配置；山石造景外还可在山上安排亭、廊等建筑，创造登高望远的条件，让造景和观景两相兼顾；最后，山体的平面轮廓线形设计，即山脚线的设计须因地制宜进行，根据所在场地的地形条件，合理应用平面变化方式，如转折、错落、断续、延伸、环抱和平衡，为立面造型奠定基础。

（3）造山势

特置选石也有“一峰则太华千寻”之势，更不用说散置、群置和假山了。石材搭配须有山石之势（图 1–53），即有趋势、动势和气势。掇山的基本法则是“有真为假，作假成真”，讲究以天然山岩为蓝本进行艺术改造，切不可胡乱摆放、随意堆砌，否则杂乱无章，毫无美感。山体结构有环透视、层叠式、竖立式、填充式四种，假山类型可作仿真型、写意型、漏透型、

特置

散置

图 1–51　置石

环境布置

山石布局

图 1–52　山石布局与环境

实用型和盆景型几大类。设计时遵从对比、运动、变化、聚散的自然发展规律，适当加以取舍、概括，营造富有自然情调的山石景观，做到本于自然、高于自然。

图 1-53　造山势

（4）修细节

初步的平面、立面并不能完全让人满意，还应进行反复推敲和修改，确定构图，再根据天然山石的表面纹理特征添绘皴纹线，表现山石的凹凸、褶皱、纹理、形态，最后适当增绘周围环境，如植物、水景等，展现山影婆娑、水光春色、绿茵繁茂的山水之象（图 1-54），完成整个设计。

（5）绘图纸

假山设计的图纸有假山平面图、正立面和各侧立面图、透视图以及基础结构图。

平面图：庭院中假山体量一般不大，因此可在庭院总平面图中标示出假山的位置和周边环境情况，假山平面图中只需绘制假山的平面轮廓、主峰、次峰和配峰的位置关系，标注标高。

立面图：一是作出主峰、次峰和配峰在立面上的关系，二是绘出基本的石形和纹理走向，可以正立面、侧立面、背立面绘制，也可按南立面、北立面、东立面、西立面绘制，必要时可

山与植物

山石纹理

山与水

图 1-54　山石设计细节

绘制几个纵、横断面图。

透视图：可生动形象地展现设计意图，表明假山前后层次关系，减少以至解决施工人员不识图纸的问题。

基础结构图：明确绘制假山基础类型、做法以及各层厚度，比例一般为 1：20。

8.2 水景

因水成景、由水得景，均称水景。水者，地之血气，如筋脉之流通；水，开朗豁达、温存亲切、清爽凉快、生动活泼，有说“因可无山，但不可无水”。寄情山水的审美理想和艺术哲理，深深影响着中国园林，理水更是为庭院景观平添了诗情画意。

8.2.1 水的特性和功能

水具有自然特性和人文特性，人易与之亲近，因此水景形式变化多样、内涵丰富，在庭院景观设计中较常应用。水的自然特性有水的流动性、水的形式、水的倒影和反射、水的可塑性以及水的声、色特性；水的人文特性指以水比喻人的品格，包括水的高尚性、水的柔性、水的刚性和水的包容性。水景作为庭院造景中的点睛之笔，有着其他景观无法替代的动感、光韵和声响；水景的意境表达能提升景观层次，增添静中有动的乐趣。

此外，水能滋养生命、浸润万物，在庭院中为多种生物提供基本的生存环境，这些生命元素也为庭院增添了生命的活力；水体景观能调节庭院空气湿度，改善小气候，尤其是雾化喷泉，能丰富空气中的负氧离子，促进身心健康。

8.2.2 庭院水景的类型

（1）平静的水——水池

庭院中水池一般为观赏水池或游泳池。观赏水池可有规则式、自然式和混合式三种类型（图 1–55）。规则式水池常由规则的直线岸边或有迹可循、圆滑的曲线岸边构成，形状有圆形、正方形、长方形、多边形或曲线、曲直线结合的几何形，置于庭院中央或建筑前方而形成视觉中心；自然式水池形式丰富、变化多样，常模拟自然野趣，岸线曲折变化，可与植物搭配独立成景，也可与假山结合形成假山水景；混合式水池介于规则和自然之间，既有规则整齐的部分，也有自然变化的部分。水池景观为静水景观，平和宁静，岁月静好。静水一赏波，风乍起，吹皱一池春水，波光粼粼景甚好；二赏影，喜鹊飞来枝头闹，水中倒影依稀明，清澈见底影甚佳。

游泳池的营建是为园主人提供一个舒适、闲逸的空间环境，满足其休闲锻炼之用，让其身心得以放松，一般布置在阳光充足、地势平坦、排水良好的地方（图 1–56）。泳池水面平静，造型优美，池底可设计一定图案，池边至少一处设计为宽岸，宽岸上可设立遮阳伞、躺椅，池深 1.2 ~ 1.5m，池内不设锐角转折点，以确保游泳安全。

规则式

自然式　　混合式

图 1–55　观赏水池类型

图 1-56　庭院游泳池景观

（2）流动的水——流水

流水有急缓、深浅之分，也有流量、流速、幅度大小之分，庭院中多以溪流、溪涧的形式表现（图 1-57）。溪流如带，常结合地形用狭长水池来表现，多土岸，并配有适量植物；溪涧水底及两岸多砾石、卵石等山石，少有植物。流水注重平面线形设计，岸线组合需相互协调，又需曲折变化，以展示自然风格，常开合有致，收放有序，平面富于宽窄变化，立面上缓陡相间。流水作为天然形式的动水，能为庭院增添个性与动感。

图 1-57　溪流设计平面图

（3）跌落的水——瀑布、跌水

瀑布、跌水皆为落水，指利用自然水或人工水集于高处，依靠水的自身重力向下跌落形成白色水带。庭院中，瀑布常与假山结合，瀑布口位置较高，一般 2m 以上，有线落、布落、挂落、条落、多级跌落、层落、片落、云雨雾落、壁落等多种形式；跌水本质上是瀑布的变异，呈阶梯式落水，独具韵律感及节奏感，是一种强调人工美的设计形式。落水根据景观立面的错落有致，可设计出千姿百态的动态景观（图 1–58），从视觉、听觉上陶冶情操，体现出设计者或庭院主人的艺术品位。

（4）喷涌的水——喷泉

喷泉为压力水，由于压力作用，水流从下往上喷出，形成各种姿态，再自由落下，称为喷泉。水从墙壁上顺流而下形成水帘或多股水流，称为壁泉，有墙壁型、山石型、植物型三种类型，若水量较小，可形成滴泉。喷泉和壁泉是庭院中应用较多的喷涌水形式，喷泉因喷头种类不同、组合方式多样、喷射角度转换等原因具有多种造型，也可与植物、水池、雕塑、石景、景墙、灯光等其他景物组合形成景观（图 1–59）。

图 1–58　庭院跌水

图 1–59　庭院喷水

8.2.3 庭院水景设计的基本要素

（1）水景平面限定

水景设计时首要考虑的就是水的位置、范围和水的平面线形。水景在庭院中常作为主景，设计时需根据庭院大小以及周围环境景观仔细推敲所采用的水景设计形式、表现主题，水景设计不宜过大，否则难以组织、浪费场地；不宜过小，否则难以营造氛围、发挥作用。水面可限定和划分空间，根据水边景物高度和水面大小的比例关系，可形成不同类型的空间，或狭长、或开敞、或闭合，引导人的行为和视线。

（2）驳岸

驳岸（图 1–60）建于水陆交界处，是指用工程措施加工岸边而使其稳固，以免遭受各种自然因素（风浪、降水、冻胀等）及人为因素的破坏，保护风景园林中水体的设施，也是庭院景观的组成部分之一。驳岸的景观类型有山石驳岸、干砌大块石驳岸、浆砌块石驳岸、整形石砌体驳岸、砖砌池壁、钢筋混凝土池壁、板桩式驳岸、水廊式驳岸、塑石驳岸 9 种类型，驳岸可规整、可曲折，也可结合假山、土丘等地形或置石、植物等景观要素组合设计。

图 1–60　庭院驳岸

（3）池壁和池沿

池壁（图 1–61）一般指水池的侧壁，常以砖砌体或钢筋混凝土砌体结构为主，自然式溪流的池壁也会采用柔性结构，指采用柔性不渗水材料作防水层。池壁立面造型一般较为简洁，可适当加入装饰柱等元素增加高低变化，也可将不同高度、大小的水池组合穿插，还可结合景墙、花池、雕塑、瀑布跌水等共同营造立面造型。

池沿为池壁上的顶端结构，即为压顶，材料选择以砖、石块、石板为主。设计时常挑出于水面 5 ~ 6cm，高出周围地面 5 ~ 10cm，若需结合休憩需要，可做成坐凳式，一般高出地面 35 ~ 45cm。

泳池池壁

规则式水池池壁

自然式水池池壁

图 1–61　庭院水池池壁

（4）水深

水深指常水位高度，水池水深是指水池底部到常水位线的高度，池塘、溪流水深指水中心最深处到常水位线的高度。综合水面积大小和安全性两方面因素，庭院中水景不宜过深，一般在 1m 以下，规则式水池水深一般为 0.3 ~ 0.6m，自然式池塘、河流若中心处水深较深，则应采取相应安全措施，或栏杆围护、或岸边 1.5m 范围内设计为安全水深。另外，庭院中池塘多以水生植物种植池和养鱼池为主，植物种植池一般水深 0.6 ~ 1m，养鱼池则为 1m 以上。

（5）管线布置

喷泉水池管线布置（图 1–62）较为复杂，有管道阀门系统、动力水泵系统和灯光照明系统，管线较多，需以活动挡板遮蔽；一般水池管线有给水管（进水口）、泄水管（泄水口）、溢水管（溢水口）、水泵、上下水阀门井组成。泄水口位于池底，溢水口位于常水位线之上，溢水管最终与泄水管相连，因此两者一般设在同侧，进水口则位于另一侧池壁。

图 1-62　水池管线布置

8.3 铺装

广义上说，铺装分为两种，硬质和软质。硬质铺装指的是用硬质材料如砖材、石板、石块、卵石、木地板等铺砌地面组成的铺装，分成道路、广场和小型游憩场地三种；软质铺装指的是柔软材料铺砌的地面，如植物、木屑等，不具备刚性结构。本节所指的铺装是硬质铺装，通俗地说就是人可以走的道路。

道路在我国有着悠久的历史，《诗经 · 尔雅》中就有写道："道者蹈也，路者露也"，指道路就是地上的野草被人们反复踩踏后露出的土地，说明道路是因为人的行走而产生，且是便于人行走的。而后随着园林的发展，在园林中设计了很多精美的铺装图案，被形象地称为"花街铺地"（图 1-63），如战

图 1-63　花街铺地

国时代的米字纹砖，秦咸阳宫出土的太阳纹铺地砖，西汉遗址中的卵石路面，东汉的席纹铺地，唐代以莲纹为主的各种“宝相纹”铺地，西夏的火焰宝珠纹铺地，明清时的雕砖卵石嵌花路及江南庭园的各种寓意的铺地等，展现了中国古典园林艺术之美，铺叙了园林文化的璀璨篇章，承载了千百年来的匠人智慧。反观当代城市景观铺装设计倒是平平无奇，虽然材料非常丰富，但批量化设计、机械化施工还是给人千篇一律的印象。

8.3.1 铺装作用

园路铺装的作用可以从两个方面来看，一是使用功能方面（图 1–64），二是构图功能方面（图 1–65）。

（1）使用功能

① 对原有地面形成保护作用：保护地面不受破坏、承受较大的压力（人行、车行），增强地面的质感。

② 引导作用：提供方向性，带状或某种线型路面能指出明确的方向，变化的铺装能把视线从一个空间引向另一个空间。

③ 暗示游览速度和节奏：改变铺装材料的宽度、形状、变化的节奏、表面材质的肌理、色彩，区分空间用途和活动，影响游人的游览速度和节奏。

④ 表示场地的用途：带状铺装易引导人向前行进，大而无方向感的铺装则能暗示出一个具有静态停留感的场地。

⑤ 提供休息场地：铺装地面是人在庭院中主要的活动空间，铺装材料的色彩、质地及铺装材料的组合可以明确区别各种空间的用途和活动场所。

⑥ 组织庭院排水：利用园路汇集两侧径流，借助路缘、边沟和纵向坡度排泄雨水，同时透水铺装、嵌草铺装的利用也可促进地面排水。

（2）构图功能

① 影响空间比例（影响场地的尺度感）：铺装材料的规格大小、铺装形状的大小和材料间距，会影响整个铺装场地的视觉比例，铺装材料规格大、图案形状舒展则具有大气、宽敞之感，反之则使空间具有压缩感和琐碎感。

② 统一作用：铺装的材料、质地、色彩、图纹协调统一，利用铺装联系其他要素和空间。

③ 基底作用：作为其他引人注目的景物基底，铺装材料选择着重注意色彩，趋向中性色，纯度、明度要低，色彩不鲜艳、表面不反光，铺装整体图案和颜色变化较少。

④ 构成空间个性：不同铺装材料进行组合设计，形成丰富的图案造型，从而构成具有细腻感、粗犷感、宁静感、喧闹感等不同的空间特性。

⑤ 创造视觉趣味：别出心裁的铺装能彰显庭院设计风格，铺装的图案能提供视觉趣味，强烈的视觉冲击力能加深人对庭院的印象和感觉。

暗示游览速度和节奏

表示场地用途

对原有地面形成保护作用

提供休息场地

引导作用

组织庭院排水

图 1-64　铺装使用功能

创造视觉趣味

构成空间个性

基底作用

统一作用

图 1-65 铺装构图功能

8.3.2 铺装材料

计成在《园冶》中写道："花环窄路偏宜石，堂回空庭须用砖"，说明在中国古代铺装材料就有多种，设计时会根据空间环境特点选择不同的铺装材料，创造具有审美价值和园林意境的铺装空间，因此材料选定是地面艺术的重要环节。铺装材料的选择既要考虑与建筑物等周边环境相呼应，又要注重庭院氛围的形成，尤其须考虑铺装本身的表面形式和功能需求。现代铺装材料（图 1-66）更加丰富，除可以利用传统的铺装材料和建筑材料以外，还有新型石材、砖材、防腐木、玻璃、钢材、混凝土、塑胶等材质。具体来说，庭院中常用的铺装材料有以下几种。

（1）砖材

砖材是传统的硬质铺装材料，古典园林中就有单纯用砖或是用砖、瓦、鹅卵石等共同铺砌的案例，变化丰富，形式多样。古时用砖为黏土砖，随着现代工业和科技的发展，有陶瓷砖和混凝土砖等砖材种类，庭院铺地中常用黏土砖和混凝土砖。陶瓷砖颜色、纹理丰富，但因表面反光、防滑性和排水性不好常作贴面材料；黏土砖一般使用仿古青砖，因其特色鲜明，须结合庭院风格和意境进行选择铺砌，规格一般为 240mm × 120mm × 60mm；混凝土砖是现代庭院中普遍采用的铺装材料，优点较多，如规格、颜色多样，拼法多，承载力强，耐久耐磨耐腐蚀，渗水性好；植草砖也是混凝土砖的一种，单独列出是因其利用砖缝或砖洞作植草空间，属于硬

黄岗岩、烧结砖与卵石　砾石与人造石　冰裂纹花岗岩

自然山石　碎石与人造石

石材与砖材　石材与木材　木材

图 1-66　铺装材料

质与软质相结合的材料，美观、装饰性好，抗压能力强，可用于停车场和车道。

除此之外，庭院中最常用的砖材还有透水砖，因起源于荷兰，也称荷兰砖，顾名思义，其最大的特点就是易于排水，雨水能由砖面渗入地下，从而保持路面清爽。从材料和生产工艺的角度出发，透水砖有两种类型，一是陶瓷透水砖，二是聚氨酯透水砖，其不但具有良好的透水透气性，还能改善环境湿度，降尘除噪，而且透水砖色彩丰富，可塑性强，能丰富路面装饰。常用的规格有 200mm × 100mm、200mm × 200mm、250mm × 250mm、250mm × 125mm，厚度多为 60mm 和 80mm。

陶瓷锦砖地面，也称为马赛克，是由规格极小的小瓷砖铺就而成，因其颜色丰富，可形成各式各样花纹图样，故称锦砖。这种砖材多由黏土、石英砂混合制成，表面光滑、耐酸碱、耐腐蚀、不透水、易清洗，庭院中可用作铺地或景观小品装饰。形状为正方形，规格尺寸在 15 ~ 39mm 之间，厚度为 4.5mm 或 5mm，生产时会按设计图案拼接制成 300mm × 300mm 或 600mm × 600mm 的大张。

（2）石材

石材价格普遍比砖材要高，规格可大可小，材质坚硬，色泽、纹理丰富，是园林铺地的主要材料，庭院中常用石材有花岗岩、文化石、砂砾石、卵石、毛石等。

▪ 花岗岩

花岗岩质地坚硬、防滑性和耐久性好，是园林铺装场地中应用最为广泛的石材。花岗岩面层色调丰富，因浅色性花岗岩价格实惠、色彩简洁、不反光、不刺激，因此应用最普遍，常用的花岗岩颜色有芝麻灰、芝麻白、芝麻黄、浪花白、浪淘沙、黄锈石、白锈石、桃花红、雪花青、芝麻黑、中国黑、福鼎黑、黑金沙等。为丰富铺装变化，常对花岗岩石材进行加工，经过锯、切、磨、钻、琢、敲等不同工序，形成多种表面形式，有火烧面、拉丝面、荔枝面、菠萝面、斩假面、机切面、机打面、自然面、蘑菇面、剁斧面、光面等。常用模数规格有 100mm×100mm、100mm×200mm、200mm×200mm、200mm×400mm、300mm×300mm、300mm×600mm、600mm×600mm、400mm×800mm，厚度按照贴面、人行、车行等功能不同，有 20mm、30mm、50mm、60mm、80mm 等变化。

▪ 文化石

文化石是良好的艺术性石材，色泽鲜明、纹理有致，有用于贴面的砂岩类文化石和用于地面铺装的板岩类文化石。庭院中一般使用的类型有以下几种：平板文化石，自然气息浓郁，色泽温暖如玉，表面平整有力；蘑菇面文化石，纹理凹凸粗犷，色泽凝重柔亮，庭院中多用于贴面，设计感强；开口文化石，重重叠叠，落影斑驳，装饰性强；乱形板文化石，大小不一，用于汀步小径，纷乱中有统一，变化中有秩序。

▪ 砂砾石

利用机械打碎的小碎石被称为砾石，脑中最常浮现的庭院中砂砾石的使用画面就是日式枯山水白色砾石铺装，其实砂砾石颜色多样、价格低廉、易于设计、美观有趣、维护方便，在平坦的庭院中可多加使用，是一种良好的透水铺装材料。常用规格一般在 ϕ5～20mm 之间，因其个头较小，也常用于填充铺装边界。

▪ 卵石

卵石质地坚硬、外表光滑、色彩丰富而柔和，分为天然卵石和机制卵石两类，庭院中常用的天然卵石有鹅卵石、雨花石，机制卵石有颗粒如米粒大小的洗米石等。卵石能赋予庭院传统历史文化氛围，从而使庭院更显归隐和含蓄，可被广泛用于路面铺装、道路镶边、水池底装饰、溪滩设计和卵石拼花。洗米石的常用规格有 ϕ3～6mm、ϕ5～8mm、ϕ9～12mm，天然卵石常用规格有 ϕ10～20mm、ϕ20～40mm、ϕ40～60mm、ϕ60～90mm，溪滩设计和贴面卵石采用规格为 ϕ80～120mm 和 ϕ120～200mm。

▪ 毛石

毛石是呈天然开采状态的不成形石料，表面防滑、自然古朴，多用于砌筑基础或挡土墙，也可用于铺装地面。自然开采、形状极不规则的称作乱毛石，人为加工处理具有两个平行表面的称作平毛石，有 6 个平行表面的称作条石，也可称老条石或老石板，常见规格为

300mm×300mm×1000mm，庭院中可作功能石凳、汀步小道、台阶等，景观效果古色古香，具文化感。

（3）木材

古典园林中除亭、台、楼、阁、轩、榭、舫等建筑实体采用木结构外，就连室内家具、器设等也采用木材，所以木材是被中国园林“玩弄于股掌之间”的一种材料，使用最为广泛，技术极其娴熟，而且木材属于暖性材料，质轻而强度高、纹理天然、光泽亮丽、易于切割和加工，是加强室内外空间沟通和衔接的绝佳材料。庭院中可用于园林建筑小品及其地面、滨水平台和栈道、建筑与庭院出入口铺装、室外就餐区域、烧烤区域的地面铺装等。但室外空间长时间接受紫外线照射和雨水侵蚀，所以木材的耐久性不佳，木材选择以防腐木为好，近年来也常使用炭化木和塑木。炭化木是指在无水、无氧、高温、高压条件下加工处理后的木材，稳定性强、耐腐性好；塑木是指塑料与木材或废植物纤维混合形成的木质材料，再经加工工艺生产成型的复合材料，种类丰富，多姿多彩，具有防水防潮、防虫防火、耐磨耐用、可塑性好等特点。

（4）金属

金属表面具有光泽且经久耐用，不锈钢、耐候钢、热镀锌钢、铝、铜、铸铁等金属在庭院中使用最广，被用于花箱、景墙、亭廊、坐凳、景观小品、地面铺装等的设计，尤其是钢材。但是因为金属导热性较好，所以使用时需避免阳光直射，为了提升美观性以及耐久性，金属表面常作喷漆或氧化处理。对于地面铺装设计而言，金属材料并不宜大面积使用，但作道路收边或者地面装饰却能有耳目一新之效，如不锈钢条作石材的修饰边、钢铁轨小道与野草的结合、耐候钢板作某路段的铺装地面等，富有艺术创意，是特殊意境的形式表达，在粗糙与细腻、轻柔和张扬、软硬、冷暖的对比中丰富了设计语言，彰显了设计表达。

（5）混凝土

混凝土材料在庭院中的使用普遍采用混凝土砖的形式，砖材中已做介绍，此处所指的混凝土是指沥青混凝土、水泥混凝土和预制混凝土等用作整体浇捣路面的铺装材料。该类路面施工工艺简单、耐久性强、价格低廉、适应各种曲线但不具美观性，表面粗糙、无纹理、无色泽、质感厚重，因此庭院中使用时常做成各种色彩或进行模具压印，以增强色彩和纹理的方式提升美观性，同时也可与草坪或卵石等材料结合，丰富图案效果，弥补了纯混凝土不具美观性的缺点，从而扩大了混凝土材料的应用前景。

（6）塑胶

塑胶是指由碳、氢、氧、氮等元素组成的，能经过加热融化、加压流动和冷却固化等方式处理形成各种形状的材料，庭院中常用的 EPDM（三元乙丙橡胶）塑胶地坪，就是由乙烯、丙烯和非共轭二烯烃组成的聚合物。塑胶材料质轻而有弹性，化学稳定性良好，耐氧化、耐腐蚀、耐反射，而且颜色丰富多样，适用于庭院休闲娱乐空间和儿童活动空间，具有丰富的活力感和趣味性。但是塑胶也存在明显的缺点，比如材料成分不易降解，所以透气性不佳，室外使用阳光暴晒易开裂，影响观赏和使用品质。

（7）玻璃

玻璃地面是指由玻璃材料设计而成的可供踩踏的地面，其最大的特点就是具有良好的透光性，因此庭院设计时可利用此性能设计出具有艺术感的创意型景观，达到丰富空间类型、增强空间趣味性和美化庭院环境的目的，例如结合照明进行意境营造、彩色玻璃组合图案、不同观感的玻璃类型（如压花玻璃、喷花玻璃、冰花玻璃等）装饰庭院。玻璃铺地的缺点就是表面易反光、易刮花、易结尘，需保养，而且渗水性差，不适合大面积使用。

8.3.3 铺装设计要点

铺装承载了人的活动，属于庭院中重要的功能空间，且铺装材料选择较多，如何针对不同功能，合理选择铺装材料，设计出变化丰富、形式多样、特色明显的铺装是庭院设计需要认真考量的内容。总体来说，庭院铺装不同于其他园林铺装的最大区别在于窄、幽、雅，庭院小路不宽，曲径显院深，内涵在境雅，设计应从尺度、色彩、材质、形式、收边、转角、生态、文化等方面来把握（图 1–67）。

（1）尺度

铺装作为地面艺术，要取得良好的观景效果，尺度把握举足轻重，而且功能空间本身就具有大小范围，铺装材料也有模数，铺装尺度设计与之密切相关。大面积的铺装场地为室外活动主空间，适合选择尺度较大的图案，一来有助于表现地面设计的统一与整体效果，二来空间氛围大气恢弘，产生开阔的尺度感，更好吸引人的活动；小面积的铺装场地包围感强，宜采用小尺度铺装图案，更显精致、亲切；狭长空间的铺装场地适合线性图案，有助于空间的拉伸，具有较强的引导性和指示性。另外，材料模数的选择，原则上大空间适合大规格，中小空间适合小规格，但是适当的大小规格铺装的搭配也可以帮助调节空间氛围，让大空间不致呆板，小空间不致凌乱。因而，总体来说，合适的尺度把握是铺装设计的关键，设计时须因地制宜，针对不同空间特点选择合适的铺装材料搭配，以期取得良好的铺地效果，彰显空间特色。

（2）色彩

不同的铺装材质有不同的颜色，同一类铺装材质也有不同颜色，铺装颜色如此丰富，按理铺装色彩在庭院中应是主要景观欣赏点，但其实它从来不是庭院的主景。因为庭院中设计要素较多，铺装与其他要素不同，属于活动性强而景观性弱，更多时候它都作为基底衬托主景，颜色选择应清新淡雅，适当选取偏暖或偏冷的色彩做花纹图案装饰，整体表现稳重不沉闷、鲜明不俗气。另外，色彩选择须与周围环境色调协调统一，与场地功能性质互相匹配，材料颜色不宜过多，也不能过于艳丽花哨，否则喧宾夺主，致使庭院景观杂乱无序。当然在一些风格庭院或庭院中的重点区域、特殊区域，铺装色彩选择可以具体问题具体分析，如儿童游戏场、运动场等，色彩应明艳、活泼，对比鲜明，巧妙混搭相近色与对比色，创造视觉中心，吸引人的目光。

（3）材质

材质可以理解为铺装的材料和质感，不同的铺装材料、不同的表面工艺处理给人在感官上产生不同的材质感觉，也给环境空间带来不同的性格特点，或粗犷、或华丽、或温馨、或忧郁、

材质

尺度

收边

色彩

生态

转角

汀步 1

汀步 2

汀步 3

文化

形式

图 1-67　**铺装设计要点**

或轻松、或沉重、或开阔、或封闭、或舒适、或刺激。因此，首先，设计时可在确保整体统一的前提下充分利用不同质感的铺装材料，在质感变化中求得统一与和谐，避免材料繁多带来的凌乱感，不同质感的材料在自然光照射下还能产生变化的阴影；其次，须根据场地大小和功能特点进行材料的合理选择，若空间较大，所选材料应显粗犷厚实，给人沉稳庄重之感，若空间较小，所选材料应显质地精细，给人精致柔和之感；最后，材料之间的组合搭配应注意意境与氛围的营造，采用对比方式，吸引注意力，达到良好的细部效果。

（4）形式

辞是意的表达，一个好的设计立意需要恰当的形式来表现，形式的美感和创意更是要求设计师具有好的灵感来源和设计功底，因此铺装图样的选择和设计是庭院意境和文化、设计师构图和创意最直观的体现。铺装形式应准确表现庭院的主题和风格，与整体环境气氛、布局相协调，在结合场地文化、民俗的基础上，根据各功能空间的特色和需求，合理搭配不同材料，形成协调、美观、简洁、大气的铺装纹样，力求在形式中传递寓意，满足人对美的追求。

（5）收边

庭院中往往有多处功能不同的节点，任何一个节点场地都有区间范围，设计时我们总是重点考虑场地中央而忽视了场地边缘，其实边缘才是变化的所在。用不同的材质进行边缘设计，使之区分于场地中间，能增强节点场地的边界感，从而划分出各个不同空间，同时又将空间节点串联起来。设计时收边材料色彩选择一般较深，与铺装中央明显区分，加强对比；路缘石排列规律，自然流畅；收边与场地主体可设计一定高差，加强铺装地面立体感和空间层次。

（6）转角

转角一般也为软质、硬质的过渡段，设计时常作弧形转角，转角处自然流畅、张弛有度，也可根据周边环境和设计效果决定设计形式，结合铺地收边设计，选择合适材料，使软硬质自然过渡，达到整体统一、局部变化的效果，提高空间趣味性。

（7）生态

铺装图案除应具有质感美、形式美、色彩美和意境美，还应具有生态美。铺地景观是由大面积铺砌硬质材料组成，弥漫着人造景观气息，产生了地表升温、排水不畅等问题，景观材料的过度开挖也带来了资源枯竭和其他生态问题。所以，设计时要增强生态意识，充分根据场地特征和功能，选择生态性较好的铺装材质或者乡土废旧材料，将低碳设计理念融入庭院景观设计；也可以改变材料的铺砌方式，如碎石铺地，中间留缝，以草填缝，硬质中融入自然元素，不但利于排水，也有助于防滑。

（8）文化

无论多么华丽的词汇，若不能有效传达信息，便不能触动人心，铺地纹饰也不应只有空洞的形式设计，还应有一定文化蕴含，通过图案设计表达园主人的性格喜好、行为模式、心理愿望或地方特色，不但在视觉上提供盛宴享受，而且还能创造出图案之外的韵味和情境，强化景观意境。

8.4 边界

边界的形成是由于两个空间或区域的功能或介质不同，用来协调或分隔的过渡区，指划分庭院内外空间或区分内部不同空间的实在的屏障设施。庭院为人造景观，边界若过于刻意则显得生硬而突兀，而且庭院空间各具形态，边界有时清晰、有时模糊，有时为实景、有时为虚景，有时是一条线、有时是一条带，有时是物质的、有时是精神的。所以，边界的类型非常丰富，在掌握边界类型和特点的基础上进行边界设计才会更兼具功能性和艺术观赏性（图 1-68）。

8.4.1 边界类型

（1）外部边界

庭院的外部边界指划分庭院内外空间的屏障设施，即庭院外围墙。庭院围墙既能保证庭院主人隐私安全，又是具有内外观赏功能的存在感极强的设计元素，因而是值得大家认真对待的边界类型。围墙形式可分为封闭型、通透型、半通透型和景观墙型四种类型，常用的材料有木材、砖材、石材、玻璃、金属材料、清水泥以及植物等，材料和形式都可进行不同的组合搭配以创造丰富多样的围墙样式。

（2）水体边界

水，无色无味，也没有具体的形状，它的形状是由盛水的容器决定的，而这个容器外形、边缘的设计造就了水体形态的全部，水可静可动、可柔可刚，庭院中常作为主景，所以水体边界也是重要的边界形式。水体边界的设计包括水体的形状、尺寸、水陆交界处的质地等内容，河、湖、溪、涧、池、塘、泉、瀑具有各自特有的姿态，针对不同水体形式进行合理的边界设计能展现最优美的水体景观和岸线景观。

（3）建筑边界

庭院别墅建筑和园林建筑形体轮廓明确，与庭院其他要素有明显的界限感，视觉上看，无论是平面还是立面，建筑边界的空间性都是显而易见的。在庭院环境要素中，园林建筑属于人工化痕迹较重的三维实体，若要使其与地形地貌、植物、山石等自然要素和谐相融，必须把握边界的设计处理，虚实相融。

（4）铺装边界

园林铺地、园路等硬质铺装的边界处于软质、硬质交界处，差异明显，边界的设计对于功能空间的安排、植物的选择、种植和生长发育都有较大的影响。设计应重视硬质铺装的存在，通过边界的设计合理组织铺装外侧的景观，植物配置重点考虑植物种类、色彩、形态差异和种植风格等，精心搭配，柔化边界的棱角，让硬质空间不会太“硬”。

（5）植物边界

植物边界指不同植物种类之间或是不同种植模式之间存在的界限，园林植物种类多种多样，不同植物对温度、光照、湿度的需求不同，景观效果也大相径庭，因此在植物设计时需明

建筑边界

水体边界 1

水体边界 2

铺装边界（侧石）

铺装边界（卵石）

铺装边界（装饰边）

植物边界 1

植物边界 2

植物边界 3

外部边界（创造视觉趣味）1

外部边界（创造视觉趣味）2

外部边界（构成空间个性）1

外部边界（构成空间个性）2

图 1-68　边界设计

确植物种植的边界，根据边界的生态因子条件合理选择植物进行搭配。庭院植物设计时，不可能全园种植同一种植物，也不可能每一株植物都是不同的种，所以不管是同种植物的组合还是不同植物的搭配，都要注意景观效果上的边界效果。

8.4.2 边界设计要点（图 1-69）

（1）就地取材，注意材料的选择

硬质景观材料生活中随处可见，缺少新意，庭院中边界是异质空间，人对它的关注度较高，很多边界不仅起到空间分隔的作用，其立面还是主要的庭院观赏点，可以说边界立面的面积比整个庭院面积还大，所以边界材料不容忽视，可就地取材，利用具有地方韵味的乡土材料和自然材料创造立面空间。俗话说“靠山吃山、靠水吃水”，自然山水间或生活中无处不在的材料都可以加以利用，如用山间溪涧边的不同颜色的小石头作铺装的边界，将随处可见的木头截成长短不一的块体用作围边，横竖不一的块石砌成围墙或挡土墙，镀锌钢板和卵石结合作铺装和草地的分界……都是充满了现代庭院最缺少的自然韵味的景观。即便是现代感极强的别墅小区中，我们也可以利用不同的砖材、石材 、木材等作趣味性边界景观。

（2）装饰立面，加强边界艺术感染力

边界，一个功能强大且极具存在价值的庭院元素，值得我们认真对待和设计。围墙、挡土墙、栏杆等都是具有三维立体空间的边界形式，立面的装饰能大大加强边界的艺术感染力。立面装饰可以是纯粹考虑墙体造型和墙面材料的选择，也可以考虑与其他要素相结合丰富立面内容，例如将墙体与雕塑小品相结合、与山石小品相结合、与软景植物相结合、与照明灯具相结合，或于墙前布置铺地、桌凳和景物，或于墙顶设置水幕、水墙、喷泉，或于墙上开设漏窗及悬挂装饰物等，都是极富智慧和艺术的创造。

（3）柔化边界，注意地域性植物的选择

硬质边界区分明显，交界线清晰，例如建筑边界、水体驳岸边界、道路和铺地边界等，植物属于软质景观，生硬的交界线可以通过植物来装饰和软化，选择枝叶茂盛、姿态优美的园林植物，顺着边界方向连续栽植，如庭院围墙，高高的围墙给人呆板、阴深之感，设计时可考虑与攀缘植物的搭配或在墙上悬挂栽植容器。植物选择时遵循适地适树原则，选择适合当地气候环境的植物，植物配置时注重不同植物叶形、花色、果色以及意境，同时控制植物高度和数量，确保植物层次丰富。边界需要植物来柔化，植物的加入又能强化边界效果，植物和边界结合加强空间导向性，更好地分隔和组织空间。

（4）色彩调和，增强庭院空间性

庭院设计首要解决的问题就是空间问题，边界的存在能形成一定的领域感，庭院范围有限，庭院空间更是局促，硬质材料色深而厚重，使原本局促的空间更显狭小，影响空间效果，所以材料和色彩十分重要。增强空间效果最有效的方法就是摒弃艳丽纷杂的色彩，选择不抢眼的浅色调，可在围墙或栏杆等屏障设施前搭配色调柔和的小品、铺装或小枝叶植物，透进阳光，扩大空间感。

装饰立面

就地取材

植物柔化边界

色彩调和

图 1-69　庭院边界设计

（5）开放思想，注意场地文化和可读性

庭院空间承载了庭院的文化和精神，边界也是重要的展示场，边界设计若只关注于形式的创造，则会显得过于具象化，缺少可读性和场所感知，所以设计必须开放思想，从场地实际出发，让边界形式和信息的展示都充分与庭院环境特点和庭院文化进行呼应，让家与景融为一体，形成整体感。所以，边界除了具有分隔空间、装点庭院的作用之外，还具有展示庭院文化的功能，边界空间对于文化的传递尤为重要。在设计过程中不断推敲和演变，产生承载庭院文化和具可读性的庭院空间。

8.5 小品

庭院小品也称为室外公共艺术品，通常造型独特、精致小巧、装饰性强，是庭院空间的点睛之笔和庭院主人寄托风雅之物，不但能满足装点、照明、展示、休息和管理等功能需求，还能提升环境空间的艺术和文化内涵，属于庭院环境中重要的构成元素，直接反映了庭院个性和空间氛围。传统庭院小品的设计要素有山石、亭廊、流水、翠竹，现代庭院设计中把兼具功能性和艺术性的构筑物或植物都认为是庭院小品，因此设计要素较多，除传统要素外，雕塑、园墙、栏杆、庭院灯、座椅、花坛、汀步、展示牌等都可以成为庭院小品。因山石景观、水景、植物、边界景观等在文中已做陈述，此处小品介绍分为两类，分别是不可移动的构筑物，如亭、廊、桥、景墙、台阶坡道、树池花坛、夜景照明，可移动的装饰物，如盛水或植物以及安置动物的容器小品，桌凳、烧烤台、游戏设施、展示牌等功能小品以及雕塑、饰品等装饰小品。

8.5.1 庭院小品的类型

（1）构筑物（图 1–70）

▪ 亭

“亭者，停也，人所集聚也”，亭子常为休息、赏景而设，形式繁多、布局灵活、体量小巧、结构简单，是庭院中常用的景观构筑物。俗语有说：有一个好亭子，才能有一个好庭院。中国古典园林对亭子的造型、选址等都颇有研究，从平面形式来看，有三角亭、四角亭、圆亭、六角亭、八角亭、扇形亭、半亭、双亭等；从建筑屋檐形式来看，有单檐、重檐、三重檐等；从亭顶形式来看，有攒尖顶、卷棚顶、歇山顶、盝顶等。常于山间建亭、水边建亭或平地建亭，所建之处皆为庭院节点的重要位置。随着现代材料、技术的更新和形式、功能的演变，景亭的设计风格越来越多，主要有新中式亭、仿生亭、生态亭、解构组合亭、新材料结构亭、创意亭和智能亭等，而从构造形式来看也可简单分为木结构亭、钢筋混凝土结构亭、钢结构亭、石结构亭、砖结构亭、竹结构亭等。

▪ 廊、花架

廊是亭的延伸，是独立有顶的通道，具有遮阳、避雨、小憩功能。古典园林中的廊造型别致曲折、高低错落，“随形而弯，依势而曲。或蟠山腰、或穷水际，通花渡壑，蜿蜒无尽”，现

花架 1

花架 3

花坛 1

花架 2

花坛 2

花箱 1

花箱 2

花箱 3

花箱 4

景墙 1

景墙 2

景墙 3

图 1-70　庭院构筑物类型

景亭 1

景亭 2

景亭 3

庭院桥 1

庭院桥 2

庭院桥 3

廊架 1

廊架 2

树池 1

庭院照明 1

庭院照明 2

树池 2

庭院照明 3

庭院照明 4

台阶 1

台阶 2

台阶 3

图 1–70　庭院构筑物类型（续）

代廊架景观功能增强，设计注重与环境空间的融合性，讲究仰视、俯视、远观、近观之效。总体来说，廊既是引导游览的导游交通路线，又可划分和丰富景观空间，外形精致，色彩协调，自成一景，起点缀庭院风景之用。按结构形式分，有双面空廊、单面空廊、复廊、双层廊；按平面形式分，有直廊、曲廊、回廊；按位置分，有沿墙廊、爬山廊、平地廊和水走廊。

除廊架外，花架也是庭院中喜欢使用的构筑物形式，两者划分空间之效相似，但花架结构更为简洁，尺度上比廊短，适于攀缘植物攀爬生长，是建筑和植物结合而成的景观，又称“绿廊”。花架不同于其他庭院要素，兼具三维建筑空间和四维植物空间双重特性，无论是平面构图的形式，还是立面造型、色彩表现，皆极具特色，软硬质景观相结合，既通透，又美观。庭院布局时，花架多建于山地、庭院角落、水边，或是与建筑相组合、花甬道或围绕水池、花坛、山石布置。从平面形式看，多采用直线形、弧形、扇形、圆形及其他多边形；从结构形式看，有单柱花架和双柱花架；从构建形式看，有简支式、悬臂式、拱门钢架式、组合单体式、立柱式、复柱式、花墙式。

▪ 景墙

庭院中的景墙特指具有划分空间、布置景物、组织路线、装饰空间的景观墙。景墙在垂直面上具有制约空间、阻隔视线之用，实体围墙分割空间，墙上开设漏窗孔洞能加强虚实变化、明暗交互，从而形成“通而不透、隔而不漏”之感，加强空间趣味性。景墙置于室外空间之中本身也是一种景观，墙面设计可结合不同材料、质地、色彩组合而成艺术性图案，极具视觉趣味。

按照材料不同，可分为石墙、砖墙、钢结构墙、钢筋混凝土墙、木栅墙以及竹木墙等；按照构景形式可分为独立景墙、连续景墙和生态景墙三类；按虚实形态分，可分为实墙和虚墙，实墙是以实体墙为主的景墙，虚墙是以空透形态为主的景墙。景墙可通过造型设计、色彩与质感表现等独立成景，但景观表现较为单一，因此常与其他元素搭配设计，如与雕塑、水景、花坛、池壁、灯具、坐凳、柱架、植物相组合。

▪ 桥

提到桥，首先映入脑海的就是“平岸小桥千嶂抱，柔蓝一水萦花草”的诗句，想象着峰峦叠嶂环抱着小桥流水，河水青碧萦绕着繁花翠草，若能生活在这样的环境中，是不是犹如世外桃源般闲逸和舒适，真正实现了诗意栖居的梦想。桥是一种跨越河流的功能性构筑物，庭院中的桥称为景桥，除了联系道路、分隔水面功能外，其本身也是点缀风景的重要景观元素。桥的形式繁多，有梁桥、拱桥、平桥、曲桥、亭桥、廊桥、吊桥、浮桥、栈桥、汀步等，庭院水景面积不大，因而多使用曲桥、拱桥、亭桥、廊桥、汀步等形式，设于平静的小水面、小溪涧、浅滩中。景桥设计好坏直接关系庭院布局的艺术效果，位置选择、景桥造型、体量大小至关重要，庭院水体明净清澈，景桥造型轻盈朴素，设计须充分结合周围环境特点，在满足功能需求基础之上，力求美观优雅，情景交融，为庭院空间增资添色。

▪ 台阶、坡道

台阶是为了处理室外地坪高差变化而设置的阶梯形踏步，主要作用在于解决竖向交通，从而引导视线、组织游览，提升观景视点，丰富空间层次。一般在地面坡度超过 12° 时就会设置台阶，坡度超过 20° 时必须设置台阶，超过 35° 时，台阶一侧需设扶手栏杆，而当坡度达 60° 时则应布设蹬道。

台阶在庭院中属必设品，即使庭院内部地形起伏不大，但因排水需要庭院建筑、构筑物地势必抬高，自然需要台阶上下。台阶尺寸包括踏面宽度和踢板高度两部分，踏面宽度一般取 30 ~ 38cm，踢板高度 12 ~ 18cm，园林中踢板高度多取 12cm，两者之间通常存在下列关系：$2h+b$=60cm 至 62cm，其中，h 为踢板高度，b 为踏面宽度。按外形分类，台阶有规则式台阶和不规则式台阶两类，庭院中台阶材料和结构选择较多，如混凝土压模、块石、砖砌、乱石、石板、枕木、钢板与碎石等。台阶数为奇数，但不设一级台阶，一级台阶提示感较弱，人易绊倒，存在安全隐患，也不设连续台阶，一般每隔一段就需设置一个平台。

▪ 树池、花坛、花台

树池是指为在硬质铺装地面上栽种植物所设置的规则或不规则无铺装土地，规则形多为方形、长方形、三角形、多边形、圆形、卵圆形等。水中树池应用较早，《西京杂记》中记载：“太液池西，有一池名孤树池，池中有舟，舟上有树一株六十余围，望之重重如盖，故取为名”。现代园林中孤植树多设树池，可增加绿地、保护植物、组织观赏视线、调节局部小气候，也可与座椅、水体、铺装结合，塑造庭院特色景观。树池按照功能不同可分为坐凳树池、交通岛树池和装饰树池；按高低形态可分为高地树池和平地树池；按照材料不同可分为涂料、混凝土、整石、文化石、红砖、青砖、马赛克、PC 砖、不锈钢板、耐候钢板、桩木树池等。

花坛是一种规则式布置各类花卉的景观设施，不同色彩的观花、观叶植物在一定范围的几何形种植床内按照一定规则进行种植，从而构成美观、鲜艳的装饰图案，用以观赏并烘托环境氛围。花坛外轮廓以几何图形为主，内部图案鲜明，设计简洁明了，色彩搭配较为突出，小型花坛选用 2 ~ 3 种颜色，大型花坛可选 4 ~ 5 种颜色，常用配色方式有互补色、对比色、邻近色、类似色四种。花坛植物根据花坛类型选择，盛花花坛表现花卉盛放时群体色彩美，植物材料多选择花繁紧密、花期一致、株形整齐、色彩鲜艳的一二年生花卉；模纹花坛表现植物枝叶形成的装饰花纹图案，植物材料选择生长缓慢、枝叶细密、耐修剪和移植的植物。

花台在中国古典园林中较为常见，尤其是岭南园林，它是在高型的植床内栽植花木、盛水置石的一种景观形式，常布置于庭院、廊道、天井小院、栏杆前，倚墙而筑或居于正中。庭院花台造型优美，层次丰富，台身装饰精巧，精雕细琢，植物配置参差不一，错落有致，也可结合假山、置石、水景等元素，与周围环境和谐互衬、相映成趣。花台按布置形式可分为单体式花台和组合式花台，按园林要素可分为植物花台、山石花台、水景花台，按平面形式可分为长方形、正方形、五边形、六边形、八边形、半圆形、扇形和组合形。

▪ 照明设施

万物生长离不开光，没有光就没有生命，人总是会对未知的黑暗心生恐惧，庭院是心灵之所，尤其需要光的呵护。而且庭院照明设施的设计除了满足夜晚照明的需求，还需要关注其白天的视觉效果，照明设施也是庭院中重要的景观小品。按照功能用途分类，照明设施可分为功能性照明、装饰性照明和安全性照明三大类。功能性照明指照明的首要任务就是照亮空间；装饰性照明指除了提供光照，还能营造特定气氛，烘托环境，或者照明设施本身景观性强；安全照明指正常照明发生故障时为人员安全设置的照明。从装饰性照明角度看，四季照明和日月光照明较能烘托环境气氛，初升日光照耀庭院，精致的景观空间、小品、铺装、绿植花草尽显生机勃勃；朦胧月光遍洒庭院，微风徐来树影斑驳、摇曳生姿，尽显静谧闲适。

庭院中需要用到照明的元素有出入口、铺装和台阶、建构筑物、植物、水景、山石、景观小品等，景灯类型有庭院灯、草坪灯、地灯、水底灯、壁灯、投射灯、LED 灯带、景观造型灯等。庭院灯是庭院中主要的照明设备，布置于道路边侧或铺装场地边侧，灯高 2.5 ~ 4m，根据庭院风格不同有欧式庭院灯、现代庭院灯、中式庭院灯三种；草坪灯属于点缀型灯具，光线柔和无眩光，高度为 0.5 ~ 0.8m，布置于草坪边沿；地灯是镶嵌在地面上的照明设施，多用 LED 节能光源，呈一定规律布置于铺装地面上，装饰感强；水底灯指装在水底的灯，灯具的防水密封性、防漏电和承压力较好，用于营造水体景观的夜间氛围；壁灯是安装在墙壁上的照明装饰灯具，安装高度通常高于视平线 10 ~ 15cm，光线要求淡雅和谐，功率选择多在 15 ~ 40W；投射灯也称为泛光灯，庭院中多用于雕塑、亭廊构筑物、景墙、绿化景观的照明；LED 灯带装饰感很强，是把 LED 组装在带状的 FPC（Flexible Printed Circuit，柔性线路板）或 PCB（Printed Circuit Board，印刷线路板）硬板上，呈现长条状形象而得名，庭院中常与台阶和建筑结合使用，在台阶踏面下设灯槽或沿建筑轮廓线布置，利于渲染环境气氛；景观造型灯强调自身造型的艺术性和观赏性，在白天犹如艺术小品，夜间通过光色、明暗变化提升空间的艺术和文化氛围。

（2）装饰物（图 1–71）

▪ 容器小品（植物、水的容器）

容器小品主要指植物容器和盛水容器，选择时尤其讲究容器的大小、形状、颜色、图案、规格、材质等方面。植物容器是指专用于栽植花木的器物，起源于我国传统的园林艺术——盆景艺术。我国盆景早在唐朝就已出现，是栽培技术和造型艺术的结晶，它是利用植物、山石材料，经过艺术创造将自然山水风光移天缩地于花盆之中的陈设品。宋人许棐有云："小小盆中花，春风随风足。花肥无胜红，叶瘦无久绿。心倾几点香，也饱游峰腹。太盛必易衰，荒烟锁金谷"，寥寥几语道出了盆栽培育之真谛。盆栽精致小巧、造型多变、移动性强，可单放可组合，呈点式、线式、面式布局，属于雅俗共赏的文化艺术。随着时代发展和新技术、材料的融入，庭院中也不再局限于盆景的使用，花器形式越来越丰富，如花钵、花箱、花盆、吊篮等，作陈列式、壁挂式、吊挂式、攀附式、栽植式、水养式装饰，从材料来看有铁皮花器、陶瓷花器、木制花器、玻璃花器、金属花器，此外还有贝壳、竹藤以及废旧材料的花器等。通过花器和植物的选择与搭配，营造现代简约、轻奢、日式禅风、欧式古典、乡村自然风、中式古色风、休闲写意风等不同的表现风格。

这里的盛水容器主要指盆池和洗手钵，盆池指庭院中放置水缸盛水用以观赏植物或鱼虫，是古老且经济实用的水池形式，"藏风聚气，得水为上"，传统园林中用于接收和储存雨水，有聚财纳福之美誉；洗手钵和蹲踞是日式庭院的必备品，高的为洗手钵，低的称蹲踞，茶会前作

功能小品 1

功能小品 2

功能小品 3

功能小品 4

功能小品 5

功能小品 6

容器小品 1

容器小品 2

装饰小品 1

装饰小品 2

装饰小品 3

图 1–71 装饰物类型

洗手和漱口之用，因其造型别致、设计考究、意境深远，庭院中常用作视听小品。洗手钵主要构成元素由基座、疏水石、盛水容器、出水控件、出水口、排水漏组成，材质选择主要考虑与周边环境相协调，多为石材、陶瓷、不锈钢、混凝土等，形成矩形、圆形、多边形、组合形及其他艺术化造型等。

▪ 功能小品（如桌椅、游戏设施、烧烤台）

闲暇之余，呼朋唤友，庭院小憩，沐浴着阳光，一边赏景，一边烧烤，孩子在身边嬉戏，享受平凡生活带来的闲逸和舒适，好不快乐，这想必是令所有人羡慕的神仙生活吧。户外家具，如桌椅、游戏设施、烧烤台等的选择就非常重要，选择时需要考虑庭院实际情况，结合个人喜好和行为习惯，耐用舒适为最佳境界，而且户外家具置于户外，长期经受风吹、日晒和雨淋，家具的选材和工艺也特别讲究，须防水、防划、防紫外线、耐腐蚀等，材料选择上木材、石材、金属材料、塑料材料和竹藤等都较为常用。

桌凳设施在庭院中使用较广，主要用于室外用餐、休息、喝茶、聊天、读报等活动，有石质桌凳、木质秋千椅、金属靠椅、布艺沙发、陶瓷座椅、藤编摇椅等不同类型。桌凳椅本身就是一件艺术品，装饰性强，造型设计别致，根据景观空间功能不同可设置趣味性座椅，也可与树池、雕塑、灯具、铺地等设施结合形成多功能座椅，当然座椅最首要的功能就是坐，需注意就座的舒适度，座面高度 38 ~ 40cm，宽 40 ~ 45cm，靠背高于座面 35 ~ 40cm，倾角以 100° ~ 110° 为宜。庭院中座椅常安置于树叶覆盖的阴凉之地，根据“边界效应”原则，让坐有其位，强调领域性；坐有所观，强调景物布置；坐有倚靠，强调安全感。

游戏设施针对儿童年龄段活动特点设置，是指供娱乐、益智游戏、健体的设施器具，设计要符合儿童行为、心理和生理需求，设于家长视线范围之内，集中式布置，有沙坑、秋千、树屋、爬杆、滑梯、跷跷板、迷宫、涉水池等。

室外烧烤是当代年轻人较为喜欢的室外休闲娱乐方式，通过集体的活动与交流有助于促进家庭关系和谐或联络亲友感情，庭院中可设置活动烧烤架或固定的烧烤台，其外观设计需与周边建筑或铺装地面材质相协调，材料选择倾向于天然石材或者瓷砖，易于清理的同时彰显质感。

▪ 装饰小品（雕塑）

雕塑是对各种硬质材料采用雕、刻、塑三种创制方法塑造出的具有一定空间的可视、可触的艺术形象，雕塑的形式美感较为强烈，随意一置即可成为景观空间的视觉焦点，庭院中常借其点缀、丰富空间环境，传递空间的艺术个性和文化内涵。雕塑分类方式较多，庭院中常用到的表现形式为圆雕和浮雕，圆雕立体、饱满，可多角度观赏；浮雕依附于景墙、建筑墙面或器物面，仅一面或两面观赏；按交互形式看，可有静态观赏的视觉雕塑和与座椅、玩具、构筑物等景观设施相结合的动态互动雕塑。常用材料有花岗岩、砂石、人造石、青铜、铸铜、铸铁、不锈钢、耐候钢、铝合金、树脂、塑料、橡胶、陶瓷、茅草、石膏、黏土、玻璃钢等，设计需注意主次分明、布局完整、尺度得当、材料合理。

8.5.2 庭院小品的设计要点

庭院小品的设计要点包括使用功能、美学价值、文化内涵和生态理念四个方面（图 1–72）。

（1）使用功能

使用功能是庭院小品最基本的功能，庭院中如雕塑等纯观赏的小品使用频率不高，设计以

美学价值 1　美学价值 2　文化内涵 1

使用功能 1　使用功能 2　文化内涵 2

生态理念 1　生态理念 2

图 1-72　庭院小品设计要点

满足活动所需的休息、照明、观赏、指示、交通、教育等方面功能的设施小品为主。如供人休息观景的亭、廊、轩、榭、椅、凳，用于遮阴纳凉的花架，用于夜间活动照明的灯具小品，用于信息提示、路线指引的指示牌，用于科普教育的标识牌，用于行走和健身的卵石小径等，庭院小品的使用功能体现了景观设计以人为本的宗旨。

（2）美学价值

小品在庭院中具有重要的艺术造景功能，虽在整体环境中体量不大，却是空间表达的点睛之笔，艺术性是庭院小品的主要特征，艺术性的体现主要依靠优美的造型、多样的材质、宜人的尺度和协调的色彩，表现出对称与均衡、对比与统一、比例与尺度、节奏与韵律以及空间的流畅、自然、舒适、协调之感。庭院小品较强的艺术性和观赏价值，不仅创造了多姿多彩的景观内容，还提升了庭院整体的艺术价值，庭院空间有了小品的装饰，空间显得更有层次性和变化感，具有“人在庭院走，艺术养人心”之感。

（3）文化内涵

优秀的小品景观需要巧妙的构思，构思要达到较高的思想境界，不落俗套，文化内涵就显得十分重要。我国地大物博，南北差异大，生活方式各具特色，地域文化特征显著，而且庭院主人各有各的喜好和兴趣，无形中衍生出了特有的家庭文化，庭院小品的文化性特征应与园主人的文化层次、地区文化的特征相适应，从而塑造充满文化氛围和人文情趣的环境空间。

（4）生态理念

生态兴则文明兴，生态文明社会是人类社会发展的大势所趋，生态文明建设理念深入城市建设和乡村发展的方方面面。丰富的庭院景观小品贯穿整个庭院从宏观的空间形态到微观的设计细节等方方面面，庭院小品的设计应定位准确、巧于立意，充分应用新型环保材料、废旧材料，与生态环境保护紧密结合。如废旧材料的使用，地球上自然资源匮乏，废弃物的回收利用能最大限度变废为宝，废旧材料并不只能是肮脏的、丑陋的、无用的，只要稍加改造就会发现它具有非常独特的美，帮助庭院设计师和户主创造新型特色景观。家庭中废弃的易拉罐、旧轮胎、啤酒瓶、旧鞋子等很多物品都可以用来当作庭院小品的材料，而且家里的废旧物品可随时拿来当作小品原材料，庭院的小品景观日日皆可焕然一新，动手制作小品也能丰富家庭活动，增进家庭感情。

8.5.3 庭院小品的表现技法

（1）色彩表现

色彩沉默无声，却蕴藏着强大的情感表现能力，它是最容易受视觉感官感知的元素，以强烈的视觉冲击力形成知觉效应和心理效应，色彩以其特有表现符号带动人的情绪，疗愈人的心灵。庭院小品以展示为主，具有装点庭院、活跃景色、加深空间意境的作用，尤其是色彩鲜艳或特色鲜明的小品更能成为庭院空间的主体，所以，色彩的合理运用能对景观空间感觉的形成产生巨大的影响，而色彩运用却非易事。色彩选择与小品造型恰当融合能有效提升庭院小品的观赏性，为空间增姿添色，若搭配不协调，则有鹤立鸡群之感。色彩选择和搭配时需要设计者充分了解小品自身功能和所处环境，把握空间主题和小品设计主题以及园主人的设计心理，合理选择，合理搭配。

（2）质感表现

质感是人通过自身感官系统对材料产生的心理感觉，主要的感官包括视觉和触觉，通过眼睛看材料或通过手、脚触碰材料，从而识别材料的特点。庭院小品的构成材料和贴面材料等硬质材料形成了小品表面的质感、纹理和整体风格，可以说质感是感受庭院小品特点的另一个活跃因素，不同的质感烘托和彰显了不同的环境氛围，帮助园主人加深对于栖住空间的归属感和认同感。不同材料细腻与粗糙、反光与无光泽、顺滑与黏腻、软与硬、尖与钝的质感，对比强烈，极大丰富了庭院小品的表达语言与形式，对比中形成协调一致的景观。所以，设计师可以利用材料的不同质感划分空间，营造空间和距离之感，巧妙利用质感丰富空间内涵和感染力。

（3）形态表现

如果说色彩和质感是小品的灵魂，那么形态就是灵魂依附的躯体，俗语有曰“绿肥红瘦”或是“红肥绿瘦”，可见色彩给人的视觉感受与小品整体造型有着密不可分的联系，造型是庭院小品最直接、最形象的表达方式。庭院小品是由不同材质通过重复、近似、渐变、发射等构成方式拼成点、线、面、体四种结构而成的。点是最基础的造型元素，通过改变点的形状、大小、位置、方位、颜色及排列方式可以改变整个空间的视觉效果，山石、水景、建筑、雕塑等在不同视觉范围内就可成点的表现，常作视觉焦点来打造；线具有强烈的运动感，直线、曲线、水平线、竖直线、斜线、虚线、折线等可以应用，庭院小品可以通过改变线条宽度、形状、色彩和肌理等因素反映不同的心理感受，庭院中溪流、驳岸、围墙、栏杆、长廊、景墙、园路、绿篱等都是线的表现方式；面的视觉效果更为强烈，可以是扩大的点，也可是封闭围合的线，有平和、安稳的平面，也有动感、自然的曲面，不同的面通过分离、接触、覆叠、透叠、差叠、减缺、联合和重合等组合形式呈现别具一格的视觉形态和空间特色；体有不同的形态，规则形体、曲线形体或自由形体，各形体都有鲜明的独特造型和空间个性。庭院小品通过点、线、面、体之间的相互组合形成强烈的艺术装饰效果，展现丰富多彩的空间形式。

（4）尺度表现

我们总说庭院小品具有丰富的艺术美，究竟什么是艺术美呢？美是通过恰到好处的构图比例、精美绝伦的细部刻画和必不可少的装饰处理来体现的，三者把握得当才能充分展现庭院小品的艺术精髓，这就需要注意正确的尺度和比例关系。庭院小品除了自身构图比例需协调外，小品的大小、体量在节点空间乃至整个庭院空间中的比例和尺度把握也甚为重要，只有恰到好处才能彰显细节，达到心理上的舒适感觉，视觉上的审美享受，从而使空间价值得到体现和升华，所以功能、审美和空间特征是决定小品尺度的重要依据。

8.6 植物

庭院的魅力与生命力主要在精心营造的植物景观里，植物造景就是利用乔木、灌木、藤本和草本植物等素材，通过艺术设计手法，充分结合植物的形体、线条、色彩、质感等要素来创造景观。而完美的植物景观既能与环境取得良好的生态统一性，又能充分展现植物的个体美和群体组合美，还能让人在欣赏时挖掘意境美，所以植物景观创造最基本的要点就是师法自然。色彩是庭院景观中最重要的艺术表现语言，植物景观是庭院内最具有生气的景观元素，而且体量最大，四季皆变，在色彩效应方面发挥着不可替代的作用。闻一多在《色彩》一诗中写道：“生命是张没价值的白纸，自从绿给了我发展，红给了我热情，黄教我以忠义，蓝教我以高洁，粉红赐我以希望，灰白赠我以悲哀，黑还要加我以死。从此以后，我便溺爱于我的生命，因为我爱它的色彩”，植物因其鲜艳葱翠的色彩为庭院增添了勃勃生机，生活其中也能让人更加热爱生活、热爱家庭、热爱社会。

8.6.1 庭院植物景观配置的程序

（1）了解植物材料

为了更好地利用植物来造景，首先就要熟知植物材料，包括植物根、茎、叶、花、果的形态特征，植物对土壤、光照、温度、水分需求情况的生态习性，植物的树姿、枝干、花、叶、果等方面的观赏特征和观赏期以及不同植物对环境和人产生的功能作用等。从艺术性角度来说，只有了解植物的形态特征和观赏特性（图 1–73），才能合理选择植物材料并进行组合搭配，使庭院空间具有良好的视觉观赏效果；从植物生长和景观长久性角度来说，了解植物的生态习性也较为重要，有的植物喜阳，有的植物喜阴，有的植物喜湿，有的植物耐旱，不同植物对土壤

图 1–73　植物观赏特性

酸碱度、土壤土质和环境温度的要求也不一样，植物需要适应庭院所处环境以及庭院内不同空间的特点；从庭院功能层面来说，植物的光合作用吸收二氧化碳，释放氧气，所以植物具有维持环境碳氧平衡的作用，但是不同植物吸收不同有害气体及阻滞粉尘的能力是不同的，所以要根据具体的环境特点选择不同的植物材料。

（2）掌握园林植物的配置

园林植物的配置形式多样，大体可以归为两类，一是规则式配置，二是自然式配置。规则式整齐、严肃，庭院中应用较少，多应用于地形平坦整齐的庭院中，与建筑线条、形体取得相互协调和呼应的效果，如在庭院出入口或是活动性铺装场地中以花坛形式对植。自然式配置无定式可言，形式灵活多变，变化丰富，适于传统中式庭院、日式茶庭、田园风趣庭院等多种庭院类型，让人感受自然山林的纯朴风景。主要的配置模式有孤植、对植、丛植、群植、篱植和散点植。

（3）庭院植物景观设计原则

▪ 科学性（图 1–74）

植物配置不是绿色植物的随意组合，而是在保证多样性的同时，因地制宜，适地适树，庭院的生态环境需要生物的多样性来支持，植物选择也不能过于随心所欲，要考虑植物自身特性和场地条件。不同的园林植物，姿态也各有千秋，设计时应遵循统一、调和、均衡、韵律四大原则，结合植物的形状、高度、色彩、观赏特性等，科学设计、合理搭配，让植物表现明显差异和变化的同时，又具有彼此相互联系的视觉统一感。

图 1–74　植物设计原则——科学性

▪ 艺术性（图 1–75）

完美的植物景观绝对是科学性和艺术性的高度统一体，艺术性是指通过艺术构图的原理展现植物个体和群体的形式美、植物景观群体的层次美以及所体现的意境美。形式美指植物及群体在形态、色彩、质感、线条、大小等方面具有较高的观赏价值；层次美指植物搭配的空间层次感，通过植物高低搭配、种植疏密、色彩关系等来表现；意境美是指人通过感官感知植物的

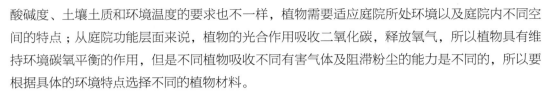

图 1-75　植物设计原则——艺术性

形式美，进而通过联想、想象等心理活动，获得愉悦感和满足感，使人与自然高度统一与融合。

▪ 功能性（图 1-76）

庭院植物景观如何配置还需要考虑植物景观所带来的功能价值以及植物所处空间的功能特征。庭院植物景观的功能主要表现在生态功能、保健功能和社会功能，生态功能是指净化空气、调温调湿、降声减噪等，保健功能指人处于绿色环境中所获得的身心健康，社会功能指植物景观的美化功能、文化功能和休闲游憩功能。另外，庭院中的不同功能区对植物的选择要求也不同，如庭院休息区的植物需要遮阳蔽日或是封闭围合，营造私密性空间效果；园路旁边以草本花卉、低矮灌木为主，不仅视线通透，且具有较好的观赏效果；儿童游戏区植物的选择主要考虑气味、颜色，避免带刺和有毒植物种类，重点就是通过植物的配置为儿童创造亲近大自然的机会。

图 1-76　植物设计原则——功能性

▪ 金角银边原则（图 1–77）

“金角银边草肚皮”，这本是围棋术语，指的是围棋棋子放置位置不同，相应效率也不同，角部最优，边次之，中腹效率低。庭院中观赏价值高的植物组合放置在什么位置更能引人关注呢？首先就是道路转折处或是视线转折处，其次就是园路边、水岸边、围墙边等边界处，这是最容易被人注意和视线最容易停留的地方，植物景观的配置更能优化景观空间。

▪ 庭院主人的喜好

庭院是私人的，植物种类的选择和配置风格考虑的不是大众，而是家庭成员的喜好与特点，正因如此，每个庭院才极具个性（图 1–78）。如果园主人对植物栽培和养护感兴趣，就可种些四季时令草花，营建花园庭院；如果园主人工作忙碌，则可选择一些生命力强、养护管理方便的植物，营造野趣横生的自然庭院；如果园主人喜欢运动或者家中有幼儿喜欢室外活动，则可将主要的植物材料布置于周边，中间留出适合运动的大面积草坪或铺装，适当配置遮阴植物即可；如果家中有老人喜欢自食其力，那么果园、菜园也是不错的选择。

水池边　　道路边

图 1–77　金角银边原则

图 1–78　个性庭院

8.6.2 庭院植物的类型

庭院虽不及公共绿地面积大，但是麻雀虽小，五脏俱全，庭院植物类型不比城市园林植物少，庭园树、花灌木、藤木、绿篱植物、地被植物、盆栽桩景、竹类、草本花卉、草坪植物等一应俱全，庭院因私人属性还具备公共绿地不曾有的特殊植物类型——蔬菜和供采摘食用的果树。

（1）特殊植物类型

▪ 蔬菜（图 1–79）

曾经“有幸”见过，市场中批量贩卖的蔬菜竟是将根长期浸泡在农药地里长出来的，惊讶之余（本以为是给蔬菜表面打农药）也激发了对零农药、无添加的绿色有机蔬菜的向往。不管是农村还是城市，越来越多的人喜欢在地里、阳台、小院里种植新鲜蔬菜以供自己食用，蔬菜种类繁多，四季更换种植，具有美化和净化环境的多重效益，是不错的景观选择类型，但是蔬菜景观因其特殊性很难在公园等城市公共绿地中推广应用，庭院正好能够满足。蔬菜种植要进行锄地翻地、播种、浇水、施肥、除草及其他日常打理工作，是具有趣味性和持久性的活动，可陶冶情操、强身健体，同时也能满足城市人回归自然，探索新、奇、特景观的心理需求。

白菜

番茄

图 1–79　庭院蔬菜

庭院中可开辟菜地或在房前屋后空地中种植白菜、生菜、韭菜、芹菜、包心菜、菠菜、苋菜、木耳菜、油麦菜、茼蒿、莴苣、荠菜、番茄、马兰头、土豆、西葫芦、丝瓜、黄瓜、南瓜、冬瓜、豇豆、扁豆、四季豆、辣椒、葱、大蒜以及玉米、番薯等；可结合长廊、花架、篱笆、围墙、栅栏等选择合适的观赏蔬菜进行种植，例如观赏葫芦、观赏南瓜、观赏辣椒、豆类等藤蔓型植物，要求形状奇特、色泽鲜艳；也可结合水景种植水生蔬菜，例如茭白、莲藕、慈姑、水芹等。

▪ 果树（图 1–80）

果树是指其果实肉质鲜美，可供食用的树木。园林中也常栽植果树以供秋季观果之用，而庭院中栽种的果树，其精神疗养功能、生产功能要远大于观赏功能。密密匝匝的果实缀满枝头，浓郁的果香弥漫小院，让园主人足不出户体验丰收之喜悦，享受采摘之乐趣，品尝瓜果之鲜美。

枇杷

柿树

金橘

图 1-80　庭院果树

图 1-81　庭院乔木

庭院中常用的果树有柿树、枇杷、柑橘、胡柚、板栗、枣树、石榴、樱桃、桃、李、杏、无花果，铺地栽种的草莓、西瓜，结合花架、围墙、栏杆等设施栽种的葡萄、猕猴桃以及黑莓、高粱泡、蓬蘽等悬钩子属的乡野植物。

（2）乔木（图 1-81）

乔木树身高大、主干通直、冠大荫浓、生命周期长，是庭院绿化的骨干树种。庭院中少了乔木就如建筑缺了屋顶，它能协助界定空间范围、为开展家庭活动提供荫庇之地、防止户外眩光，能除尘减噪、降温增湿、防风净土，从而让生活其中的人欣赏美景、陶冶心灵、促进交流、减少孤独，所以无论是功能、生态、心理还是艺术处理上乔木都能起到良好的作用。乔木有常绿乔木和落叶乔木之分。常绿乔木终年保持绿色，能为庭院空间遮阴蔽日、防护隔离，调节小气候；落叶乔木四季变化明显，春叶嫩绿初生、夏叶浓荫盖地、秋叶层林尽染、冬叶萧瑟飘零，观赏价值高、观赏周期长。

常绿乔木有香樟、浙江樟、浙江楠、广玉兰、秃瓣杜英、女贞、南方红豆杉、雪松、湿地松、金钱松、香榧、榧树、石楠、红叶石楠、金桂、银桂、丹桂、四季桂、杨梅、香泡、柑橘、金橘、冬青、大叶冬青、红果冬青、深山含笑、乐昌含笑。

落叶乔木有水杉、池杉、落羽杉、银杏、无患子、黄山栾树、乌桕、榉树、重阳木、喜树、桑树、苦楝、苦槠、枫杨、榔榆、南酸枣、合欢、刺槐、黄金槐、皂荚、珊瑚朴、泡桐、台湾泡桐、鹅掌楸、枫香、三角槭、元宝枫、梧桐、悬铃木、楸树、梓树、七叶树、黄檀、垂柳、旱柳、南川柳、秀丽四照花。

（3）花灌木

花灌木主要指具有优良观花或观叶效果的小乔木或灌木，这类植物植株低矮，但观赏价值高，所以常用于树丛前景、小路两侧、视觉中心孤植、入口对植、草坪群植或与置石、假山搭配，应用范围极广，适于营造“月照繁花影探墙，小桥深院满庭芳”之境。

观花类花灌木有紫薇、紫穗槐、木槿、海滨木槿、木芙蓉、紫荆、垂丝海棠、西府海棠、日本晚樱、日本早樱、山樱花、碧桃、红梅、美人梅、蜡梅、白玉兰、紫玉兰、飞黄玉兰、伞房决明、双荚决明、丁香、夹竹桃、花石榴、山茶、美人茶、红千层、金钟花、地中海荚蒾、粉团荚蒾、粉花绣线菊、溲疏、棣棠、锦带花、木绣球等。

观叶类花灌木有红枫、鸡爪槭、羽毛枫、红叶李、紫叶碧桃、牡荆、穗花牡荆、花叶锦带花、金叶接骨木、红瑞木、蓝冰柏、黄金串钱柳、山麻杆等。

（4）造型植物

造型植物是指经过技术修剪使其具备某一特殊造型的植物，此类植物一般极耐修剪、萌芽力强、生长缓慢、枝叶密集、叶片小，造型效果出众，也有部分植物因茎干观赏效果好而作造型桩。庭院中造型植物（图 1–82）可于视线焦点处孤植、建筑入口对植或与假山、景石搭配，为空间增姿添色。造型植物需要经常修剪和养护，购买费用和后期维护费用都较高，而且不似自然生长的植株，造型规整，大量使用颇具欧式风貌且不利于遮阴，因此庭院中适量使用，多作点缀而不广泛应用。

常用的造型植物有五针松、罗汉松、黑松、红豆杉、赤楠、榔榆、红花檵木、枸骨、雀梅、小叶女贞、小蜡、紫薇、梅花。

图 1–82　庭院造型植物

（5）球类植物

球类植物指人工修剪成球形、椭球形的灌木，属于物美价廉的造型植物。球类植物圆润饱满，用于前景设计，或植于花坛、庭院小径两侧，或与草坪、花灌木、小乔木等植物组合，丰富景观层次，也可与山石搭配，相映成趣（图 1–83）。

常用的球类植物有桧柏、龙柏、海桐、红叶石楠、红花檵木、无刺枸骨、金森女贞、金边黄杨、雀舌黄杨、瓜子黄杨、大叶黄杨、含笑、茶梅、火棘、小丑火棘、银姬小蜡、小蜡、杜鹃、南天竹、火焰南天竹、紫叶小檗、栀子、龟甲冬青、阳光狭冠冬青、金边胡颓子、苏铁、结香、厚皮香、迷迭香、水果蓝、金钟花、五色梅。

（6）色块地被植物

我们通常所指的地被植物包括木本、草本以及藤本植物，此处色块地被植物是指用于覆盖地面的自然生长高度或者修剪后植株高度在 1m 以下的低矮木本灌木，是庭院中最易于被观赏的植物材料（图 1–84）。地被景观有利于丰富庭院植物层次、有效提高景观质量，也有利于降温增湿、净化空气、抑制杂草生长，同时也是理想的分隔空间的材料。色块设计的第一步就是结合地形和乔木设计种植图案，有弯曲自然的线形设计和规整简约的方块设计，设计要求饱满且富有层次变化，线形设计需流畅明快，植物选择需结合株高、叶色、叶形和花色进行搭配。色块可种植于花坛内、步道两侧、围墙边界下、院落空间重要节点、假山、水景旁等。

图 1–83　庭院球类植物

图 1–84　庭院色块地被植物

常用的色块地被植物有铺地柏、沙地柏、红叶石楠、红花檵木、南天竹、十大功劳、阔叶十大功劳、紫叶小檗、贴梗海棠、倭海棠、火棘、小丑火棘、丰花月季、珍珠绣线菊、金丝桃、栀子、小叶栀子、洒金珊瑚、金边黄杨、瓜子黄杨、龟甲冬青、金森女贞、细叶萼距花、大花六道木、八仙花、金边六月雪、毛鹃、锦绣杜鹃、西洋杜鹃、金银花、金红久忍冬、匍枝亮绿忍冬、大花美人蕉、八角金盘、熊掌木、棕竹、凤尾丝兰、玉簪等。

（7）竹类（图 1–85）

中国造园讲究诗情画意的园林意境，四君子“梅兰竹菊”、岁寒三友“松竹梅”自古就是文人吟诗作画、舞文弄墨的重要题材，竹子筛风弄月、疏朗青翠之姿备受人们喜爱，“平生憩息地，必种数竿竹”“宁可食无肉，不可居无竹”就是古人对竹子最朴实直白的表达。竹子种类丰富，观感不一，庭院中有多种应用方式，最常用的方式为竹林幽径、与山石搭配、与窗框、漏窗结合或作篱墙、地被等。

图 1–85　庭院竹类

竹林幽径：庭院小径两侧种植毛竹、刚竹、紫竹、早园竹等，营造曲径通幽、清静雅致的景观氛围。

与山石搭配:“咬定青山不放松，立根原在破岩中”，山石与竹子本就是绝配，竹子高挑挺拔、细腻秀美，山石敦厚古拙、粗糙凝重，一动一静更显和谐自然。

与窗框、漏窗结合:竹影摇曳窗生花，庭院中可将竹子植于建筑窗前、景墙窗框、漏窗前，形成框景和漏景，也即古典园林中“尺幅窗”“无心画”之效，有窗框加持，竹子随风摇曳更显灵动。

篱墙：指将竹子植于粉墙、毛石挡墙等实体构筑物前或成排植于某一空间中作分隔、屏障之用，一般选择孝顺竹、凤尾竹等丛生竹。

地被：不少竹类植株低矮，枝叶覆盖效果好而且色彩艳丽，可在庭院中作地被材料，丰富地被植物类型，比如鹅毛竹、菲白竹、菲黄竹、阔叶箬竹、棕竹等。

（8）藤本植物

藤本植物需依靠他物支撑而生长，或树、或墙、或花架，它总是以势不可当之势向上攀爬着、努力着，给人蓬勃迸发之感。藤本植物从不会一味地索取，“我既依靠着你，我也装点着你”，彼此倚靠，彼此成就。庭院有了曲曲折折的藤蔓，藤蔓上有了红红点点的花果，不经意间给庭院增添上了无尽的诗意之境。庭院中藤本植物种植可有墙面式、悬挂式、廊架式和

墙面式 1

墙面式 2

墙面式 3

廊架式

悬挂式 1

悬挂式 2

图 1–86　庭院藤本

屋顶式四种（图 1–86）。

庭院中可用的藤本植物有飘香藤、藤本月季、爬山虎、牯岭蛇葡萄、广东蛇葡萄、云实、紫藤、常春藤、常春油麻藤、雀梅藤、蔷薇（野蔷薇、小果蔷薇、粉团蔷薇）、光叶子花、珊瑚藤、蒜香藤、凌霄、茑萝、何首乌、忍冬、金红久忍冬、木防己、薜荔、千叶兰、迎春、云南黄馨、红萼苘麻、络石、花叶络石、扶芳藤、蔓长春、花叶蔓长春、熊掌木。

（9）草本植物

草本植物分为一年生、二年生和多年生植物，主要是花卉类和观赏草类，其在城市园林景观中应用不普遍，一是因为管理养护成本高，时花每年需更新至少五次才能维持四季景观效果，二是景观特色鲜明，使得应用形式和应用范围受限，多以花境和花海的形式应用。而庭院主人多喜欢特色景观，其中不乏植物爱好者，拥有摆花弄草的闲情逸致，有时间、精力和兴致打理花园，所以草本花卉在庭院中应用较广，可以花坛、花台、花池、花境的形式进行种植（图 1–87）。

人总是习惯把鲜艳的花卉作为美丽的植物景观的代名词，草从来不被认为是主角，随着乡野风格的盛行，设计师渐渐将观赏草类搬上设计舞台，起初在花境边缘低调生长着，这不经意的陪衬彰显出不同寻常的景观效果。观赏草质地细腻，在株型、叶色、叶形、花序等方面都具有独特的观赏价值，植株飘逸优美，叶色丰富美丽，叶形纤细新奇，花絮缤纷亮丽，整体质朴自然、无与伦比，不论是单独片植或盆栽，还是与山石、水景搭配丛植都很适宜，是良好的花境植物材料和乡野风格材料。草本花卉的主要观赏季节是春夏和初秋，而观赏草则很好地弥补了这一缺憾，能给萧瑟的晚秋和冬季也带来一抹生机。

图 1-87 庭院草本植物

一、二年生草本植物有矮牵牛、三色堇、美女樱、虞美人、长春花、四季报春、香雪球、醉蝶花、一串红、鸡冠花、千日红、彩叶草、三色苋、百日草、四季秋海棠、藿香蓟、紫茉莉、刻叶紫堇、蒲儿根、蜀葵、羽衣甘蓝、雏菊、翠菊、万寿菊、矢车菊、孔雀草、波斯菊、瓜叶菊、硫华菊、金盏菊、紫罗兰、凤仙花、石竹、曼陀罗、一品红、仙人指、君子兰、蟹爪兰、点地梅、含羞草、美丽月见草、毛地黄、福禄考、琉璃苣、夏堇、黄堇、红花酢浆草、紫娇花、大花马齿苋、六倍利、钓钟柳、风铃草、球花石斛、花烟草、金铃花、卷丹百合、勿忘我、矮生向日葵、茑萝、黑心菊、风毛菊。

多年生草本植物有八宝景天、银边万年青、银边玉簪、玉簪、萱草、大岩桐、大花萱草、繁星花、大丽花、钓钟柳、大花美人蕉、马利筋、芭蕉、蜘蛛抱蛋、柳叶马鞭草、紫花地丁、火炬花、芍药、海石竹、常夏石竹、地被石竹、香石竹、鸢尾、鹤望兰、非洲菊、宿根福禄考、大金鸡菊、松果菊、松叶菊、海仙花、矾根、香水草、帝王花、射干、蓝花鼠尾草、大丽花、金鱼草、蓝雪花、花毛茛、佛甲草、飞燕草、蝴蝶花、刺儿菜、铁线莲、半枝莲、红掌、粉掌、白掌、彼岸花、蝴蝶兰、百合、大花蕙兰、石蒜、鹤望兰、郁金香、长寿花、马蹄莲、桔梗、风信子、山桃草、落新妇、唐松草。

观赏草有狗尾草、狼尾草、玉带草、粉黛乱子草、细叶针芒、蓝羊茅、斑茅、蒲苇、矮蒲苇、芒、斑叶芒、五节芒、荻、野灯芯草、金心薹草、芒尖薹草、节节草、棒头草、扫帚草、青葙。

（10）水生植物

中国庭院素来都以自然山水作为骨架，而水生植物形态风格突出、线条多样、色彩丰富，更有利于打造富有意境的水景景观（图 1–88）。多数水生植物对水中的污染物有较强的抗性和吸收能力，对水体起到良好的净化作用，澄水清无底，更能静人心。植物让水景柔和生动，生活其中，忘却烦恼，人景合一。根据不同的形态和生态习性，我们把水生植物分成五大类，分别是沉水植物、漂浮植物、浮叶植物、挺水植物和滨水植物。

图 1–88　庭院水生植物

庭院中常用的水生植物有醉鱼草、梭鱼草、再力花、菖蒲、香蒲、石菖蒲、唐菖蒲、荷花、睡莲、凤眼莲、旱伞草、风车草、水烛、芦竹、花叶芦竹、芦苇、粉花水生美人蕉、靓黄美人蕉、欧洲慈姑、少花象耳草、水毛花、水葱、雨久花、半枝莲以及滨水植物垂柳、木芙蓉、水杉、池杉等。

（11）草坪植物

草坪是多年生矮小草本植物密集种植或满铺后形成的人工草地，是常见的庭院空间设计类型之一，以观赏草坪和游憩草坪居多。草坪植物不耐踩踏，因此设计时面积不大，常与地被植物相结合，有时仅为地被植物的前景，仅用于观赏而不能踩踏，或者在草坪中设置汀步便于行走，只是这种设计破坏了草坪的整体观赏性，也就是说草坪常作为庭院植物景观的基底或配景。但是如以草坪作为主景设计（图 1–89），则需坚持以草坪为主，空间开阔简洁，尽量减少其他

图 1-89　庭院草坪植物

植物的种植，只有这样才能让原本面积不大的空间显得开阔，增强庭院深度。

草坪植物种类繁多，可以按照生长适宜气候不同分为两类，一是生长适宜温度在 25 ~ 35℃的暖季型草坪草，如马尼拉、结缕草、狗牙根、白车轴草、果岭草等；二是生长适宜温度在 15 ~ 25℃的冷季型草坪草，如草地早熟禾、高羊茅、黑麦草等。

8.6.3 庭院植物景观布置点

（1）闲庭深院入口探（入口）

前庭小院设计不宜浓重，简单清爽更能引起人对院内景观的无限遐想，植物设计可结合道路、建筑的材料和风格（图 1–90）。孤植一棵独特的景观树，自成风景；小径左右对植两株稍高的植物，进出院落有如丛林穿梭，有拨云见雾之感；不规则的蜿蜒小道两侧遍植低矮花木，一路花草为伴，也是较好的体验；藤蔓植物结合围墙，与建筑呼应，植物墙的美观、隔音、降温作用也能让人赏心悦目；前庭道路转角处以置石点缀，配置苏铁、造型树等生长缓慢的植物，形成视觉中心。

图 1–90　庭院入口

（2）雕栏玉砌花还在（围墙）

围墙（图 1-91）是庭院的重要边界，是内外分隔的界限，是变化的所在，人又极易对异质的东西产生兴趣，所以活动和景观总是围绕边界展开。“墙里秋千墙外道。墙外行人，墙里佳人笑”，墙外之人喜欢窥探院内之景，墙内之人喜欢集中于边缘活动，而围墙属于实体硬质景观，材质与线条都显生硬，植物的配置可柔化生硬线条，种类多选择开花植物，藤蔓植物如藤本月季、木香、凌霄等，若是墙下绿地内栽植，白玉兰、紫薇、垂丝海棠等也是不错的选择。

图 1-91　庭院围墙

（3）点石成景绿意俏（山石）

山石小品以表现石的形态、质地、层次为主，石前不宜布置体量过大的植物，自然柔美的植物用以点缀，衬托山石的硬朗和气势，植物的选择根据山石特征、纹理和周边环境，精心选择、合理配置（图 1-92）。假山造势不可过高，高则有压迫之意，植物可选姿态优美、形体低矮的红枫、松柏、紫薇等，多植于山脚，量不必多，若于假山上栽植，主峰一带较密，配峰部分稀疏；置石主要置于路旁、林下、建筑角隅、台阶边缘等处，植物以观赏性强的球类、花灌木、造型树为主，地形、花木与置石结合，相得益彰；驳岸石沿水岸设置，岸线蜿蜒曲折，时进时出，植物可结合岸边绿地尺寸选择，常选姿态优美的湿生植物，疏密有致，层次错落，如与柳树、海棠、玉兰、木芙蓉、黑松、云南黄馨、络石、薜荔等结合搭配，营造野趣。

庭院假山　　庭院置石

图 1-92　**庭院山石**

（4）花红柳绿水中映（水景）

庭院中应用最多的水景形式为池、泉、溪和瀑布，池水静谧，泉水动态，溪流曲折而瀑布结合山石从高处落下，各有各的姿态（图 1-93）。庭院水池或观鱼、或观花，水生植物需要光照，所以水生植物池多建于阳光充足之地，水面植物不宜拥挤，水生植物根据水的深度进行选择，荷花、睡莲、芦苇、美人蕉、再力花、千屈菜、黄菖蒲、凤眼莲、萍蓬草、菖蒲等都可以选择；泉水喷吐跳跃，较能吸引人的视线，配植合适的植物加以烘托，效果更佳，喷泉设于水池之中，池边岩石间隙植匍地植物、宿根、球根花卉，水边配植孝顺竹、红梅等，营造疏影横斜、暗香浮动的景观意境；溪流蜿蜒曲折，有收有放，既有浅滩也有深潭，溪水流动，配置植物净化水质，稳固溪岸，垂柳、枫杨、菖蒲、芦苇等耐水湿的植物皆可选择，若是旱溪更需要植物的搭配，增添自然景致；瀑布结合山石而设，从高处顺势而下，植物根据山石皴纹、色泽纹理、群峰位置等选择高度、外形、叶形、色彩等有变化又能较好互补的植物，络石、常春藤、鸢尾、虎耳草、箬竹等都可与假山瀑布搭配。

图 1-93　**庭院水景**

（5）曲径通幽草木深（道路）

庭院小路设计不会过于拘泥，大多轻松随意，以曲径通幽的花园小径为主，联系着院门、屋舍和各功能空间，不仅是庭院的交通要道，也具有散步赏景的作用（图 1–94）。前院中大门到建筑主入口的道路指向性明确，两侧花木不宜过高，需要保证行走方便且视线通透，若为北向道路，两旁可植低矮耐阴的花木，以显道路明亮；若为南向道路，两旁可种喜光花木或作带状花境，颜色可选红、黄等亮色，展现朝气蓬勃、热情洋溢之感。蜿蜒小路特别讲究移步换景之效，两侧植物设计形式、种类等都较丰富，可利用花境、草坪、树丛等形式来布置设计，首先是路缘，属于园路植物设计中非常重要的组成部分，可顺着路缘种植小乔木、灌木、草本花卉、草坪草等丰富多层次植物空间；然后是道路转折处，此处的植物设计能强化园路的导向功能和视线的对景效果，是道路旁也是整个庭院空间重要的景观装饰处，可种植一两种装饰性强的观赏植物或将球类、花卉和散置石块结合搭配，加强空间观赏效果。

图 1–94　庭院道路

（6）窗明几净绿植低（建筑边）

植物对建筑有较强的装饰作用，钢筋混凝土结构要融入庭院之中需要通过植物来实现。而窗户是建筑空间重要的采光、通风和观景介质，株高和冠幅较大的植物严重影响了建筑物的采光和通风，伸展的枝叶也容易将昆虫带入室内，即使植物姿态优美也需要一定的视距才能获得最好的观赏效果，所以建筑窗边不适合种植高大的植物（图 1–95）。植物材料选择时一定要构想成型后的庭院设计效果，选择能与建筑材料和庭院风格相协调的植物材料进行搭配。

（7）亭台楼阁果香沁（亭与花架）

庭院中最常见的建筑小品就是景亭和花架（图 1–96），因其具有休息、赏景以及组织空间之功能，所以总是将其放置于重要的位置，虽然其本身结构轻盈、造型优美，但仍需绿植来掩映，可选择在枝、叶、花、果等方面形态、色彩优美的植物材料，柿树、石榴、香橼等果树也是不错的选择。如与花架相配时，公园里常用紫藤、藤本月季等观花植物，庭院中可选择葡萄、猕猴桃、南瓜、丝瓜等果蔬类植物体现庭院的生产功能。

图 1–95　建筑窗边景观

图 1–96　庭院景亭和花架

图 1-97　庭院角隅

（8）一亩三分在角隅（角隅）

很多人都喜欢在庭院中养花弄草、种植蔬菜，菜园作为庭院中重要的怡情养性之所，除了生产要事，还要注意和庭院环境互相融合，更好地装饰和美化庭院，若没有科学地规划设计，菜园子往往会破坏整个庭院的精致美感。因菜园苗床是整齐规则的，蔬菜与观赏植物形态区分也较明显，而且蔬菜容易招惹昆虫，种植需要经常施肥除草等，所以菜园须与庭院分隔、与建筑分隔，一般将其布置于庭院围墙边（图 1-97），以自然式篱笆或实墙作为边界隔离，自然地让一些藤蔓植物攀爬其上，但要注意围墙不能大面积挡光，否则会影响蔬菜生长。菜园内宜选择易生长且不易招虫的蔬菜，如香葱、空心菜、生菜、韭菜、油麦菜等，栽种时尽量考虑蔬菜高度、结构和形状上的平衡感、层次感，适当可点缀彩叶蔬菜增加美感，也可配植薄荷、迷迭香等芳香植物，清新空气。

贰

方案设计篇

图 2-1　文本

图 2-2　展板

图 2-3　模型

图 2-4　文本目录

方案设计主要以文本形式（图 2–1）展现，有时结合展板（图 2–2）和模型（图 2–3），是设计师根据任务书要求和场地现状分析，运用专业知识和工作经验进行方案构思，绘制总平面图、各类分析图、鸟瞰图、局部平面图、立面图、效果图等图纸，编制设计说明和投资估算，并将所有内容汇总和编排形成文本的整个过程。方案设计的工作流程：接受任务书—场地踏勘与研讨—项目策划—方案构思—方案草图绘制—总体设计—详细设计—专项设计—投资估算。方案文本内容一般为项目概况、设计总则、总体设计、详细设计、专项设计和投资估算等。

项目概况：包括区位分析、场地范围、自然条件、文化条件、现状分析、分析总结。

设计总则：包括设计依据、设计原则、设计定位、设计目标、设计理念等。

总体设计：总平面图、鸟瞰图、功能分区图、竖向分析图、道路分析图、视线分析图、景观结构分析图、种植分析图。

详细设计：节点平面图、节点立面图、节点效果图。

专项设计：种植设计、建筑设计、桥梁设计、铺装设计、小品设计、照明设计、给排水设计等。

投资估算：主要经济技术指标、投资估算表。

对于庭院设计来说，设计本身的内容固然是最重要的，但是设计思路的表达方式也不容忽视，尤其是在充斥着个性和新奇的年代，设计内容的表达不再是简单的罗列，精致的文本和充满设计感的形式更有助于方案的通过。庭院设计内容的表达形式一般采用文本、展板、模型和 VCR 视频四种方式。庭院景观设计属于空间设计范畴，文本和展板制作就如我们平常所见的海报、书籍、杂志、报纸一样，属于平面设计的范畴，设计时要考虑人的阅读体验。

文本：为方便易读且便于携带，方案文本的版面一般选择 A3 大小，除将文本内容按章节顺序排列以外，还应有封面、目录（图 2–4）、封底，各章节前有篇章页。版面设计必须统一且不花哨，不统一则零散不成系统，太花哨容易喧宾夺主。每一页中字体、字号规范、统一，字体颜色和对齐方式规范，段落、行距和缩进规范，图片清晰，表格规范，图面不要过于饱满，注意留白，图片和文字均衡有序。所以，简洁明了、重点突出和易于阅读是文本版面制作最基本的原则，排版时要善于使用参考线，将相同元素进行并列规整，图面自然规律而整齐，必要时可先勾勒版面草图，以便快速帮设计师厘清构图方式和表达内容之间的关系。

展板：常由彩色喷绘覆于 KT 板上制作而成，为了便于携带和展示，展板的大小多采用 A2 或 A1 大小，分辨率为 300dpi（图 2–5）。文本和展板都是以书面形式向业主展示设计内容，只是文本厚重，展板更加精炼和直观，所以展板不是简单地将文本中所有的文字和图片复制过来，而是精挑细选，将最能反映项目主旨和特色的图文信息经过精心合理地排版，全面地展示出来。设计原则与文本相同，简洁明快、方便观看、不花哨求统一、色彩调和，字体、字号、间距等规范而统一。

图 2–5 展板

模型制作：模型是将设计方案实体按照一定比例微缩，以立体的空间形态直观展示设计作品的视觉形象，它是设计的一种重要表达形式，有助于设计师完善设计构思，也能更直观地展现设计效果。制作模型首先需要准备工具及材料，常用的工具有测绘工具、剪裁和切割工具、打磨修整工具以及其他辅助工具，材料包括打印纸、绘图纸、厚纸板、瓦楞纸、装饰纸等纸质材料，木工板、胶合板、硬木板、软木板、人造装饰板等木质材料，ABS 板、塑料板、PVC 板、苯板、亚克力板等塑料材料，玻璃材料、金属材料、石膏类材料以及各种辅材类材料等。制作顺序为模型底盘、地形、道路、绿化、水面以及建筑小品。但是模型制作费时、费力、费钱且不易搬运，所以实际项目中较少采用。

VCR 视频：VCR 即 Video Cassette Recorder 的简称，指卡带式影像录放机，现在泛指各种类型的视频短片，这是时代影响下产生的新形式。文本、展板、模型等形式都是无声的、固定的，而 VCR 视频是有声的，可以动态观赏，能向业主全方位动态演示设计效果，演示过程中还能实时讲解设计构思，所以更方便业主接收设计信息和理解设计内容，是目前庭院设计中常用的方式。

1 接受任务书

设计任务书是指业主单位（即甲方）事先编制撰写的有关项目信息、要求、结果的综合性文件，该文件权责清晰、目标明确，能从根本上决定设计的整体方向。不同于政府公众性项目，有专业团队拟写任务书进入招标程序，设计单位（即乙方）以投标单位的资格接受任务书，庭院景观设计业主为别墅庭院主人，因此有时并未出具完整的书面任务书，乙方主要以与业主当面沟通交流的方式明确项目内容。项目内容包括设计红线、场地概况、项目概况等设计内容，功能需求、设计风格、材料使用、施工工艺、投资造价等设计要求以及方案设计、扩初设计、施工图设计、工程施工等阶段的设计期限要求等。

任务书阶段对于甲方而言如同命题作文的出题阶段，对于乙方而言如同命题作文的审题阶段，首要的就是题意清晰，这决定了设计方向，直接影响设计方案的合理性。甲方率先“出题”，陈述相关任务要求，乙方记录，乙方对甲方陈述不充分的部分可提问式引导甲方，以方便明确项目相关的所有内容。在此过程中，乙方需要发挥自身专业优势和专业素养，及时发现甲方不清晰的表述、遗漏的内容以及不符合项目实际的要求，并给出专业意见，双方充分沟通，确定任务书。

任务书文件包括项目作业内容的书面陈述、场地现状图、风格意向图、场地地形图（CAD 格式）等。作业内容的书面陈述多数是与甲方沟通以后乙方所做的文字总结；场地现状图为甲方或乙方于实地拍摄的建筑与庭院空间的现场照；风格意向图是由甲方提供的能直接反映甲方意愿的意向照片，内容包括庭院风格、功能意向、材料质感意向、技术工艺意向等；场地地形图需提供 CAD 格式，如甲方无法提供，乙方则需进行实地测量并绘制 CAD 图，地形图需准确表示场地红线范围、别墅建筑尺寸与位置、建筑入口和庭院大门入口位置、庭院尺寸及其与建筑的关系、庭院地形以及场地内已有设施尺寸与位置等。

2 场地踏勘与研讨

2.1 场地踏勘

设计单位在接受任务书并了解甲方意图以后，首先需要结合场地地形图对庭院进行实地勘查和测绘，掌握场地信息并校对场地数据，确保地形数据是完整和准确的。

（1）打印场地地形图和调查清单

别墅庭院面积一般不超过 1000m²，因此可用 A3 图纸，按 1∶500 至 1∶200 的比例打印出图，如甲方未提供地形图，需要乙方自行测绘的，可在谷歌地图、奥维地图等平台找到项目场地，打印卫星地图，图中能明确表示范围轮廓以及建筑与其他要素的位置关系。另外，未做准备直接进行现场踏勘容易遗漏调查内容，因此踏勘前须编制调查计划，分门别类罗列调查内容，打印清单。

（2）准备测绘工具

根据地形复杂程度以及所需的精确程度选择相应的测绘工具，例如全站型电子测距仪，能精确测绘水平角、垂直角、距离、高差等，若精确度要求一般的情况下可使用经纬仪、水准仪

图 2-6　测绘工具

测量角度以及地面点高差，但是庭院项目多数地形变化不大，也并非每家设计单位都配备了上述器械，因此常用的测绘工具为无人机、单反相机、平板电脑、录音笔、皮尺、卷尺、滚轮、笔、绘图夹板、绘图纸或速写本等（图 2–6）。

无人机：空中航拍设计场地，便于看清场地现状和周边环境，影像分辨率高。

单反相机：用于现场拍照或短视频录制以获取直观图像和信息，便于后期设计参考之用。

平板电脑：随时打开地形图和卫星图，便于场地和图纸对照。

录音笔：对于场地的直观感受、特殊的场地信息等可录音记录，便于场地分析和研讨时回忆。

皮尺、卷尺、滚轮：用于测量水平距离和垂直距离。

绘图夹板：夹图纸，便于记录数据。

（3）观察法的应用

观察法是最原始的研究方法，借助人的感官直接获得信息，看到的是表象，获得的是设计者对表象的真切感受，能搜集到测绘或试验不能得到的无以言表的信息，这正是设计者把握到的场地感觉。观察也并非漫无目的地随意看，需要结合场地地形图、卫星图等图纸资料通过观察了解场地现状，获取有用信息，如场地的空间视域、原有地貌和地物类型、建筑的风格体量、周边环境条件。当然，人的感觉器官毕竟具有局限性，因此观察场地时可借助现代化工具，如无人机、单反相机、录音笔等。

（4）测绘

测绘（图 2–7）的目的是验证已有数据、及时纠正以及补充缺失数据，若甲方不能提供场地地形图，测绘就是获得设计底图的唯一方式，结合卫星图和现场绘制总平面图、立面图。总平面图内容包括场地红线、建筑和构筑物范围、地下管线分布、水体、土坡、原有植物、硬质范围，立面图内容包括建筑和构筑物的立面以及场地地形立面等。测绘前先创建一个正北指向的坐标象限，以左下角围墙角点作为坐标原点，对照场地现状在总平面图上确定控制点，如围墙各角点、大门出入口转角点、建筑转角点、原有植物种植点、道路中轴线与转折点、地势变化点等，然后

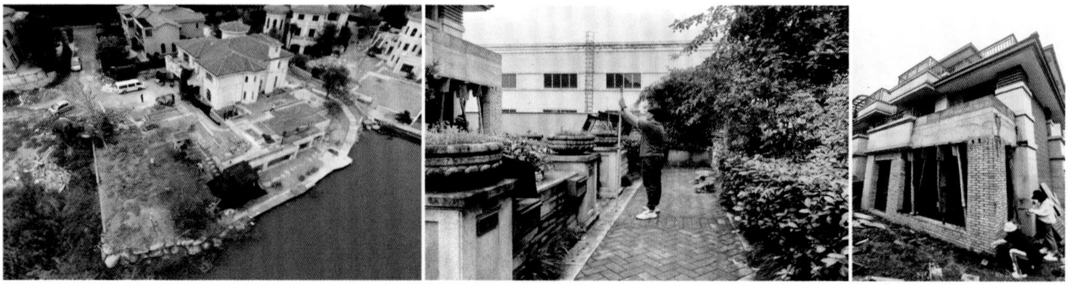

图 2-7　测绘

进行水平测距、量角、测高差、量弧度等，尽可能增加测绘点，或充分利用参照物的尺寸，提高底图数据的精确度。测绘数据要注意读数准确，使用绘图夹板，确保图纸完好无损并书写清晰。

（5）数据汇总和校对

将所有数据汇总并校对，如发现错误或遗漏及时更正与补充。将总平面草图结合测绘数据绘制准确的 CAD 平面图，作为方案设计和施工图设计的基础底图。

（6）勘查资料汇总

场地的测绘与勘查是为了收集、调查场地相关的资料，为场地研讨、设计分析等提供全面可靠的依据。场地勘查资料包括场地自然条件（如场地范围、现状地形、水体、土壤、植被等）、气象因素（如光照、温度、湿度、季风、风力、降水量、场地小气候等）、设施构筑物（地下管线与设备井、地上建筑与构筑物、硬质空间等）、环境知觉（如场地内环境质量、周边环境知觉、视域范围、视线关系等）、人文信息（如社会文化、民族风俗、庭院主人的精神需求和心理需求等）。

2.2 场地研讨

所谓设计，就是一个发现问题、分析问题和解决问题的过程，场地不是孤立的个体，它与周围环境和人相互影响和相互作用着，场地研讨（图 2–8）就是建立在场地踏勘基础上的场地分析，在分析过程中发现问题，并寻找解决问题的方法。所以，它是整个项目前期调研过程中最重要的环节。

通过与业主沟通、场地勘查以及数据初步整理，初步掌握场地情况，根据设计的主题和方向，对场地数据进行筛选和提炼，场地数据包括场地自然、人文、功能和动线四个方面。这些元素影响着庭院空间划分、功能分布、植物和材料的选择以及动线等，场地分析（图 2–9）就是对筛选出的这几个方面的数据进行综合分析，因为只有综合考量这些元素，才能设计出“因地制宜”的最佳方案。

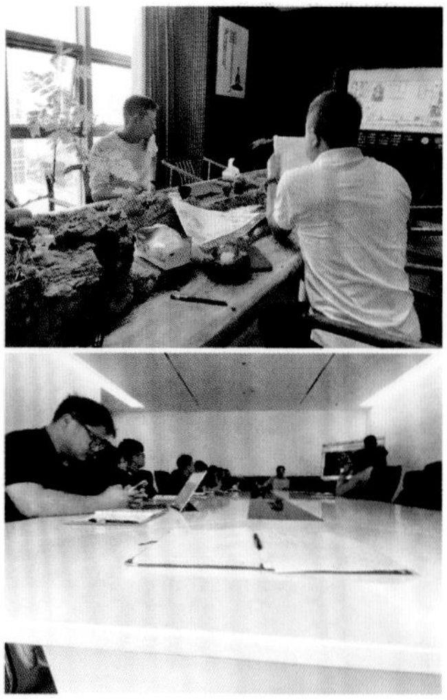

图 2–8　场地研讨

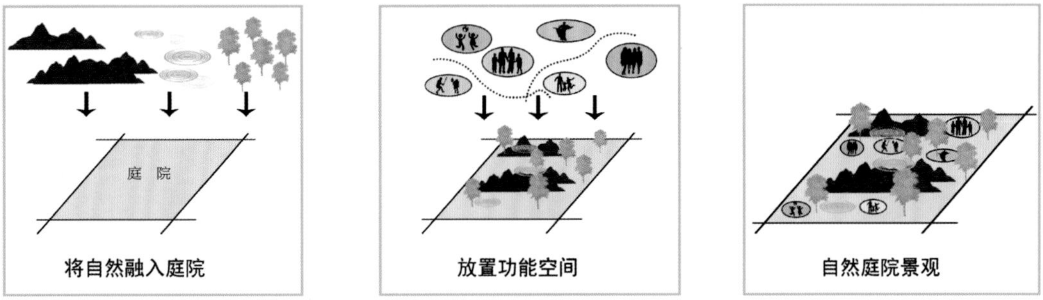

图 2-9　场地分析图

场地分析具体有场地区位分析，包括项目区位、周边交通关系、环境关系等；历史人文分析，包括当地风俗人情、历史信息、业主意见、适宜的理想生活模式等；场地的地形地貌，包括地形地势、坡度分析、坡向分析；地质水文分析，包括地质条件、土壤性能、降水量、湿度、地下水位高低等；生态物种分析，包括场地周边以及适合场地的乡土树种和特色树种等；风水格局分析，在前文庭院风水章节里已做具体的阐述。总之，庭院设计中庭院出入口、道路走向、视线安排、功能分区、空间设计、挖湖区、堆土区、树种和建设材料的选择、场地特色与记忆的延续等都是基于场地分析之上产生的。

明确了场地分析的元素和内容以后，选择合适的分析图表现形式，泡泡图、照片、平面图、立面图、剖面图、轴测图、分析图等。根据不同元素的具体分析要求选择表现形式，单一选择一种或组合式选择皆可。

3 项目策划

在对项目进行全面踏勘和综合分析之后，设计师心中基本明确了该项目的作业内容和作业难度，可以根据预测编制设计标准和时间计划，在资金预算的可控范围内进行项目平衡，明确植物、硬质、水景等各项的资金投入总额，确定整体设计基调。

4 方案构思

“意在笔先”，也即先构思后构图（图 2-10），思路就好比园林中的地形等高线，看不见

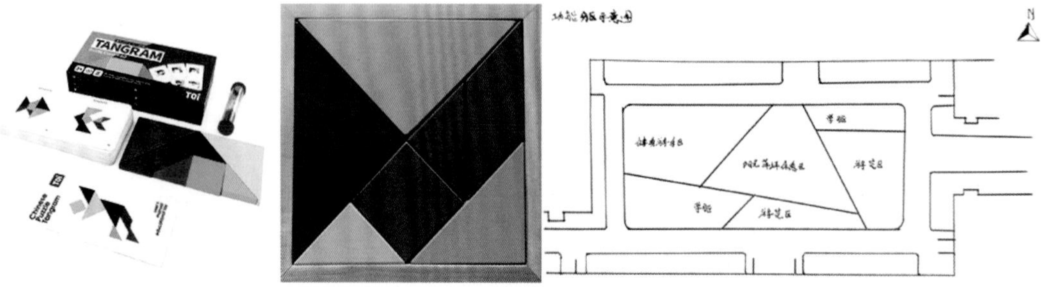

设计概念

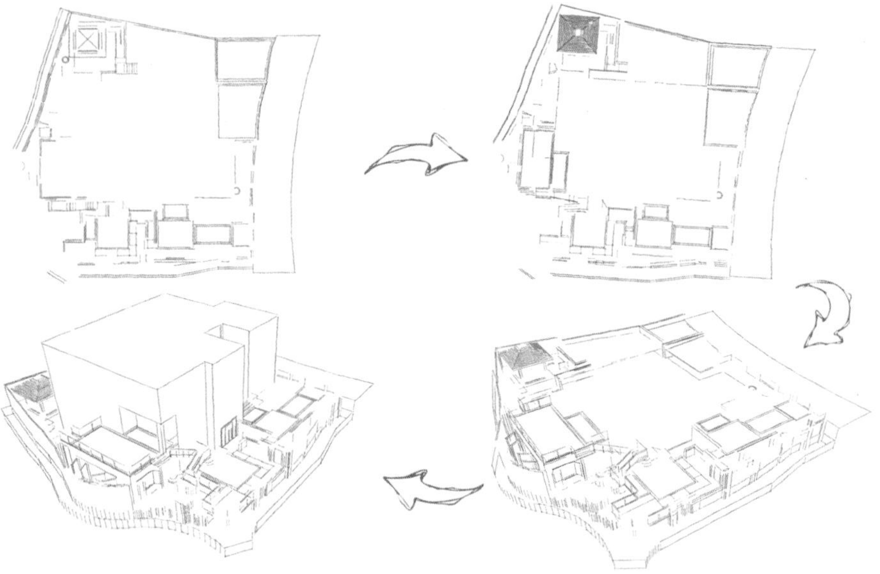

设计思路概念图

图 2-10　方案构思

摸不着，但是却决定了整个园林的骨架。思路，顾名思义就是思考的线路或轨迹，它是建立在场地踏勘和研讨基础之上的，只能依靠大脑去深思而形成，正如做任何事情都经过深思熟虑，未雨绸缪，最后就能达到事半功倍的效果。思路的正确与否、全面与否取决于设计人员的知识面和设计素养，决定了设计方案的合理性与质量。庭院设计需综合考虑功能空间和意境营造，意借旨与地宜而生，旨借意而具内蕴，神形兼备的庭院才能与人在情感上产生共鸣，所以设计思路的形成至关重要。

每个庭院都像是一个故事，每个故事都由不同的篇章组成，设计师需要构思如何讲述能让故事更完整和生动。所以，设计思路形成阶段的主要工作就是对场地客观问题和甲方主观要求做出应对，确立设计目标和定位，导入设计理念，从空间的功能实用性出发，融入艺术性思维，明确功能区划分，结合场地地形、空间特性和视觉效果确定各功能区布置、出入口位置、道路路线安排以及主要视觉中心点。庭院布局讲究“起、承、转、合”的章法序列来进行空间叙述，从而赋予每个功能空间更多的意义和内涵。

4.1 设计思路形成的诀窍

如何形成好的设计思路呢？首先需要放松心情，设计师要把设计过程当作是一种享受，而不是任务或者工作，在一个放松的心态下，找一把舒适的椅子，选几首动听的音乐，创造一个舒适的环境，然后最好有一个默契的团队，这些都将会助力于促成好的设计结果，当然思维受阻、无计可施时，也可以停下来休息一下或者做点自己喜欢的有趣的事。综合来讲，以下五点缺一不可，分别是心意相通、对症下药、包罗万象、情景交融、千思万虑。

4.1.1 心意相通

好的庭院设计是建立在甲方和设计方全面沟通并达成共识的基础之上形成的。设计思路需要充分表现甲方的意愿和需求，这是设计的总方向，明确树立方向目标后再开展设计构思等各项设计活动，而且甲方的意愿和需求并非一味遵循，在沟通过程中，设计方需要结合自身设计知识和专业素养做出判断，吸收有效意见，对不恰当的诉求提出质疑并给出专业意见，做到彼此之间心意相通。另外，设计师要根据服务的对象（指庭院主人们，但需摸清其年龄结构、性别、兴趣喜好等）主动提出设计思考，并与业主达成共识。

4.1.2 对症下药

设计时应进行全面的场地踏勘和分析研讨，合理划分数据信息，列明各层级重点信息和需要解决的问题，针对具体情况寻找解决问题的办法，做到有的放矢，因为每个场地都具备自身的特质，了解并把握场地的优势和劣势才能开发出场地最大的潜能。园林设计中常说的因地制宜进行景观设计就是这个道理，计成在《园冶》中就写道:“合于方的就其方，适于圆的就其圆，可偏的就其偏，能曲的就其曲。”不仅如此，每个场地都有自己的文化与特色，任何功能空间创造时，都要表现独有的特色，这是庭院的魅力所在，没有文化就没有灵魂。

4.1.3 包罗万象

设计中常要求全面沟通、全面踏勘、全面分析，为何要全面，就是为了全面考虑、全面设计，要做到面面俱到，只有“八面玲珑”的景观才能获得使用者的认可。场地中建筑风格、建筑高度、建筑色彩、地势地貌、场地大小、周边环境、气象条件、场地文化、功能需求、精神需求等方方面面都需要全面考量，所以好的设计思路必须包罗万象，综合考虑各方面因素。同时，好的设计也要求设计师自身包罗万象，需要具备广博的知识面和良好的专业素养，上知天文、下知地理。同一个设计场地，不同专业素养的设计师在获得同样数据信息的情况下能设计出不同的效果。所以设计师在工作和生活中需要不断地学习，多读、多看、多记、多想，读万卷书，行万里路，然后融会贯通。

4.1.4 情景交融

历代脍炙人口的诗篇必然是情文并茂，富有哲理，庭院是人诗意栖居之所，其设计也讲究诗画意境与功能空间相结合，所以设计需要有切合场地实际的概念和设计理念，设计师针对场地实际确立设计目标和定位，提出创造性强的构思和设想。景是外在的，情是内在的，好的概念和构思可以让外在的景具有内在情感的认同和共鸣，融情于景，使景中藏情，情中见景（图 2–11）。做到情景交融的关键在于意境的营造，将主观构思的"意"和客观存在的"境"相结合，如苏州网师园中一景，名为"竹外一枝轩"，意取苏轼《和秦太虚梅花》中的"江头千树春欲暗，竹外一枝斜更好"，表现了竹与梅搭配形成的岁寒为友、傲雪迎春的场景。

图 2–11　情景交融

4.1.5 千思万虑

"千思万虑"，思虑的是设计的最优方案，好的方案构思需要在已形成概念的基础上反复斟酌，设计必须具备"推敲、修改、发展、完善"的过程，确保功能的完善和意境的充分表达。方案的概念和构思是整个设计工作的灵魂和旗杆，方案的比较和选择是为了寻求最适宜、最合理的设计，好的方案往往都是以诸多不成熟方案为起点创造的，要接受所有不完整的设想和不完美的方案。

4.2 设计思路的类型

庭院设计中一般的设计构思有几种基本类型，分别是解决问题型、特色主导型、形式转换型和细节深化型（图 2–12）。

4.2.1 解决问题型

场地研讨时已经根据场地自然情况提出了场地优势和劣势，针对这些问题提出直接的解决方案就是解决问题型设计。设计的核心为解决问题，关键在于场地问题是否分析合理，方法为列出需解决的问题、确定功能分区、建构空间"私密性"、关联相关空间、完成平面空间布局，在此过程中，从形式、材料和工艺技术着手探寻各种可能性，提出完善的解决方案。

4.2.2 特色主导型

如果说解决问题型是基于场地自然条件，那么特色主导型就是基于场地风格和文化而产生的，一般以场地文化的倾向性为主导，关联建筑风格，以特色表现为宗旨，结合场地功能和客

形式转换型

解决问题型

特色主导型

细节深化型

图 2-12　设计构思类型

观存在的条件进行风格化设计，在布局、形式、材料、色彩等方面综合表现。特色主导型可以是形式上的特色，也可以是理念上的特色，前者通过单纯进行风格形态、材料、色彩、质感等典型特征的设计来实现，后者赋予设计以内涵，强调文化的表达和传承。

4.2.3 形式转换型

中国的古诗词语言精练、想象丰富、意境充沛，传唱千古而不衰，例如“小桥流水人家”，诗句中所描绘的清新幽静的意境就深入人心，因此庭院设计时，小桥、流水、小屋是常用的形态元素，如果没有自然的溪水就会用白砂石和旱桥来表现水流，转换形式来隐喻。这种类型可以用于表现自然形态，也可以用于表现感觉意境，例如“杨柳岸，晓风残月”，借用柳树随风摆动隐喻动静关系，所以除了表现平面布置，也可在立面空间进行表达。除此之外，冰裂纹铺装设计可隐喻冰裂大地，此处无水胜有水。总而言之，此类型应用广泛，需要设计师具有较高的设计素养。

4.2.4 细节深化型

庭院虽小，设计元素确很多，山石、水景、铺装、桌椅、构筑物、植物等，材料、色彩、体量以及组织无一不反映着庭院的风格和主题，这就如同写文章，首先需要主题，各段落行文不能跑题，设计也是首先确立定位和主题，各细节要素紧扣主题，这不仅决定了设计风格，更是会对庭院设计质量产生了很大影响，所以是以细节深化巩固了设计思路概念。

5 方案草图

在进行场地分析研讨和设计构思之后需要快速地将这些信息记录下来，用最简单直观的符号和形式绘制方案草图（图 2–13），表达平面布局和设计信息。常用符号有气泡状圆圈曲线、点状图形、动态线条和静态线条，这些符号并不是随意绘制，而是根据功能形式给出合理比例，并准确表示出不同功能之间的关联，快速表达和规划出设计师对于项目整体的理解和处理（图 2–14）。除此之外，场地中现存的建筑物和构筑物、植物、溪流等按照其实际大小和位置在草图中事先标注或表现出来，所以设计师常使用半透明的拷贝纸绘制方案草图，因为场地踏勘和测绘后基础现状信息已经按实际绘制出来，将拷贝纸覆盖在基础信息图和分析图之上进行方案草图规划，有利于充分利用现有信息，进行直观的考虑。

（1）气泡状圆圈曲线

动笔前首先需要确定的是功能空间的类型、位置、面积大小，因庭院空间一般不大，所以每个功能区会设计 1 ~ 2 个活动空间节点，然后用气泡状圆圈曲线或者不规则的斑块曲线进行

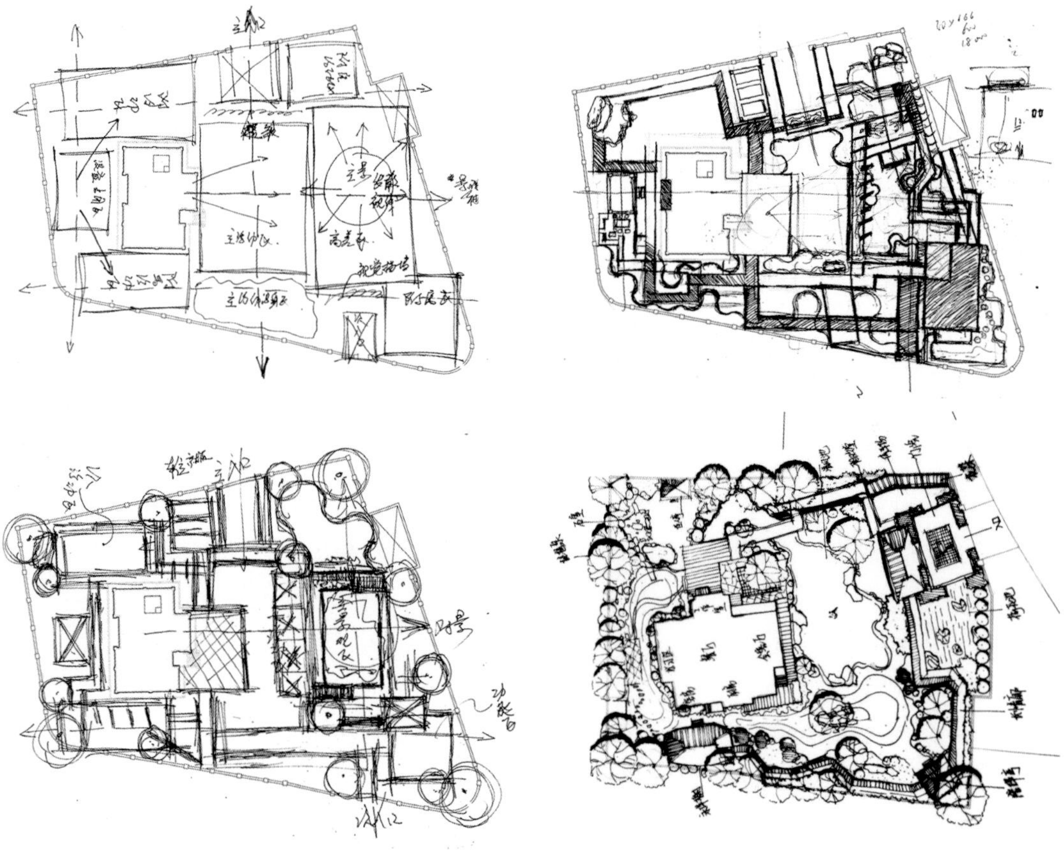

图 2–13　方案草图

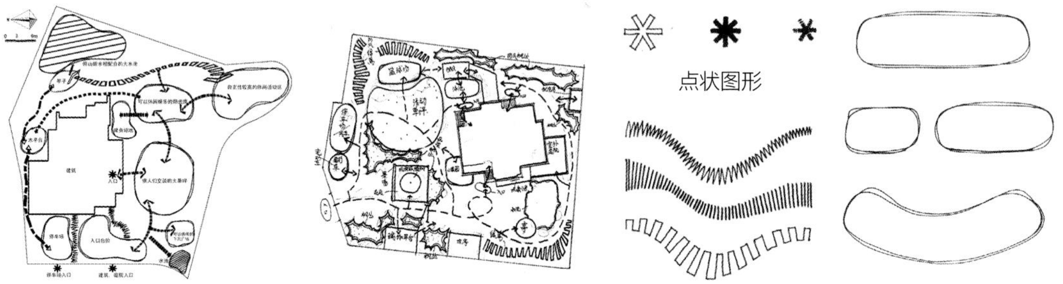

概念设计图 1　　概念设计图 2　　静态线条　　气泡状圆圈曲线

图 2-14　概念设计图及常用符号

表示。功能区除了内部活动性质的游憩区、家庭互动区、观赏区、安静休闲区等，还包括庭院的出入口区，出入口位置的圆圈斑块内标注不同大小的箭头来区分主入口和次入口。功能区遍布整个庭院平面，范围最广，所以方案草图中以气泡状圆圈曲线为主，我们有时就会将方案草图称为泡泡图。

（2）点状图形

功能区的主次我们常以面积大小和位置来区分，那各个功能区内的景观主次呢？我们会用“⁎”符号、“*”符号等交叉型符号来表示重要景观观赏点、人流活动的聚集点和视线焦点。该符号一般位于气泡状圆圈内，可适当增加文字注释。

（3）动态线条

动态线条是一种带箭头的流线图形，用于表达庭院空间内的道路系统，箭头为双向箭头，表示人流的动向。设计时可以不同的粗细或颜色区分道路等级，例如粗实线表示车行道路、较粗线表示人行主路，细线表示游步道。所以，动态线条可明确标出车行路线和人行路线、人流走向、视觉方向、进出口位置、风向、水流方向和其他动向等。

（4）静态线条

静态线条用以表现限定空间的边界和围栏，如屏障、围墙、挡土墙、景墙、噪声区、密林边界、灌木丛、栅栏、台地、堤岸等，常以竖向线条、“之”字形线或关节形状的线表示这些垂直元素，为表现垂直元素通透性的强弱，绘制时可对线条的密实度和粗细做适当调整。

方案草图的绘制是设计中一个重要的流程，设计师刚接触一个项目时对场地熟悉度不够而信息量巨大，方案草图的勾画能帮助设计师快速整理和总结所收集的信息，将设计思路转变为形式语言，从而探寻最优的布局形式，形成一个有理有据、有层次、方向明确的设计方案。设计师在这一过程中会结合场地情况和客户需求，不断地推敲细节、调整和优化设计方案，例如功能区规划以后在进行步行流线图绘制时，设计师会根据流线行进方向、停留、聚集和循环等对功能区块大小、位置和功能作出适当调整。所以，方案草图环节能帮助设计师更快速地熟悉、更深刻地认识场地，从而引发深层次的设计思考，所得出的设计方案也越能说服甲方和使用者。

6 总体设计

6.1 空间布局

6.1.1 庭院空间布局的形式法则

总体设计首要进行的就是空间布局，布局的形式有规则式、自然式、混合式和自由式（图 2-15），一个庭院选择哪种布局形式，一是要根据庭院大小与形状以及场地地形地貌和周边环境条件来决定，二是要根据服务对象和使用者的需求、功能以及地方特色和文化传统来决定。一般场地规则、地势平坦、客户喜热闹、活动量大的以规则式布局为主，相反，场地不规则、地势起伏多变、客户喜清静、活动人群少的则以自然式为主，介于两者之间的选择混合式。

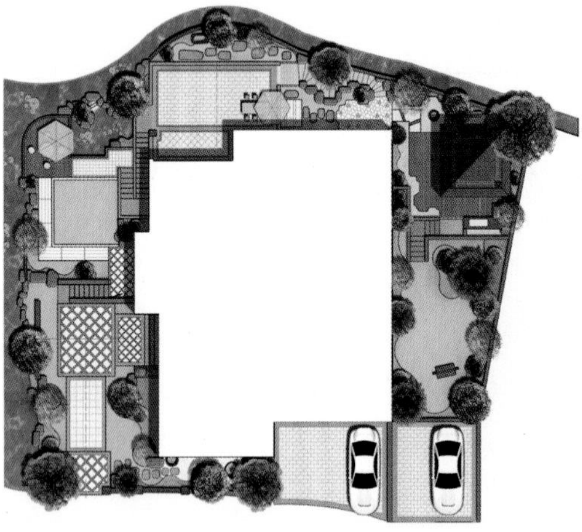

规则式

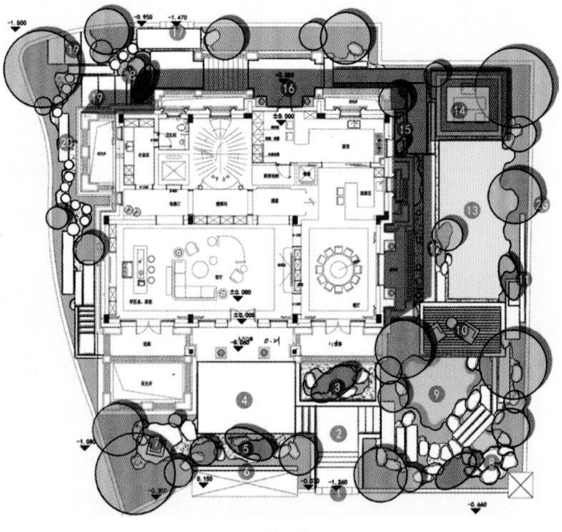

混合式

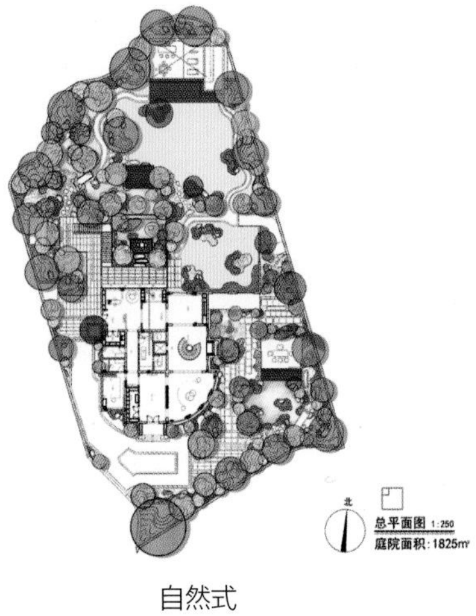

自然式

自由式

图 2-15　空间布局形式

（1）规则式

规则式追求规则和整齐之美，采用几何图形进行整体布局，且以方形和三角形的选用居多，有对称式和不对称式两种类型。对称式常以一条或两条中轴线将空间划分成对称相等的两部分或四部分，无论布局还是空间要素都严格对称，给人严肃、庄重、有秩序的空间感，所以庭院设计时常采用不对称的规则式，既规则有序又能给人活泼轻松的氛围感，因为不对称式强调的不是布局的规整和要素的重复，而是空间的视觉重心。

（2）自然式

自然式追求的是自然的野趣和真实美，以自由曲线和螺旋形曲线为主，设计所要达到的是“虽由人作，宛自天开”的境界，打造人造自然的意境，让人生活其间好似回归山林，有潇洒惬意之感。无论是平面布局还是构成要素都讲究自然和错落，例如水景设计不但水体轮廓曲折有致，而且驳岸、池底等材料和形式选择也以天然、乡土为主，充分展现自然美；又如植物配置三五成群、交错散落，不加人工修饰，凸显植物自然之美。

（3）混合式

混合式庭院布局是将规则式和自然式两种布局方式的特点相结合，如规则式构成元素呈自然式布局、自然式构成元素呈规则式布局，或者规则的铺装和构筑物与自然的水体、绿地自然连接，将两种风格按照统一和变化的原则使其共生，以达到严肃而活泼的平衡之美。

（4）自由式

自由式是新兴的空间布局方式，具有十足的现代时尚气息，极具美感和现代特色，主要通过新技术、新工艺、新材料的运用，凝练景观中的艺术美学和自然特征，采用概括、提取变形、集中等手法创造而成。这种布局形式不似规则式方正统一，不似自然式野趣横生，也不似混合式界限分明，相比规则式多了变化和动感，相比自然式多了规律与秩序，相比混合式多了纯净与统一，彰显的就是浓浓的科技感、时代感和创意性。

庭院布局要按照功能活动和主题特色进行区域划分，每个区域各有主题又相互关联，且各功能区域和主题有主次之分，突出主景，配景相辅，从而使景观具有整体感和统一性，避免杂乱无序。同时，在布局时还要考虑空间的趣味性和景观意境，一步一景，使庭院空间有浑然天成和诗情画意之趣。

6.1.2 庭院空间的形态和构成

园林中的空间形态有开敞空间、半开敞空间、闭合空间以及纵深空间等，庭院空间因其向心内聚的性质不似公共园林形态类型多样，要明确庭院空间的形态和构成首先就需要知道空间以及空间形态等基本概念。首先，空间是指由地面、顶面和竖向垂直面单独或共同组成所形成的实在的或感觉上的范围界限，建筑就是因为其顶、底、墙界限分明而具备完整独立的空间，庭院头顶日月，看似开放实则地形、山水、建筑、构筑物、植物等要素相互依存创造了形形色色的不同感觉的空间，而这些要素的选择和彼此之间不同的构成方式就形成了庭院空间的形态，各空间既是独立的个体，又是相互渗透的，道路将空间组合统一在一起。庭院要素的选择和构成不是随意的，庭院空间是人为的产物，同时它也是为人服务的，必须考虑人的活动和需求，且人在空间内的感受和体验比空间本身更重要，人的存在和活动赋予庭院空间活力和意义，人的心理和视觉需求又使得空间有了更高的艺术追求。

要素的选择和组合不能千篇一律，也不能变化无常，需要以构成和谐统一、趣味性足的景观环境为目的，遵循一定的规律和原则。空间设计主要规律有主从与强调、简单与丰富、对称与平衡、对比与调和、节奏与韵律以及尺度与比例（图 2–16）。

主从与强调指的是空间应有主次之分，还要有突出表现某一元素或景观的强调手法，要素分布均匀，会使整个景观环境单调乏味，根据人的视觉特性，布局中强调的元素和中心位置能使空间具有视觉吸引力和影响力，所以空间布局时要合理安排各景、各要素的主从关系。

简单与丰富指的是各景观空间都应保持各自统一的主题，设计要素多样化，设计的线条、风格、形状、质地、色彩简洁化，使景观空间不会因为多样而杂乱，也不会因为统一而单调。

对称与平衡并不是说所有景观空间都一味追求几何对称的正式平衡，也包括流动的、动态的和自然的非正式平衡，总体来说对称均衡的事物能给人美的享受，但对称不是单指形式，过于严谨的对称反而让空间显得呆板和笨拙，现代景观空间设计中多采用非正式平衡来给人轻松、活泼和优美的感觉。

对比与调和可以加强景观元素的变化和趣味，丰富景观空间的视觉效果。对比是指加强元素之间的差异性，包括要素类型、材料、大小、形状、方向、色彩、表现手法、虚实、强弱关系等，而调和是指整体环境的协调一致，变化的元素之间要有一定过渡，保证整体协调、局部对比。

节奏与韵律也称为节奏感，有规律的重复能激发美感，生活中很多美的事物和现象都是具有节奏感的，比如音乐和诗歌。景观设计中常通过点、线、面、体、材质和色彩等方面的变化

主从与强调　简单与丰富　对称与平衡

对比与调和　节奏与韵律　尺度与比例

图 2–16　空间设计规律

来展现景观空间的动态变化和秩序之美，例如元素在形状、大小、色彩、质感和间距上连续、渐变、起伏地变化，或者各元素交替变化。

尺度与比例涉及高度、长度、面积、数量和体积之间的对比关系，是大至空间设计小至要素设计都必须遵守的法则，只有适宜的尺度和比例才能创造优美大气的景观环境。总体设计中各功能区的大小就是其所占的比例，按照功能类型和主次之分确定比例面积，而尺度涉及各物体的真实尺寸数据，与人的使用息息相关，设计师脑中要有正确的尺度观念才能满足庭院主人的使用需求。

庭院空间的基本形态（图 2–17）有围合空间、向心空间、静态空间、动态空间四种。

（1）围合空间

围合空间是指由不同材质围合形成的空间类型，建筑中四合院就是由建筑实体围合形成的院落，而庭院中的围合并不是说必定是全封闭或半封闭的空间，更多时候是看似封闭实则开放的空间，因为庭院中形成围合的空间要素很多，如地形、墙体、植物、景观构筑物等，可以形成微弱围合、局部围合、强烈围合和复杂围合等形式。一般强烈围合的领域性、内聚性、私密性较强，其他围合形式往往追求的是意境的营造，具有一定的流动、洒脱、轻松、开敞之感。庭院中看书读报区、田园体验区、浣衣晾晒区就常设计成围合空间。

（2）向心空间

向心和离心相对，顾名思义，向心就是人流呈聚合趋势，离心就是人流呈分离趋势，所以向心空间给人友好、随意、投入的感觉，离心空间给人独立、隔离、冷漠的感觉。庭院中常指

围合空间　向心空间

静态空间　动态空间

图 2–17　空间形态

的向心空间并不是人自发决定聚集和活动，而是被空间中的景观吸引所致，所以庭院空间因经过精心布局，将视线引向其间的假山、水景、雕塑、小品、植物等景观，而使得空间极具内向凝聚性，我们把这类空间称为向心空间，庭院中很多不同类型的观赏区、活动区都属于这类空间类型。

（3）静态空间

静态空间是指形式相对稳定，在固定范围内有景可观、有观景地的空间类型，在静态空间中人的视点多是固定的，视线的方向是唯一的。有景可观是指空间内的景观效果较好，庭院中如植物空间、山石空间、水景空间、小品空间等都属于观赏价值高的空间；有观景地的意思是说空间内除了好看的景观，还需要给人提供观景的场地，因为人对于景观的感受来自视觉、触觉、听觉或习惯感觉，其中最直观的就是视觉，所以设计要遵守人的视觉规律，最佳视域为水平方向 160°，垂直方向 130°，最适视距为垂直视场 30°，水平视场 45° 范围内，在此范围内必须设计一定大小的观景点。静态空间设计最重要的还是景观的设计，为了使观赏视域内能有良好的景观效果，设计时要有远景、近景和中景，主景和配景彼此之间的衬托和呼应。丰富的景观层次能避免景观的单调，中景作为主景是重点，通常位于空间中的构图中心，着重反映空间功能和主题，远景和近景作辅，衬托主景。

（4）动态空间

动态空间是让人边走边看的空间，其空间界面的形态是连续变化着的，空间构成形式是复杂多样的，具有明显的视觉导向性，能让人快速将视线从这一点转向另一点，运动着观察周围景观，需要把握好空间变化的节奏和韵律，将不同形态的空间按照艺术规律组合起来，使空间互相穿插、嵌合、叠加，同时通过空间大小、形状、高低、方向、虚实、开合和收放的对比，强化空间变化的艺术效果。动态空间往往不是独立的一个空间，而是由多个空间按照先后顺序排列组合而成，这涉及空间序列的概念，将在下一节中详细介绍。

6.1.3 庭院空间设计手法

庭院空间设计的实质是什么？白居易在《玩新庭树因咏所怀》一诗中写道："偶得幽闲境，遂忘尘俗心。始知真隐者，不必在山林"。庭院小小，容纳不了山川大海，却是人在滚滚红尘中诗意的栖居之所。一方庭院，清风徐徐，月明星繁，杨柳拂面，果树萤窗，绿意葫浓，繁花似锦，半卷闲书，茶香袅袅，枫林漫步，相谈甚欢，清幽养性，风轻云淡。所以庭院空间是兼具功能、艺术、情感和意境于一体的景观环境，同时也属于自然环境中的一部分，设计要利用不同的表现手法将构思、主题、特色、意境表达出来，修一方庭院、得自然之趣、赏艺术之色、偷闲时之乐、养一寸人心。

庭院空间设计时常用的表现手法有借景、对景、框景、漏景、夹景、添景、障景、点景。

（1）借景

借景是中国传统造园艺术的独特手法，林园之最要者也，它是有意识地组织造景（如开辟观景透视线、去除障碍物、抬高视点等），使空间以外的景物融入空间内，扩大了景观深度和广度，有“收无限于有限”之效，而且因借无由，触景俱是。借，并非借贷之意，而是凭借之意，也不是借园外之景才是借景，设计师可利用人的视觉、听觉、嗅觉等感观系统来借形、借色、借声和借香，也可以像计成在《园冶》中的介绍，进行远借、邻借、仰借、俯借以及因时而借。借景可借山石之形、日月之姿，借流水之声、鸟鸣之音，借植物之色、花卉之香，借建筑、小品等人为景物（图 2–18）。

（2）对景

互为呼应之景叫对景，也就是可以从甲观赏点欣赏乙观赏点，也可以从乙观赏点欣赏甲观赏点。对景,可与庭院外的风景点取得对景,也可在庭院内景点布局时考虑互为烘托(图 2–19),同时可将两景点正对相向布置形成严格对景，也可以有所偏离形成错落对景。对景设计有利于完善空间布局，突出主景，划分庭院空间。

借光影

借植物之色

拙政园内的邻借

拙政园内的远借

图 2–18　借景

图 2–19　对景

（3）框景

框景是指利用门洞、窗洞、山洞、树框等将景色置于框架之内的造景手法（图 2-20），采用这种手法造景首先应设计好入框的景色，然后是有适宜的景框，景框是前景，景色是主景，景色位于景框之后，增加了景观深度，丰富了景观层次。有了景框以后对景观起到了强调作用，让景色处于视觉中心处，使空间更具艺术感染力。

圆洞框景

门洞框景

窗洞框景

廊柱框景

景墙洞框景

石洞框景

图 2-20　框景

（4）漏景

漏景是从框景衍生而来的，是空间渗透的主要方法，形成漏景的条件就是有镂空式花墙、窗户、隔断、树干枝条等（图 2-21），通过镂空景观物的缝隙看后面的景色，使景物不能完整呈现，有“犹抱琵琶半遮面”的含蓄之美，若隐若现，遮遮掩掩，加强人对于景观的探索和好奇心。漏景手法应用于庭院空间设计中，大大提升了庭院艺术层次。

（5）夹景

夹景手法用于纵深空间，是指利用大体量树丛、树列、土丘或景观构筑物等将左右两侧加以屏障，形成封闭的狭长空间，空间的端点之景就是夹景（图 2-22）。这种处理方式突出了所夹前景，加强了景深，使景观更具诗情画意之美。

漏窗漏景

枝干漏景

图 2-21　漏景

植物夹景

建筑夹景

图 2-22　夹景

（6）添景

添景是指在空旷的区域范围内，为了增加景观空间的层次性，加强景深感染力，点缀小品、植物、建筑等景观物（图 2–23），使视觉空间不至空旷、单调，所添加的景观物要求姿态优美、造型别致、艺术价值高。

图 2–23　添景

（7）障景

障景也叫抑景，是一种欲扬先抑的表现方法，指为了营造景观环境的神秘感，加强景观给人的惊喜感，采用布局层次变化、构筑山石和布置植物等方法，使游览路线不直接、观景视线不通透，从而达到引人入胜的目的的造景手法。障景时多用高于人视线的山石或植物（图 2–24），设于出入口或道路转折处，因阻挡了视线而让人迫切探寻“障”后的景色，有绝处逢生、峰回路转的释然感，也有诗词中所说的“山重水复疑无路，柳暗花明又一村”的体验感。

植物障景　　山石障景

图 2–24　障景

植物点景

景亭点景

图 2-25　点景

（8）点景

庭院中主景和主景空间因位置、色彩、体量的特殊性是易于被人识别的，但是在主景区和配景区之间的空间就容易单调乏味，点景就是在庭院空间布局时，除主景和主景区以外的视线联系部位利用山石、雕塑、亭台、植物等景物进行景点营造，从而突出景观的主题和意境的设计手法（图 2-25）。往细节上说，如只设计一景观亭意境不够，但是在亭上设置了匾额和对联以后就有画龙点睛之效。

6.2 空间序列

空间序列是指在庭院布局时将不同的景观空间按照先后活动关系做有顺序的排列，别墅庭院具有多空间、多视点和连续变化的特点，有了空间序列那么各独立空间之间就有了顺序、流线和方向的排列。好的空间序列宛如文章写作，具有起、承、转、合的艺术章法；宛如谱写乐章，有主题、起伏、高潮和结束；宛如剧本创作，有主次、有矛盾双方的对立面。景观序列的前提基础是景观空间、道路路线以及观赏视线，空间为点，点串成线，线形成面，从而形成庭院整体空间结构和全局性布局，庭院空间因为有了空间序列组织才具有了空间的整体性和连续性。空间序列的设计，不能仅是空间和景观趣味性上的三维设计安排，也要加入时间维度，考虑时间变化对各个景观的影响，好比一株落叶植物，它的叶片颜色随四季而变化，需要根据其自然变化选择其他搭配植物，否则不管是配置还是色彩，都会让人觉得错乱无序。

景观空间的序列组织不仅仅是一个空间的位置布局，还要考虑人与景观之间的互动关系，这远比景观本身更为重要，在空间序列中获得连续的感知体验，或视觉、或听觉、或嗅觉、或味觉、或触觉，每一种体验相互作用、相互影响，通过感知渲染气氛、指示方向，加深人对庭院的整体印象。景观设计着重考虑人的行为感知，比如人经过大而灼热的铺装地后，会渴望进入阴凉的花架或遮阴的大树；人处于视线封闭、局促的小空间时，会期待看见视线自由开阔的迷人风景。

6.2.1 道路系统的序列类型

景观空间序列组织的目的就是从人动态行进的过程中，将各独立空间合理串联，获得一步一换景的动态观赏效果，所以空间序列形成的最基本因素就是观赏路线的组织，庭院道路系统的序列类型分为串联式、并联式、闭合式、多环式、放射式和综合式六种形式（图 2-26）。

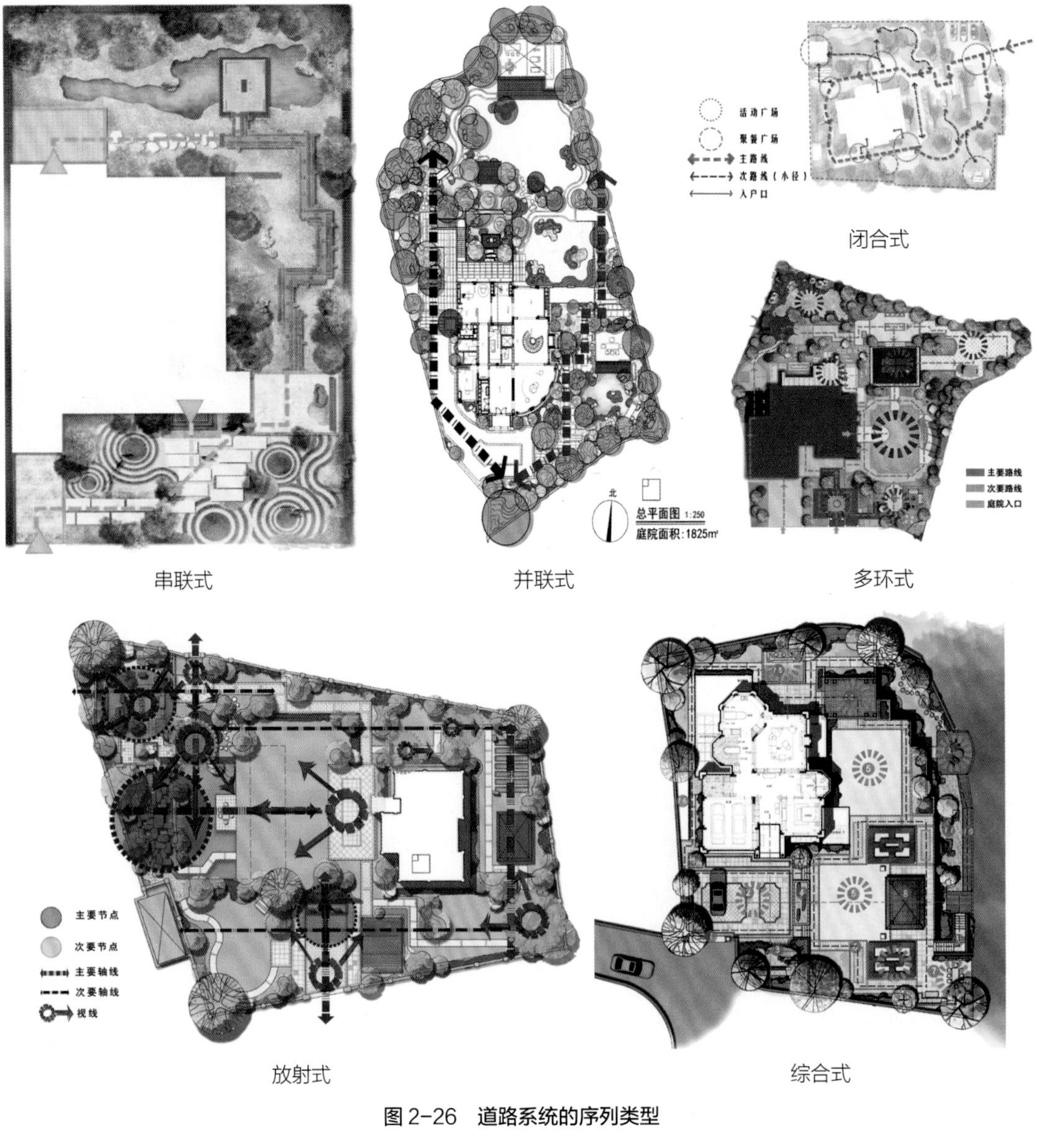

图 2-26　道路系统的序列类型

（1）串联式

景观空间若呈明显轴线式布局，道路形式会选择串联式，做法为设计单条主路穿越景观空间，其余道路皆为辅路，庭院空间设计喜欢追求自然的情趣和变化，所以有时串联轴线不明确，规则场地设计时单条主路常为景观轴形式。串联式道路强调道路的可通行性，常由一端进入，另一端出去，犹如空间走廊。

（2）并联式

庭院形状呈长方形，且内部景观空间风格迥异，各有各的观赏性，则可设置两条或多条道路，用以观赏不同类型的景观。

（3）闭合式

规模较小且较方正的庭院会采用环状闭合形式的观赏路线来组织庭院空间，做法为围绕场地边缘一周布置道路，用以观赏全园景色，可以归纳为入口起始段、视线引导段、观景高潮段和收景尾声段这几个空间段落。

（4）多环式

多环式道路形式适合面积稍大的庭院，且主要景观节点有多个，节点位于中心，道路由此向外扩散，从而形成多个岛状区域，主要景观在中间，外圈景观可松散，使中间环岛形成视觉中心。

（5）放射式

庭院若明显围绕中心主景展开布局，则道路形式选择放射状，做法就是由中心景观向外发散道路，这种形式具有较强的向心性和凝聚力。主景布置于庭院中心，整体布局上起连接枢纽的作用，由入口引导进入庭院，再由此到达周边空间，因道路较多，这种方法易造成交通混乱。

（6）综合式

面积较大的庭院，空间组成较为复杂，很难找出一条明显的观赏路线，因此会采用多种形式相结合的道路形式连接各个功能区和节点，观赏路线具有循环、往复、迂回曲折的特点。

总体来说，别墅庭院空间组织“有法无式”，空间序列通过观赏路线来组织，具体采用哪种形式可根据庭院风格、景点布置类型、庭院面积、形状、设计要求等综合决定，因地制宜，选择最合适的观赏路线，有序组织空间序列。

6.2.2 景观空间序列形式

庭院内景观空间的序列类型多样，或简单、或复杂，或独立、或综合，或连续、或间断，或发散、或聚集，或变化、或不变，或短、或长，或圆、或方。序列的规划布局可以是随意舒展的，也可以是精雕细刻的。所以，这里我们从平面、立面和意境三个方面来介绍庭院的景观空间序列，分别为水平景观序列、纵向景观序列和意境景观序列。

（1）水平景观序列

景观空间的水平景观序列是指由庭院大门起景引入，通过路的转折进行空间变化，从而引导视线变化，经过起景、转折、高潮、结束过程的序列形式。水平景观序列主要着眼于庭院空

图 2-27　水平景观序列

间的断续起伏和开合变化，包括起伏的地形、微地形景观制高点、蜿蜒的水流、迂回的道路、开阔的平地、半开敞的廊架、开阔的草坪、聚合的水面……水平空间变化丰富、开合有致、高低起伏，信步游览可取得引人入胜、渐入佳境的观赏效果（图 2-27）。水平序列的设计由前庭开始，围墙环绕，绿荫为底，入口开阔，建筑主体醒目；从建筑向外扩展庭院道路，园路迂回，景随路转，步入中庭，风景幽奥；曲折的园路伴随地形的起伏，微地形制高点形成良好的观景平台，景亭也常布设于地势高处，登高俯视，视线开阔，美景尽收；后院私密，时收时放，山石水系、绿植草坪、看书品茗、烧烤聚会皆可。庭院景观设计就如讲述一个故事，故事有起结开合、来龙去脉，除了让人视觉欣赏，嗅觉、味觉、触觉、听觉也全方位触动，有移步换景的动态之景，也有驻足欣赏的静态之景，边游边想，从而引发情感共鸣。

（2）纵向景观序列

水平景观序列是景观元素在二维平面空间的布置，纵向景观序列则是展示三维立体空间的变化，景观元素本身具有高度，运用地形的高差变化则能让纵向景观序列更加富有变化（图 2-28）。别墅庭院大多地形较为平坦，山地别墅或建于坡地上的别墅地形变化比较丰富，纵向景观序列设计根据原始地形现状有三种构建方法，主要目的是丰富立体空间，营造错落有致的景观空间，增加自然韵味。若是平地造园，可以保持地形平整，选择利用不同高度变化的景观元素进行搭配，使立面外轮廓起伏变化，灵活自由，如景物景观营造，可以选择大乔木、中层乔木、花灌木、灌木球、地被、草坪等植物组合搭配，形成高低错落的林冠线；也可在平坦地面上营造地形，结合设计地形选择景观元素并组织搭配，可在地形高处布置高大醒目的景观元

图 2-28　纵向景观序列

素，形成良好的视觉观赏效果，也可将观景点设于地势高处，居高临下俯瞰园景；若别墅庭院地形本就丰富多变，纵向景观序列设计更为容易，竖向空间视觉效果也会比平地造园更加丰富，平地别墅庭院内创造地形着重需要考虑土方工程量，因而设计地形大多为微地形。

无论是平地别墅还是坡地别墅，纵向景观序列的设计都至关重要，它与庭院空间意境的营造、视觉观赏效果和空间趣味都有直接关系，合理把握纵向景观序列能大大增加庭院的景观饱满度，不管是先天地形优势的利用、后天地形的营造，还是景观元素的选择和搭配都需要考虑纵向空间景观效果。

（3）意境景观序列

这里的“意境”指诗情画意的游憩境域，以文化信息传递烘托环境氛围，提高景观的被认可度。人在景中游，以景传情、以景寓理，丰富景观空间的文化与内涵，纯自然的景观空间是缺乏文化意境的，景观要素选择和设计时需注重文化寓意的表达，当然别墅庭院不像风景名胜区，文化不必过于厚重，中国园林追求自然山水风格和诗情画意境界（图 2-29），植物作为造园四要素之一，以此为例探讨景观要素设计时的文化内涵。古往今来众多诗词歌赋都对植物有过赞美，有了诗词的润色后人们对于植物景观的欣赏能力也大大提升，园林与诗词本就同宗同源，意境是诗词创作和景观营造的共同美学范畴。梅、兰、竹、菊因其“傲、幽、澹、逸”之意，是诗词和书画的常见题材，也是庭院植物选择的常客；“一声梧叶一声秋，一点芭蕉一点愁”，庭院之景色和意境正是通过植物传达出来的；“榆柳荫后檐，桃李罗堂前”，只言片语却把植物在庭院中的形态、栽植位置生动地展现出来。植树如种字，文字如植物种子，生根发芽，同生

图 2-29　意境景观序列

同长，读诗时有画面，看景时有诗词，意境相通，景色更深。

综合来看，庭院景观设计时无论是水平景观序列还是纵向景观序列，都是为了将庭院中的各景观要素更好地展示，形成富有美感和文化感的画面，诗情画意的庭院景观空间也更能让人享受品诗赏景的优雅与从容，让人在自家的庭院中真正放松身心、享受自然，惬意栖居的同时又可接受人生启迪，获得生活感悟。

6.2.3 景观序列的创作手法

（1）空间对比

空间对比是指将两个差异明显且各具特色的空间毗邻地接在一起，通过两者的对比突出各自空间特色的设计方式，对比方式有不同大小的空间对比、不同形状的空间对比和虚实对比等（图 2-30）。最常见的方式就是通过空间大小的对比求得小中见大的效果，世人总喜欢用“世外桃源”来描述心目中理想的庭院景观，这来自陶渊明笔下的《桃花源记》，文中有述“林尽水源，便得一山，山有小口，仿佛若有光。便舍船，从口入。初极狭，才通人。复行数十步，豁然开朗。土地平旷，屋舍俨然，有良田美池桑竹之属”。这种布局手法可用“欲扬先抑”来概括，为突出主空间效果，在进入之前安排若干小空间，自然形成对比，使人产生豁然开朗的游赏感受。

此外虚实对比也较重要，清代文学家沈复在《浮生六记》中对造园艺术有过描述“大中见小，小中见大，虚中有实，实中有虚，或藏或露，或深或浅，不仅在周回曲折四字也”。所以，

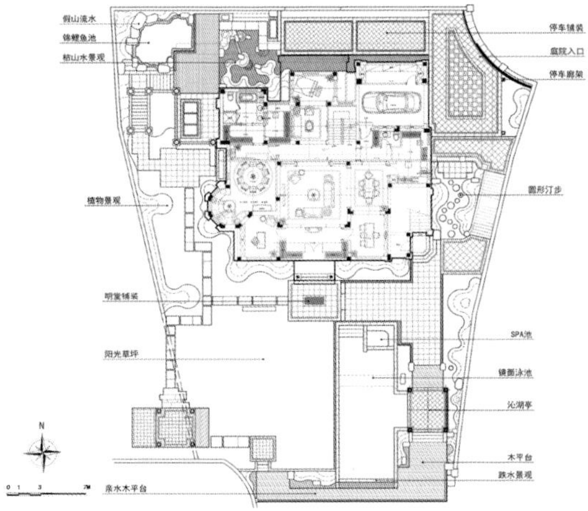

不同形状的空间对比

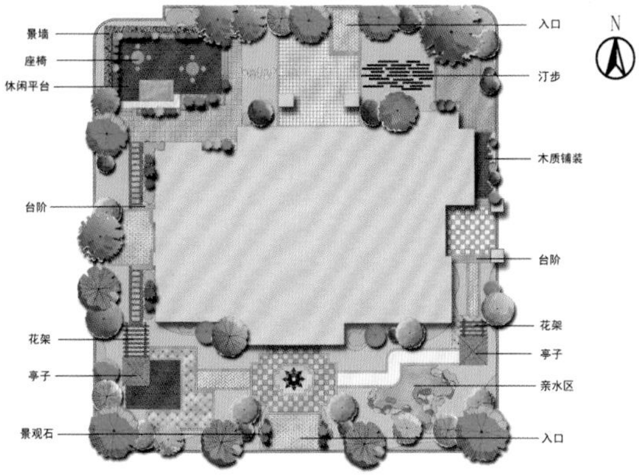

不同大小空间对比

虚实对比

图 2–30　空间对比

空间的虚实、藏露、深浅都是相辅相成的。虚实对比包括两个方面，一是设计虚景和实景，如山环水抱之景，山为实，水为虚，虚实相融；二是眼见为实，想象为虚，虚实相生，构成空间意境，如水边植红梅为实景，心生“疏影横斜水清浅，暗香浮动月黄昏”的意境为虚景。庭院空间本就不大，空间对比能使得园林在有限的小范围内营造出更加丰富的天地。

（2）空间的蜿蜒曲折

别墅兴建时，建筑和庭院形状都较为规整，景观布局若也为规则式，视线一览无余，空间序列少了几分趣味性，而若恰如其分地利用蜿蜒的道路、曲折的廊道刻意地突破规则空间，则能增加空间的层次感，使庭院空间显得更加自然随意。古典庭院常通过蜿蜒曲折的连廊连接建筑，形成富于变化的建筑群，现代庭院也会通过地形、园路、水系的弯曲变化来划分空间，结合错落有致的植物群组，构成变化而富有意境的空间序列（图 2–31）。

古典园林——廊的蜿蜒曲折

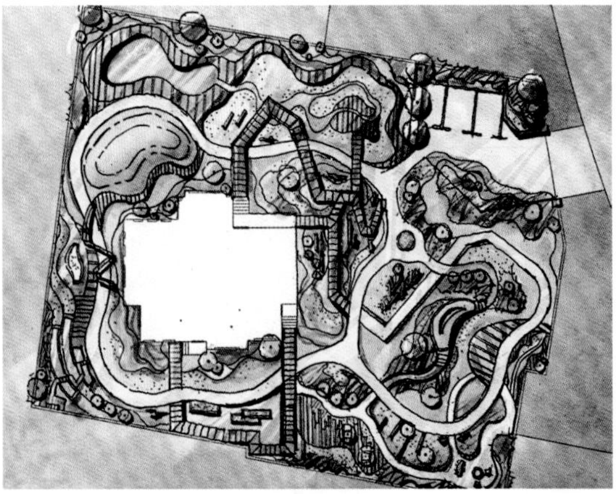

自然式园林

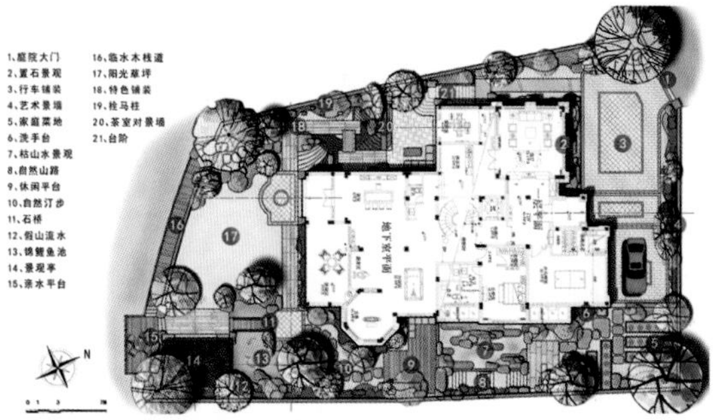

规则式园林

图 2-31　空间的蜿蜒曲折

（3）空间的高低起伏

空间的蜿蜒曲折体现在水平序列上，而空间的高低起伏则体现在竖向景观序列上。中国古典园林追求山水意境，选址大多依山傍水，有起有伏，即便周围无自然地形可利用，设计者也会千方百计营造地形，叠石堆山，引水开池（图 2-32）。现代庭院面积较小，大幅度营造地形并不可行，设计时则根据场地实际情况进行微地形的设计，再结合复式结构的植物配置和建构筑物的使用，增加竖向空间的层次变化（图 2-32），若再与空间的蜿蜒曲折相结合，使景观断续起伏地显现，则更能取得移步换景、渐入佳境、引人入胜的观赏效果。

古典庭院

现代庭院

图 2-32　空间的高低起伏

（4）空间的渗透与层次

空间渗透的造园手法主要目的是丰富空间层次变化，从而加强景深，营造“庭院深深深几许”的深远感，渗透的方法有对景、借景、透景和转折（图 2–33）。对景是在景观视线轴的两端布置观赏点，使得原本独立的两处空间之景形成互看，如拙政园水岸边的远香堂和水中岛上的雪香云蔚亭就是对景很好的体现；借景是有意识地将空间外的景色“借”入空间内视景范围中；透景是指通过在景墙上开设漏窗、门洞、窗洞或借建筑的门洞、窗洞，使得空间相互连通和渗透；转折是指路的蜿蜒曲折，道路弯折之处必有置石、假山、植物组团等景观形成障景，而让后面的景色似有似无、若隐若现。所以空间的渗透就是将两个个性不同的相邻空间联系起来，使视线从一个空间穿透至另一个空间，从而达到各空间不相连通、又不隔绝的景观效果。

利用门洞透景　　利用路的转折　　利用廊的转折

图 2–33　空间的渗透与层次

（5）季相与色彩布局

空间序列的创作是针对全园的统筹布局展开的，形式变化多样，但主要集中于实用功能，而季相与色彩布局则为美学功能的艺术手法。这种手法主要的构景要素就是植物，植物是庭院中少有的具有生命力的要素，也是庭院中园林景观的主体材料，不同植物本身色彩各异，融入了季相元素后，植物的色彩和造型更加丰富（图 2–34），再巧妙地搭配构筑物、铺装、小品、水景、山石等要素，庭院空间的景观效果和序列空间更加多姿多彩。试想春日的樱花红陌、夏日的柳庭风静、秋季的橙黄橘绿、冬季的梅雪清绝，庭院的四季都是绚丽多彩的。

图 2–34　庭院色彩

6.3 从方案草图到形式布局的发展演变

庭院景观兼具实用功能和艺术价值，功能是内涵，艺术是形式，我们常说景观不能只是流于表面形式的创造，而缺乏形式美感的设计往往不能吸引人的注意，任何设计概念都必须转化为形式才能被观赏者接受和使用。庭院空间首先应具有良好的平面布局和造型，然后将空间组合与细部设计相结合，充分考虑景观材料、色彩、建筑技术之间的关系以及和整体布局之间的相互影响，以凸显庭院环境的艺术特色和个性。平面布局、材料选择、要素构成等形式鲜明地表达了景观的形象特征，展现了环境空间的时代性、文化性和艺术性，所以景观的平面形式美是庭院设计需要重点考虑的，常用的方式包括几何形式和自然形式的演变，几何形式指从方形、三角形、圆形、椭圆形等几何形状衍生，形成规则、统一而有趣的空间，自然形式指运用自然曲线、随机线条创造自然、灵动的空间，使人更好地与环境相融。

6.3.1 几何形式的演变

（1）90° 矩形模式

90° 正方形和长方形的矩形模式是景观节点布局时使用极为广泛的设计图形模式（图 2–35），其最易与庭院别墅等建筑搭配，设计简单、施工方便，却又能设计出很多不寻常的有趣空间，特别是引入竖向地形或垂直元素以后，二维平面变成三维空间，高低的层次变化丰富了空间特性。正向矩形空间规整、方正，斜向 45° 矩形空间生动、活泼，设计可使用 90° 网格线引导，简单而实用。

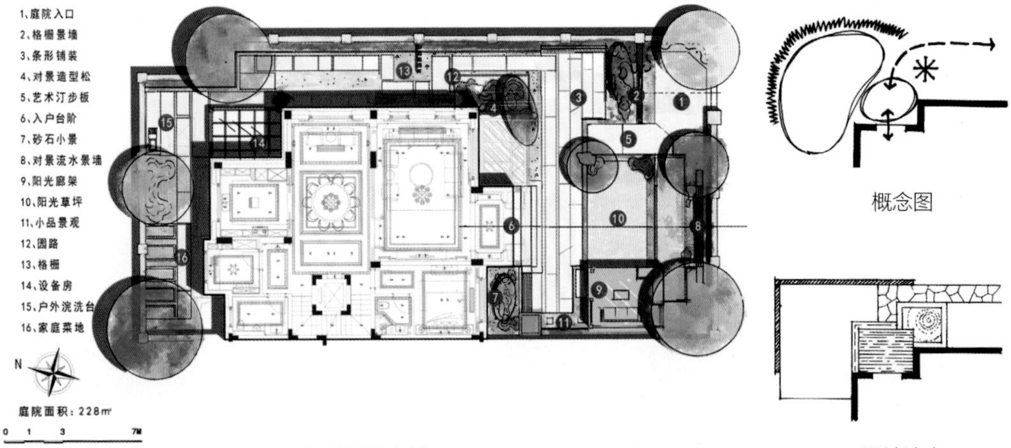

矩形设计实例　　设计演变

图 2–35 矩形模式

（2）三角形模式

三角形是最精炼的图形语言，自然界中高山峡谷、树木花草，都能显示出三角符号特征，源于自然的三角形经过拉伸、挤压、堆砌和拼接，创造出了丰富多彩的自然景观，有严谨而律

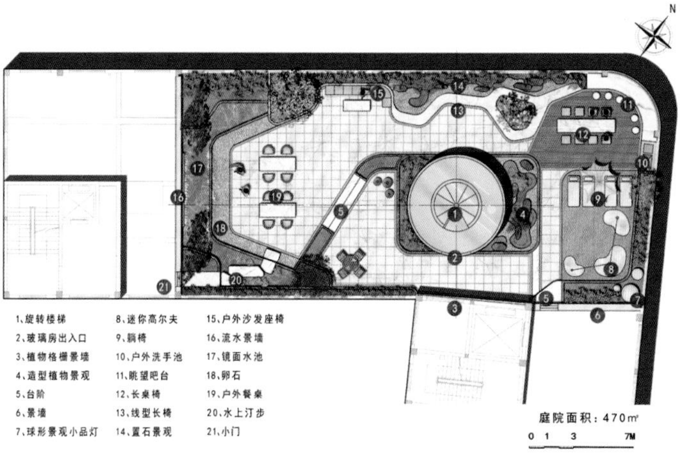

45° + 90° 三角形设计实例

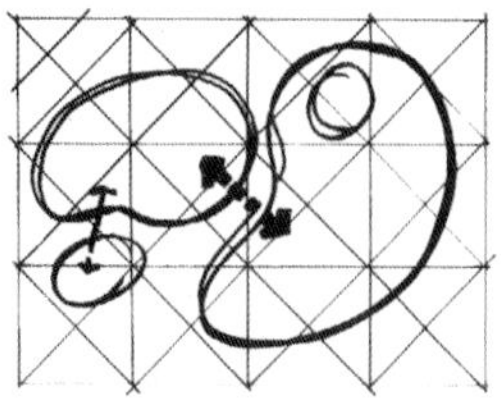

概念图

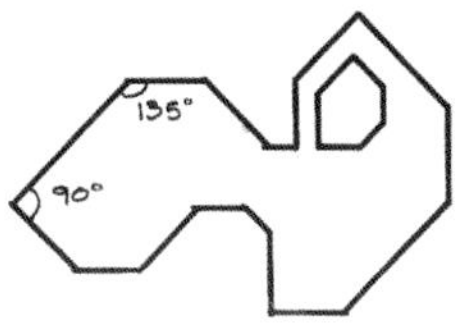

设计演变

图 2-36　45° + 90° 三角形模式

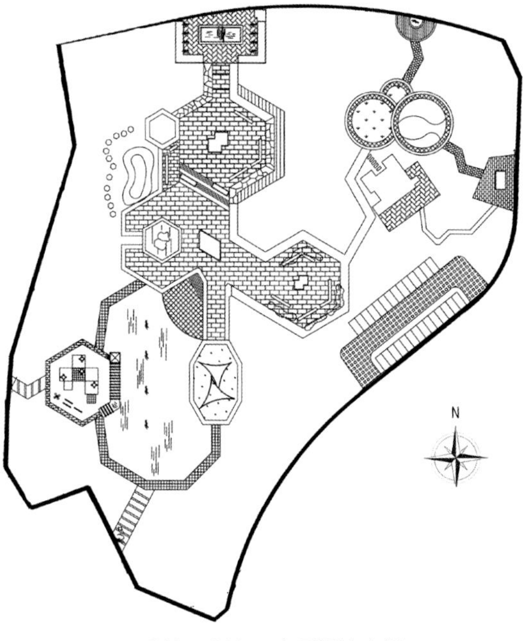

30° + 60° 三角形设计案例

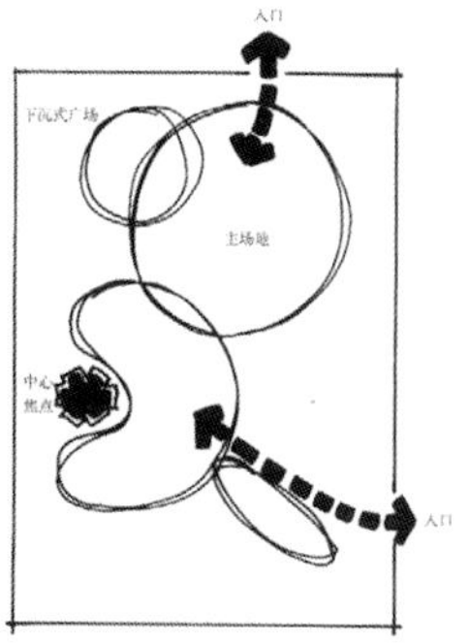

概念图

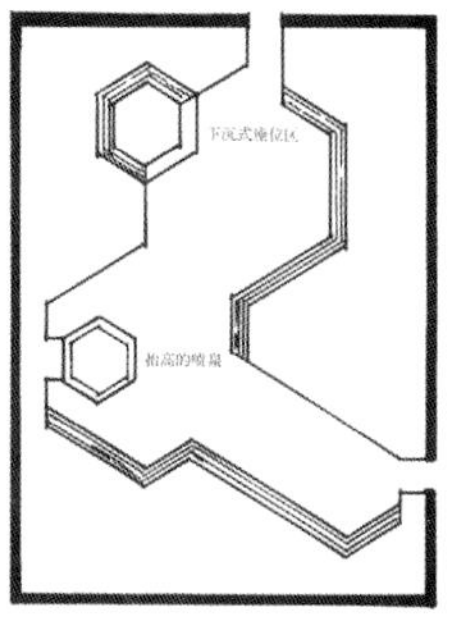

设计演变

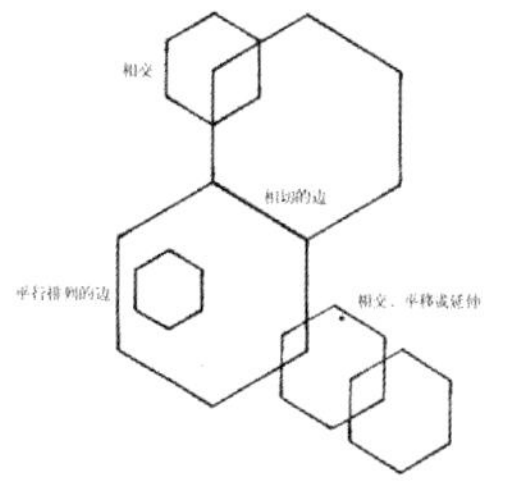

30° + 60° 三角形演变

图 2-37　30° + 60° 三角形模式

动的秩序之美，也有变幻而炫目的跳跃之美。三角形在平面设计中的应用形式有 45° + 90° 的三角形模式（图 2–36）和 30° + 60° 的三角形模式（图 2–37）。

① 45° + 90° 的三角形模式：45° + 90° 的三角形模式也可利用网格线引导，是将两个矩形的网格线以 45° 相交，描绘线条时首先应注意向内转角为 90° 或 135°，然后注意对应线条之间的平衡关系，若不能很好地沿网格线设计，可尝试使用八边形。

② 30° + 60° 的三角形模式：30° + 60° 的三角形模式若按网格线绘制，线条太多易眼花缭乱，设计时常使用六边形，将相同或不同尺度的六边形相接、相交或彼此镶嵌，擦去不必要线条或连接必要线条勾画轮廓线，可创造极具动感的空间。为了保证空间的整体统一，六边形应正向排列，避免旋转。

（3）圆形模式

圆形也是常用的几何形状，圆的线条弯曲、圆顺，更加具有动态变化之美，所以圆的设计类型也较多，可以总结为多圆组合模式（图 2–38）、圆的一部分模式（图 2–39）、同心圆和半径模式（图 2–40）、圆弧和切线模式（图 2–41）等。

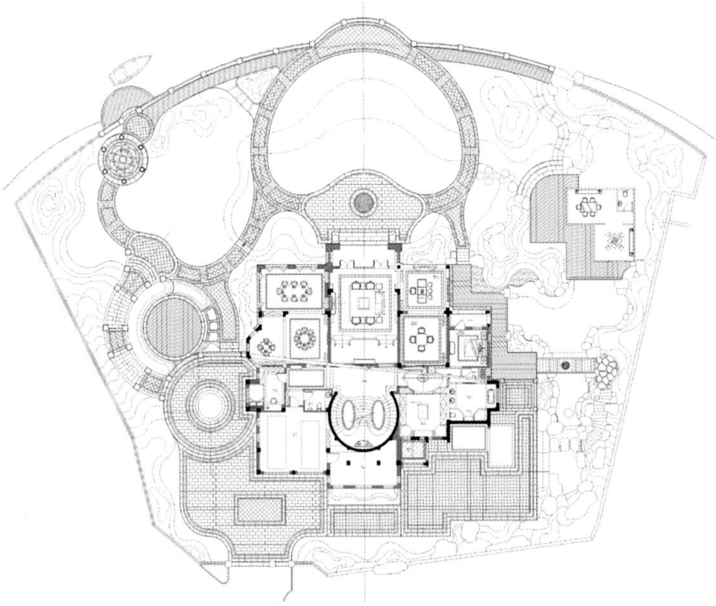

圆形设计案例

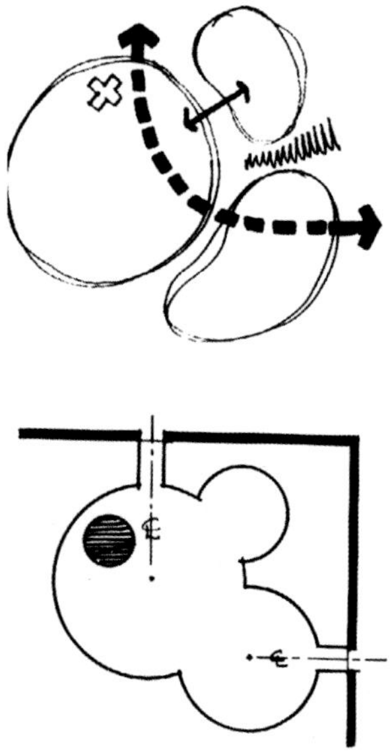

多圆组合演变

图 2–38　多圆组合模式

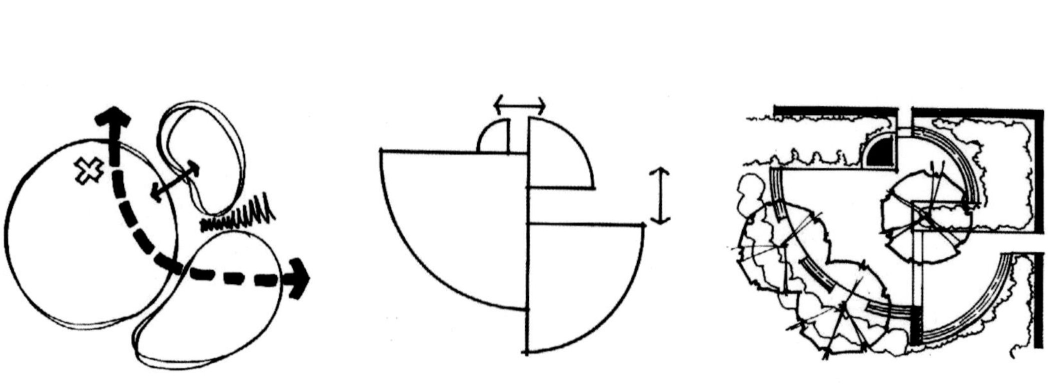

图 2–39　圆的一部分模式演变

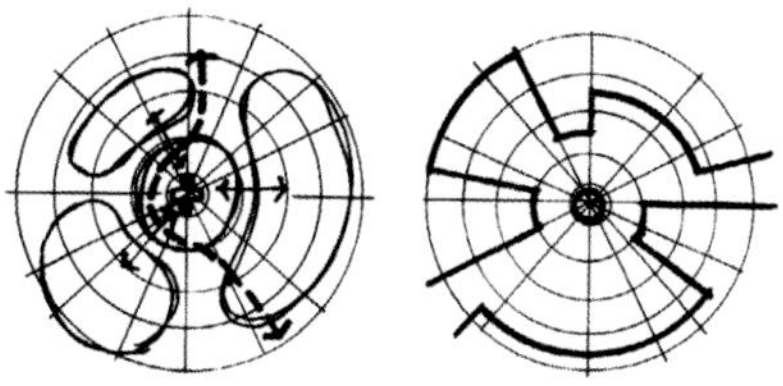

图 2-40　同心圆和半径模式演变

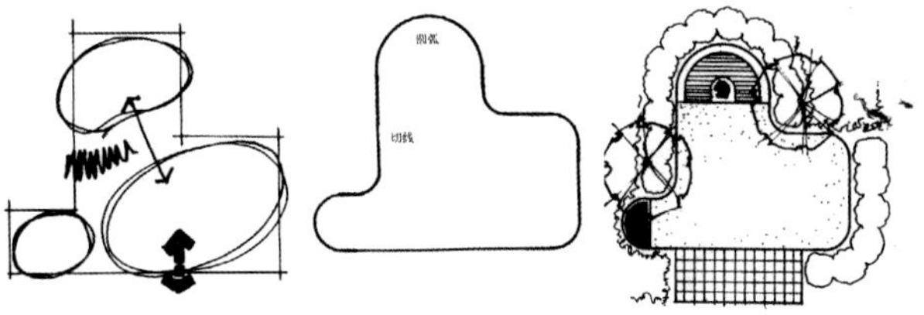

图 2-41　圆弧和切线模式演变

① 多圆组合模式：不同大小的圆相交或相叠加，组合形成活泼自然的空间。

② 圆的一部分模式：将一个圆形分割、分离，形成若干相同大小的扇形，再根据设计空间的大小将各块复制、扩大、缩小，左右平移、上下平移至规定位置，绘制明确的轮廓线，适当增加连接点或出入口，俏皮而有趣。

③ 同心圆和半径模式：纯粹的同心圆具有较强的空间向心性，在景观空间的应用较多，可以是单纯的铺装空间，也可结合花坛、树池、水景进行设计；同心圆和半径的形式也可利用网格绘制，准备“蜘蛛网”样的网格，用同心圆将半径连接在一起，依据概念性方案的尺寸和位置，依网格线绘制平面图，这种模式空间变化非常丰富，适合用于软硬质景观的结合。

④ 圆弧和切线模式：圆弧和切线是矩形模式的升华，90° 角规则严整，融入圆弧形状后自然柔化折角，空间更显活力和趣味。

（4）椭圆模式

椭圆和圆都为封闭的曲线，圆为轴对称、中心对称图形，而椭圆的横向、纵向尺寸不等，形状稍扁，景观设计时椭圆模式与多圆组合模式的应用类似，但因形状自身的特征，椭圆形的景观增添了动感和严谨的数学形式特点（图 2-42）。

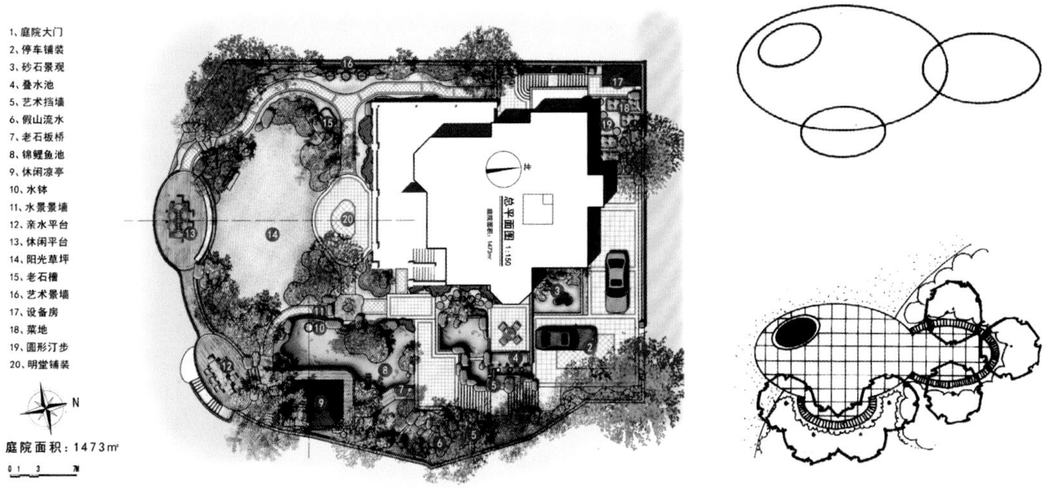

椭圆设计案例　　椭圆演变

图 2-42　椭圆模式

6.3.2 自然形式的演变

中国园林追求“天人合一”的境界，崇尚“本于自然，高于自然”的景观环境，最明显的特征就是自然山水骨架。而规则形式充满了秩序和稳定之感，人造气息浓厚，其显然是不符合中国人的审美要求的，反观自然形式线条和布局随意洒脱，可使人造的景观空间彰显自然气息，从而更好地融于自然环境（图 2–43）。曲线源于自然，常用的形式有蜿蜒曲线、自由螺旋线条和不规则有机线条三种模式。

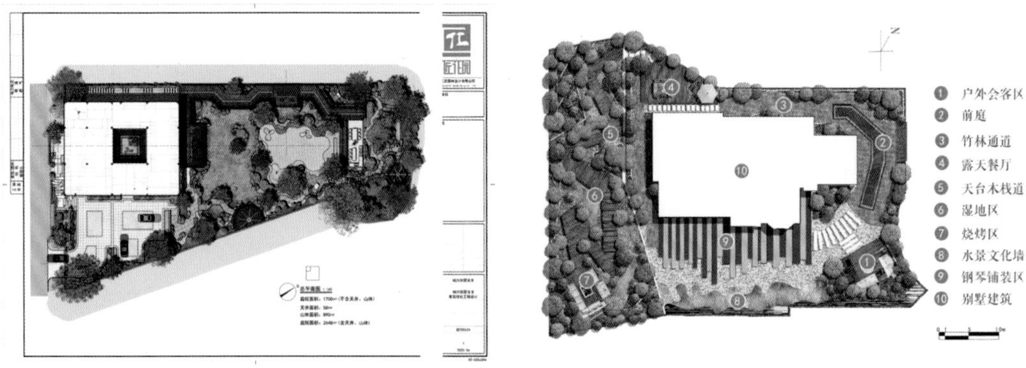

图 2–43　自然形式

（1）蜿蜒曲线模式

蜿蜒曲线源于自然，仰望星空、俯瞰海岸，无一不让人赞叹自然曲线之美，层峦起伏的山脉、山间潺潺的小溪、岸边的层层波澜……曲线存在于自然的任何一个角落，自然的特点也让其成了景观设计中应用最多的自然形式。“曲径通幽处，禅房花木深”，蜿蜒的曲线更能形成动态观赏序列的景观，水平望去时隐时现、略起略伏，步移景异的同时也能创造出静谧的景观空间，以动显静，满足人在庭院中修身养性的诉求。

（2）自由螺旋线条模式

自然界中也有许多螺旋的形状，向日葵籽在圆盘上的排列是螺旋形的，车前草的叶片排列也是螺旋状的，蚂蚁螺旋形地爬行，蝙蝠螺旋式地飞行，人的头发也循着一定方向形成漩涡状发旋……螺旋比自然曲线的弯转幅度更大，悦目的造型结合图形的反转、重组，可以构成丰富而生动的平面形式。

（3）不规则有机线条模式

自然界中还有许多不规则的折线，天空的闪电、岩石的裂缝、冰层的断裂处、植物树冠的轮廓线等，不规则线条看似为短直线的组合，却有着直线所没有的张力和动感，能增加景观的探索性和趣味性，吸引人的注意力。不规则有机线条的特点是方向和长度的随机性，转折时要使用 100° ~ 170° 的钝角，避免使用锐角和太多与 90° 、180° 相差不超过 10° 的角度，前者易使空间受限，且施工困难不利于养护，后者使用太多易有规则整齐之感。

6.4 总体设计的图纸类型

（1）总平面图

庭院总平面图（图 2–44）是指庭院设计范围内场地总体布局情况的水平方向正投影产生的视图。总平面图能全面反映庭院范围大小、庭院内已有的和拟建的建筑和构筑物的大小及位置、功能区节点的位置和内容、地形的起伏和标高、道路宽窄和布局、铺装图案和大小、绿化范围和植物配置、水体、假山及其他环境小品的形状和位置等。

总平面图应在 CAD 软件中按实际尺寸绘制，图中明确表示出铺装的纹样、植物冠幅大小和种植位置、建筑和构筑物屋顶形式等各要素的尺寸、位置和质感等信息，也即平面图需定点、定向、定高。定点指确定各要素的尺寸、布置点；定向指确定各设计内容的朝向方位；定高指确定设计内容的地势标高。CAD 软件中完成后可将总平面图按比例打印出图，用水彩、水粉、马克笔、彩铅等手绘上色，或者将图导入 Photoshop 软件，做彩屏，因为方案文本中的总平面图是需要明确表示出各设计内容的颜色和质感的。

总平面图包含的内容具体有场地周边环境、围墙红线范围、庭院出入口以及建筑出入口标志、建筑范围线（实线加粗）、铺装、水系、构筑物、小品、植物等设计内容（具有明确分界线）以及指北针、比例尺、设计说明、各功能节点图例表。

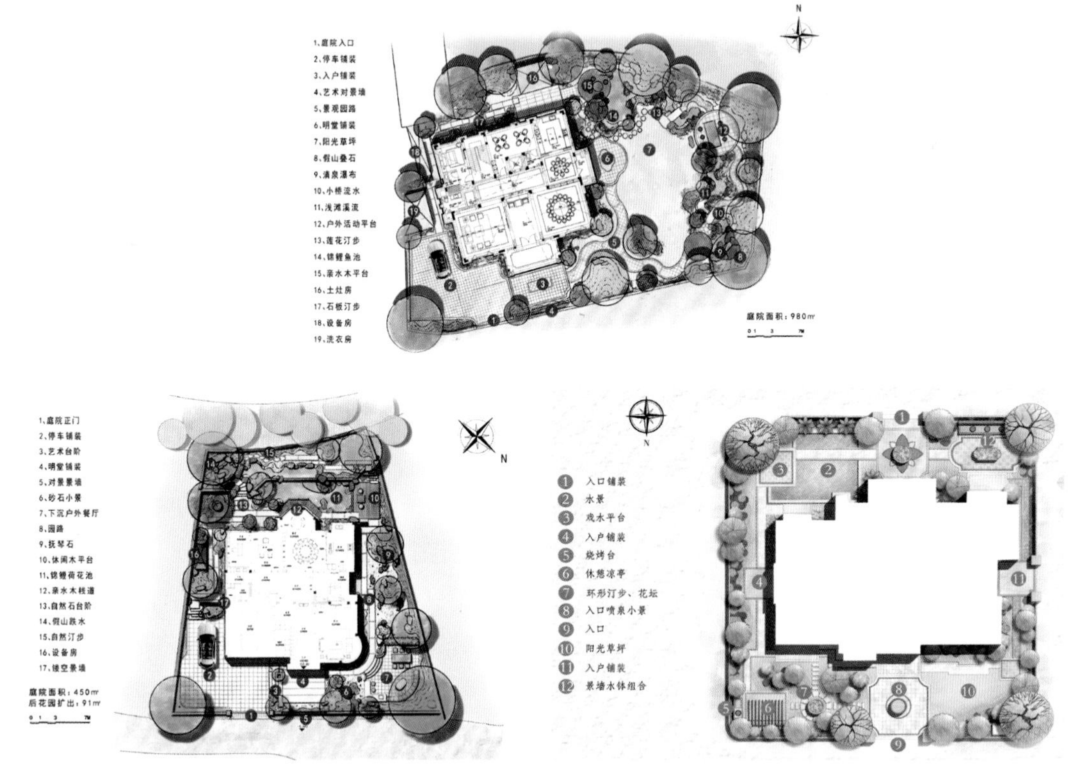

图 2–44 庭院总平面图

（2）庭院鸟瞰图

庭院鸟瞰图是指根据透视原理，将视点抬高，从高处俯视地面绘制而成的立体图（图 2–45）。庭院面积一般不大，鸟瞰图能全面表现整体设计，便于向甲方直接展示设计效果，所以庭院设计中通常都会绘制鸟瞰图。因鸟瞰图中反映的要素全面，内容丰富，所以一般用计算机软件绘图，将 CAD 平面导入 3D Max 或 Sketch Up 软件进行三维建模，用 VR 或 Lightscape 贴材质，进行渲染，再在 Photoshop 软件中做后期，例如加树及其他景观等。

图 2–45　庭院鸟瞰图

（3）分析图

分析图是建立在庭院总平面基础上的，主要分析功能、流线、景观三个重要方面的图纸，其目的是为了方便他人快速捕捉并明确设计内容，彰显设计方案的合理性，所以需要分项说明，一般有功能分区图、竖向分析图、道路分析图、视线分析图、景观结构分析图和种植分析图（图 2–46），每种分析图上重点突出各自需要表达的内容，其他元素和内容弱化或简化。分析图一般以最简练的图示语言表达设计方案的特色与结构，比如用符号或区块等，图形工整、图例恰当、色彩鲜明。

功能分区图：功能分区须满足不同使用者的需求，是设计首要考虑解决的问题，它是指将具有相同或相似功能的活动区块结合在一起从而形成的活动和交流空间，例如入口空间、停车

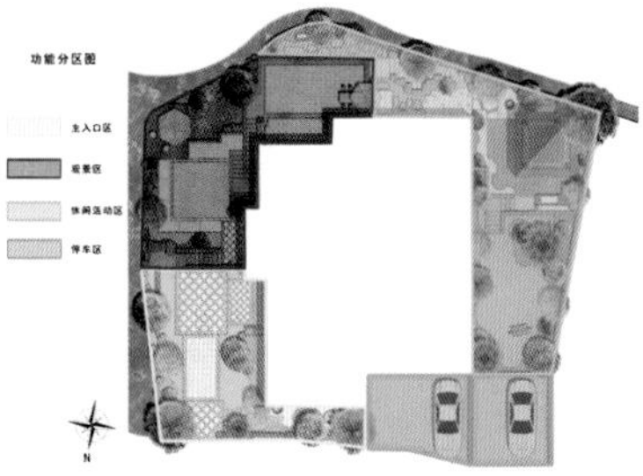

功能分区图 1

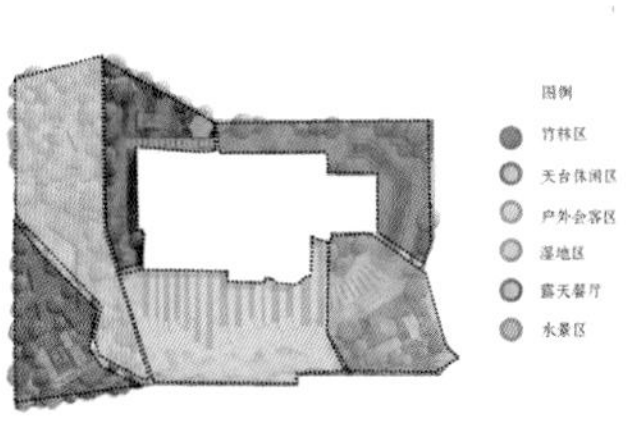

功能分区图 2

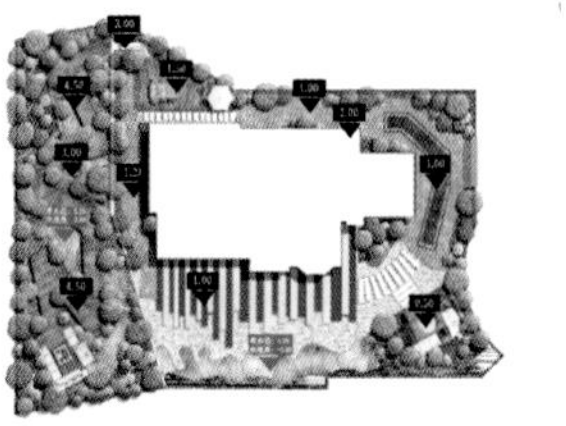

竖向分析图 1

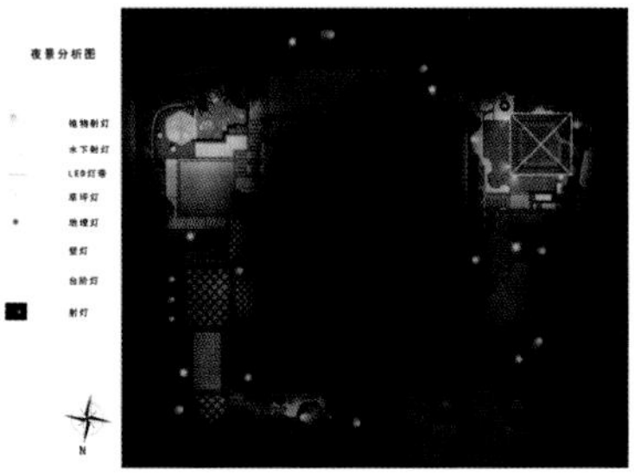

灯光分析图 1

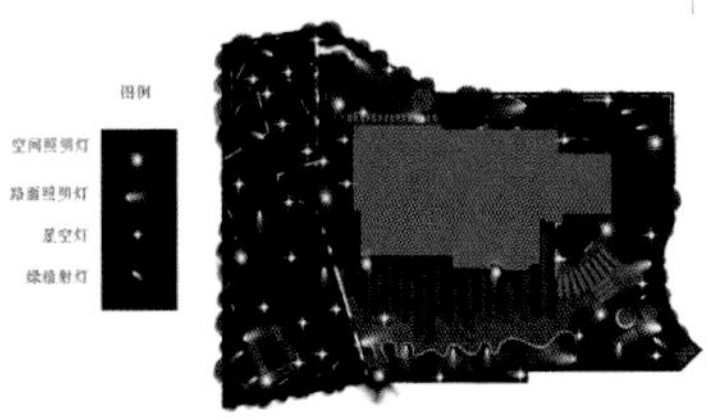

灯光分析图 2

竖向分析图 2

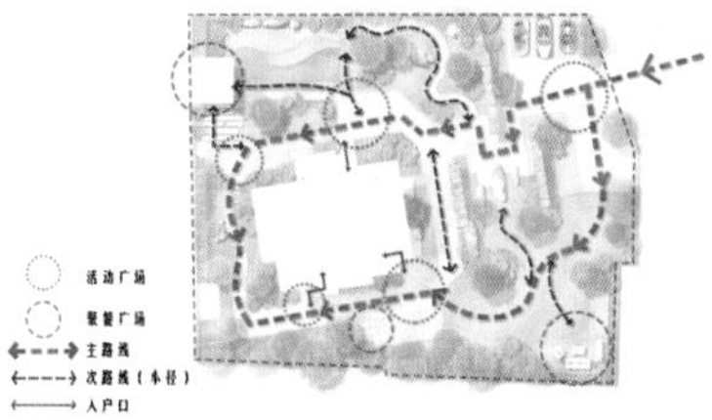

道路分析图 1

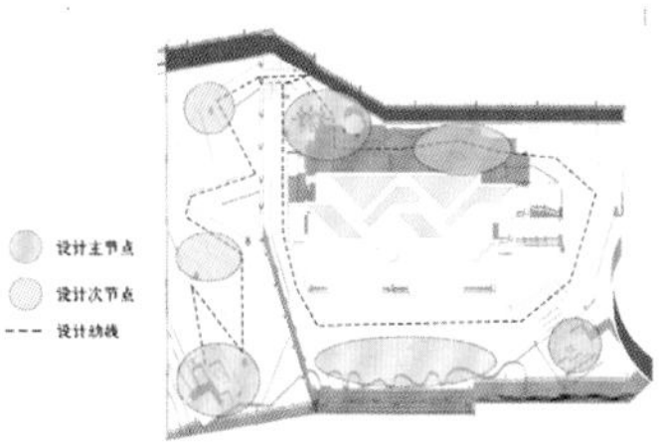

道路分析图 2

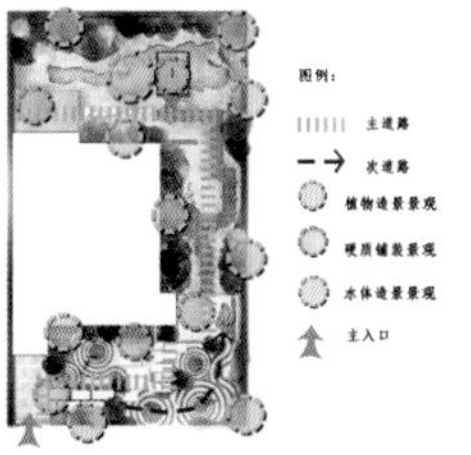

道路分析图 3

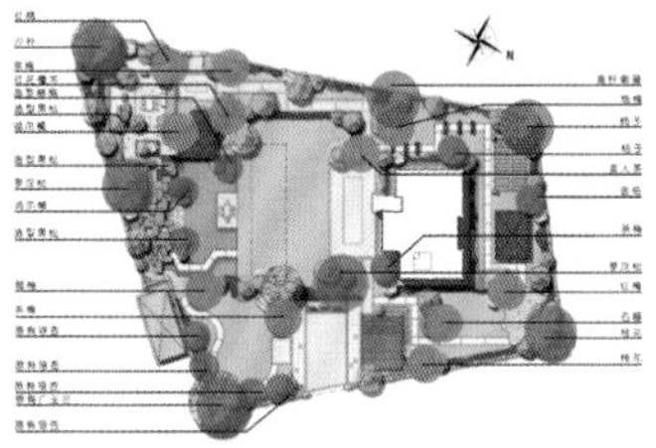

种植分析图 1

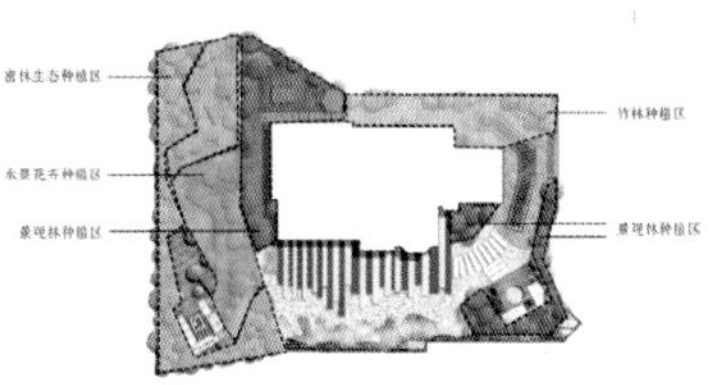

种植分析图 2

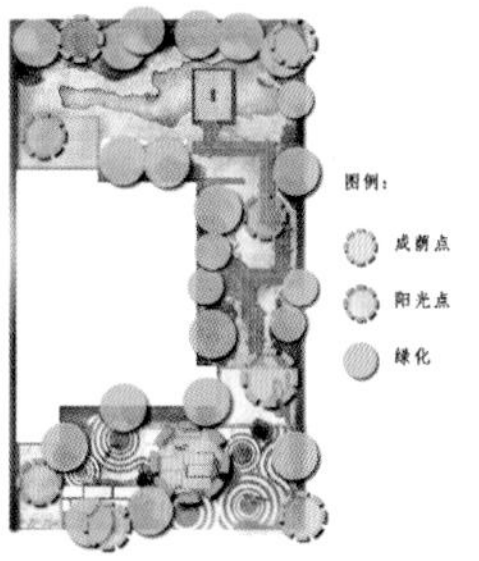

种植分析图 3

图 2–46　分析图

空间、家庭交流区、室外餐饮区、休闲娱乐区、绿化观赏区、闲庭漫步区、安静休息区、田园体验区、风格景观区、假山水景区等，不同的功能区用不同的颜色表示，并绘制图例。

竖向分析图：主要表达地形地貌、建筑、铺装节点、水体、绿地和道路等各要素的高程变化，从整体上明确地势走向，绿地和自然水系中一般以等高线表示，高程越高颜色越亮，高程越低颜色越暗；建筑、铺装、道路和地势高点以及主要控制点以标高的形式表示。

道路分析图：也即交通流线分析图，主要包括庭院内所有的交通序列组织，区分主路、次路、支路等道路结构，用不同颜色、不同粗细表示不同道路等级，并交代交通流线与功能节点之间的关系，如果设计了景观轴也需表达，例如滨水景观轴、入口景观轴等。

视线分析图：能对主要景观点、视线特色、视线角度、藏露关系、对景关系等信息一目了然。视线分析图主要包括景观节点的位置、观景点位置、观景方向、空间关系，可用六边形或圆形表示景观点位置，箭头表示观景方向。

景观结构分析图：景观结构是庭院空间的骨架，庭院设计要遵循从整体到局部的设计思路，合理的景观结构有助于强化平面布局的整体性和统一性，因此设计时需要从整体出发把握功能区之间以及景观元素之间的关系。通常景观结构由“入口—道路—节点—水系”构成，庭院入口决定了道路的起点，建筑入口决定了道路的转折和入户铺装节点，道路构成庭院空间序列，连接了各功能节点，景观节点有主次之分，若有水系存在，水景往往作为主景，并与中心节点、道路产生密切联系。设计师需根据功能区、地块形状和大小、出入口位置确定景观结构，风格有规则式、自然式和混合式三种。景观结构分析图中明确表示各出入口、景观轴、景观序列、主景和配景等。

种植分析图：主要包括植物种植类型和种植分区与功能区和道路的关系，例如种植分析图可以在明确道路和节点的平面图中，按照密林区、疏林区、草坪区和水生植物区进行划分，并用不同颜色表示区块，或者可以根据春夏秋冬四季变化分区以及不同植物颜色分区。

（4）剖面图、立面图

庭院立面图是指垂直于庭院水平面的平行面上环境空间的正投影图，主要反映庭院空间立面的艺术造型；剖面图是指假想一个垂直于庭院平面的面将庭院剖切后，移去被切部分，剩余部分的正投影视图。庭院的立面图和剖面图（图 2–47）因为竖向地形的变化丰富，通常不是平坦地形而使得地坪线高低错落，不是水平的。绘制庭院剖面图、立面图通常使用的比例有 1：50、1：100、1：200，地坪线用最粗线表示地形剖断线和轮廓线，水面用水位线表示，植物需按实际树形绘制、建筑和构筑物画出外轮廓线以及剖切面的投影线等。

庭院立面图可按庭院的各个立面朝向，如东立面图、西立面图、南立面图、北立面图绘制，也可以设立庭院正大门方向的立面图为正立面图，则相应地其余各面为背立面图和侧立面图。立面图主要表达庭院水平方向的宽度、确定建筑和构筑物的位置和宽度、地形的起伏标高变化、不同植物种类的立面形态和大小、景观小品的类型和高低变化、公共设施的空间造型和位置等。

庭院剖面图为表示整个场地的变化情况，一般需要绘制东西向和南北向两个剖面图，或者是地形变化丰富的斜向剖面图，平面图上标注剖切符号的位置和方向，方向指向的端点写上数字或字母，比如 1，1'，A，A'，则剖面图名为 1–1' 剖面图、A–A' 剖面图。剖面图主要表达庭院地形起伏及标高变化、建筑和构筑物室内外高度、台阶高度、水体宽度和深度、假山宽度和高度等。

庭院平面图只能表示二维平面的空间布局，鸟瞰图能反映全园的景观效果，而剖面图、立面图作为平面图的补充图纸，能直接显示庭院内的竖向高程变化关系，表现不同景观资源的形态、位置以及空间关系，还能表达庭院小气候变化。

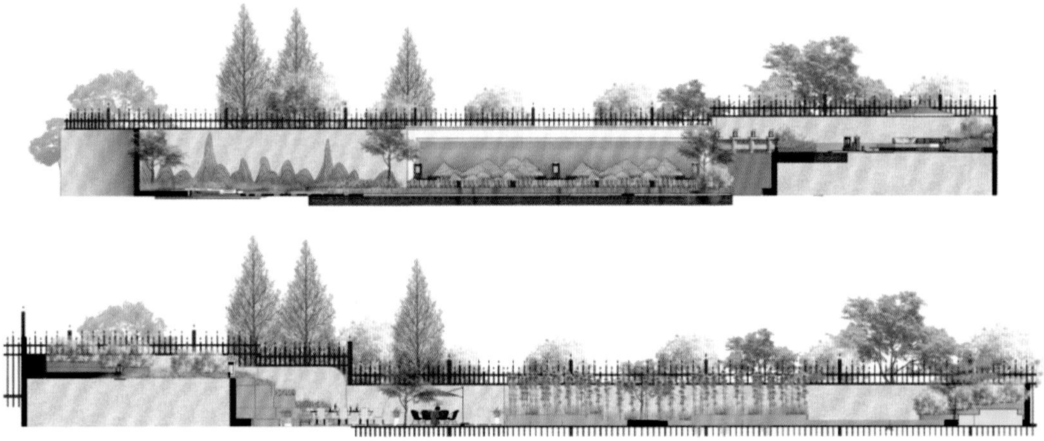

立面图

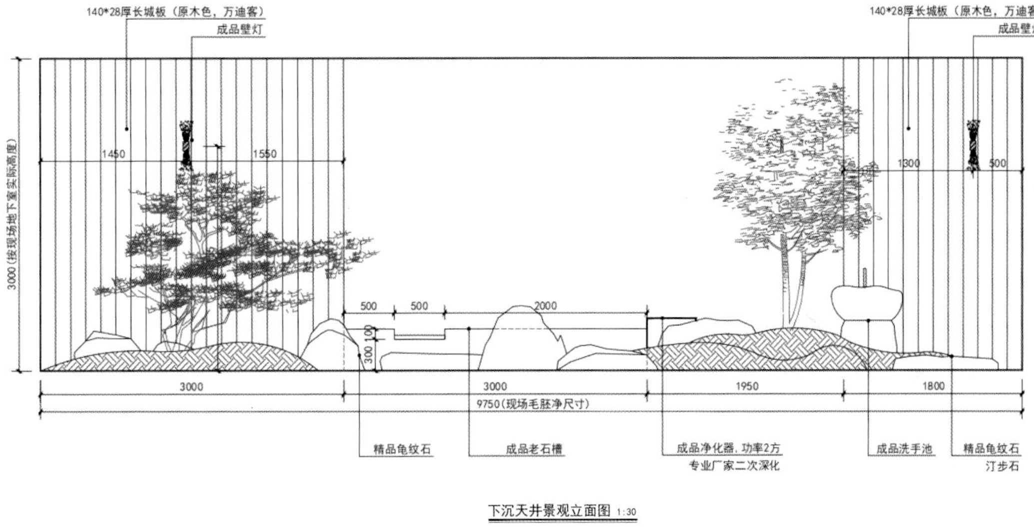

立面图

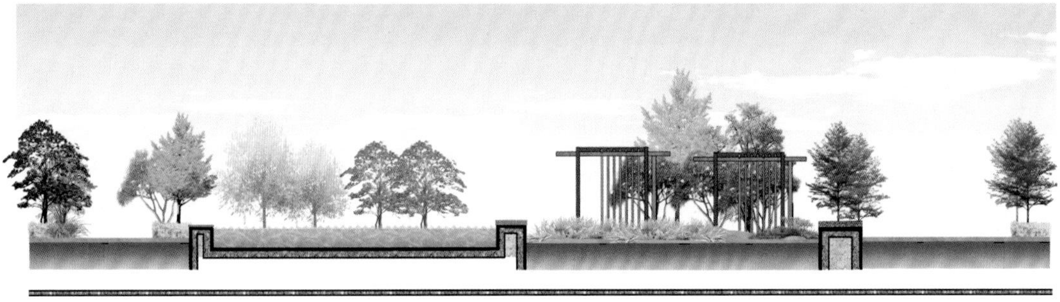

剖面图

图 2-47　庭院立面图和剖面图

7 详细设计

总体设计无法体现设计的细节，庭院面积虽小，但是功能节点和特色要素却不少，这也是庭院业主重点关注的对象，详细设计章节详细地介绍庭院设计内容。庭院景观的详细设计通常按照功能分区或节点来进行介绍，图纸内容包括各节点的平面索引图、平面详图、立面图、剖面图和效果图（图 2–48、图 2–49）。除此之外，如果节点中包含特色建筑和构筑物或庭院小品，则需要单独绘制平面图、立面图、结构图和效果图。庭院设计时方案设计阶段就会明确植物的种类和种植位置、数量，所以这也是节点介绍的重要方面。

效果图索引 1

效果图索引 2

效果图 1

效果图 2

效果图 3

效果图 4

效果图 5

效果图 6

图 2–48　详细设计效果图

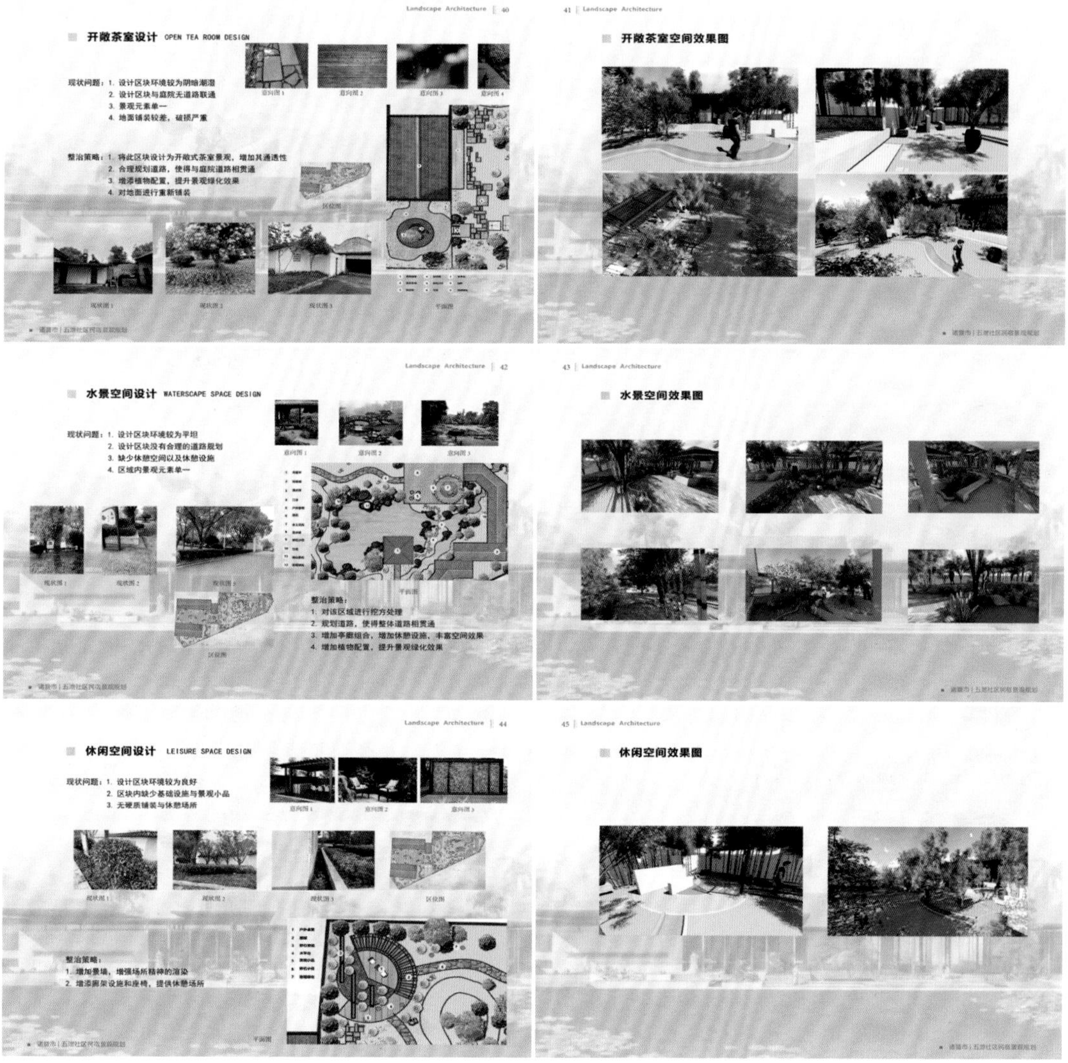
Landscape Architecture 40
开敞茶室设计 OPEN TEA ROOM DESIGN
现状问题：1. 设计区块环境较为阴暗潮湿
2. 设计区块与庭院无道路联通
3. 景观元素单一
4. 地面铺装较差，破损严重
整治策略：1. 将此区块设计为开敞式茶室景观，增加其通透性
2. 合理规划道路，使得与庭院道路相贯通
3. 增添植物配置，提升景观绿化效果
4. 对地面进行重新铺装
41 Landscape Architecture
开敞茶室空间效果图
Landscape Architecture 42
水景空间设计 WATERSCAPE SPACE DESIGN
现状问题：1. 设计区块环境较为平坦
2. 设计区块没有合理的道路规划
3. 缺少休憩空间以及休憩设施
4. 区域内景观元素单一
整治策略：
1. 对该区域进行挖方处理
2. 规划道路，使得整体道路相贯通
3. 增加亭榭组合，增加休憩设施，丰富空间效果
4. 增加植物配置，提升景观绿化效果
43 Landscape Architecture
水景空间效果图
Landscape Architecture 44
休闲空间设计 LEISURE SPACE DESIGN
现状问题：1. 设计区块环境较为良好
2. 区块内缺少基础设施与景观小品
3. 无硬质铺装与休憩场所
整治策略：
1. 增加景墙，增强场所精神的渲染
2. 增添廊架设施和座椅，提供休憩场所
45 Landscape Architecture
休闲空间效果图

图 2-49　详细设计文本（民宿景观项目）

8 专项设计

专项设计是指特定的某个项目的设计方案，庭院中的分项包括地形竖向、植物种植、建筑和构筑物、铺装、小品、照明、给排水等（图 2-50）。各分项工程的专项设计分别包括以下内容。

① 地形竖向：地形竖向总平面图、典型地形断面图、改造意向图或效果展示图、基地现状地形分析、地形设计要求和策略要点、功能区节点位置选择与地形的关系等。

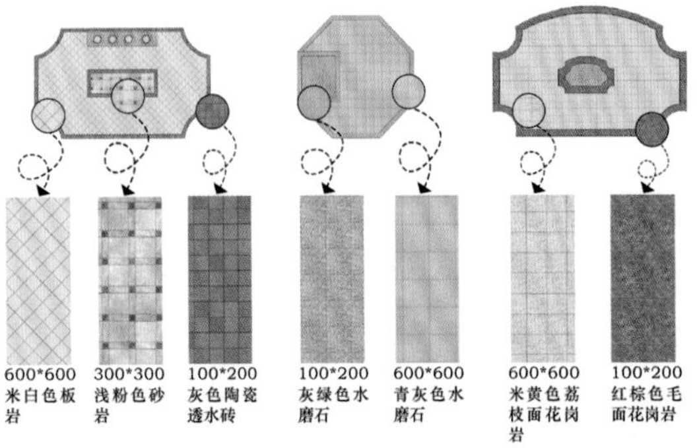

铺装专项 1

铺装专项 2

小品专项

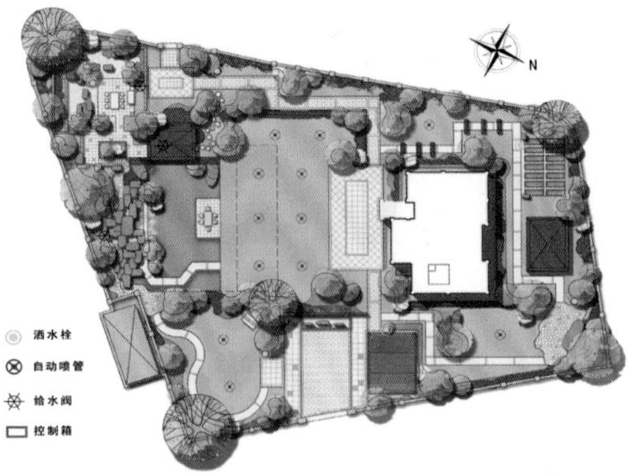

给水分布

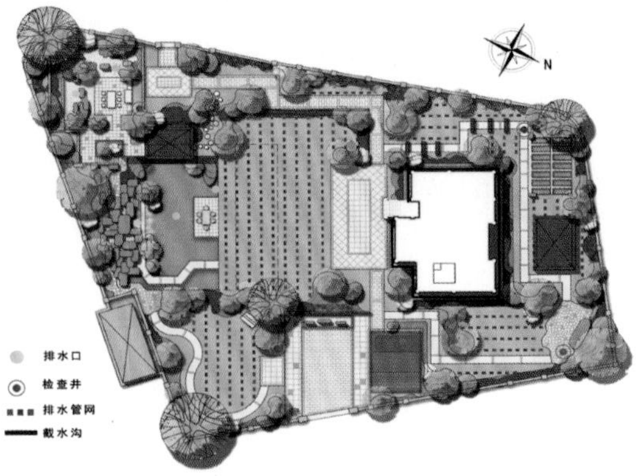

排水分布

图 2-50　专项设计

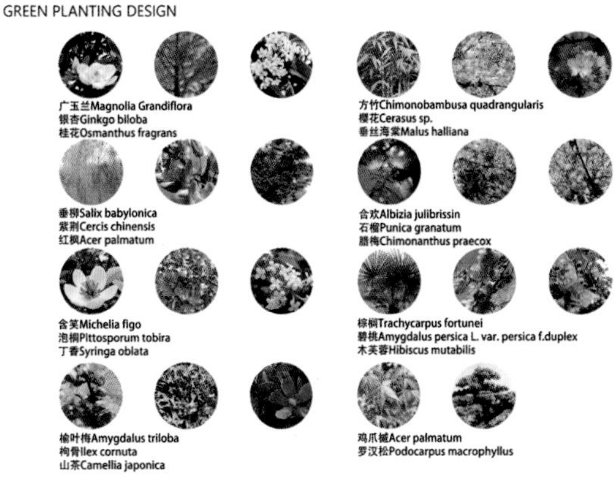

植物专项 1

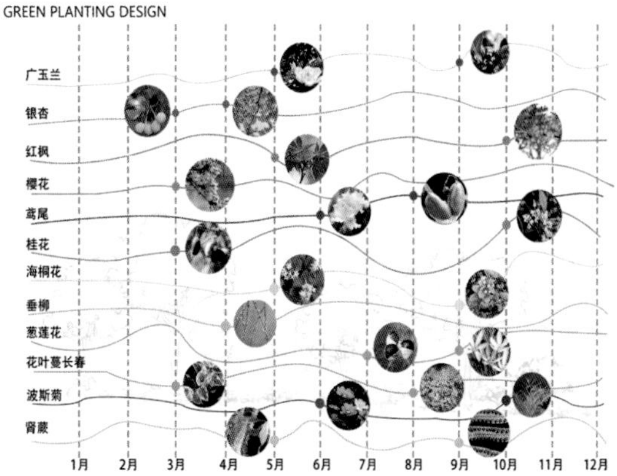

植物专项 2

植物专项 3

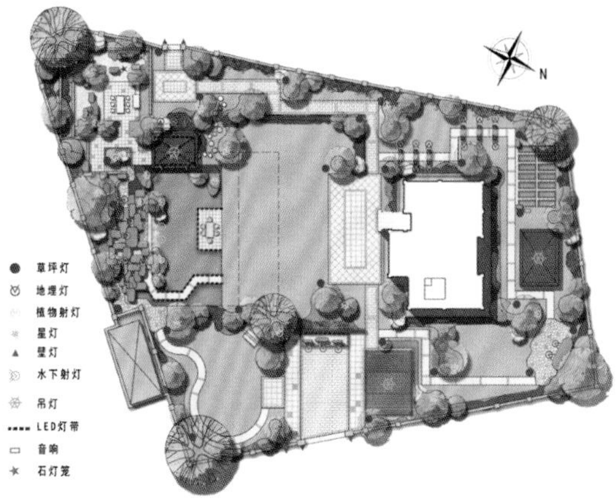

照明专项（平面）

照明专项

照明专项（灯具意向图）

图 2-50　专项设计（续）

② 植物种植：植物设计原则、设计特色、景观类型、植物季相特色、植物选择意向图和苗木列表（按照乔木、灌木、竹类、草本、水生植物罗列）。

③ 建筑和构筑物：包括储藏室、景观亭、花架、廊架、景观桥、景墙、树屋等，绘制内容包括建筑和构筑物布局、风格、材料和设计平面图、立面图、结构图等细节设计。

④ 铺装：铺装材料的选择原则、材料的搭配、铺装类型和铺装纹样的设计等。

⑤ 小品：指装饰类小品（如雕塑、假山、水景等）和实用性小品（如桌凳、烧烤台、秋千等）。内容包括小品的设计构思、风格、设计意向、工程材料、施工工艺，重点小品可适当绘制平面图、立面图、剖面图、大样图等，让小品的设计展现更具体化。

⑥ 照明：照明灯具的类型、意向、电气照明规划等。

⑦ 给排水：庭院取水点布置和管线布置图、雨水排水布置图等。

9 投资估算

投资估算是指按照设计方案，庭院从筹建、施工直至建成投入使用所需的全部建设费用。甲方会提前告知设计单位庭院建设预投资的金额，该金额是设计单位方案设计的大方向，方案设计结束后，设计单位编制主要经济技术指标，并将各分项工程按照市场行情估判投资金额，汇总形成投资估算表（图 2–51）。相对公园景观而言，庭院工程量不大，方案完成后也可直接统计出土建工程量、水电安装工程量和绿化苗木工程量（表 2–1 至表 2–4）。

欧式别墅庭院投资估算						
分部分项			单位	工程量	综合单价（元）	小计（万元）
硬景	铺装	防腐木	m²	15	2350	3.525
		花岗岩	m²	50	200	1
		石英砖	m²	70	200	2.8
		pc砖石材铺地	m²	40	200	0.8
		透水砖	m²	51	100	0.51
	构筑物	汀步	m²	15	70	0.105
		大门	个	2	10000	2
	家具小品	雕塑	组	1	4000	0.4
		秋千	组	1	4000	0.4
		户外座椅	组	2	10000	2
		灯具	个	8	400	0.32
		喷泉	组	2	8000	1.6
		盆景	组	6	10000	6
		花架	组	3	6000	1.8
	硬景小计					22.26
软景	绿化种植		m²	103	700	7.21
	景观种植土方		m²	42	50	0.21
	软景小计					7.42
水电设备	景观给排水系统		m²	307	15	0.4605
	景观照明系统		m²	307	15	0.4605
	水电设备小计					0.921
其他预算+人工费						2
工程总价（万元）						33.601

图 2–51　投资估算案例

表 2-1 工程报价汇总表

工程名称：XXX庭院景观工程

序号	工程内容	小计（元）	备注
一	土建工程量	510414	
二	水电安装工程量	123868	
三	绿化苗木工程量	115041	
四	小计	749322	
五	安全文明施工费（*2%）	14986	
六	项目管理费（*8%）	59946	
七	利润（*10%）	74932	
八	不可预计费用	0	按实结算
九	税金	0	如需开票，税金另计，税率为6%
十	工程预算汇总	899186	
十一	预算合计(大写)：捌拾玖万玖仟壹佰捌拾陆 元整		

表 2-2 土建工程预算清单

工程名称：XXX庭院景观工程

序号	工程内容	单位	工程量	价格组成（元）				综合单价（元）	合价（元）	备注
				主材费	辅材费	二次搬运	人工费			
一	场地整理									
1	场地整理	m²	440.00	0.00	0.00	0.00	0.00	0.00	0.00	现场清晰
	小计								0.00	
二	入口大门及围墙									
1	挖土	m³	14.05	0.00	0.00	0.00	150.00	150.00	2107.88	
2	素土夯实	m²	27.41	0.00	0.00	0.00	17.00	17.00	466.00	
3	100厚碎石垫层	m²	27.41	17.00	0.00	3.40	6.00	26.40	723.68	
4	100厚C25混凝土垫层	m³	5.98	400.00	20.00	80.00	250.00	750.00	4484.54	商品砼
5	Φ12钢筋	t	0.17	3900.00	195.00	780.00	1200.00	6075.00	1053.83	国标
6	Φ8@150箍筋	t	0.13	3900.00	195.00	780.00	1200.00	6075.00	778.51	国标
7	模板	m²	36.63	45.00	2.25	9.00	55.00	111.25	4075.09	
8	MU10标准砖砌体	m³	7.10	350.00	17.50	70.00	400.00	837.50	5942.06	
9	20厚1：2水泥砂浆	m²	75.35	25.00	1.25	5.00	8.80	40.05	3017.77	
10	20厚胶泥	m²	75.35	29.00	1.45	5.80	7.00	43.25	3258.89	
11	600*300*30柏坡黄光面，留缝2mm	m²	59.43	280.00	14.00	28.00	110.00	432.00	25672.20	A级料
12	600*360*100柏坡黄光面，倒直角5mm	m	34.10	250.00	12.50	25.00	80.00	367.50	12531.75	A级料
13	30厚柏坡黄拉丝面，留缝2mm	m²	2.92	380.00	19.00	38.00	85.00	522.00	1521.63	A级料
14	600*380*50柏坡黄光面，倒直角5mm	m	11.01	130.00	6.50	13.00	40.00	189.50	2086.58	A级料
15	20厚灰色塑木板	m²	2.42	750.00	0.00	0.00	100.00	850.00	2057.00	品牌：万迪客

（续）

序号	工程内容	单位	工程量	价格组成（元）				综合单价（元）	合价（元）	备注
				主材费	辅材费	二次搬运	人工费			
16	1mm厚黑色拉丝不锈钢折弯件	m	0.00					95.00	0.00	
17	围墙铝艺栏杆	项	1.00	0.00	0.00	0.00	0.00	0.00	0.00	
18	门禁、电机及大门	项	1.00	0.00	0.00	0.00	0.00	0.00	0.00	
19	门禁	项	1.00	0.00	0.00	0.00	0.00	0.00	0.00	
20	阳光棚	项	1.00	0.00	0.00	0.00	0.00	0.00	0.00	
21	阳光棚下成品洗手台	项	1.00	0.00	0.00	0.00	0.00	6500.00	6500.00	专业厂家制作
22	阳光棚下建筑楼梯	项	1.00	0.00	0.00	0.00	0.00	0.00	0.00	
	小计								69777.41	
三	对景墙及流水景墙									
1	挖土	m³	8.27	0.00	0.00	0.00	150.00	150.00	1240.80	
2	素土夯实	m²	10.34	0.00	0.00	0.00	17.00	17.00	175.78	
3	100厚碎石垫层	m²	10.34	17.00	0.00	3.40	6.00	26.40	272.98	
4	100厚C15混凝土垫层	m³	0.81	390.00	19.50	78.00	150.00	637.50	518.93	商品砼
5	300厚C25混凝土垫层	m³	1.84	400.00	20.00	80.00	250.00	750.00	1376.60	商品砼
6	Φ12钢筋	t	0.04	3900.00	195.00	780.00	1200.00	6075.00	244.58	国标
7	Φ8@150箍筋	t	0.04	3900.00	195.00	780.00	1200.00	6075.00	232.55	国标
8	模板	m²	9.54	45.00	2.25	9.00	55.00	111.25	1061.24	
9	MU10标准砖砌体	m³	5.09	350.00	17.50	70.00	400.00	837.50	4259.86	
10	20厚1：2水泥砂浆	m²	42.97	25.00	1.25	5.00	8.80	40.05	1720.79	
11	20厚胶泥	m²	36.21	29.00	1.45	5.80	7.00	43.25	1565.88	
12	JS防水涂料	m²	2.53	55.00	2.75	11.00	27.50	96.25	243.51	
13	600*300*20柏坡黄光面，留缝2mm	m²	26.04	280.00	14.00	28.00	110.00	432.00	11247.98	A级料
14	50*50柏坡黄光面，倒直角5mm	m	6.73	130.00	6.50	13.00	40.00	189.50	1275.71	A级料
15	50厚柏坡黄光面压顶，定厚	m	14.73	250.00	12.50	25.00	80.00	367.50	5412.91	A级料
16	30厚中国黑光面，曲面	m²	2.44	300.00	15.00	30.00	85.00	430.00	1047.22	A级料
17	30厚中国黑光面	m²	0.36	275.00	13.75	27.50	85.00	401.25	143.45	A级料
18	不锈钢折线条	m	0.00	0.00	0.00	0.00	0.00	45.00	0.00	
19	铜艺金属灯箱	个	1.00	0.00	0.00	0.00	0.00	0.00	0.00	
20	成品不锈钢出水口（两处）	m	0.00	0.00	0.00	0.00	0.00	1200.00	0.00	
	小计								32040.76	
四	鱼池									
1	挖土及土方回填	m³	60.06	0.00	0.00	0.00	400.00	400.00	24024.00	
2	土方外运	m³	40.40	0.00	0.00	0.00	65.00	65.00	2626.20	虚方

（续）

序号	工程内容	单位	工程量	价格组成（元）				综合单价（元）	合价（元）	备注
				主材费	辅材费	二次搬运	人工费			
3	素土夯实	m²	36.96	0.00	0.00	0.00	17.00	17.00	628.32	
4	100厚碎石垫层	m²	36.96	17.00	0.00	3.40	6.60	27.00	997.92	
5	100厚C15混凝土垫层	m³	3.41	390.00	19.50	78.00	150.00	637.50	2173.88	商品砼
6	200厚C25 P6抗渗混凝土	m³	14.88	445.00	22.25	89.00	250.00	806.25	11994.45	商品砼
7	Φ12@120双层双向钢筋	t	1.25	3900.00	195.00	780.00	1200.00	6075.00	7618.05	国标
8	模板	m²	73.15	45.00	2.25	9.00	55.00	111.25	8137.94	
9	20厚1∶2水泥砂浆	m²	59.95	25.00	1.25	5.00	8.80	40.05	2401.00	自拌砂浆
10	界面剂	m²	59.95	29.00	1.45	5.80	7.00	43.25	2592.84	
11	JS防水涂料	m²	59.95	55.00	2.75	11.00	27.50	96.25	5770.19	
12	净化仓隔仓材料	项	1.00	0.00	0.00	0.00	0.00	3000.00	3000.00	
	小计								71964.77	
五	水池花坛									
1	50厚中国黑光面，倒直角5mm	m²	8.68	230.00	11.50	23.00	130.00	394.50	3423.87	A级料
2	20厚中国黑光面	m²	2.74	275.00	13.75	27.50	85.00	401.25	1099.02	A级料
3	50厚柏坡黄细荔枝面，200宽花坛干挂面，倒直角5mm	m²	0.73	430.00	21.50	43.00	130.00	624.50	453.39	A级料，点挂
4	50厚柏坡黄细荔枝面，300宽压顶，倒直角5mm	m	3.08	250.00	12.50	25.00	80.00	367.50	1131.90	A级料
	小计								6108.18	
六	塑木平台									
1	150厚C25混凝土垫层	m³	2.39	400.00	20.00	80.00	250.00	750.00	1794.38	商品砼
2	Φ12@200单层双向钢筋	t	0.10	3900.00	195.00	780.00	1200.00	6075.00	597.42	国标
3	塑木(万迪客），型号：G-04，截面120*20	m²	11.31	750.00	0.00	0.00	100.00	850.00	9616.48	品牌：万迪客
4	50厚1∶3水泥砂浆	m²	7.92	38.00	1.90	7.60	10.00	57.50	455.40	自拌砂浆
5	柏坡黄细荔枝面走边，截面300*50	m	10.51	130.00	6.50	13.00	40.00	189.50	1990.70	A级料
6	1200*600*50厚柏坡黄细荔枝面走边	m	5.28	260.00	13.00	26.00	80.00	379.00	2001.12	A级料
7	20厚中国黑光面	m	12.87	280.00	14.00	28.00	110.00	432.00	5559.84	A级料
8	仿铜艺栏杆	m	0.00	0.00	0.00	0.00	0.00	1200.00	0.00	
	小计								22015.32	
七	塑木格栅背景墙									
1	挖土	m³	3.60	0.00	0.00	0.00	150.00	150.00	540.54	

（续）

序号	工程内容	单位	工程量	价格组成（元）				综合单价（元）	合价（元）	备注
				主材费	辅材费	二次搬运	人工费			
2	素土夯实	m^2	5.15	0.00	0.00	0.00	17.00	17.00	87.52	
3	100厚碎石垫层	m^2	5.15	17.00	0.00	3.40	6.00	26.40	135.91	
4	100厚C15混凝土垫层	m^3	0.38	390.00	19.50	78.00	150.00	637.50	244.04	商品砼
5	300厚C25混凝土垫层	m^3	0.75	550.00	27.50	110.00	250.00	937.50	705.38	商品砼
6	Φ10钢筋	t	0.02	3900.00	195.00	780.00	1200.00	6075.00	98.90	
7	Φ8@150箍筋	t	0.02	3900.00	195.00	780.00	1200.00	6075.00	100.91	
8	模板	m^2	5.61	45.00	2.25	9.00	55.00	111.25	624.60	
9	180宽MU10标准砖砌体	m^3	2.14	350.00	17.50	70.00	400.00	837.50	1790.91	
10	150*28厚长城板（G-06，万迪客），包含阳角条	m^2	12.95	0.00	0.00	0.00	0.00	850.00	11006.82	品牌：万迪客
11	镀锌木龙骨	m^2	2.44	0.00	0.00	0.00	0.00	150.00	366.30	
	小计								15335.51	
八	全园铺装									
1	素土夯实	m^2	218.65	0.00	0.00	0.00	17.00	17.00	3717.07	
2	100厚碎石垫层	m^2	218.65	17.00	0.00	3.40	6.00	26.40	5772.40	
3	100厚C25混凝土垫层	m^3	20.13	400.00	20.00	80.00	150.00	650.00	13081.64	
4	Φ10@200单层双层钢筋	t	1.23	3900.00	195.00	780.00	1200.00	6075.00	7455.67	国标
5	模板	m^2	48.55	45.00	2.25	9.00	55.00	111.25	5401.63	
6	50厚1：3水泥砂浆	m^2	181.20	38.00	1.90	7.60	10.00	57.50	10418.73	
7	1800*600*18厚仿大理石仿古砖	m^2	3.56	150.00	7.50	15.00	85.00	257.50	917.73	
8	1200*600*18厚仿大理石仿古砖	m^2	66.09	150.00	7.50	15.00	85.00	257.50	17017.66	
9	1200*400*18厚仿大理石仿古砖	m^2	1.06	150.00	7.50	15.00	85.00	257.50	271.92	
10	1000*600*18厚仿大理石仿古砖	m^2	3.96	150.00	7.50	15.00	85.00	257.50	1019.70	
11	800*300*18厚仿大理石仿古砖	m^2	3.50	150.00	7.50	15.00	85.00	257.50	900.74	
12	600*300*18厚仿大理石仿古砖	m^2	84.10	150.00	7.50	15.00	85.00	257.50	21655.03	
13	400*400*18厚仿大理石仿古砖	m^2	4.75	150.00	7.50	15.00	85.00	257.50	1223.64	
14	18厚仿大理石仿古砖	m^2	1.54	150.00	7.50	15.00	85.00	257.50	396.55	
15	1200*100*18厚仿大理石仿古砖	m^2	1.06	150.00	7.50	15.00	85.00	257.50	271.92	
16	800*100*18厚仿大理石仿古砖	m^2	0.99	150.00	7.50	15.00	85.00	257.50	254.93	

（续）

序号	工程内容	单位	工程量	价格组成（元）				综合单价（元）	合价（元）	备注
				主材费	辅材费	二次搬运	人工费			
17	600*100*18厚仿大理石仿古砖	m^2	5.32	150.00	7.50	15.00	85.00	257.50	1370.93	
18	Φ700芝麻灰细荔枝面太阳花汀步	块	3.00	320.00	0.00	0.00	50.00	320.00	960.00	A级料
19	Φ600芝麻灰细荔枝面太阳花汀步	块	4.00	230.00	0.00	0.00	50.00	230.00	920.00	A级料
20	Φ500芝麻灰细荔枝面太阳花汀步	块	3.00	170.00	0.00	0.00	50.00	170.00	510.00	A级料
	小计								93537.88	
九	铺装一									
1	50厚1：3水泥砂浆	m^2	7.74	38.00	1.90	7.60	10.00	57.50	445.09	
2	100*20厚中国黑光面	m	7.15	130.00	6.50	13.00	40.00	189.50	1354.93	A级料
3	1200*300*50厚柏坡黄细荔枝面，倒直角10mm	m^2	2.83	280.00	14.00	28.00	110.00	432.00	1224.59	A级料
4	600*300*18厚仿大理石仿古砖	m^2	4.77	150.00	7.50	15.00	85.00	257.50	1228.17	
	小计								4252.78	
十	观景亭及亭前木平台									
1	素土夯实	m^2	58.61	0.00	0.00	0.00	17.00	17.00	996.45	
2	100厚碎石垫层	m^2	58.61	17.00	0.85	3.40	6.00	27.25	1597.25	
3	100厚C15混凝土垫层	m^3	5.40	390.00	19.50	78.00	150.00	637.50	3444.19	商品砼
4	C25混凝土垫层	m^3	8.85	400.00	20.00	80.00	250.00	750.00	6636.30	商品砼
5	Φ120@200单层双向钢筋	t	0.48	3900.00	195.00	780.00	1200.00	6075.00	2886.84	国标
6	Φ8@150箍筋	t	0.03	3900.00	195.00	780.00	1200.00	6075.00	207.16	
7	模板	m^2	12.80	45.00	2.25	9.00	55.00	111.25	1423.47	
8	60厚1：3水泥砂浆	m^2	23.41	38.00	1.90	7.60	10.00	57.50	1346.21	自拌砂浆
9	20厚1：2水泥砂浆	m^2	34.50	28.00	1.40	5.60	10.00	45.00	1552.42	自拌砂浆
10	白色油漆	m^2	33.88	0.00	0.00	0.00	0.00	50.00	1694.00	立邦品牌，光面
11	MU10标准砖砌体	m^3	3.78	350.00	17.50	70.00	400.00	837.50	3169.10	
12	50厚柏坡黄细荔枝面走边，倒直角10mm	m	34.98	130.00	6.50	13.00	40.00	189.50	6628.29	A级料
13	30厚柏坡黄细荔枝面走边，留缝2mm	m	5.72	130.00	6.50	13.00	40.00	189.50	1083.94	A级料
14	30厚柏坡黄光面，异型	m	4.34	430.00	21.50	43.00	130.00	624.50	2710.70	A级料

（续）

序号	工程内容	单位	工程量	价格组成（元）				综合单价（元）	合价（元）	备注
				主材费	辅材费	二次搬运	人工费			
15	1000*500*15厚深灰色岩板，留缝2mm	m²	15.18	200.00	10.00	20.00	85.00	315.00	4781.70	
16	20厚中国黑光面	m²	4.16	280.00	14.00	28.00	110.00	432.00	1798.16	A级料
17	塑木(万迪客)，型号：G-04，截面120*20	m²	25.18	750.00	0.00	0.00	100.00	850.00	21402.15	品牌：万迪客
18	吧台	项	1.00	0.00	0.00	0.00	0.00	15000.00	15000.00	专业厂家制作
19	景观亭及内部装饰	项	1.10	0.00	0.00	0.00	0.00	0.00	0.00	地面不包括
	小计								78358.33	
十一	地下室平台									
1	塑木(万迪客)，型号：G-04，截面120*20	m²	12.46	750.00	0.00	0.00	100.00	850.00	10588.88	品牌：万迪客
2	150*28厚长城板（G-06，万迪客）	m²	6.85	0.00	0.00	0.00	0.00	900.00	6168.69	品牌：万迪客
3	1mm厚棕色拉丝不锈钢折弯件	m	7.15	0.00	0.00	0.00	0.00	95.00	679.25	
4	50厚1：3水泥砂浆	m²	3.85	38.00	1.90	7.60	10.00	57.50	221.38	自拌砂浆
5	600*200*30柏坡黄细荔枝面走边	m	5.27	115.00	5.75	11.50	30.00	900.00	4743.00	A级料
6	600*400*30厚柏坡黄细荔枝面花坛侧板，倒直角5mm	m	3.77	130.00	6.50	13.00	40.00	900.00	3395.70	A级料
7	20厚中国黑光面	m²	0.38	275.00	13.75	27.50	85.00	401.25	151.39	A级料
9	地下室洗手台	项	1.00	0.00	0.00	0.00	0.00	0.00	0.00	专业厂家制作
10	JS防水涂料	m²	0.00	0.00	0.00	0.00	0.00	0.00	0.00	业主自购
	小计								25948.28	
十二	景观隔墙									
1	挖土	m³	3.74	0.00	0.00	0.00	150.00	150.00	560.67	
2	素土夯实	m²	4.67	0.00	0.00	0.00	17.00	17.00	79.44	
3	100厚碎石垫层	m²	4.67	17.00	0.85	3.40	6.00	27.25	127.33	
4	100厚C15混凝土垫层	m³	0.38	390.00	19.50	78.00	150.00	637.50	240.53	商品砼
5	300厚C25混凝土地梁	m³	0.87	400.00	20.00	80.00	250.00	750.00	655.88	商品砼
6	C25混凝土	m³	0.48	400.00	20.00	80.00	250.00	750.00	362.18	商品砼
7	Φ12钢筋	t	0.06	3900.00	195.00	780.00	1200.00	6075.00	334.13	国标
8	Φ8@150箍筋	t	0.04	3900.00	195.00	780.00	1200.00	6075.00	267.30	国标
9	模板	m²	13.10	45.00	2.25	9.00	55.00	111.25	1457.49	

（续）

序号	工程内容	单位	工程量	价格组成（元）				综合单价（元）	合价（元）	备注
				主材费	辅材费	二次搬运	人工费			
10	MU10标准砖砌体	m³	1.99	350.00	17.50	70.00	400.00	837.50	1667.46	
11	20厚胶泥	m²	17.19	29.00	1.45	5.80	7.00	43.25	743.60	
12	600*380*60厚柏坡黄光面压顶，倒直角5mm	m	7.28	380.00	19.00	38.00	85.00	522.00	3801.20	A级料
13	600*300*30厚柏坡黄拉丝面，留缝2mm	m²	15.05	380.00	19.00	38.00	85.00	522.00	7855.06	A级料
14	1mm厚304黑钛拉丝不锈钢折弯件，50*20（截面）	m	0.00	0.00	0.00	0.00	0.00	0.00	0.00	
15	景观隔墙灯箱	项	1.00	0.00	0.00	0.00	0.00	0.00	0.00	
	小计								18152.25	
十三	入户台阶一									
1	30厚1：3水泥砂浆	m²	23.37	28.00	1.40	5.60	10.00	45.00	1051.53	自拌砂浆
2	20厚仿大理石仿古砖	m²	3.87	150.00	7.50	15.00	85.00	257.50	997.04	
3	20厚柏坡黄光面侧板	m²	1.69	220.00	11.00	22.00	80.00	333.00	561.54	A级料
4	50厚柏坡黄细荔枝面踏板，倒直角10mm	m²	10.04	430.00	21.50	43.00	130.00	624.50	6271.85	A级料
5	600*200*30厚柏坡黄细荔枝面，留缝2mm	m²	2.57	280.00	14.00	28.00	110.00	432.00	1111.97	A级料
6	600*100*30厚中国黑细荔枝面，留缝2mm	m²	0.96	275.00	13.75	27.50	85.00	401.25	384.00	A级料
7	300*300*30厚柏坡黄细荔枝面，留缝2mm	m²	3.65	280.00	14.00	28.00	110.00	432.00	1577.66	A级料
	小计								11955.59	
十四	入户台阶二									
1	30厚1：3水泥砂浆	m²	8.56	28.00	1.40	5.60	10.00	45.00	385.01	自拌砂浆
2	20厚胶泥	m²	18.07	29.00	1.45	5.80	7.00	43.25	781.47	
3	MU10标准砖砌体	m³	0.56	350.00	17.50	70.00	400.00	837.50	470.76	
4	20厚卡基诺金光面	m²	5.27	260.00	0.00	26.00	110.00	900.00	4743.00	
5	50厚卡基诺金光面压顶，倒直角5mm	m	5.39	150.00	7.50	15.00	40.00	212.50	1145.38	
6	15厚仿大理石仿古砖	m²	1.81	150.00	7.50	15.00	85.00	257.50	466.80	
7	50厚柏坡黄细荔枝面，倒直角10mm	m²	6.35	400.00	20.00	40.00	85.00	545.00	3458.52	A级料

（续）

序号	工程内容	单位	工程量	价格组成（元）				综合单价（元）	合价（元）	备注
				主材费	辅材费	二次搬运	人工费			
8	20厚柏坡黄光面	m^2	1.15	280.00	14.00	28.00	110.00	432.00	498.29	A级料
9	1mm厚304黑钛拉丝不锈钢折弯件	m	0.00	0.00	0.00	0.00	0.00	0.00	0.00	
	小计								11949.22	
十五	砂地铺装									
1	素土夯实	m^2	29.70	0.00	0.00	0.00	17.00	17.00	504.90	
2	100厚碎石垫层	m^2	29.70	17.00	0.00	3.40	6.00	26.40	784.08	
3	土工布	m^2	29.70	3.00	0.15	0.60	2.00	5.75	170.78	
4	C15混凝土基层	m^3	2.97	390.00	19.50	78.00	3.00	490.50	1456.79	
5	Φ8-15灰色砾石	m^2	29.70	120.00	0.00	24.00	30.00	174.00	5167.80	
	小计								8084.34	
十六	景观置石									
1	精品富贵绿	组	10.00	0.00	0.00	0.00	0.00	3000.00	30000.00	
	小计								30000.00	
十七	小水池									
1	挖土	m^3	1.76	0.00	0.00	0.00	150.00	150.00	264.00	
2	素土夯实	m^2	2.75	0.00	0.00	0.00	17.00	17.00	46.75	
3	100厚碎石垫层	m^2	2.75	17.00	0.85	3.40	6.00	27.25	74.94	
4	C25混凝土	m^3	0.24	400.00	20.00	80.00	250.00	750.00	178.20	商品砼
5	模板	m^2	1.32	45.00	2.25	9.00	55.00	111.25	146.85	
6	MU10标准砖砌体	m^3	0.60	350.00	17.50	70.00	400.00	837.50	502.08	
7	20厚胶泥	m^2	2.20	29.00	1.45	5.80	7.00	43.25	95.15	
8	20厚1：2水泥砂浆	m^2	9.04	28.00	1.40	5.60	10.00	45.00	406.89	自拌砂浆
9	20厚中国黑光面	m^2	3.04	275.00	13.75	27.50	85.00	401.25	1218.20	A级料
10	金属凹槽（整体）	项	1.00	0.00	0.00	0.00	85.00	3000.00	3000.00	
11	JS防水涂料	m^2	11.24	55.00	2.75	11.00	27.50	96.25	1082.04	
	小计								5933.05	
十八	其他部分									
1	施工产生垃圾	项	1.00	0.00	0.00	0.00	0.00	3000.00	3000.00	
2	成品保护	项	1.00	0.00	0.00	0.00	0.00	2000.00	2000.00	
3	建筑修补	项	1.00	0.00	0.00	0.00	0.00	0.00	0.00	业主自建
4	建筑一圈排水沟	项	1.00	0.00	0.00	0.00	0.00	0.00	0.00	业主自建
	小计								5000.00	
十九	总计								510413.66	

表 2-3　水电工程预算清单

工程名称：XXX庭院景观工程

序号	工程内容	单位	数量	价格组成（元）			综合单价（元）	合价（元）	备注
				主材费	辅材费	人工费			
一	灯具设施								
1	电缆管道预埋	m	1200.00	0.00	0.50	3.80	4.30	5160.00	
2	PE套管	m	1200.00	3.50	0.50	2.50	6.50	7800.00	中策品牌
3	YJV-3*2-PC32 FC电缆线	m	1200.00	6.50	0.00	3.00	9.50	11400.00	中策品牌
4	草坪灯	只	24.00	380.00	19.00	76.00	475.00	11400.00	种类：LED 品牌：灵普
5	植物射灯	只	24.00	250.00	12.50	50.00	312.50	7500.00	种类：LED 品牌：灵普
6	吊灯	只	2.00	0.00	0.00	0.00	0.00	0.00	业主自购
7	灭蚊灯	只	4.00	1200.00	60.00	240.00	1500.00	6000.00	种类：LED 品牌：灵普
8	水下吸壁灯	只	3.00	250.00	12.50	50.00	312.50	937.50	种类：LED 品牌：灵普
9	户外壁灯	只	7.00	380.00	19.00	76.00	475.00	3325.00	种类：LED 品牌：灵普
10	台阶灯	只	8.00	200.00	10.00	50.00	260.00	2080.00	种类：LED 功率：3W
11	LED灯带	m	200.00	25.00	1.25	5.00	31.25	6250.00	种类：LED 品牌：灵普
12	开关	只	3.00	120.00	6.00	50.00	176.00	528.00	
13	防水插座	只	3.00	120.00	6.00	50.00	176.00	528.00	外装防水开关盒
14	大配电箱	只	1.00	1600.00	500.00	1500.00	3600.00	3600.00	室外落地安装，IP65
15	小配电箱	只	1.00	800.00	500.00	1500.00	2800.00	2800.00	室外落地安装，IP65，观景亭单独使用
16	门禁	只	1.00	0.00	0.00	0.00	0.00	0.00	业主自购
17	音响	只	2.00	0.00	0.00	0.00	0.00	0.00	业主自购
	小计							69308.50	
二	给排水系统								
1	水管预埋开挖	m	401.00	0.00	0.00	8.00	8.00	3208.00	
3	给水管（DN25）	m	36.50	15.00	5.00	8.00	28.00	1022.00	公元
4	给水管（DN40）	m	64.50	30.00	10.00	15.00	55.00	3547.50	公元
5	给水阀	个	5.00	75.00	15.00	15.00	105.00	525.00	公元
6	洒水栓	个	4.00	65.00	16.00	35.00	116.00	464.00	DE25 手动
7	排水管(DN110)	m	240.00	17.50	4.50	5.00	27.00	6480.00	公元
8	正8级雨水管波纹管（DN200）	m	60.00	35.00	17.50	12.00	64.50	3870.00	
9	地漏	个	37.00	120.00	12.50	20.00	152.50	5642.50	
10	检查井	个	4.00	400.00	100.00	200.00	700.00	2800.00	700×700砖砌
11	污水系统	项	1.00	0.00	0.00	0.00	0.00	0.00	按实结算
	小计							27559.00	
三	智能系统								
1	灯光智能系统	项	1.00	0.00	0.00	0.00	2000.00	2000.00	接室内智能
2	鱼池净化系统	项	1.00	0.00	0.00	0.00	25000.00	25000.00	山树品牌
3	自动喷淋系统	项	1.00	0.00	0.00	0.00	0.00	0.00	业主自购
4	雾森系统	项	1.00	0.00	0.00	0.00	0.00	0.00	业主自购

（续）

序号	工程内容	单位	数量	价格组成（元）			综合单价（元）	合价（元）	备注
				主材费	辅材费	人工费			
	小计							27000.00	
四	总计							123867.50	

表 2-4　绿化苗木工程预算清单

工程名称：XXX庭院景观工程

序号	苗木名称	规格(cm)			单位	数量	价格组成（元）			综合单价（元）	合价（元）	备注
		胸(地)径	冠幅P	高度H			苗木	运输	保活			
一	乔木数量统计											
1	所有大树及盆景	D20	200	200	株	1.00	0.00	0.00	0.00	0.00	0.00	业主自购，造型树由设计师定
	小计										0.00	
二	球类数量统计表											
1	球类		100	100	项	1.00	0.00	0.00	0.00	15000.00	15000.00	精品球，球形饱满，由设计师把关定稿
	小计										15000.00	
三	地形数量统计表											
1	茶梅		25~35	35~40	m^2	27.00	300.00	21.00	30.00	351.00	9477.00	
2	矮婆鹃		20~25	20~25	m^2	8.00	730.00	36.50	51.10	817.60	6540.80	36株/m^2，精品毛球
3	龟甲冬青		25~35	25~35	m^2	59.00	300.00	15.00	21.00	336.00	19824.00	
4	矮麦冬				m^2	40.00	180.00	9.00	18.00	207.00	8280.00	密植
5	中华景天				m^2	9.50	200.00	10.00	20.00	230.00	2185.00	密植
6	草坪				m^2	54.20	15.00	0.75	1.50	17.25	934.95	品种为果岭草，密植
7	草坪砂垫层				m^2	54.20	0.00	0.00	0.00	200.00	10840.00	200厚砂垫层
	小计										58081.75	
四	合计										73081.75	
五	苗木二次搬运费（一*8%）				项	1				5846.54	5846.54	
六	苗木种植费（一*15%）				项	1				8712.26	8712.26	
七	苗木种植土方				m^3	80				80.00	6400.00	
八	人工挑担费				m^3	80				60.00	4800.00	
九	营养土				袋	300				15.00	4500.00	
十	地形营造				m^2	180				15.00	2700.00	
十一	养护				月	3				3000.00	9000.00	种小苗开始算
十二	造型树种植费及养护费				项	1				0.00	0.00	按实结算
十三	管理费（8%）				项	1				0.00	0.00	大树价值的8%
十四	总计										115040.55	

叁 施工图设计篇

1 地形

庭院景观建立于地形基础之上，庭院铺装、植物、建筑等都离不开地形改造，所以地形是整个庭院空间的骨架，要做好庭院设计，首先就需要做好庭院地形设计和施工。

庭院空间范围不大，地形设计多以微地形为主，便于与庭院其他部分相协调，当然地形设计也需遵守整体性原则和因地制宜原则，对于特殊地形的庭院，需在充分考虑原地形基础上，扬长避短，合理利用和改造原有地形。地形设计的宗旨就是营造丰富的空间形态和视觉效果，以满足人在庭院空间中驻足、休息、游览、观赏、活动等的不同需求。

庭院地形施工图（图 3–1）的绘制以等高线法和标高法为主，坡度表示法为辅。庭院绿地内地形用等高线法表示，各等高线上标明标高数据；庭院道路和铺装部分的高程用标高法表示，若道路较长，则每 10m 标注高程数据；庭院水景部分则需标明池底标高和池面常水位标高；另外，无论是铺装道路还是绿地，都可用坡度法表示地形，以带箭头直线表示地势下降方向，短直线上写明场地坡度数值，用“%”表示。总之，庭院地形施工图绘制于总平面图上，绘制目的就是清楚地表现庭院的平面布置、设计地形状况及庭院各要素之间的地形关系。

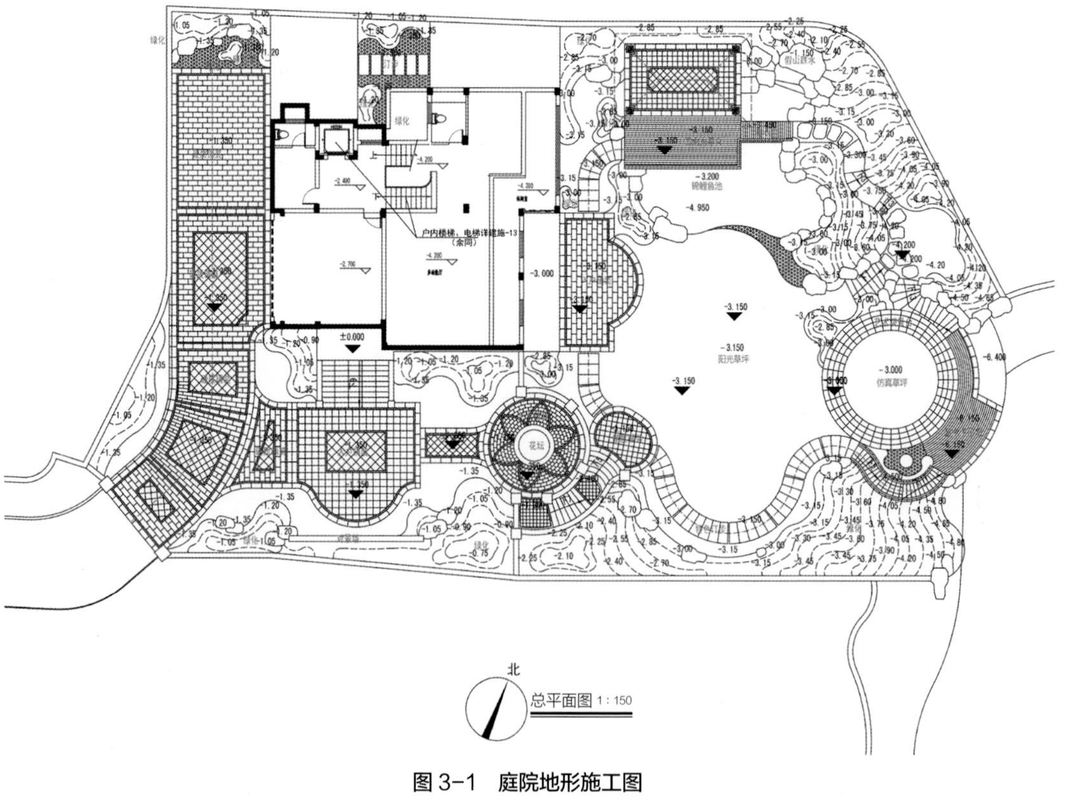

图 3–1　庭院地形施工图

2 给排水

2.1 给水

庭院给水根据庭院功能进行设计，用水需求包括生活用水、养护用水和造景用水三大类。生活用水一般指庭院中设有餐饮、烧烤、盥洗功能时所需的用水，养护用水是指庭院植物灌溉用水，造景用水是指庭院内水池、溪流、泳池、瀑布、跌水等水景设计的景观用水。为满足庭院各方面的用水需求，就需要设计合理的供水系统。

庭院给水采用管道取水形式，供水系统包括水源、水箱、水泵、管道和阀门等部件。水源直接取自别墅建筑内的自来水管，为防止庭院用水和生活用水的交叉污染，水管连接时可设置防雾隔断阀。若庭院面积大、分布广，可设置水箱储水，再由水泵将储存于水箱的水输送到各用水点以供使用，管道就是连接水箱、水泵和各用水点的重要设备。

给水系统的施工图包括设计说明（图 3-2）、给水管网布置平面图（图 3-3）以及各给水设备安装详图（图 3-4）等。

给排水设计说明

一、工程概况：

本项目为丰球桃源9#别墅室外工程给排水部分。

二、设计依据：

1、建设单位提供的本工程有关资料和设计任务书；

2、景观、建筑和有关工种提供的作业图和有关资料；

3、《室外排水设计规范》GB50014-2006(2014版)；

4、《民用建筑节水设计标准》 GB50555-2010；

5、《住宅设计规范》GB 50096—2011；

6、《城镇给水排水设计规范》GB50788-2012

三、设计范围：

1、本设计为园林景观设计，只设计与本景观相关的室外管道。

2、本工程设计内容包括景观绿化给水系统、景观绿化雨水系统。

四、给水设计：

1、本工程由绿化景观用水采用市政给水管作为水源，水量水压满足景观用水要求。

2、由市政水管接入时，景观水池、绿化用水应装防污隔断阀。

五、排水设计：

1、本工程雨水系统就近排入室外雨水管网，或就近排入水体。

2、原则上景观雨水口、雨水检查井就近接入小区雨水管网。

六、管材安装及敷设：

1、室外给水管采用PPR管，热熔连接；给水管管顶埋深。

2、洒水栓采用DN20快速取水阀，图中未标连接洒水栓的管径均为DN20。

3、管道材料：雨污水管采用埋地UPVC波纹管(环刚度8级)，有关技术规程参照《埋地排水用硬聚氯乙烯（PVC-U）双壁波纹管》（GB/T18477-2007）

4、管道接口：UPVC波纹管采用弹性密封圈柔性接口。

5、管道基础：UPVC波纹管采用砂砾垫层　基础，基础采用下层铺15cm粒径为5～40mm的碎石，上铺10cm厚的粗砂。

6、沟槽回填：回填土采用砂土、粘土、或粉质粘土，土中不得含有机物。回填时两侧同时进行，两侧回填的高差不得大于30厘米。管侧回填土的密实度95%，管顶回填土密实度80%，管道施工完毕，回填土应分层夯实，并按《市政排水管渠工程质量检验评定标准》和《给水排水管道工程施工及验收规范》进行施工验收。

7、雨水口：采用塑料偏沟式单箅雨水口或平箅式雨水口，箅子采用复合材料或同铺装，详见08SS523第27，28页。

8、检查井：采用塑料雨水检查井《建筑小区塑料排水检查井》08SS523；行车道路下采用防护井盖。

9、雨水口支管接入检查井的坡度为1%，雨水支管管径为UPVC波纹管。布置数量和位置可根据现场作调整。

10、在管道上下交叉而壁间净距小于150mm的地方进行加固。

11、沟槽开挖应做好降水和排水工作，沟槽开挖时，如遇土质异常情况，按相关规范执行处理。

12、需文明施工，务必做好施工过程中的临时保护工作，处理好与其他管线的交叉问题，如与其他管线产生矛盾，会同设计人员现场解决。

13、UPVC管施工要进行变形检测：当管道直径变形率大于5%时，应挖除管区填土、校正后重新填筑或更换管道。沟槽回填至设计标高后，在12h至24h内应测量管道竖向直径的初始变形量，并计算管道的竖向直径变形率，其值不得超过管道直径允许变形率的2/3。

14、管道施工及验收按《给水排水管道工程施工及验收规范》以及《埋地排水用硬聚氯乙烯（PVC-U）双壁波纹管 》 GB/T18477-2007执行，其他未尽事宜请参照国家有关现行标准执行。

七、施工要求：

1、管道施工前，应复核、检查排水接入井管内底标高及管道质量情况，在确保管道完好畅通情况下方可接入。

2、施工时，注意对已建地下管线及周围设施的安全和加固。

3、沟槽采用大开挖施工，边沟排水。沟槽底地基必须夯实，密实度≥93%。

4、位于硬化路面上检查井井盖面应与路面齐平，位于绿化带上检查井采用绿化隐蔽井盖。低洼绿地中的雨水口高雨附件绿地50mm。

5、排水管（不包括出户管）应做闭水实验，合格后方能回填。

八、其它：

1、本图管径单位为"mm"，高程、管长单位为"m"。

2、洒水栓采用DN20快速取水阀，图中未标出连接洒水栓的管径均为DN20。

3、图中洒水栓、雨水口、雨水井等以方格网定位。

4、设计给水量及压力：设计水源进口压力为0.3MPa，设计系统工作压力为0.25MPa，设计流量为3.5m3h。

5、设计给水方式：水源使用自来水；为确保灌溉系统的正常使用，水源处应设置00-120目的叠片过滤器。

6、设计灌水方式：草坪主要采用地埋旋转喷头进行灌溉，喷头型号及参数：地埋旋转喷头工作压力0.30MPa，单个喷头流量0.8m3/，同时绿地中安装一定数量的取水器，以满足临时需水要求。

7、设计管材：灌溉系统管材采用给水PPR管材，管线走向和长度根据图纸比例确定，管径见图纸标注。

九、施工及验收：《给水排水管道施工及验收规范》 B50268-2008其余未定事项按有关规定执行。

图 3-2　给排水设计说明

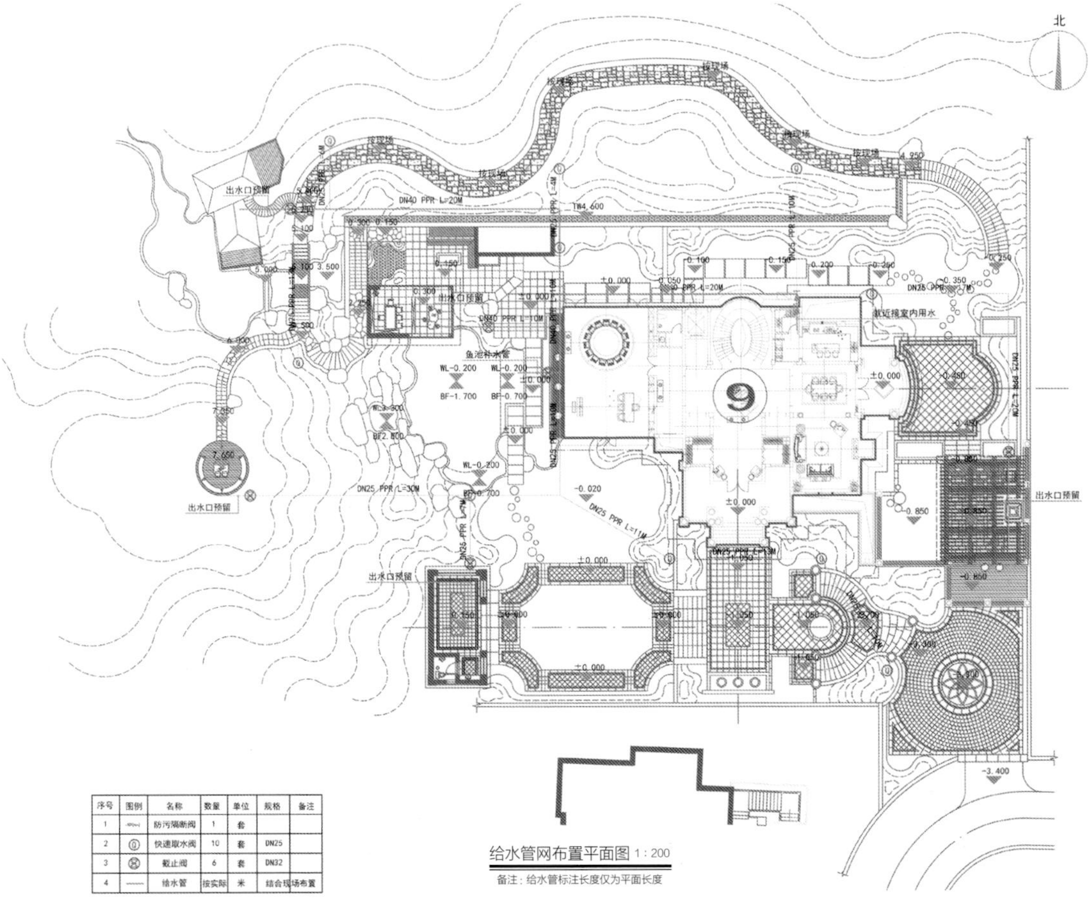

序号	图例	名称	数量	单位	规格	备注
1		防污隔断阀	1	套		
2		快速取水阀	10	套	DN25	
3		截止阀	6	套	DN32	
4		给水管	按实际	米	结合现场布置	

图 3-3　给水管网布置平面图

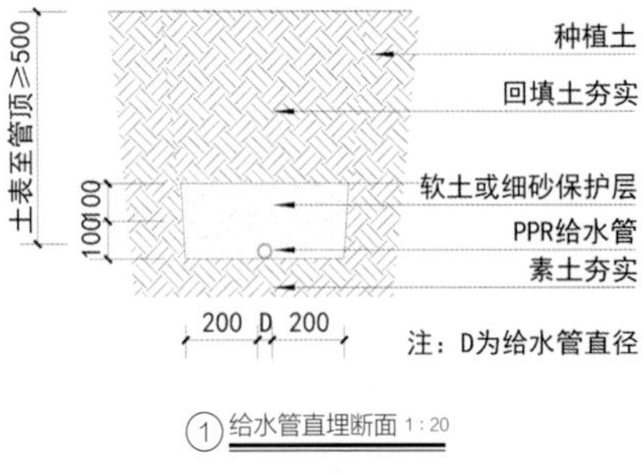

给水管直埋断面

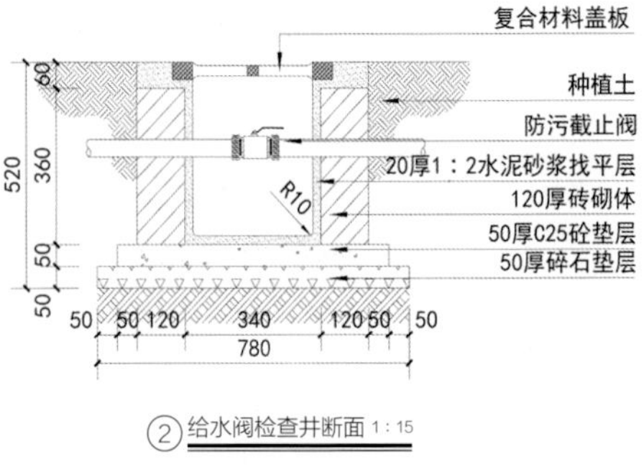

给水阀检查井断面

图 3-4　给水设备安装详图

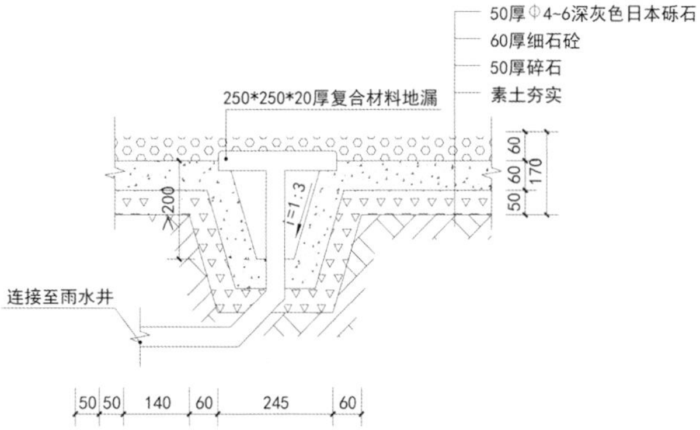

③地漏直埋断面 1:10

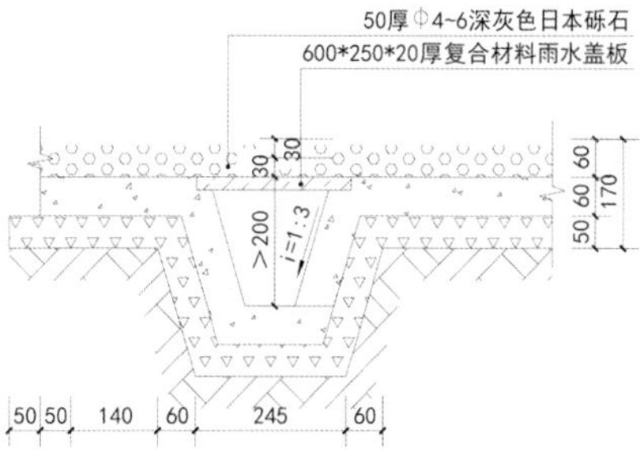

④石子滩暗沟做法 1:10

石子滩暗沟做法　　石子滩暗沟做法

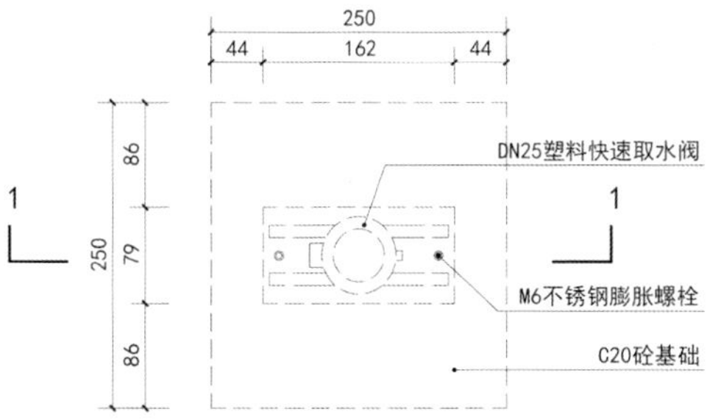

⑤取水阀平面图 1:5

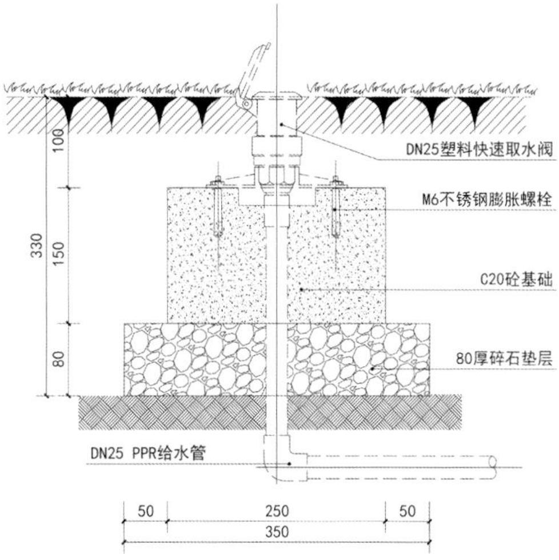

⑥取水阀大样图 1:5

取水阀平面图　　取水阀大样图

图 3-4　给水设备安装详图（续）

2.2 排水

庭院排水主要排的是雨水，排水若不设计，降水量大时，庭院内就会大量积水导致植物死亡，雨水不及时排除，还可能溢流入室内，影响较大。庭院排水系统可分为洼地排水和地下管道排水两种，大多数庭院会采用两种形式组合排水。

洼地排水是自然排水，是指在庭院中设计低洼之地，并在周围种植树木花草，使其成为庭院一景，既可观赏，又具排水功能。洼地材料有四种，分别是草坪、湿地植物、石头以及植物和石头的组合。洼地布局可根据庭院实际因地制宜，可曲可直，但需提前进行，早在地形设计时就得充分考虑，庭院内的水是从地势高处流向地势低处，洼地则在地势低处，或沿排水线方向连续设置。

庭院若无足够空间进行地形处理和洼地设计，则可使用地下管道排水，这种方式排水快、效果好，但是造价较高，需设计一整套的雨水收集设施，而且排水设施埋于地下，不如洼地排水可成观赏之景。

排水系统的施工图包括设计说明（图 3–2）、排水管网布置平面图（图 3–5）以及排水沟、雨水口、检查井等的施工做法（图 3–6）。 检查井采用塑料雨水检查井，行车道路下采用防护井盖；雨水口采用塑料偏沟式单箅雨水口或平箅式雨水口，箅子采用复合材料或同铺装。检查井和雨水口的做法参照《建筑小区塑料排水检查井》08SS523。

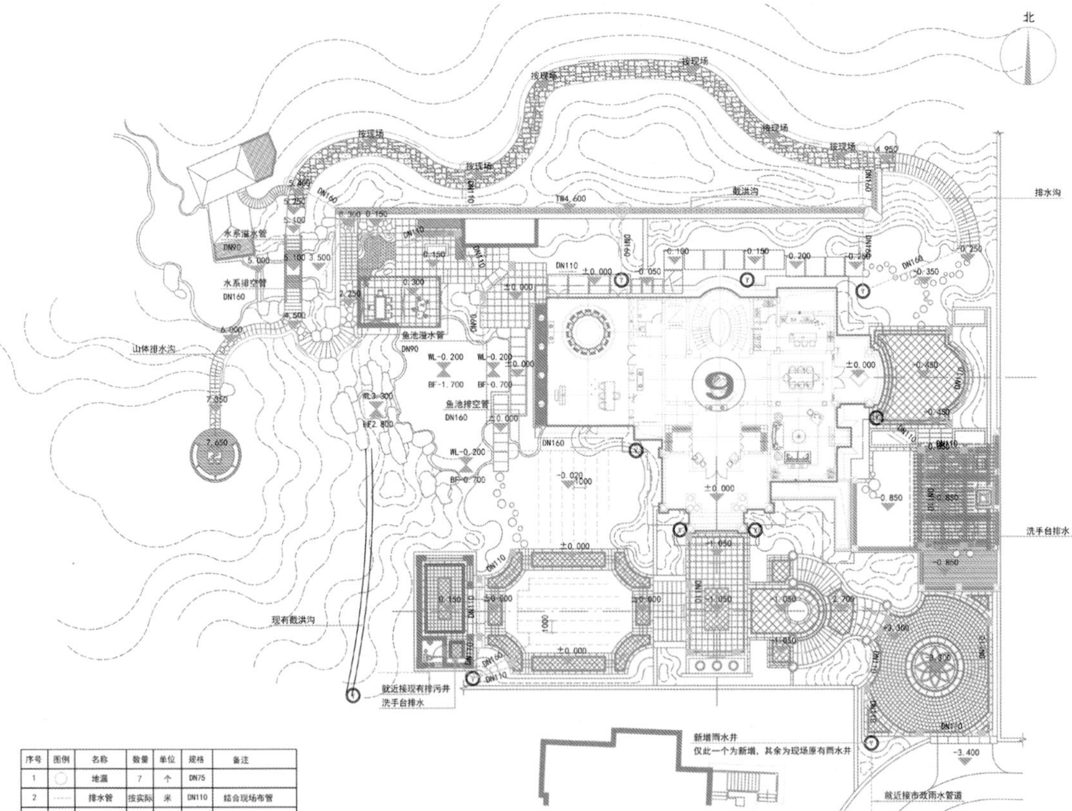

序号	图例	名称	数量	单位	规格	备注
1		地漏	7	个	DN75	
2		排水管	按实际	米	DN110	结合现场布管
3		盲管	按实际	米		结合现场布管
4		雨水收集口	25	个		400*400*400砖砌体
5	Y	现有雨水井	9	个	仅门口一个为新增，其余原有	

图 3–5　排水管网布置平面图

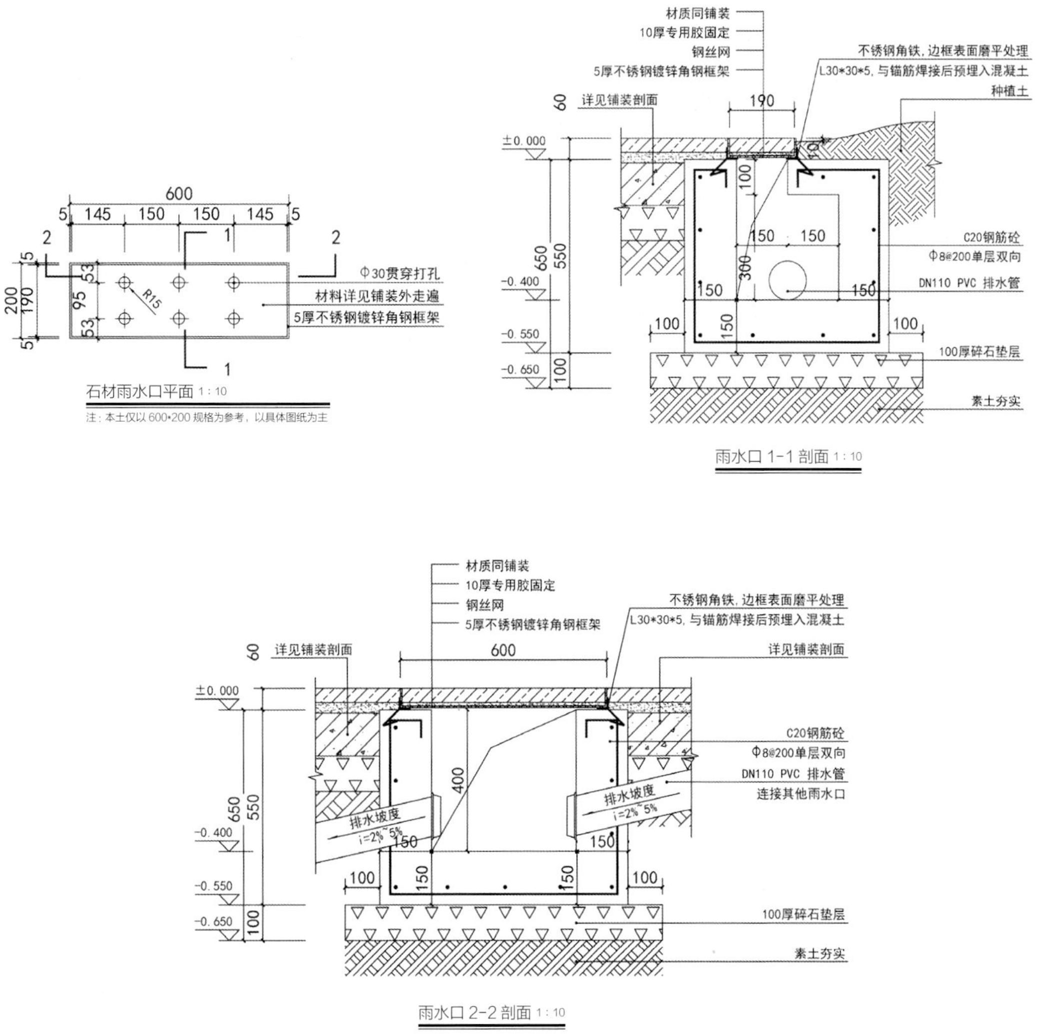

图 3-6　排水沟、雨水口等施工做法

3 照明

疏松月影，阑珊星灯，合理的照明设计能让夜间的庭院更显温情。庭院照明不同于公园照明，其设计尤要注意氛围感的营造，或温馨、或浪漫、或优雅、或神秘，也可通过点缀装饰吸引聚焦视线，突出景观特色与魅力。庭院照明有庭院灯、壁灯、围墙灯、投射灯、草坪灯、地埋灯以及灯串、灯带、灯笼、花盆灯、坐凳灯等多种特色照明灯具，形式多样。

庭院照明设计施工图包括电气设计说明（图 3–7）、配电箱系统图（图 3–8）、照明布置平面图（图 3–9）以及各基础结构图（图 3–10）。

电气设计说明

一、设计依据：

1、建设单位提供的扩初设计文件；

2、《民用建筑电气设计规范》JGJ16-2008；《通用用电设备配电设计规范》GB50055-2011；《供配电系统设计规范》；《供配电系统设计规范》；《低压配电设计规范》GB50054-2011；《城市道路照明设计标准》 CJJ45-2006；《城市夜景照明设计规范》JGJT163-2008;等国家和地方有关建筑设计规范、标准。

3、相关专业提供的设计资料。

二、供电电源：

1、本设计范围负荷等级为三级电源由建设单位从就近配电箱中引出。

2、供电电压：三相四线制；使用电压：照明为单相220V，潜水泵为三相380/220V。

三、配电系统：

本次设计范围的照明及动力采用放射式供电方式。

四、线路敷设：

1、从配电箱至各用电设备线路采用YJV/1KV电缆埋地敷设，电缆埋深-0.7米。

2、电缆过道路及硬地坪时需要加镀锌钢管保护。保护管的穿管规格为管内径应大于电缆直径1.5倍；普通管线位置设置电缆警示带。

3、电缆施工应根据国际D164详图敷设。电缆敷设与其他专业管线平行或交叉敷设时，间距应符合GB50217-2007《电力工程电缆设计规范》之要求。

4、1KV电缆与10KV电缆及控制电缆平行敷设时，距离0.1米；交叉敷设时，距离0.5米。

5、电缆保护镀锌钢管穿越池壁时应加套刚性防水套管。电源线出口管采用防水堵料。防水接线盒内的接线采用防水堵料严密封口，以防漏电。防水接线盒安装在手井内。

6、防水接线盒至水泵的电缆均为水泵的自带电缆定货时应注明长度。水池内不允许有任何接线盒。

7、水下彩色灯从电箱引至水池边选用VV-1KV电缆经埋地防水变压器后与水下彩色灯用YZ型电缆连接（一灯一线制），YZ型电缆均应穿U-PVC电工套管，并在进出端口需作管内堵水处理（以防水倒流）。

8、室外水下照明采用24V超低压线路供电，水下电缆敷设、变压器由专业公司负责安装。详见：特殊灯具安装（03D702-3）图集。

9、水池处需作局部等电位联结，做法按图集02D501-2。LEB端子箱安装于隔离变压器箱侧。钢筋砼水池钢筋、金属管线、金属水管LEB端子箱可靠联结。

10、沿水池周边埋设三圈均衡导线，圈间距0.6米，三圈均衡导线之间至少有两处做横向连接，导线采用热镀锌扁钢25*4，等电位连接线、水下灯均与采用钢质材料连接，水景喷泉装置的金属框架及基础型钢必须接地。

11、根据施工现场在电缆转角、分支处以及直线距离30-50米适当设置电缆手孔井。

12、平面图中配电线路除图中标注外，仅在该配电回路某一盏处作标注，则其他所接灯具均采用相同的回路、导线规格及敷设方式；因现场情况复杂照明线路敷设施工时走向可作自行调整。

设施名称	平行时	交叉时
建筑物，构筑物基础	0.5	-
电杆	0.6	-
乔木	1.0	-
灌木丛	0.5	-
不同部门使用的电缆	0.5(0.1)	0.5(0.25)
热力管沟	2.0(1.0)	0.5(0.25)
上、下水管道	0.5	0.5(0.25)
可燃气体管道及油管	1.0	0.5(0.25)
公路（平行时与路边，交叉时与路面）	1.5	1.0
电缆引入建筑物时穿保护管应超出建筑物散水坡距离	0.2	-
排水明沟（平行时与沟边，交叉时与沟底）	1.0	0.5

五、设备安装：

1、照明配电箱暂定为室外不锈钢防水型配电箱，水泥基础安装.IP65。

2、室外灯具防护等级达到IP65，水下灯具防护等级达到IPX8。

3、景观灯基础低于地面5-7公分；每个泛光灯配置一防水接线盒。

4、灯具制造商提供灯具基础并配合现场安装的预埋施工。每灯设5A的独立熔丝保护，金属灯具外壳等通过PE线以及灯具基础接地。

六、保护接地：

1、低压配电系统接地形式采用TN-S系统，凡在正常情况下不带电之用电设备金属外壳均应与专用PE线可靠联接，PE线为黄/绿色标线；接地电阻小于4欧姆。

2、利用水池及池壁及池底内的钢筋与水下灯的外壳、水泵的外壳及PE线作等电位联结。

七、控制方式：

要求除水下灯外所有灯具控制均要求采用继电模块远程控制，控制点采用面板按键式控制，具体位置详见平面图。

八、未尽事宜，按有关国家规范及安装图集进行施工。

图 3-7　电气设计说明

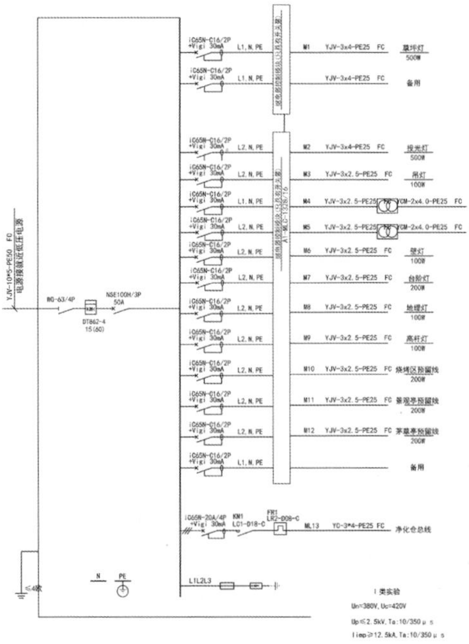

AL-JG 配线箱系统图

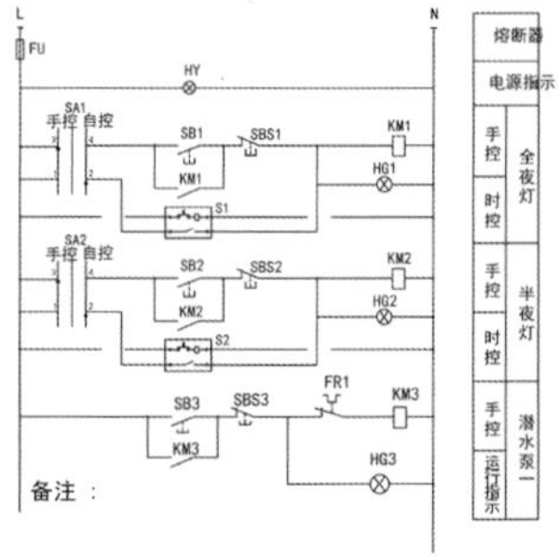

配电箱控制原理图

1. 环境灯具控制方式有二种:时间控制及手动控制.通过SA转换开关转换。
   灯具工作时间分为两种:一是半夜灯18:30~21:30;二是全夜灯.18:30~5:30;
   使用方也可根据实际需要调整工作时间。
2. 考虑到水景使用的不定时性，水下灯及潜水泵控制均采用人工手控。

配线箱意向图

图 3-8　配电箱系统图

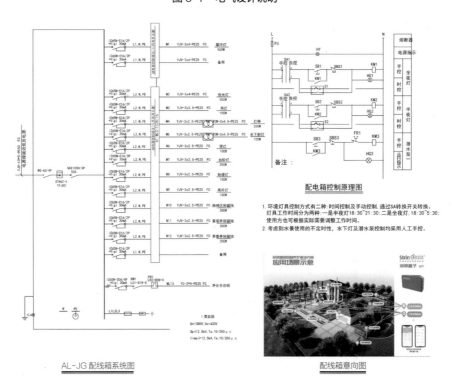

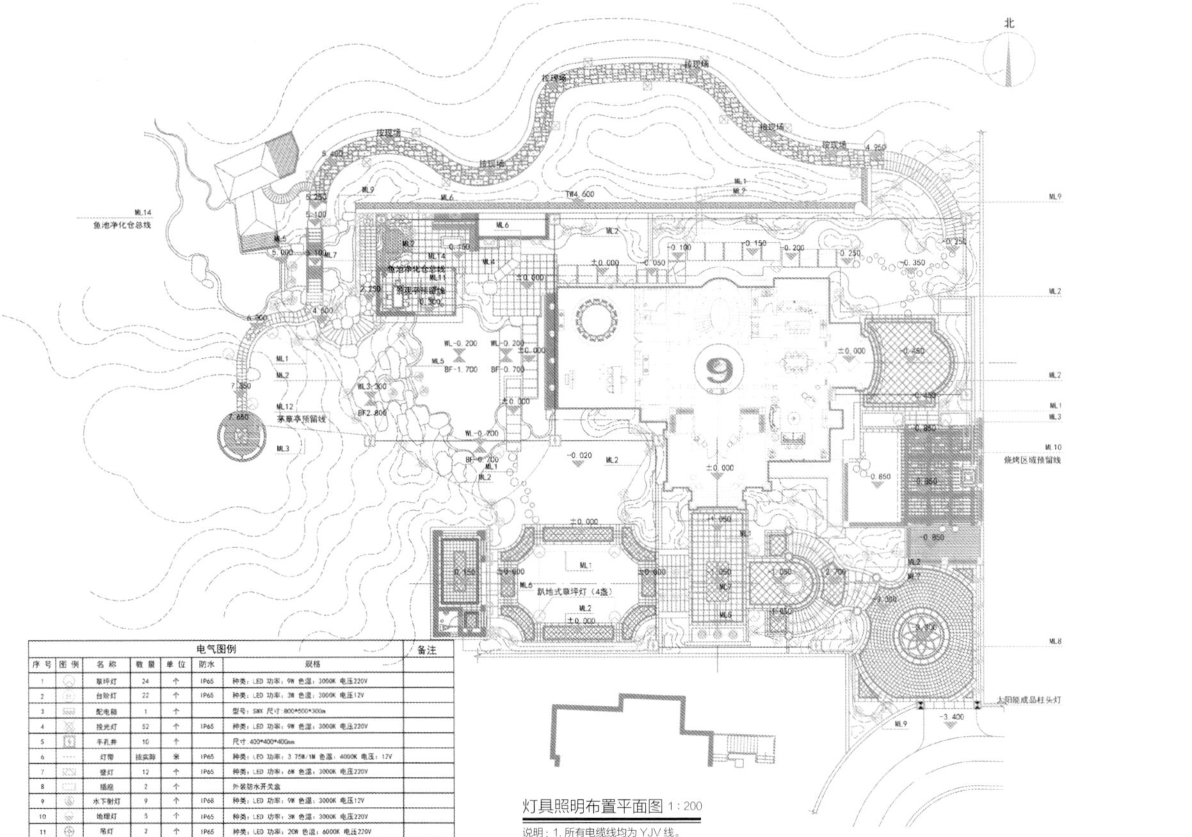

电气图例							备注
序号	图例	名称	数量	单位	防水	规格	
1		草坪灯	24	个	IP65	种类：LED 功率：9W 色温：3000K 电压220V	
2		台阶灯	22	个	IP65	种类：LED 功率：3W 色温：3000K 电压12V	
3		配电箱	1	个		型号：SWX 尺寸：800*500*300mm	
4		投光灯	52	个	IP65	种类：LED 功率：9W 色温：3000K 电压220V	
5		手孔井	10	个		尺寸：400*400*400mm	
6		灯带	按实际	米	IP65	种类：LED 功率：3.75W/1M 色温：4000K 电压：12V	
7		壁灯	12	个	IP65	种类：LED 功率：6W 色温：3000K 电压220V	
8		插座	2	个		外装防水开关盒	
9		水下射灯	9	个	IP68	种类：LED 功率：9W 色温：3000K 电压12V	
10		地埋灯	5	个	IP65	种类：LED 功率：3W 色温：3000K 电压220V	
11		吊灯	2	个	IP65	种类：LED 功率：20W 色温：6000K 电压220V	
12		高杆灯	14	个	IP65	种类：LED 功率：30W 色温：3000K 电压220V	高2.5米
13		太阳能柱头灯	2	个	IP65	种类：LED 功率：5W 色温：3000K 电压220V	

图 3-9　照明布置平面图

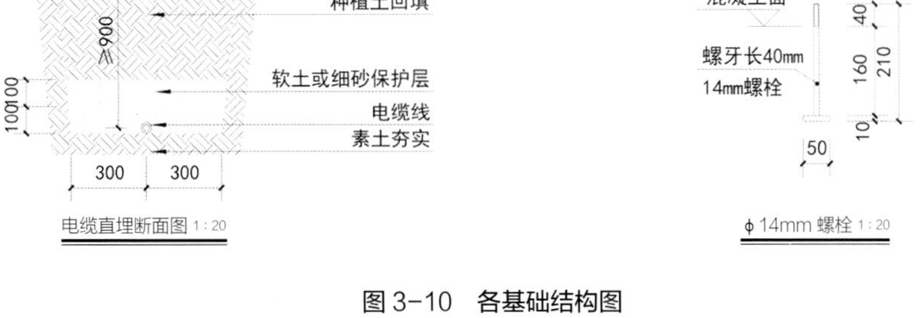

图 3-10　各基础结构图

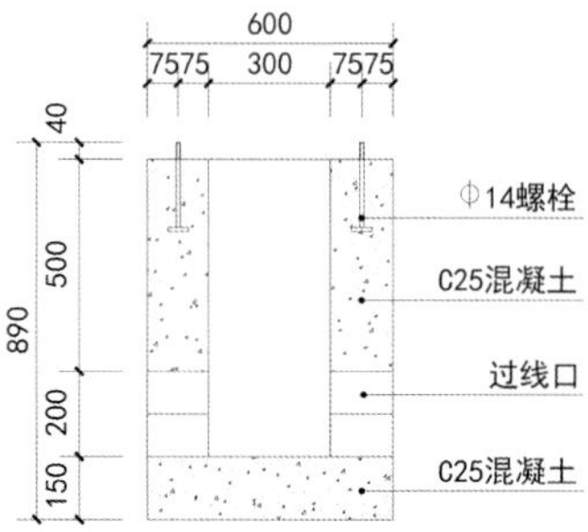

配电箱基础 1-1 剖面图 1:20

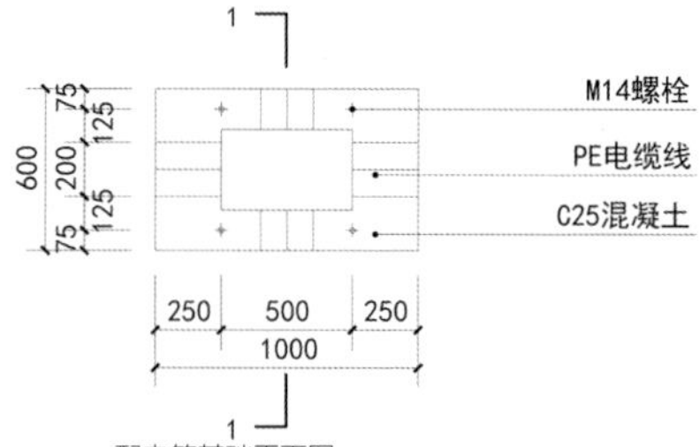

配电箱基础平面图 1:30

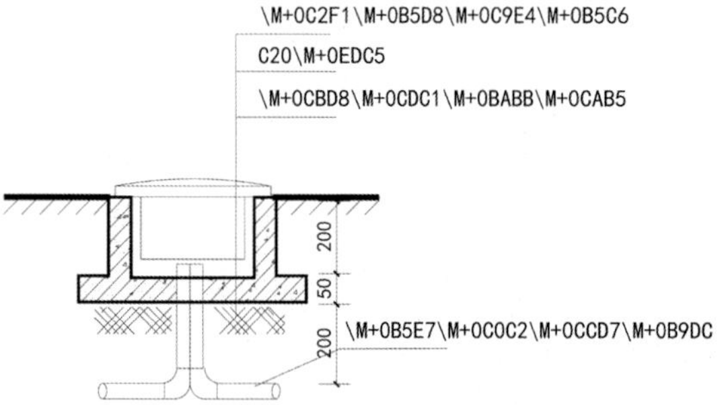

树池埋地射灯基础大样图 1:80

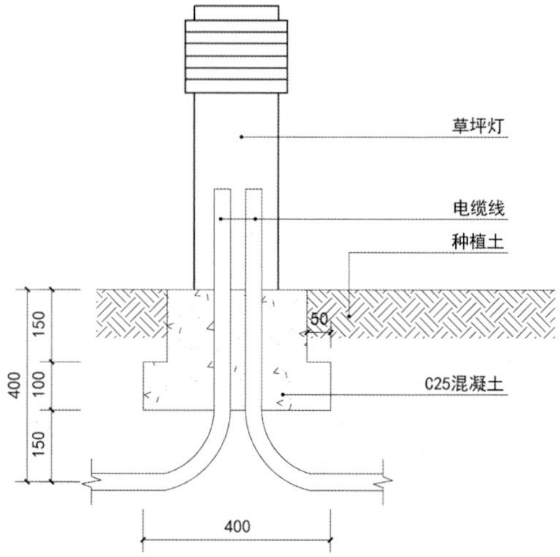

草坪灯基础大样图 1:10

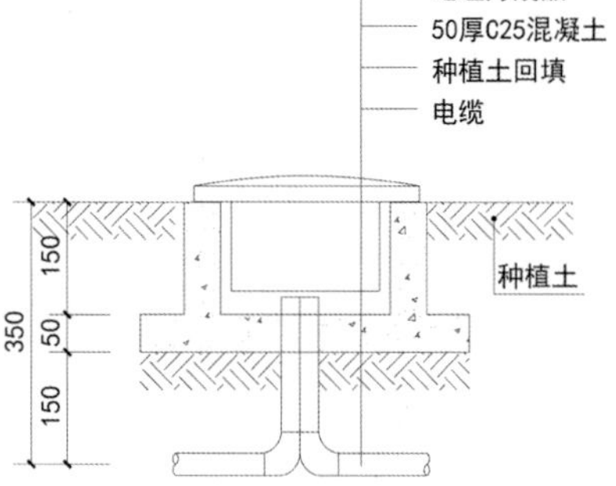

地埋灯基础大样图 1:10

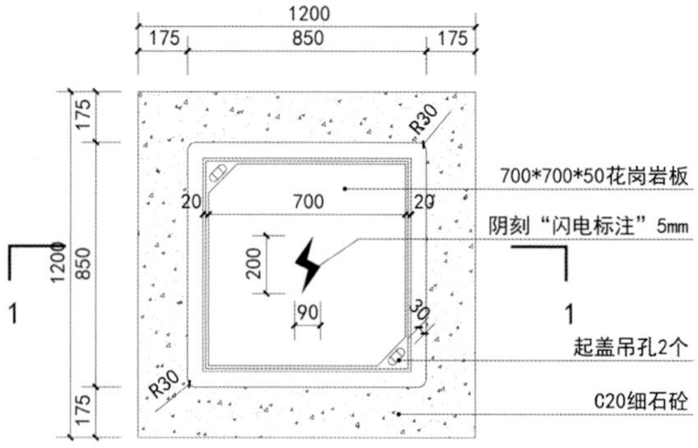

手孔井平面图 1:20

图 3-10 各基础结构图（续）

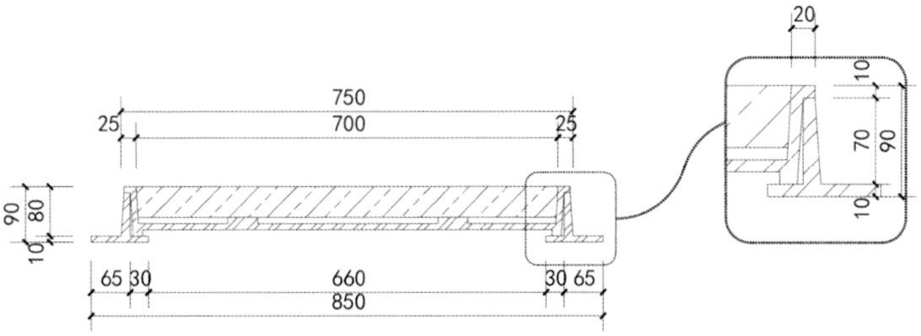

手孔井井盖大样图 1:10

图 3-10　各基础结构图（续）

4 景亭

景亭，庭院中的小型建筑物，也是庭院点睛之景。从平面形式看，景亭造型有三角形、正方形、正六边形、正八边形、圆形、扇面形和长方形等，可设单亭，也可多亭组合；从材料和结构角度看，常见景亭有木结构亭、钢结构亭、钢筋混凝土结构亭、石亭、砖亭和竹亭等（图 3-11 至图 3-14）。景亭的施工图包括平面图、立面图、剖面图和大样做法图四类，其中平面图就需绘制顶平面图、底平面图、基础平面图和仰视平面图四张。

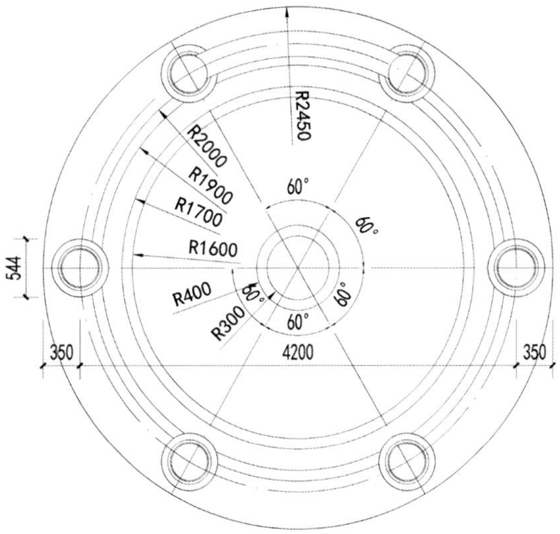

圆亭底铺装尺寸平面图

图 3-11　钢筋混凝土圆亭结构图

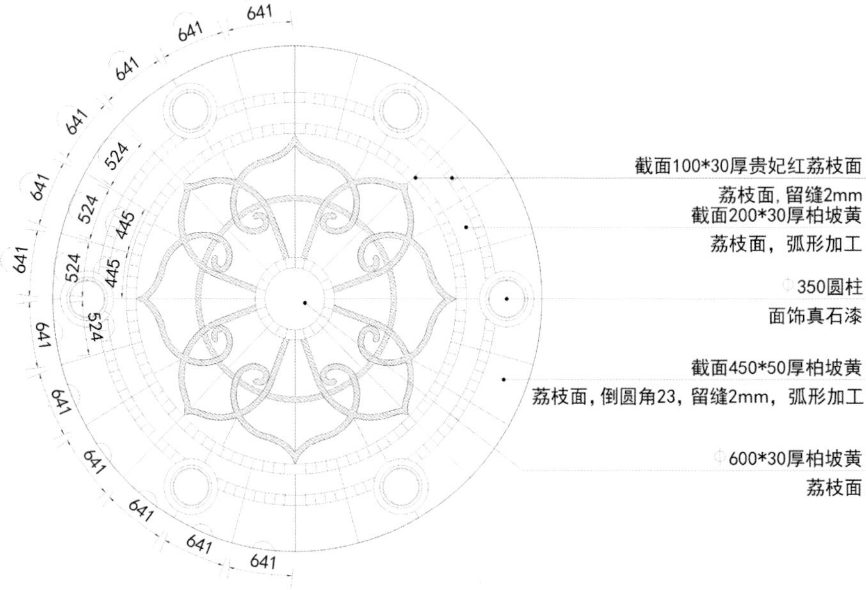

圆亭铺装平面图

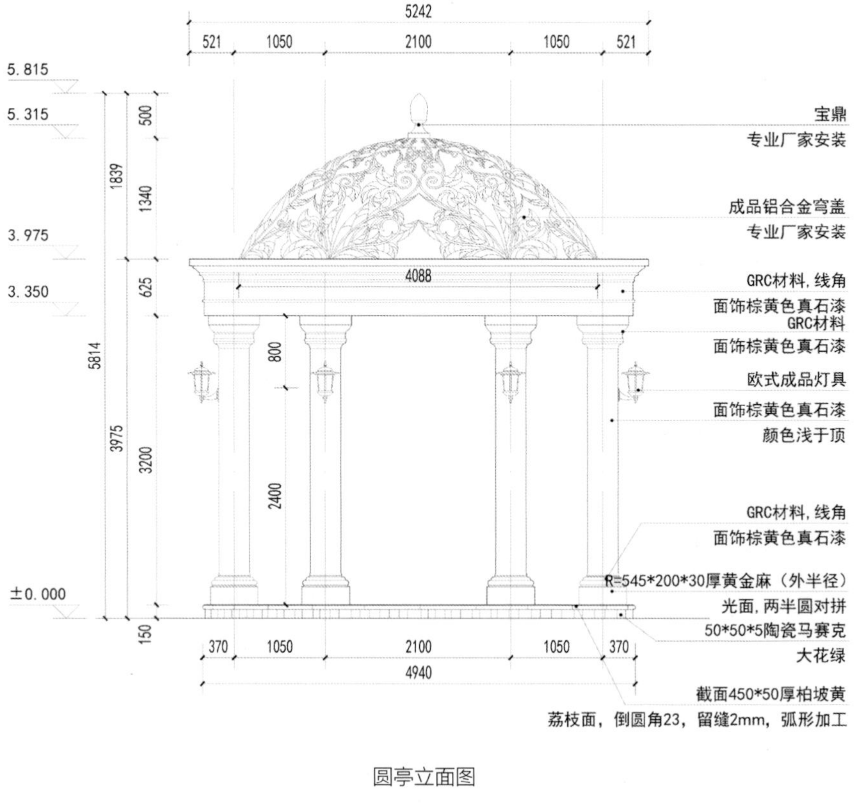

圆亭立面图

图 3-11　钢筋混凝土圆亭结构图（续）

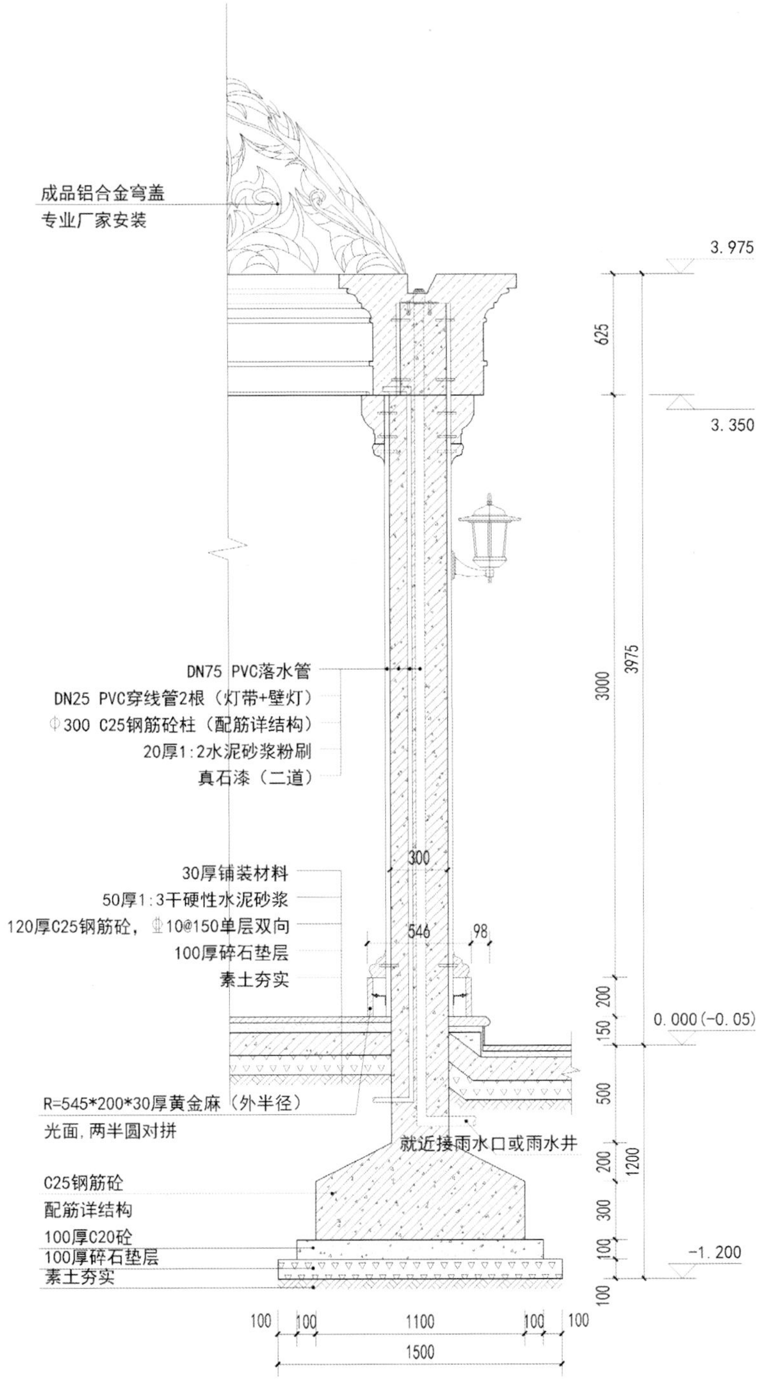

成品铝合金穹盖
专业厂家安装
3.975
625
3.350
3000
3975
DN75 PVC落水管
DN25 PVC穿线管2根（灯带+壁灯）
Φ300 C25钢筋砼柱（配筋详结构）
20厚1:2水泥砂浆粉刷
真石漆（二道）
300
30厚铺装材料
50厚1:3干硬性水泥砂浆
120厚C25钢筋砼，Φ10@150单层双向
546
98
100厚碎石垫层
素土夯实
200
150
0.000(-0.05)
500
R=545*200*30厚黄金麻（外半径）
光面，两半圆对拼
就近接雨水口或雨水井
200
1200
C25钢筋砼
配筋详结构
300
100厚C20砼
100
100厚碎石垫层
-1.200
素土夯实
100
100
100
1100
100
100
1500

圆亭剖面图

图 3-11　钢筋混凝土圆亭结构图（续）

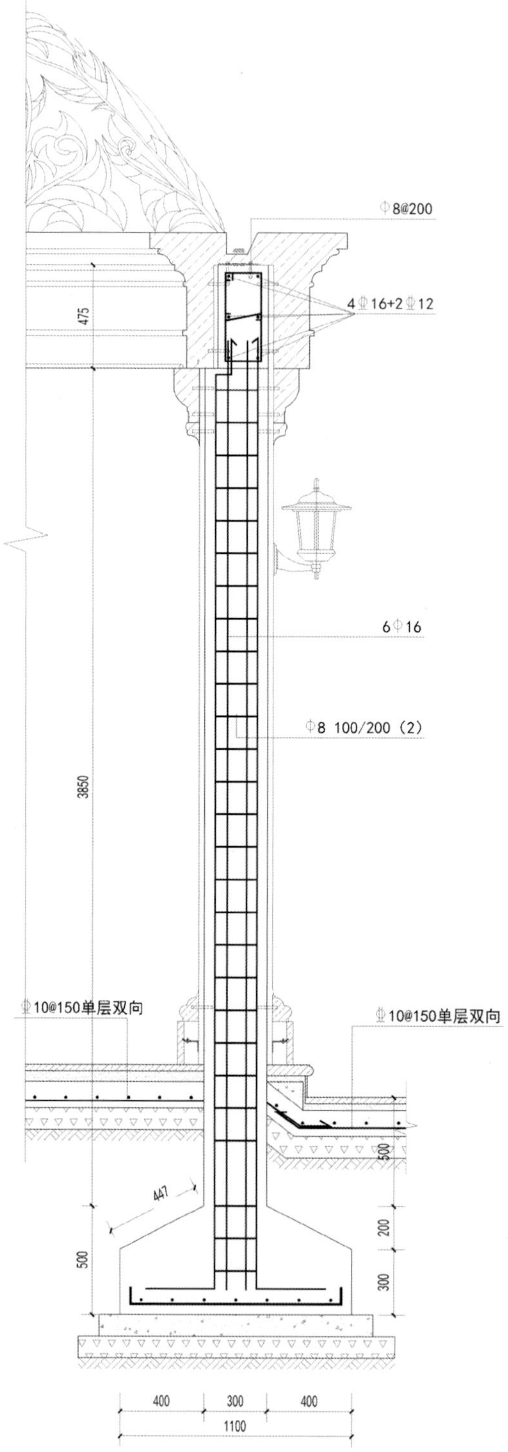

圆亭圆柱配筋图

图 3-11　钢筋混凝土圆亭结构图（续）

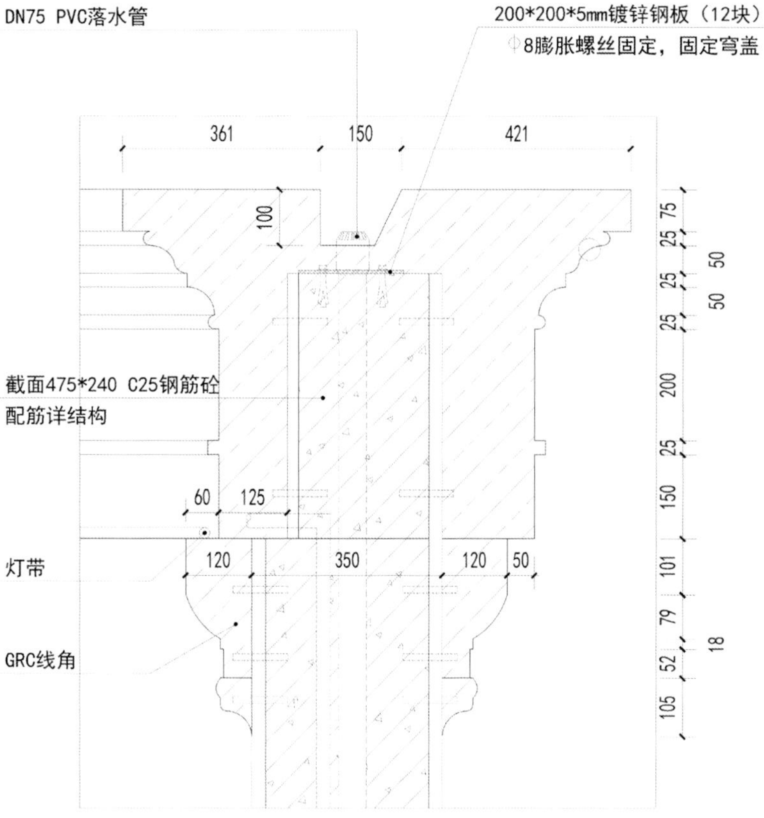

圆亭详图一

图 3-11 钢筋混凝土圆亭结构图（续）

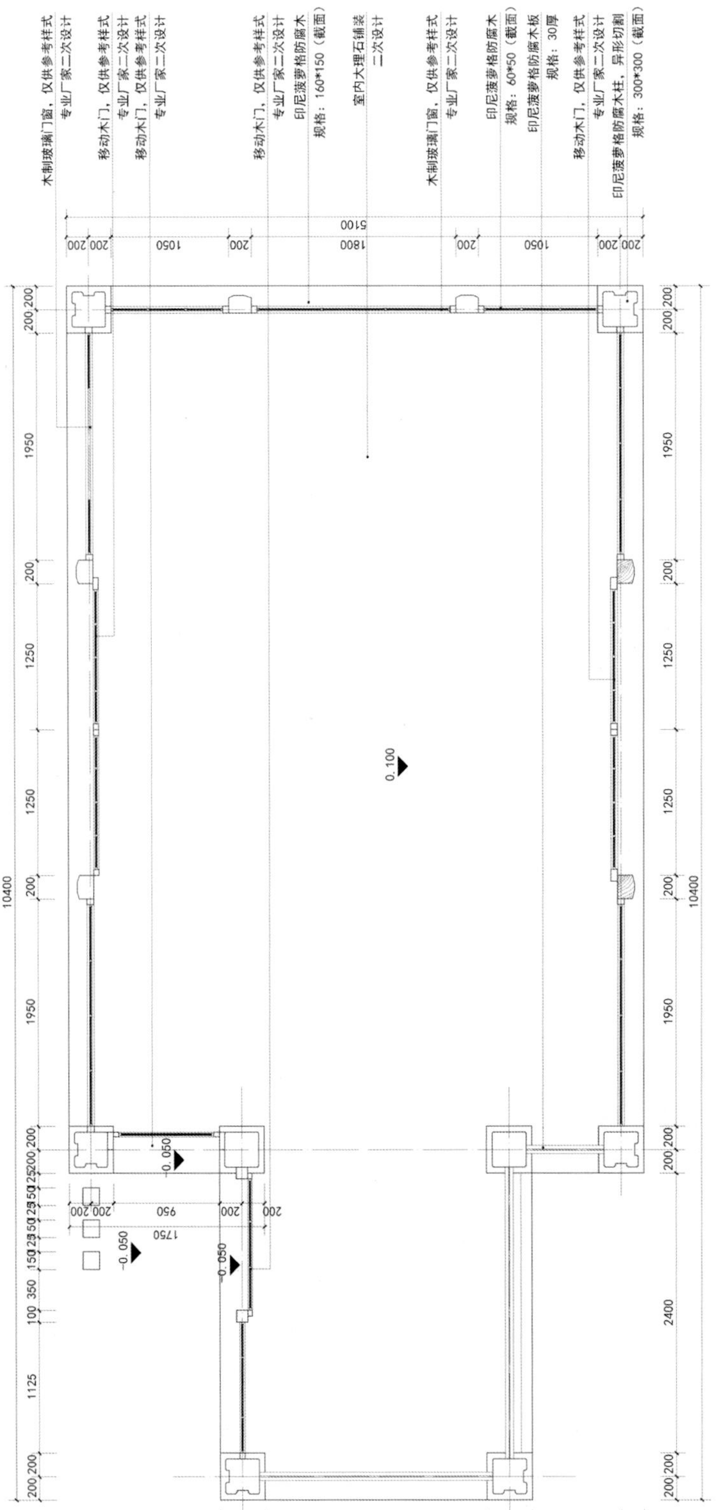

防腐木组合亭底平面图

图 3-12 防腐木组合亭结构图

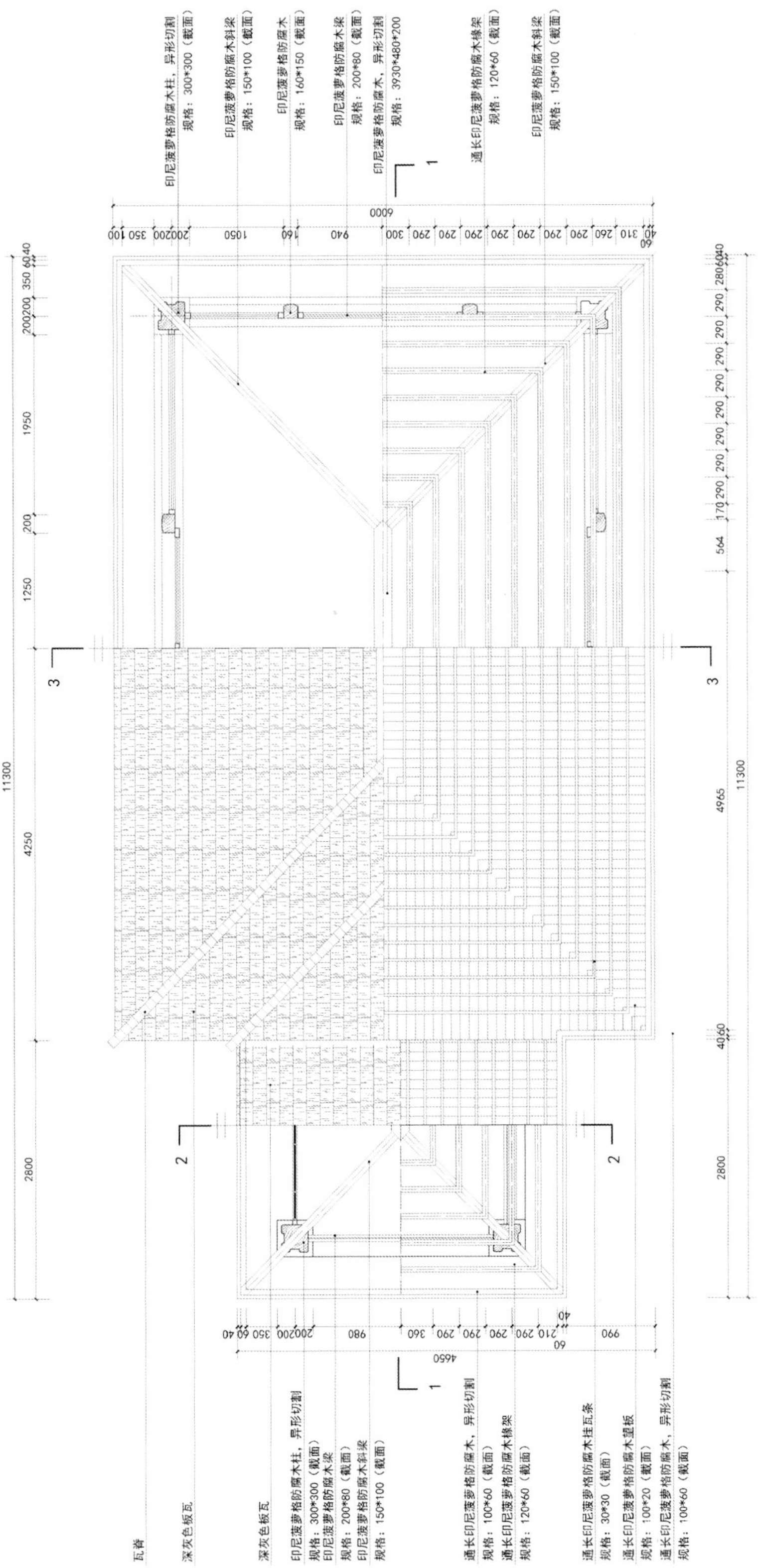

防腐木组合亭顶平面图

图 3-12　防腐木组合亭结构图（续）

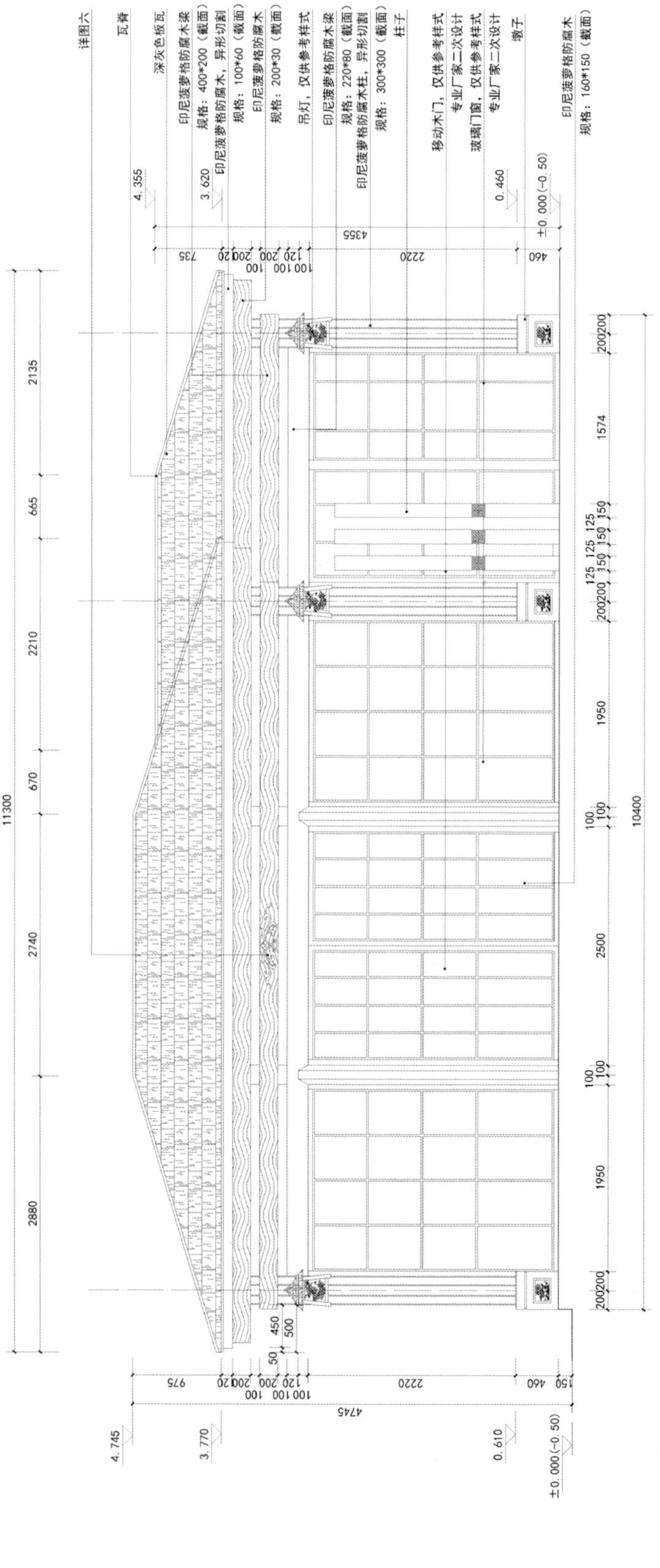
详图六
瓦脊
深灰色板瓦
印尼菠萝格防腐木梁
规格：400*200（截面）
印尼菠萝格防腐木，异形切割
规格：100*60（截面）
印尼菠萝格防腐木
规格：200*30（截面）
吊灯，仅供参考样式
印尼菠萝格防腐木梁
规格：220*80（截面）
印尼菠萝格防腐木柱，异形切割
规格：300*300（截面）
柱子
移动木门，仅供参考样式
专业厂家二次设计
玻璃门窗，仅供参考样式
专业厂家二次设计
墩子
印尼菠萝格防腐木
规格：160*150（截面）
4.355
3.620
0.460
±0.000(-0.50)
4.745
3.770
0.610
11300
10400
4355
4745

防腐木组合亭正立面图

图 3-12 防腐木组合亭结构图（续）

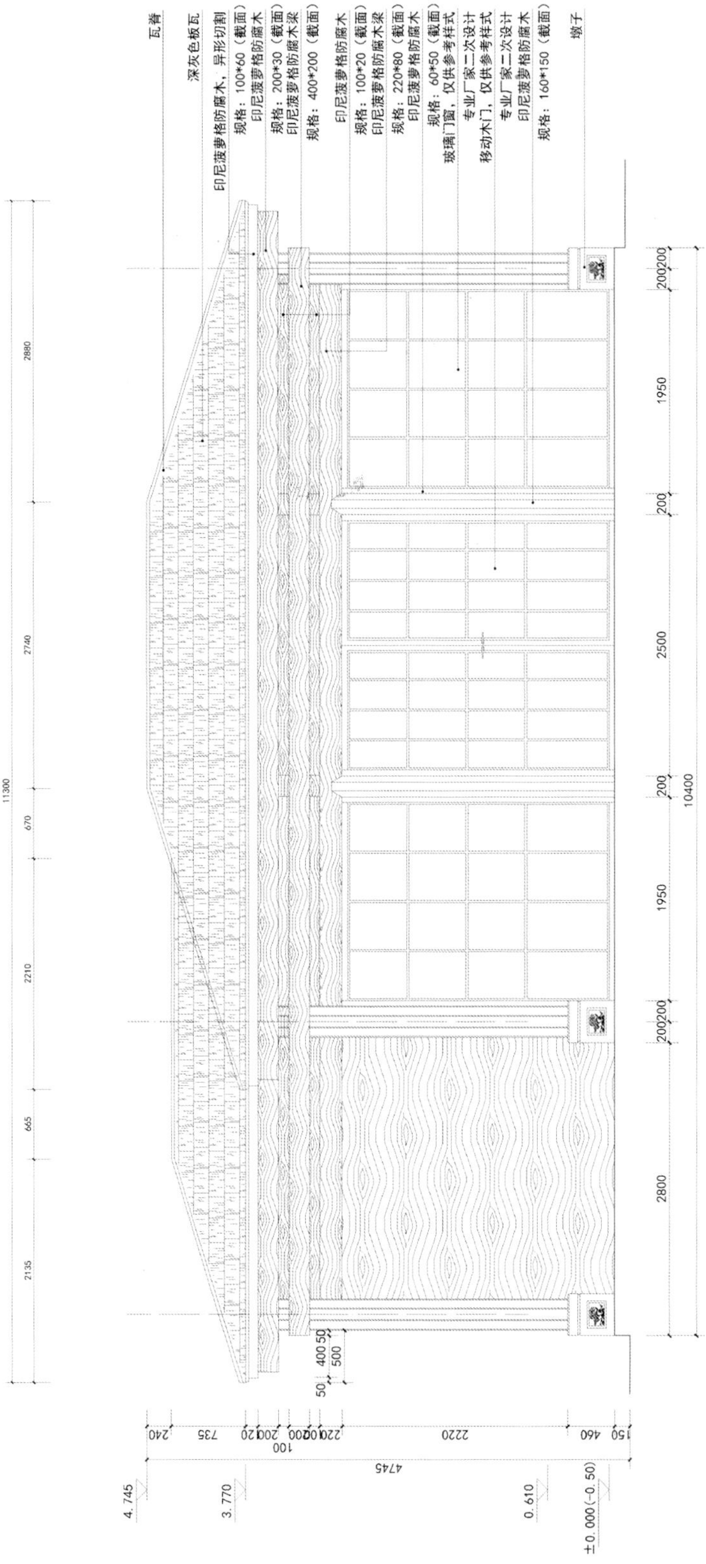

防腐木组合亭背立面图

图3-12　防腐木组合亭结构图（续）

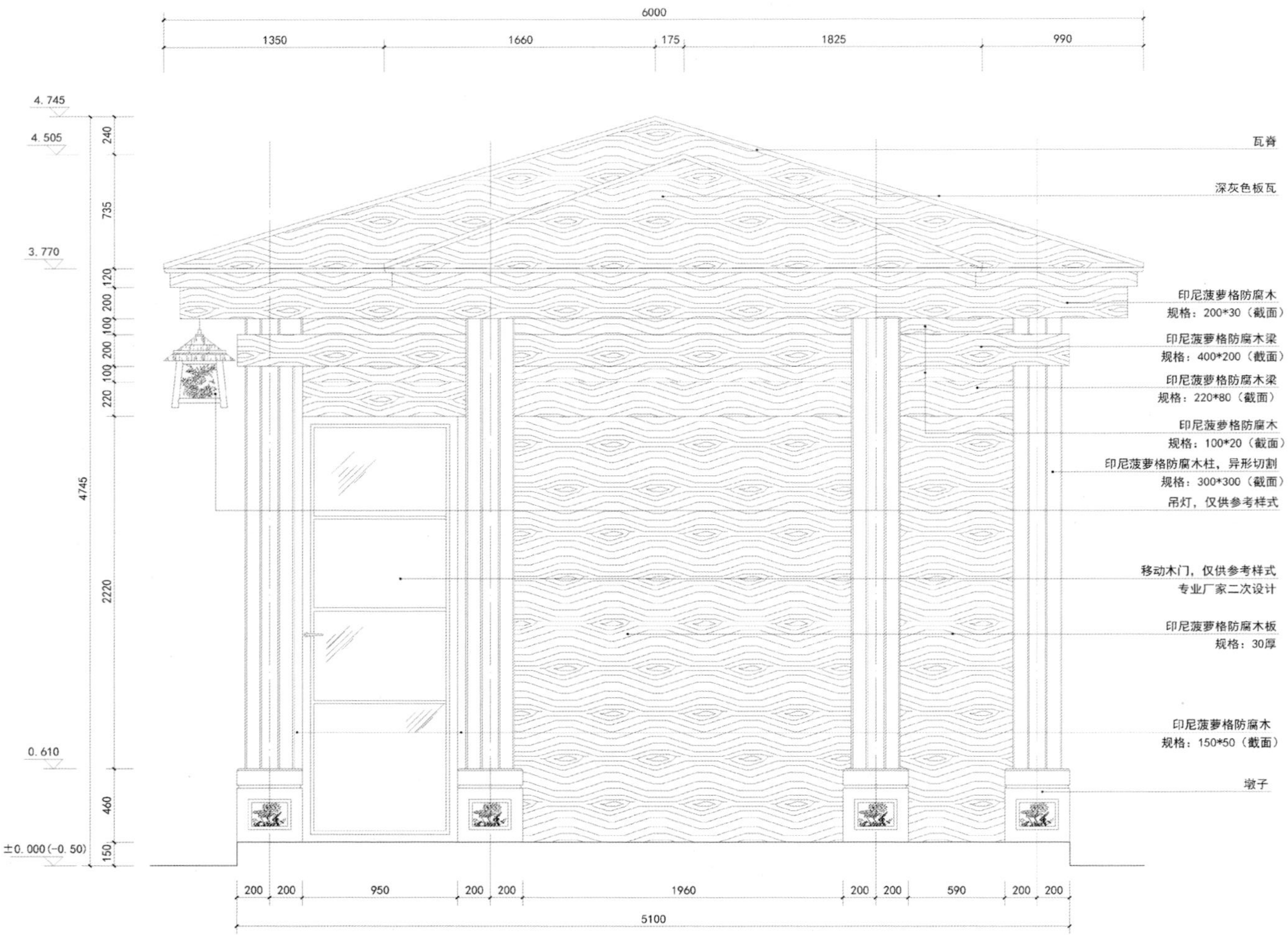
6000
1350
1660
175
1825
990
4.745
4.505
3.770
0.610
±0.000(-0.50)
240
735
120
200
100
200
100
220
2220
460
150
4745
瓦脊
深灰色板瓦
印尼菠萝格防腐木
规格：200*30（截面）
印尼菠萝格防腐木梁
规格：400*200（截面）
印尼菠萝格防腐木梁
规格：220*80（截面）
印尼菠萝格防腐木
规格：100*20（截面）
印尼菠萝格防腐木柱，异形切割
规格：300*300（截面）
吊灯，仅供参考样式
移动木门，仅供参考样式
专业厂家二次设计
印尼菠萝格防腐木板
规格：30厚
印尼菠萝格防腐木
规格：150*50（截面）
墩子
200
200
950
200
200
1960
200
200
590
200
200
5100

防腐木组合亭左侧立面图

图 3-12　防腐木组合亭结构图（续）

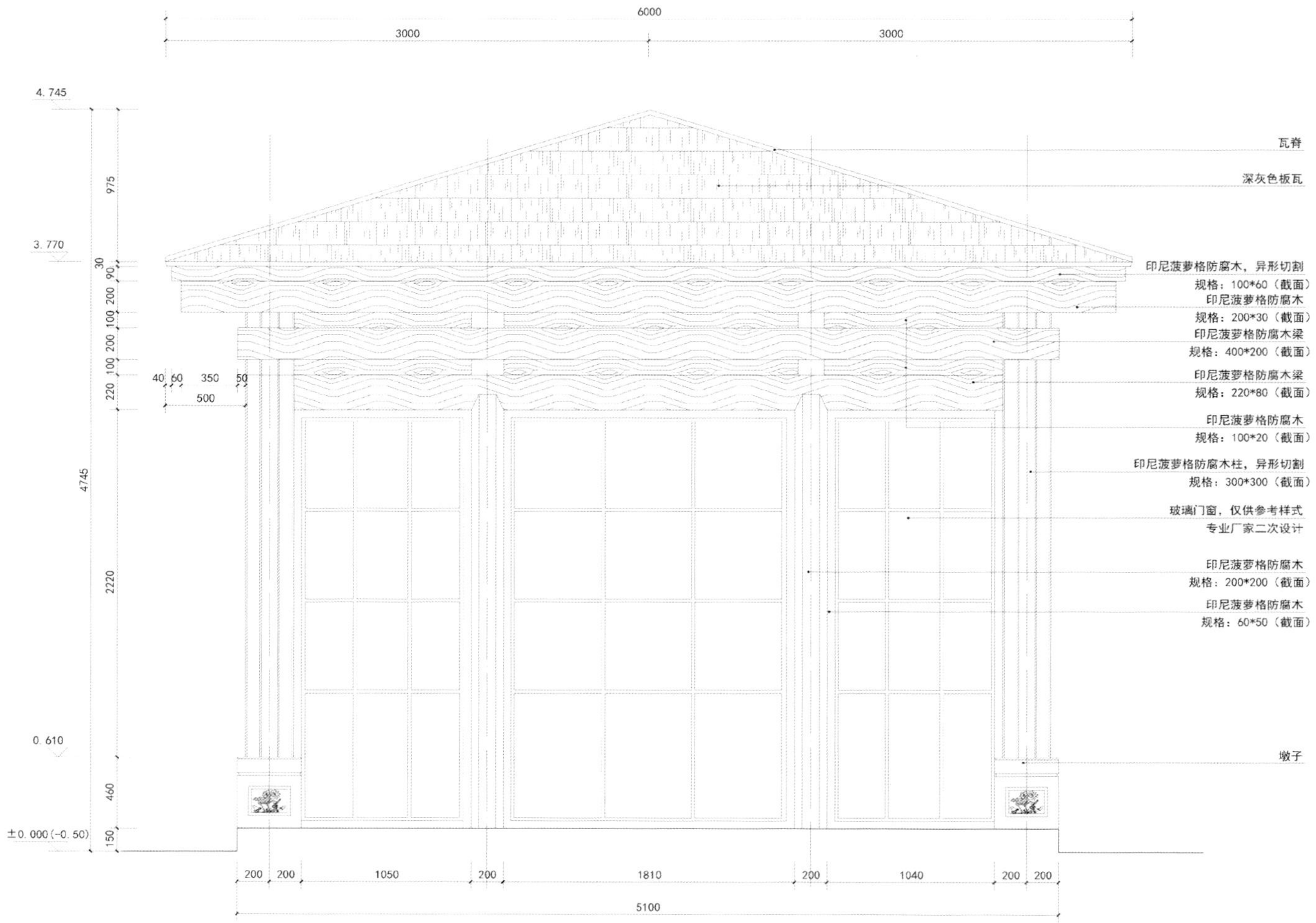
6000
3000
3000
4.745
3.770
0.610
±0.000(-0.50)
975
30
90
200
100
200
100
220
2220
460
150
4745
40
60
350
50
500
瓦脊
深灰色板瓦
印尼菠萝格防腐木，异形切割
规格：100*60（截面）
印尼菠萝格防腐木
规格：200*30（截面）
印尼菠萝格防腐木梁
规格：400*200（截面）
印尼菠萝格防腐木梁
规格：220*80（截面）
印尼菠萝格防腐木
规格：100*20（截面）
印尼菠萝格防腐木柱，异形切割
规格：300*300（截面）
玻璃门窗，仅供参考样式
专业厂家二次设计
印尼菠萝格防腐木
规格：200*200（截面）
印尼菠萝格防腐木
规格：60*50（截面）
墩子
200
200
1050
200
1810
200
1040
200
200
5100

防腐木组合亭右侧立面图

图 3-12　防腐木组合亭结构图（续）

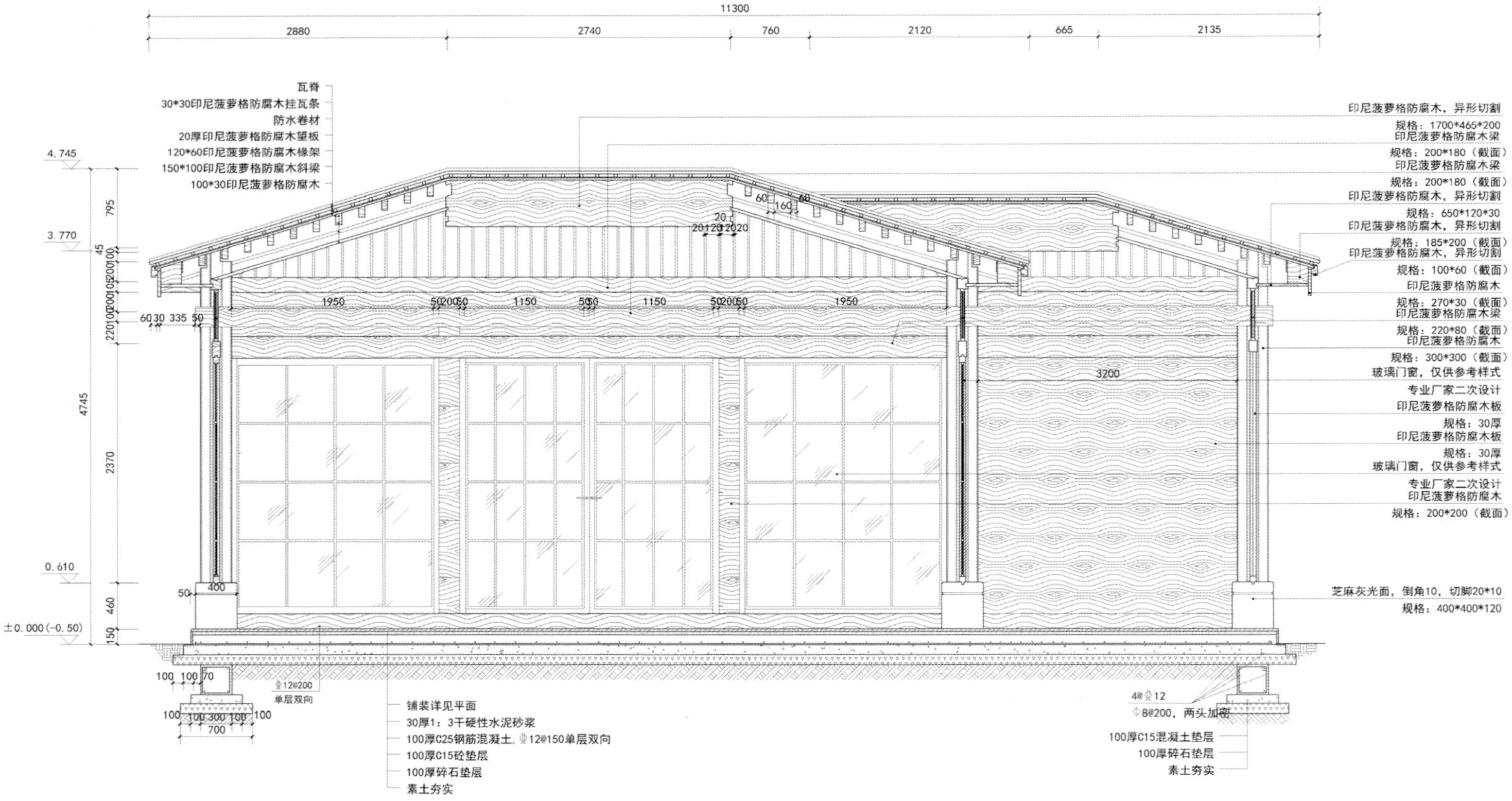
11300
2880
2740
760
2120
665
2135
瓦脊
30*30印尼菠萝格防腐木挂瓦条
防水卷材
20厚印尼菠萝格防腐木望板
120*60印尼菠萝格防腐木椽架
150*100印尼菠萝格防腐木斜梁
100*30印尼菠萝格防腐木
印尼菠萝格防腐木，异形切割
规格：1700*465*200
印尼菠萝格防腐木梁
规格：200*180（截面）
印尼菠萝格防腐木梁
规格：200*180（截面）
印尼菠萝格防腐木，异形切割
规格：650*120*30
印尼菠萝格防腐木，异形切割
规格：185*200（截面）
印尼菠萝格防腐木，异形切割
规格：100*60（截面）
印尼菠萝格防腐木
规格：270*30（截面）
印尼菠萝格防腐木梁
规格：220*80（截面）
印尼菠萝格防腐木
规格：300*300（截面）
玻璃门窗，仅供参考样式
专业厂家二次设计
印尼菠萝格防腐木板
规格：30厚
印尼菠萝格防腐木板
规格：30厚
玻璃门窗，仅供参考样式
专业厂家二次设计
印尼菠萝格防腐木
规格：200*200（截面）
芝麻灰光面，倒角10，切脚20*10
规格：400*400*120
4.745
3.770
0.610
±0.000(-0.50)
3200
1950
1150
1950
4745
2370
铺装详见平面
30厚1：3干硬性水泥砂浆
100厚C25钢筋混凝土，⌀12@150单层双向
100厚C15砼垫层
100厚碎石垫层
素土夯实
⌀12@200
单层双向
4⌀12
⌀8@200，两头加密
100厚C15混凝土垫层
100厚碎石垫层
素土夯实

防腐木组合亭 1-1 剖面图

图 3-12　防腐木组合亭结构图（续）

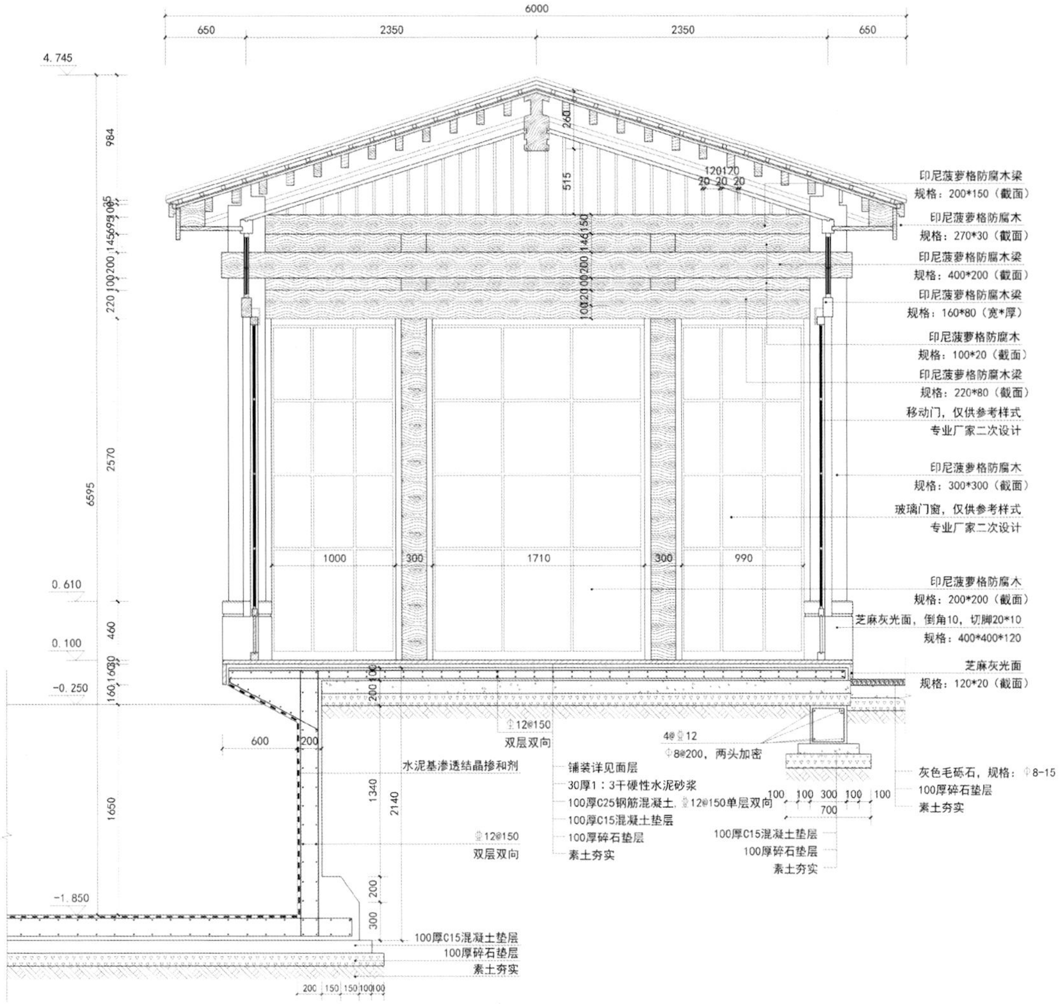

6000
650
2350
2350
650
4.745
984
2570
6595
0.610
460
0.100
-0.250
1650
-1.850
260
515
120120
20 20 20
1000
300
1710
300
990
印尼菠萝格防腐木梁
规格：200*150（截面）
印尼菠萝格防腐木
规格：270*30（截面）
印尼菠萝格防腐木梁
规格：400*200（截面）
印尼菠萝格防腐木梁
规格：160*80（宽*厚）
印尼菠萝格防腐木
规格：100*20（截面）
印尼菠萝格防腐木梁
规格：220*80（截面）
移动门，仅供参考样式
专业厂家二次设计
印尼菠萝格防腐木
规格：300*300（截面）
玻璃门窗，仅供参考样式
专业厂家二次设计
印尼菠萝格防腐木
规格：200*200（截面）
芝麻灰光面，倒角10，切脚20*10
规格：400*400*120
芝麻灰光面
规格：120*20（截面）
12@150
双层双向
4@12
8@200，两头加密
600
200
水泥基渗透结晶掺和剂
铺装详见面层
30厚1：3干硬性水泥砂浆
100厚C25钢筋混凝土，12@150单层双向
100厚C15混凝土垫层
100厚碎石垫层
素土夯实
1340
2140
12@150
双层双向
100 100 300 100 100
700
100厚C15混凝土垫层
100厚碎石垫层
素土夯实
灰色毛砾石，规格：8-15
100厚碎石垫层
素土夯实
200
300
100厚C15混凝土垫层
100厚碎石垫层
素土夯实
200 150 150 100 100

防腐木组合亭 3-3 剖面图

图 3-12　防腐木组合亭结构图（续）

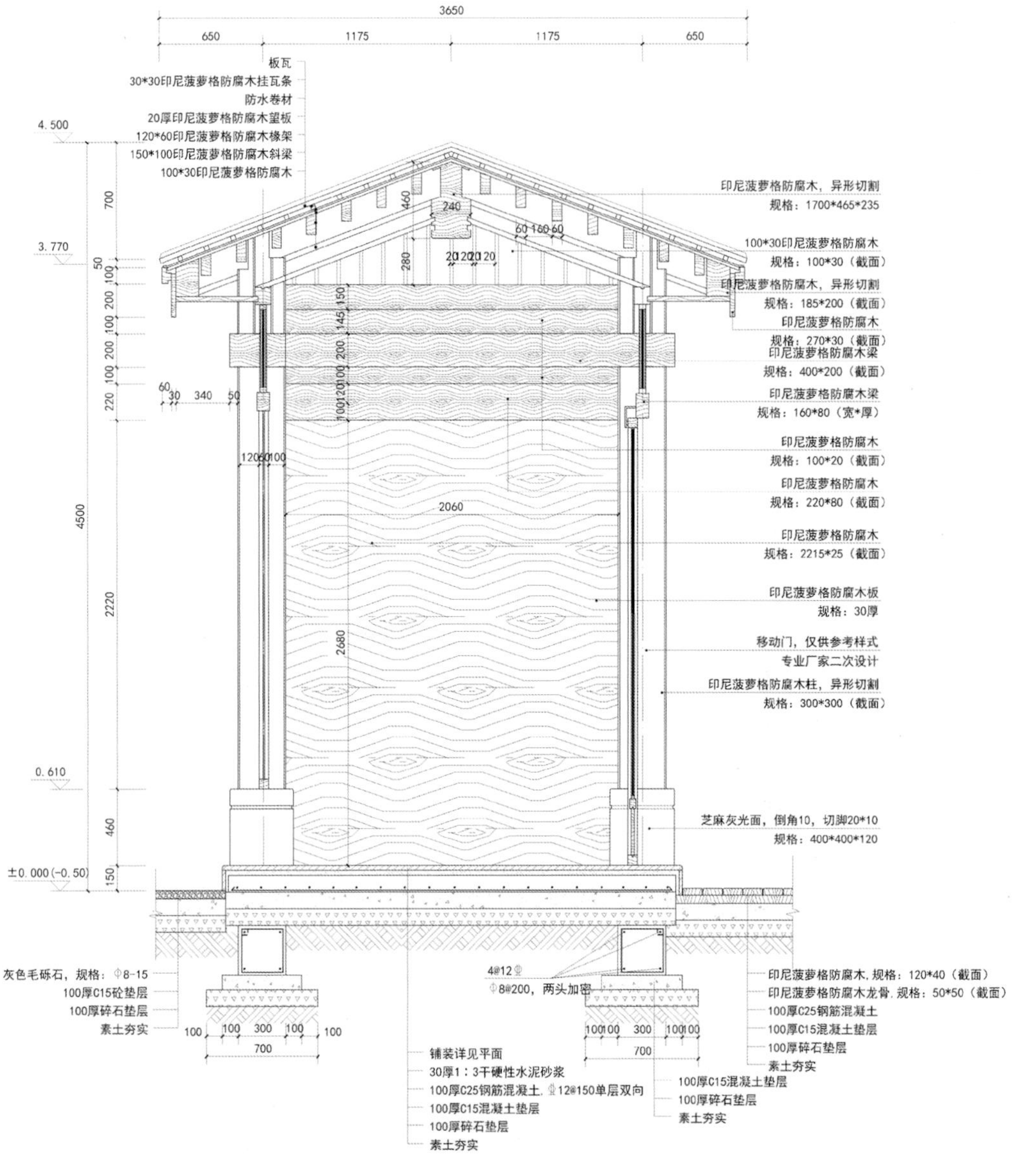
3650
650
1175
1175
650
板瓦
30*30印尼菠萝格防腐木挂瓦条
防水卷材
20厚印尼菠萝格防腐木望板
120*60印尼菠萝格防腐木椽架
150*100印尼菠萝格防腐木斜梁
100*30印尼菠萝格防腐木
4.500
3.770
0.610
±0.000（-0.50）
印尼菠萝格防腐木，异形切割
规格：1700*465*235
100*30印尼菠萝格防腐木
规格：100*30（截面）
印尼菠萝格防腐木，异形切割
规格：185*200（截面）
印尼菠萝格防腐木
规格：270*30（截面）
印尼菠萝格防腐木梁
规格：400*200（截面）
印尼菠萝格防腐木梁
规格：160*80（宽*厚）
印尼菠萝格防腐木
规格：100*20（截面）
印尼菠萝格防腐木
规格：220*80（截面）
印尼菠萝格防腐木
规格：2215*25（截面）
印尼菠萝格防腐木板
规格：30厚
移动门，仅供参考样式
专业厂家二次设计
印尼菠萝格防腐木柱，异形切割
规格：300*300（截面）
芝麻灰光面，倒角10，切脚20*10
规格：400*400*120
2060
2680
4500
2220
灰色毛砾石，规格：Φ8-15
100厚C15砼垫层
100厚碎石垫层
素土夯实
4@12
Φ8@200，两头加密
印尼菠萝格防腐木，规格：120*40（截面）
印尼菠萝格防腐木龙骨，规格：50*50（截面）
100厚C25钢筋混凝土
100厚C15混凝土垫层
100厚碎石垫层
素土夯实
铺装详见平面
30厚1：3干硬性水泥砂浆
100厚C25钢筋混凝土，Φ12@150单层双向
100厚C15混凝土垫层
100厚碎石垫层
素土夯实
100厚C15混凝土垫层
100厚碎石垫层
素土夯实
700
700

防腐木组合亭 2-2 剖面图

图 3-12　防腐木组合亭结构图（续）

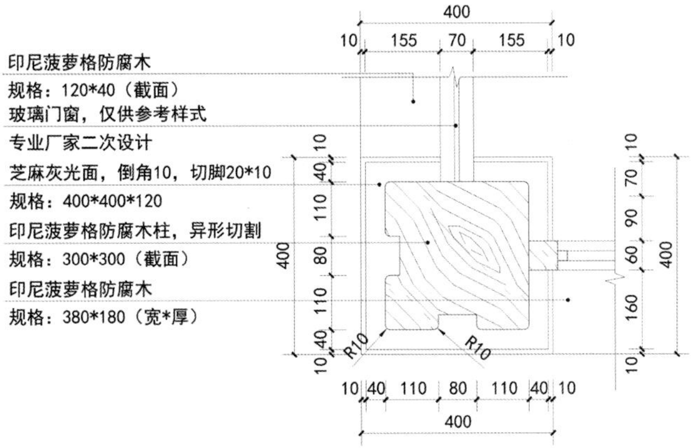

柱墩平面图

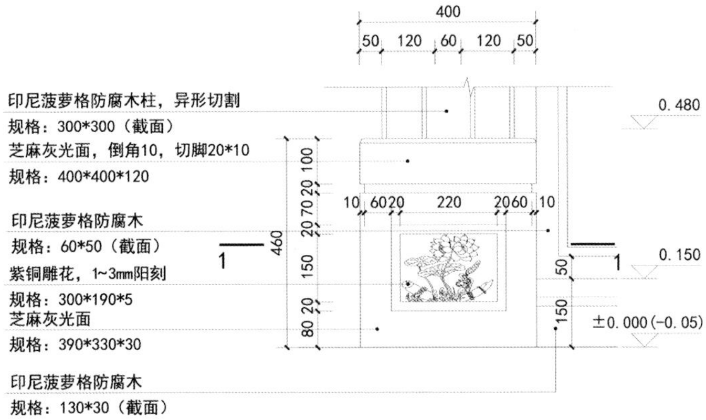

柱墩立面图

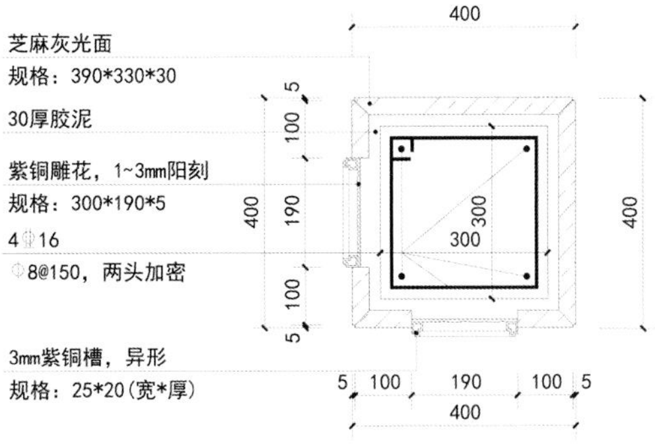

柱墩横剖图

图 3-12　防腐木组合亭结构图（续）

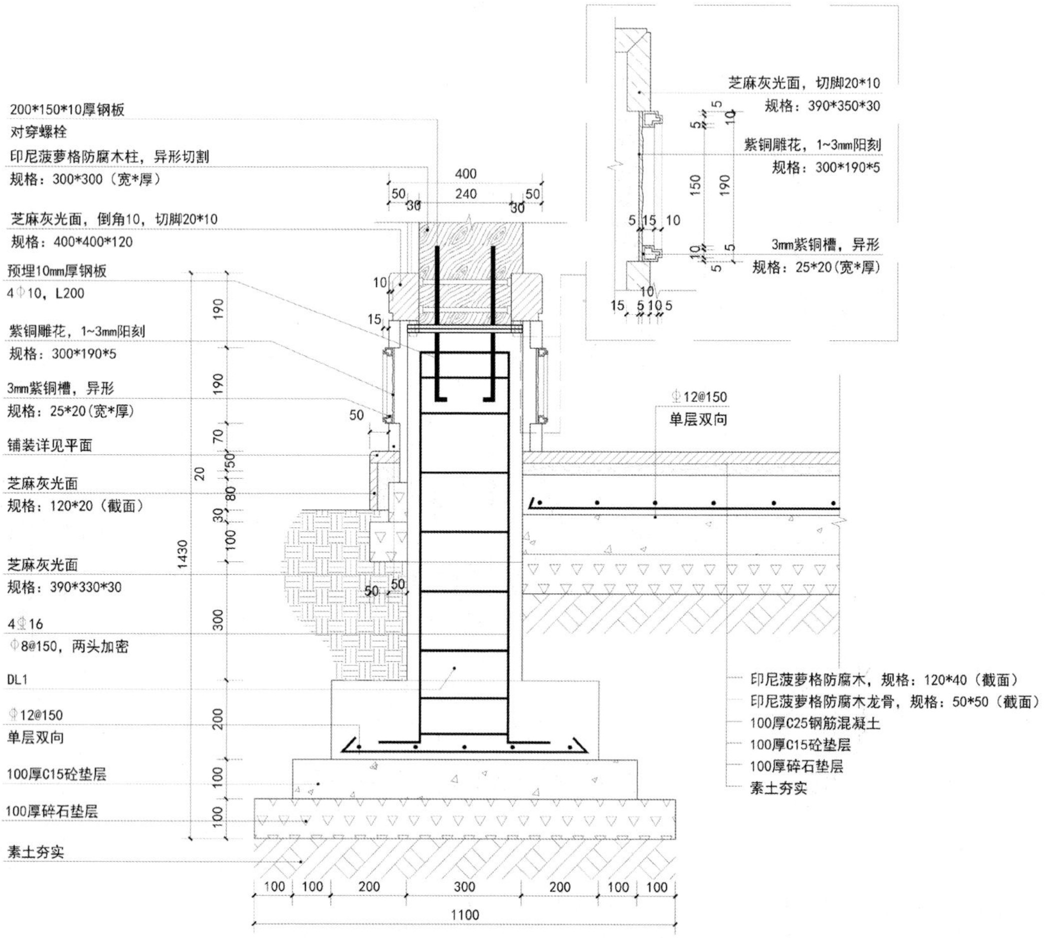

200*150*10厚钢板
对穿螺栓
印尼菠萝格防腐木柱，异形切割
规格：300*300（宽*厚）
芝麻灰光面，倒角10，切脚20*10
规格：400*400*120
预埋10mm厚钢板
4Φ10，L200
紫铜雕花，1~3mm阳刻
规格：300*190*5
3mm紫铜槽，异形
规格：25*20(宽*厚)
铺装详见平面
芝麻灰光面
规格：120*20（截面）
芝麻灰光面
规格：390*330*30
4Φ16
Φ8@150，两头加密
DL1
Φ12@150
单层双向
100厚C15砼垫层
100厚碎石垫层
素土夯实
芝麻灰光面，切脚20*10
规格：390*350*30
紫铜雕花，1~3mm阳刻
规格：300*190*5
3mm紫铜槽，异形
规格：25*20(宽*厚)
Φ12@150
单层双向
印尼菠萝格防腐木，规格：120*40（截面）
印尼菠萝格防腐木龙骨，规格：50*50（截面）
100厚C25钢筋混凝土
100厚C15砼垫层
100厚碎石垫层
素土夯实
400
50
240
50
30
30
1430
1100

柱墩竖剖图

图 3-12　防腐木组合亭结构图（续）

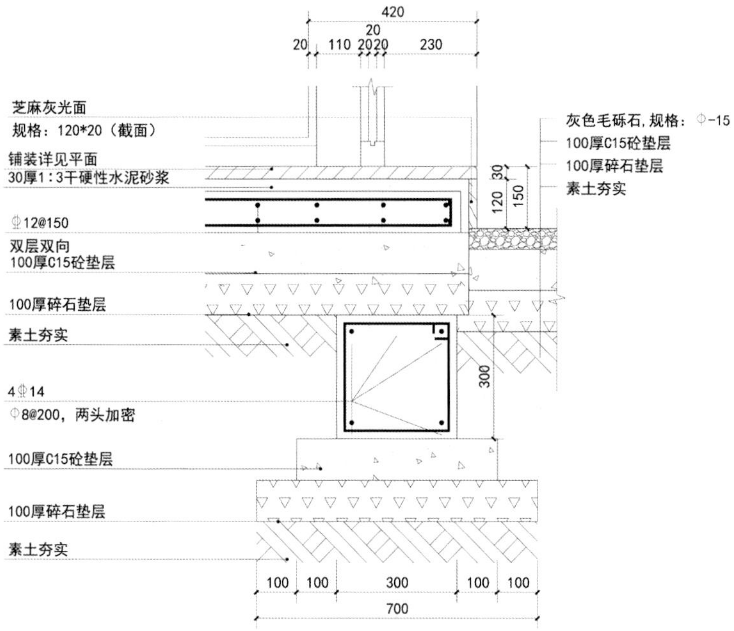
420
20
20 110 2020 230
芝麻灰光面
规格：120*20（截面）
铺装详见平面
30厚1:3干硬性水泥砂浆
Φ12@150
双层双向
100厚C15砼垫层
100厚碎石垫层
素土夯实
4Φ14
Φ8@200，两头加密
100厚C15砼垫层
100厚碎石垫层
素土夯实
灰色毛砾石，规格：Φ-15
100厚C15砼垫层
100厚碎石垫层
素土夯实
30
120
150
300
100 100 300 100 100
700

地面基层详图

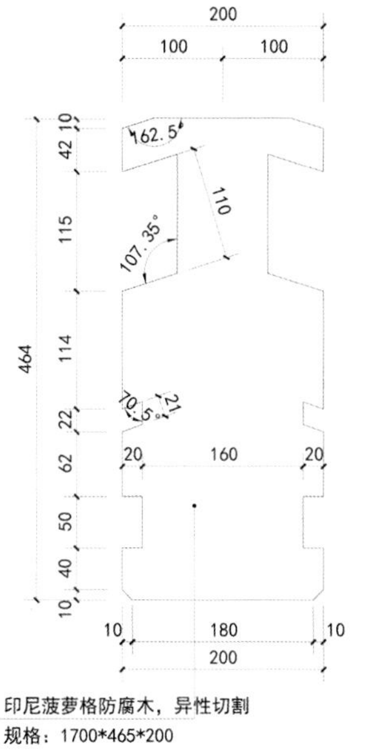
200
100 100
464
10 42 115 114 22 62 50 40 10
162.5°
110
107.35°
70.5°
21
20 160 20
10 180 10
200
印尼菠萝格防腐木，异性切割
规格：1700*465*200

脊梁截面图

图 3-12　防腐木组合亭结构图（续）

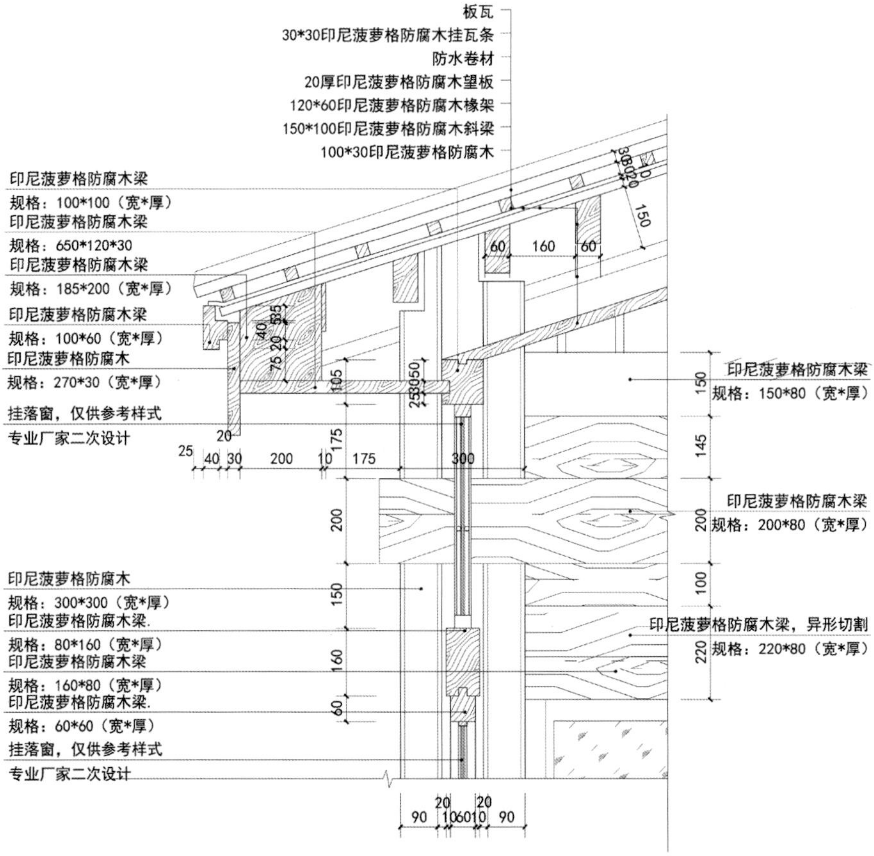
板瓦
30*30印尼菠萝格防腐木挂瓦条
防水卷材
20厚印尼菠萝格防腐木望板
120*60印尼菠萝格防腐木椽架
150*100印尼菠萝格防腐木斜梁
100*30印尼菠萝格防腐木
印尼菠萝格防腐木梁
规格：100*100（宽*厚）
印尼菠萝格防腐木梁
规格：650*120*30
印尼菠萝格防腐木梁
规格：185*200（宽*厚）
印尼菠萝格防腐木梁
规格：100*60（宽*厚）
印尼菠萝格防腐木
规格：270*30（宽*厚）
挂落窗，仅供参考样式
专业厂家二次设计
印尼菠萝格防腐木梁
规格：150*80（宽*厚）
印尼菠萝格防腐木梁
规格：200*80（宽*厚）
印尼菠萝格防腐木
规格：300*300（宽*厚）
印尼菠萝格防腐木梁.
规格：80*160（宽*厚）
印尼菠萝格防腐木梁
规格：160*80（宽*厚）
印尼菠萝格防腐木梁.
规格：60*60（宽*厚）
印尼菠萝格防腐木梁，异形切割
规格：220*80（宽*厚）
挂落窗，仅供参考样式
专业厂家二次设计

屋檐详图

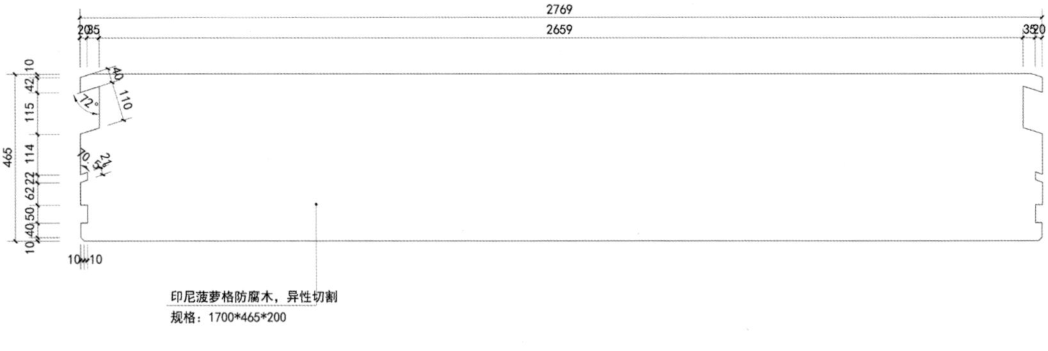
2769
2659
465
印尼菠萝格防腐木，异性切割
规格：1700*465*200

脊梁立面详图

图 3-12　防腐木组合亭结构图（续）

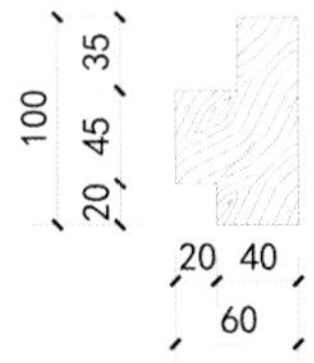

檐口大样图

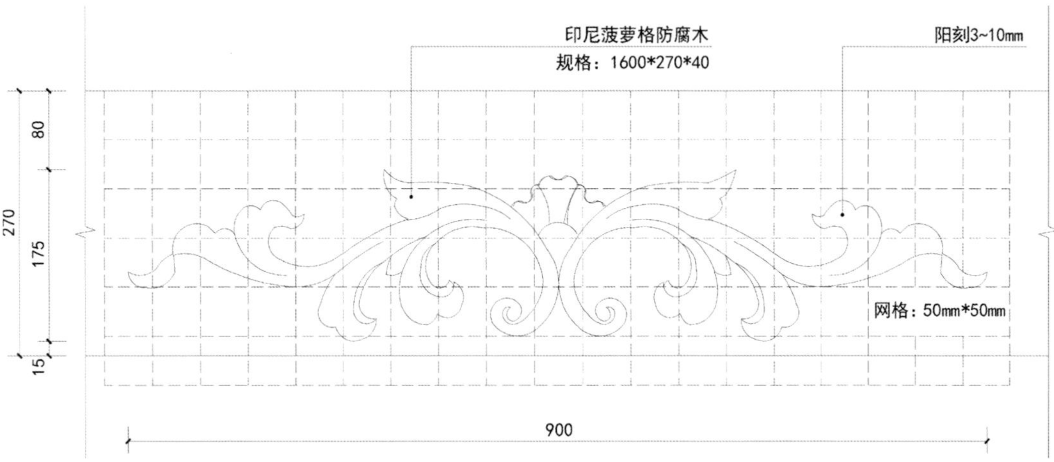

雕花详图

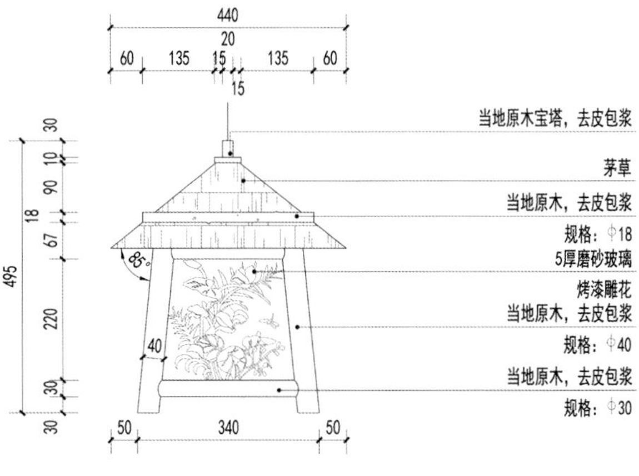

亭子吊灯示意图

图 3-12　防腐木组合亭结构图（续）

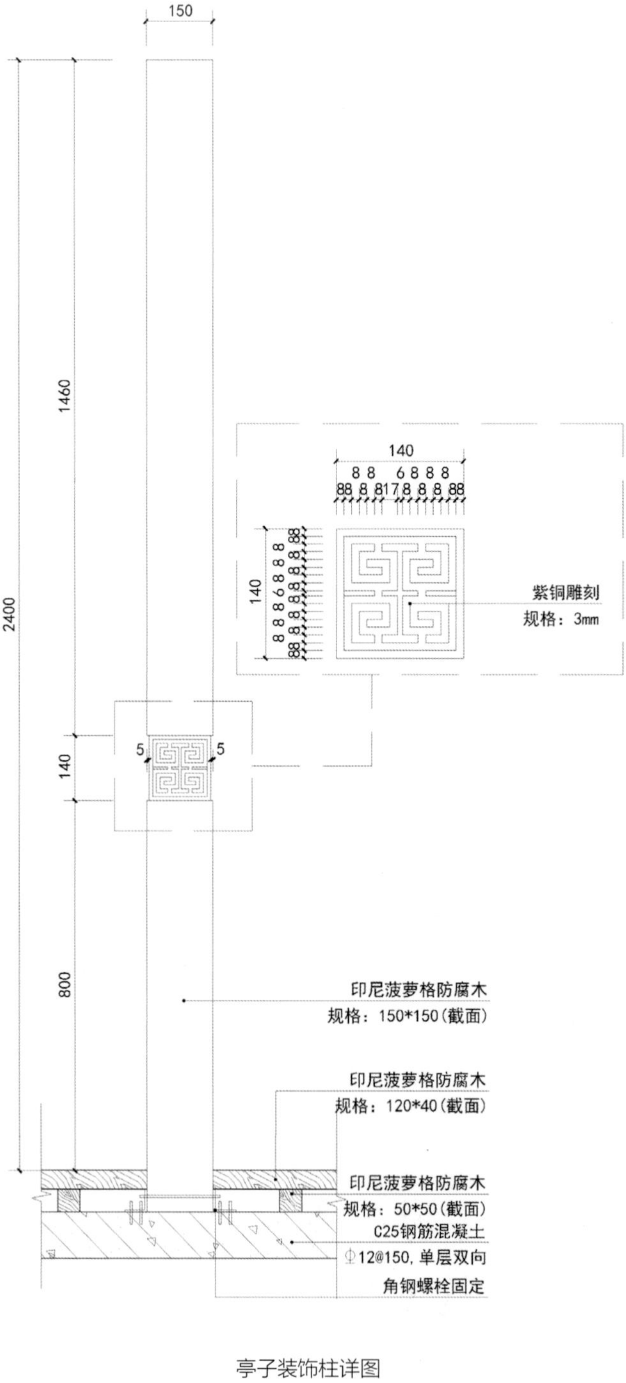

亭子装饰柱详图

图 3-12　防腐木组合亭结构图（续）

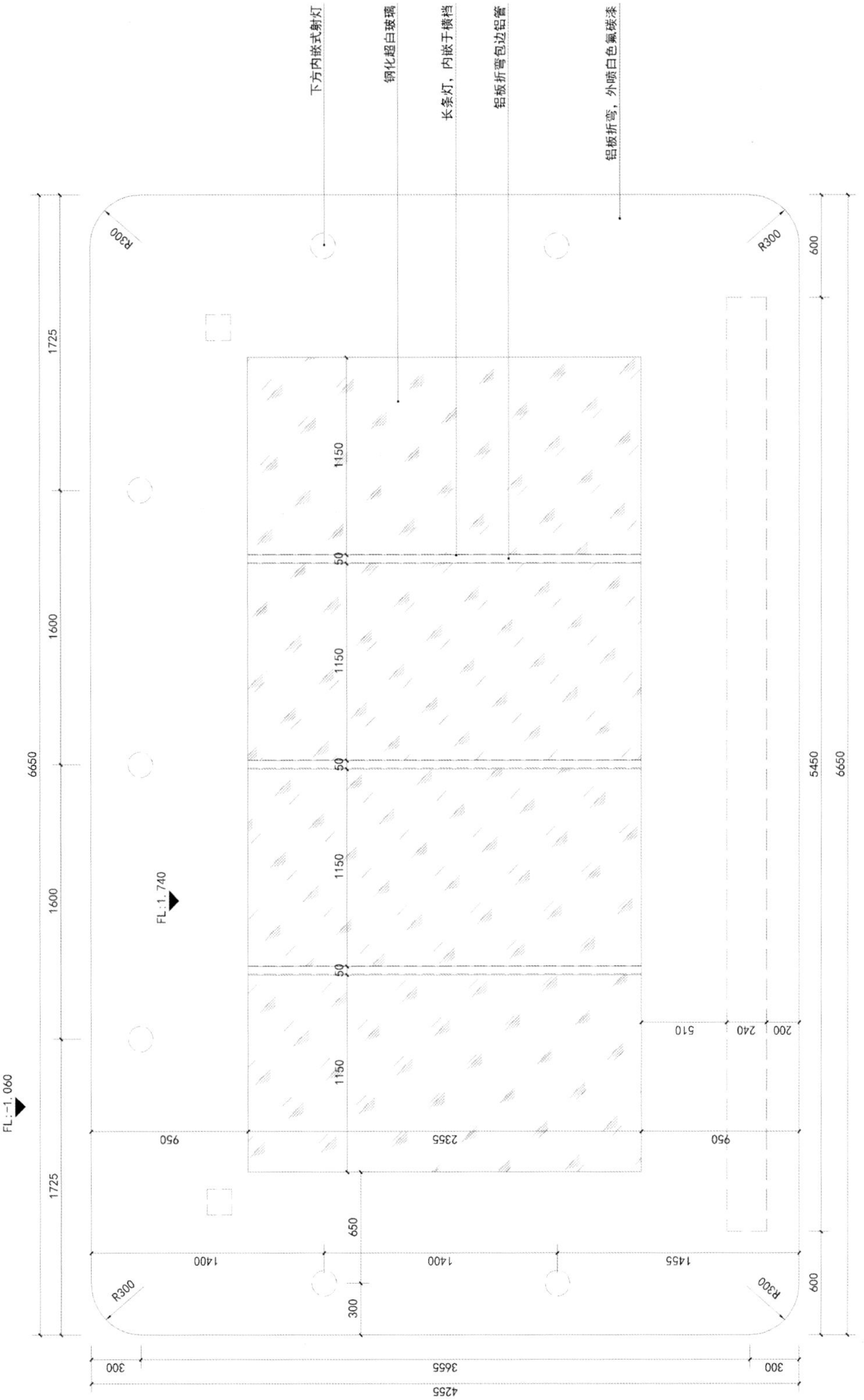

铝艺景亭顶面图

图 3-13　铝艺景亭结构图

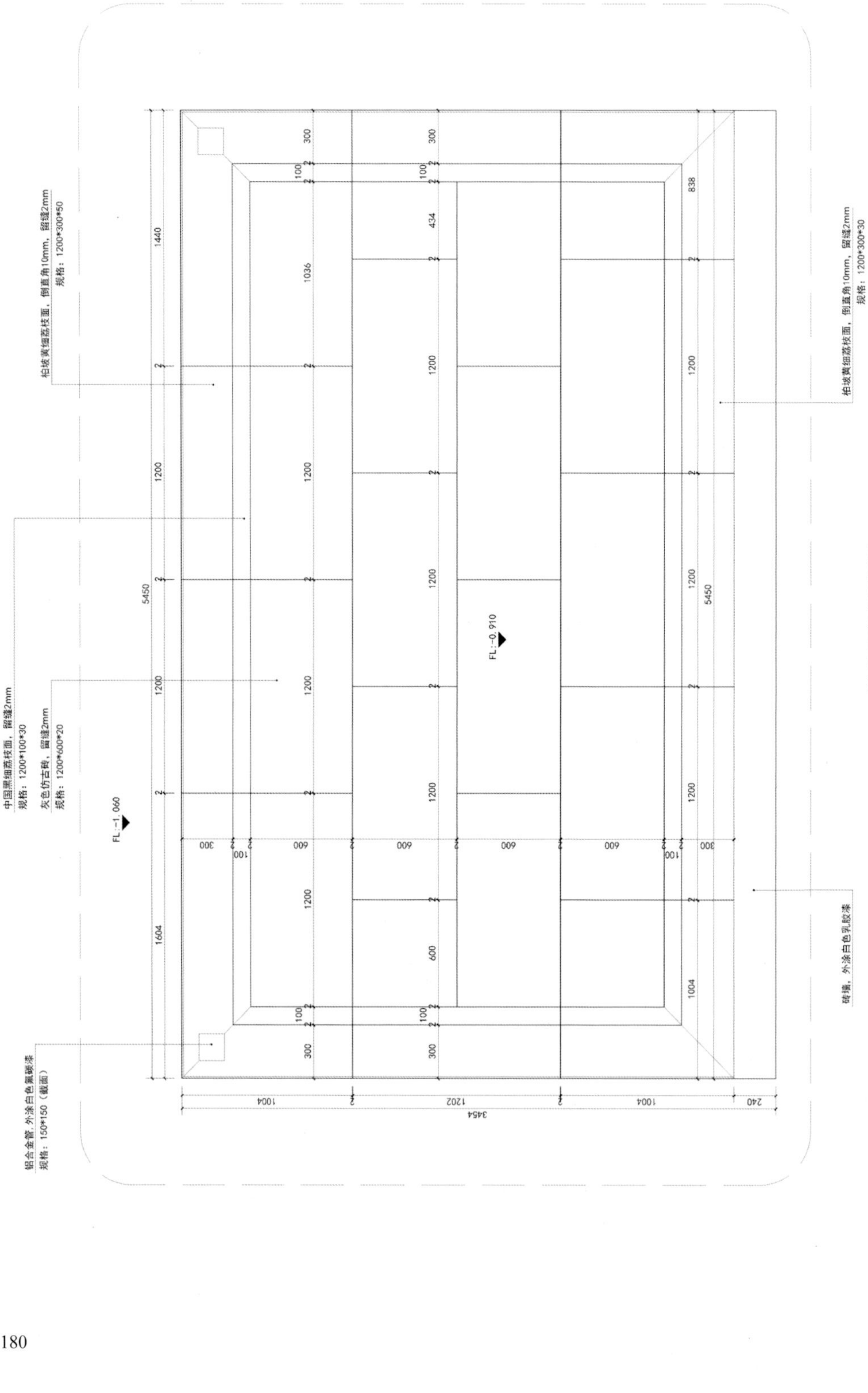

铝艺景亭底平面图

图3-13 铝艺景亭结构图（续）

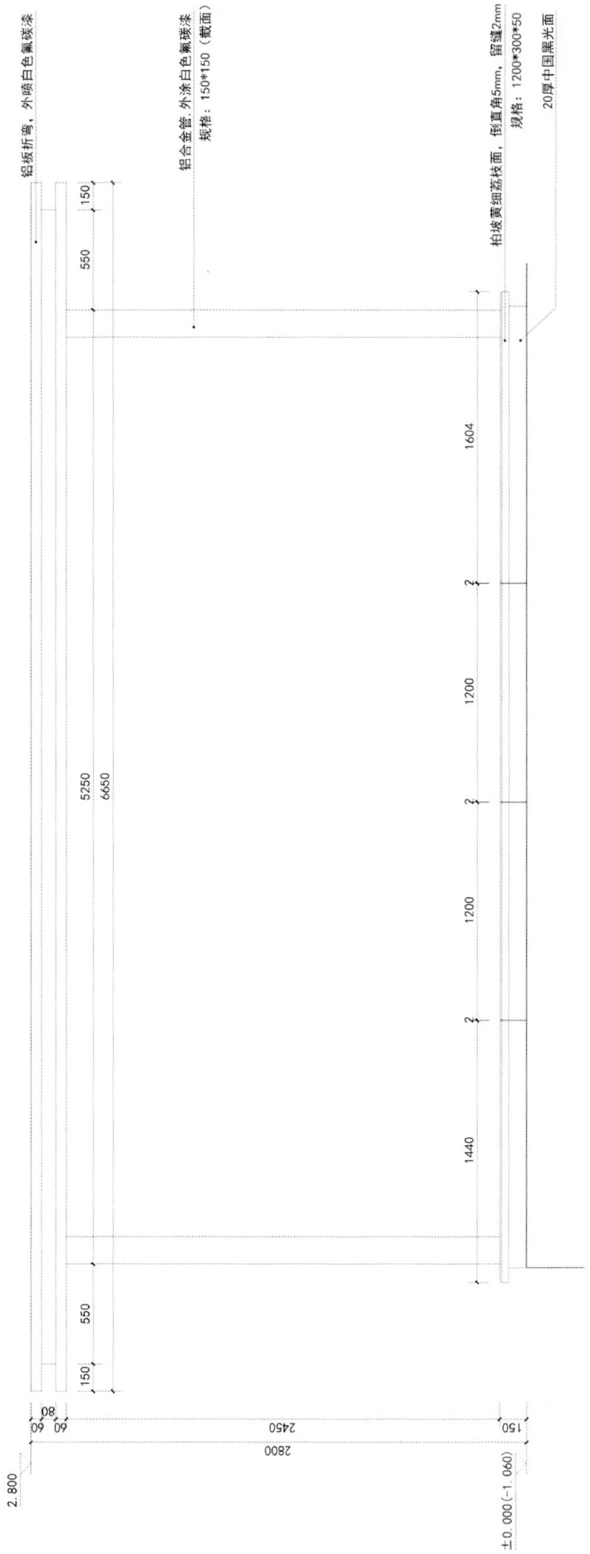

铝艺景亭外正面图一

图 3-13 铝艺景亭结构图（续）

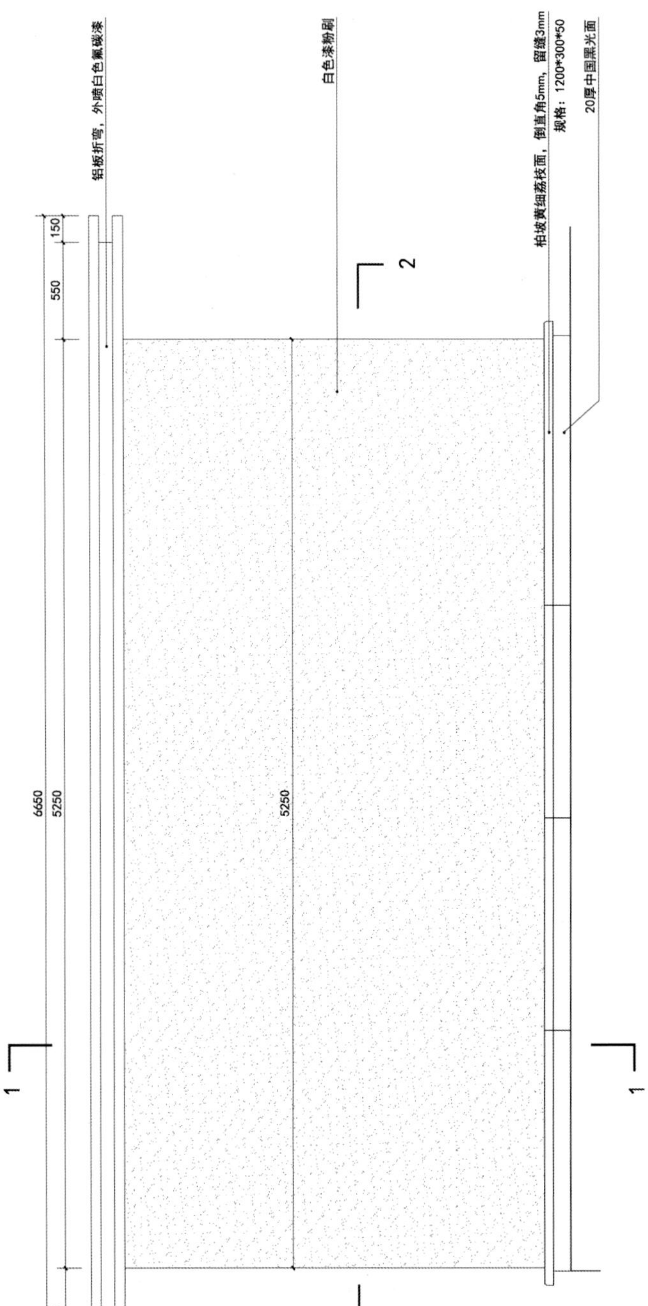

铝艺景亭外正面图二

图 3-13 铝艺景亭结构图（续）

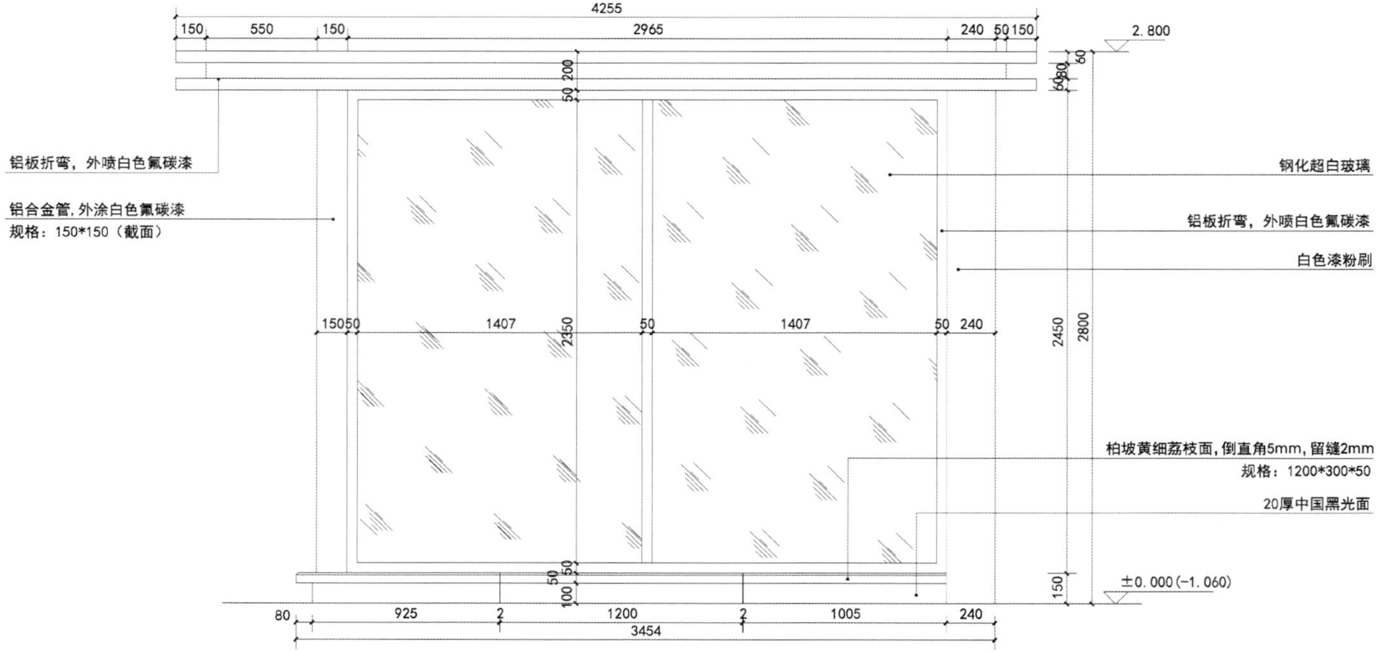
4255
150
550
150
2965
240
50
150
2.800
60
80
60
200
50
铝板折弯，外喷白色氟碳漆
铝合金管，外涂白色氟碳漆
规格：150*150（截面）
钢化超白玻璃
铝板折弯，外喷白色氟碳漆
白色漆粉刷
150
50
1407
2350
50
1407
50
240
2450
2800
柏坡黄细荔枝面，倒直角5mm，留缝2mm
规格：1200*300*50
20厚中国黑光面
50
50
100
150
±0.000(-1.060)
80
925
2
1200
2
1005
240
3454

铝艺景亭右侧立面图

图 3-13 铝艺景亭结构图（续）

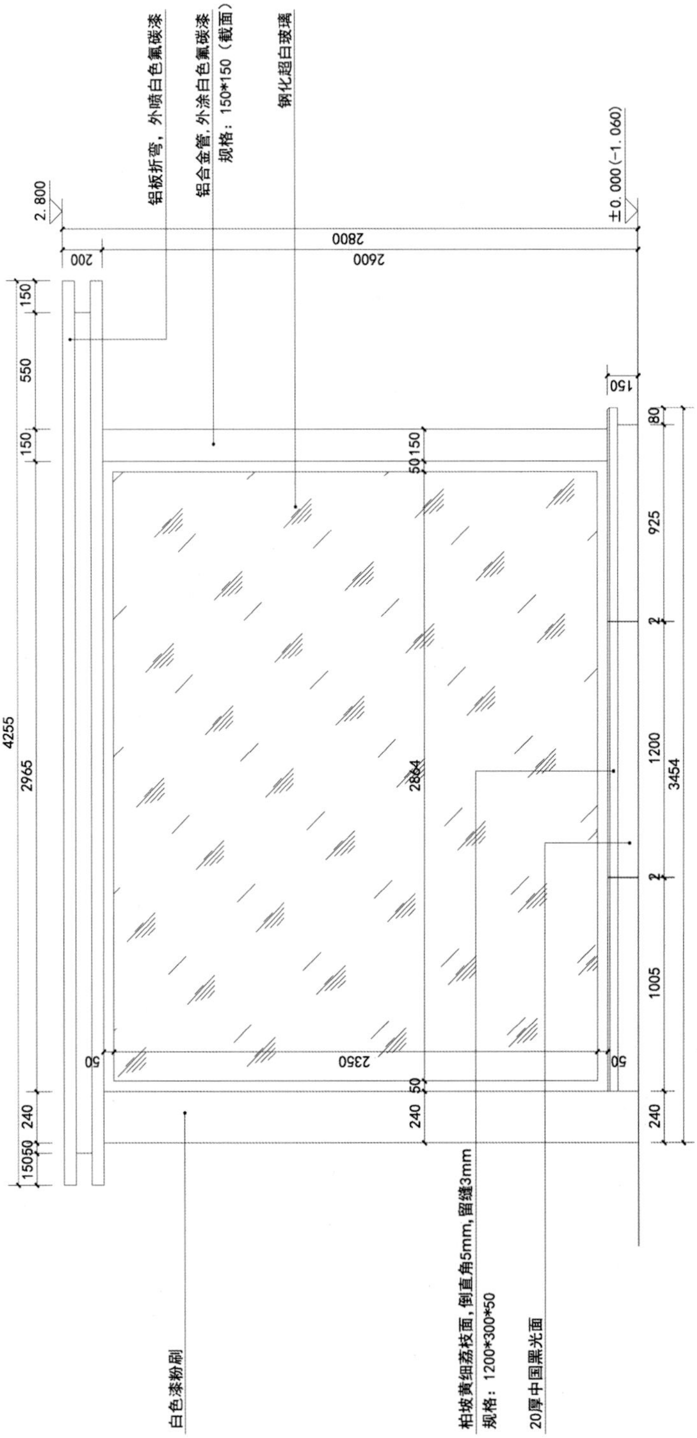

铝艺景亭左侧立面图

图 3-13　铝艺景亭结构图（续）

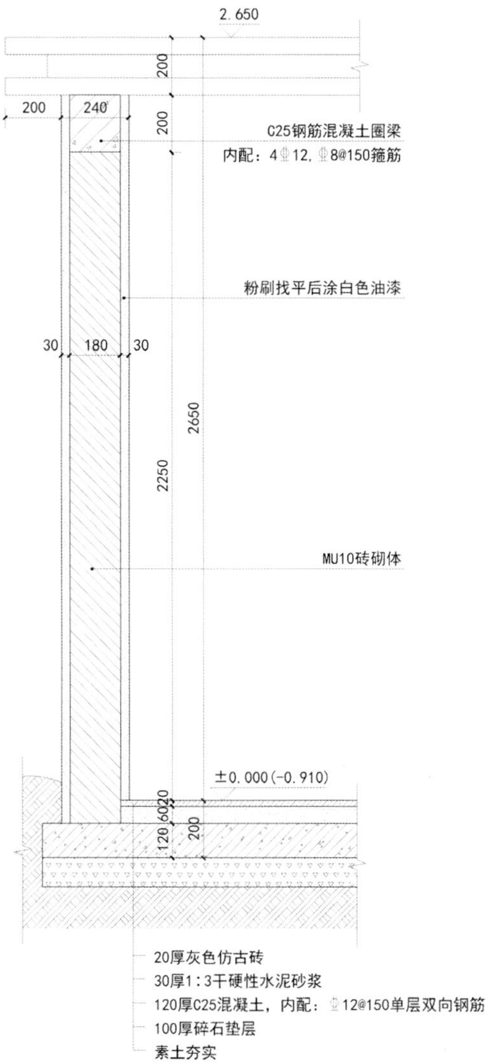

铝艺景亭竖剖面图

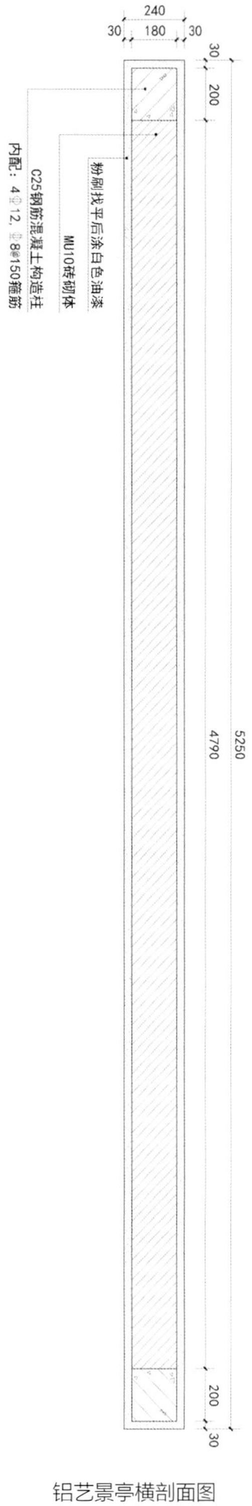

铝艺景亭横剖面图

图 3-13　铝艺景亭结构图（续）

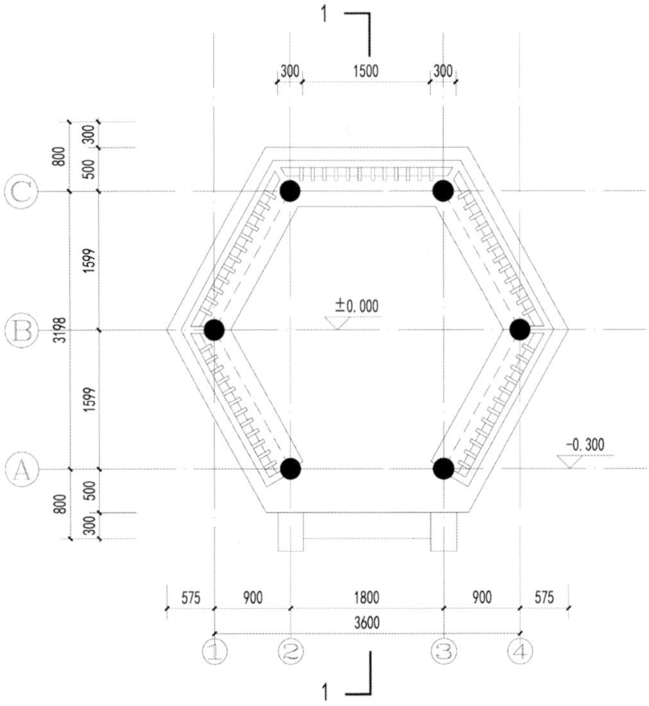

中式六角凉亭平面图

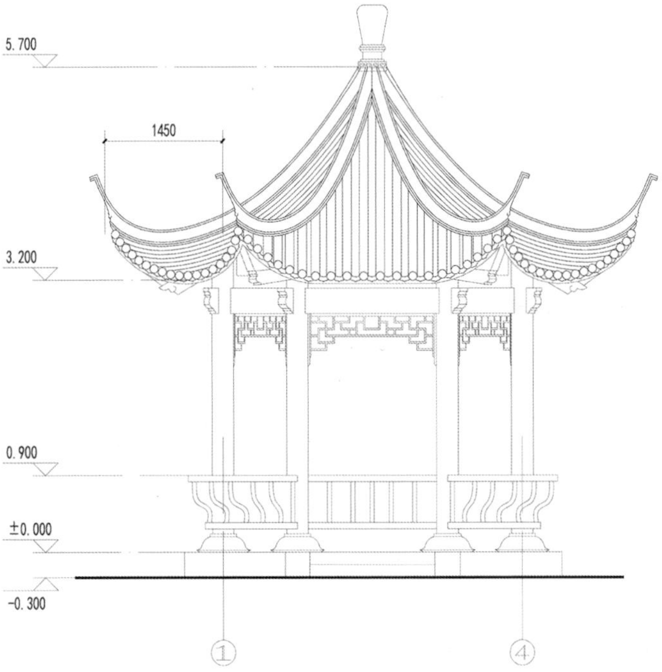

中式六角凉亭立面图

图 3-14　中式六角凉亭结构图

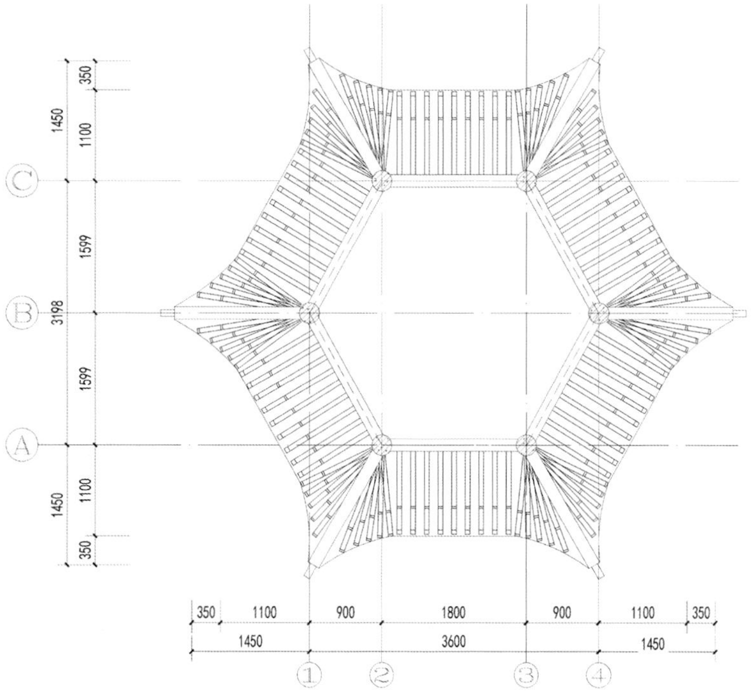

中式六角凉亭屋面仰视图

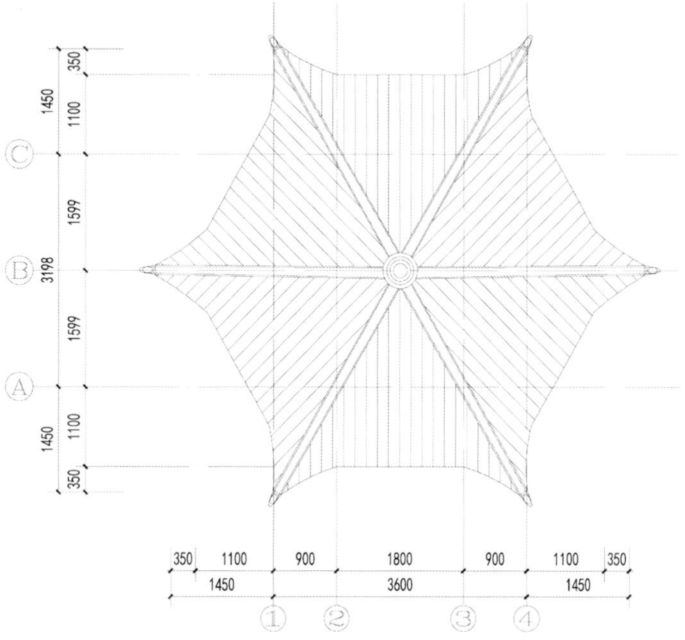

中式六角凉亭屋面俯视图

图 3-14　中式六角凉亭结构图（续）

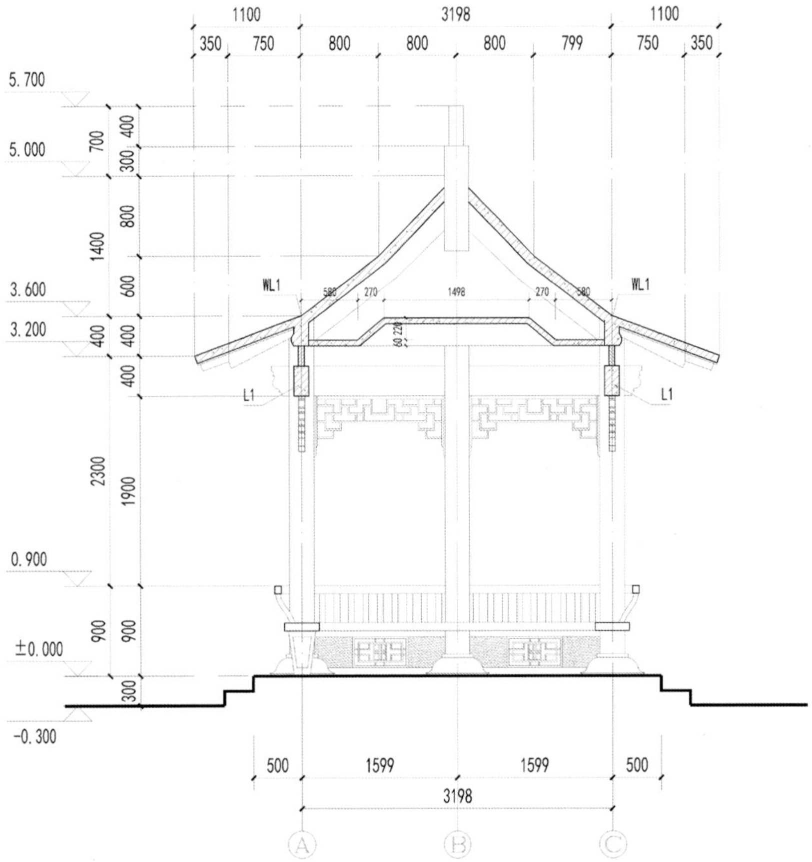

中式六角凉亭 A-A 剖面图

图 3-14　中式六角凉亭结构图（续）

5 花架

花架因可供藤蔓类植物攀于其上，故不同于亭，既可供休息之用，又能彰显庭院野趣。花架形式有单片式、单柱 V 形、直廊式、弧顶直廊式、环形直廊式和组合式。花架施工图包括平面图、立面图、剖面图和大样结构图等，因花架为长方形，故需绘制不同立面，地下基础为钢筋混凝土结构，并设置圈梁。图 3-15 至图 3-17 为庭院中常用的三类花架的施工图。

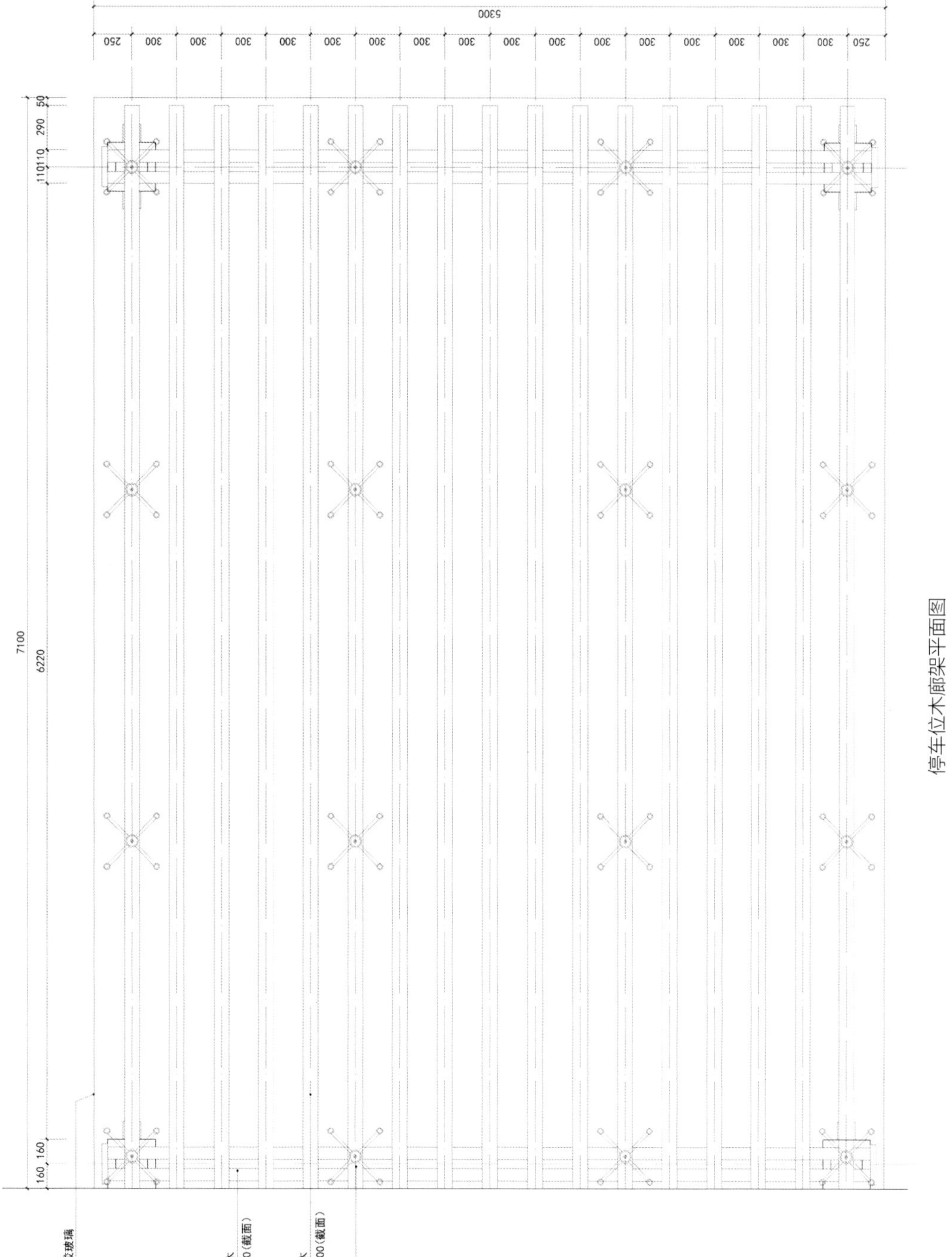

图 3-15　停车木廊架结构图

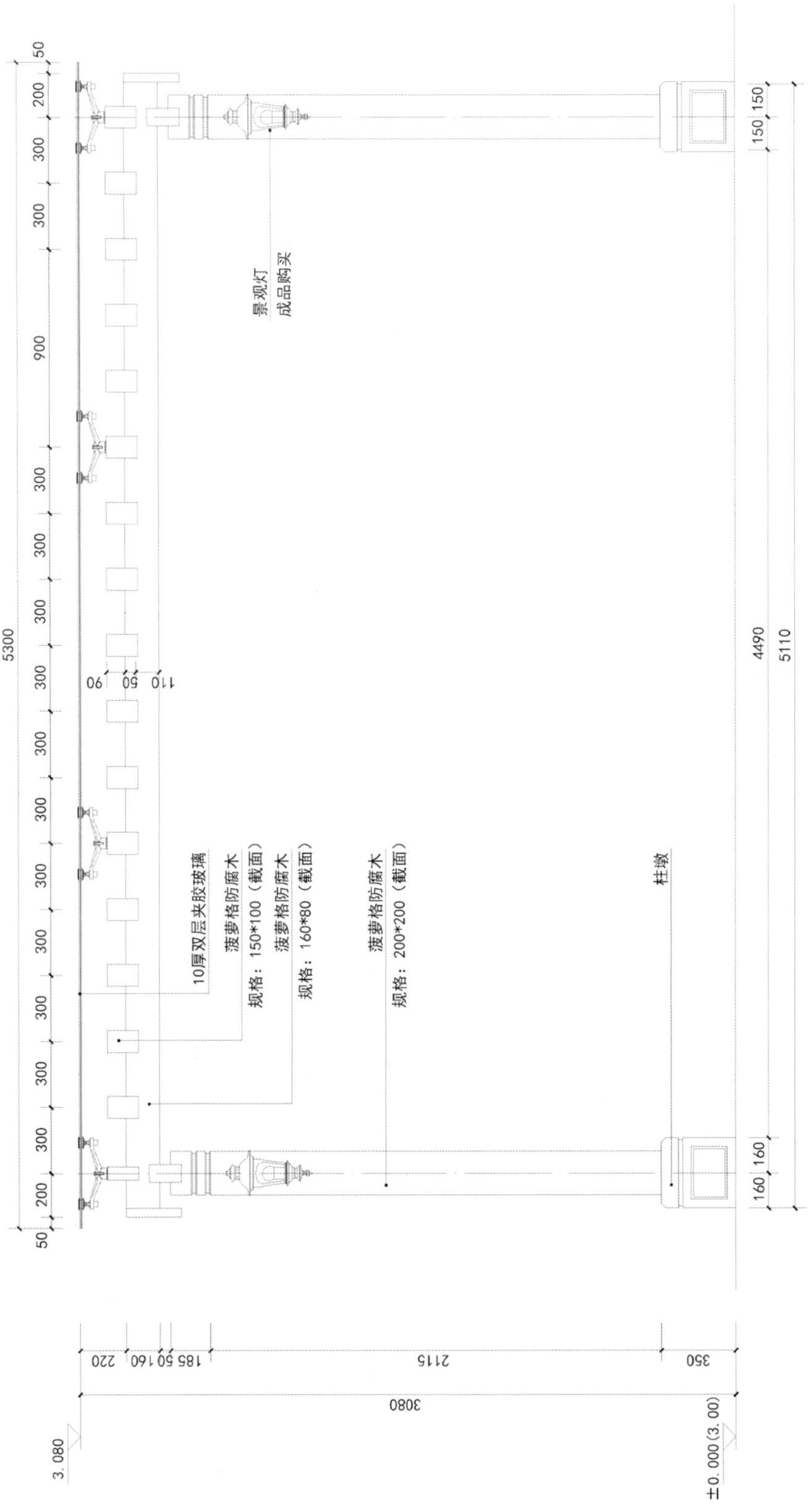

停车木廊架正立面图

图 3-15　停车木廊架结构图（续）

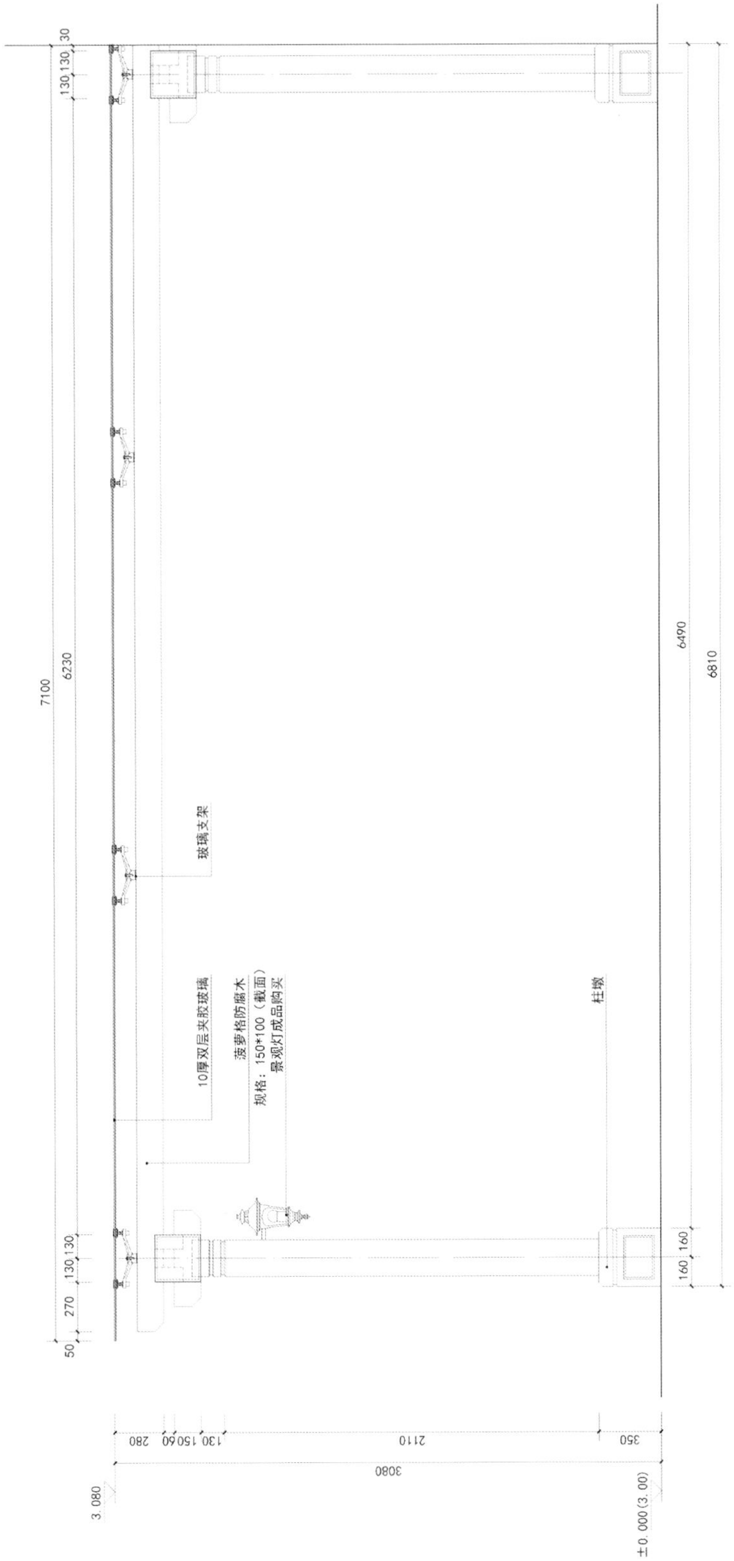

停车木廊架侧立面图

图 3-15　停车木廊架结构图（续）

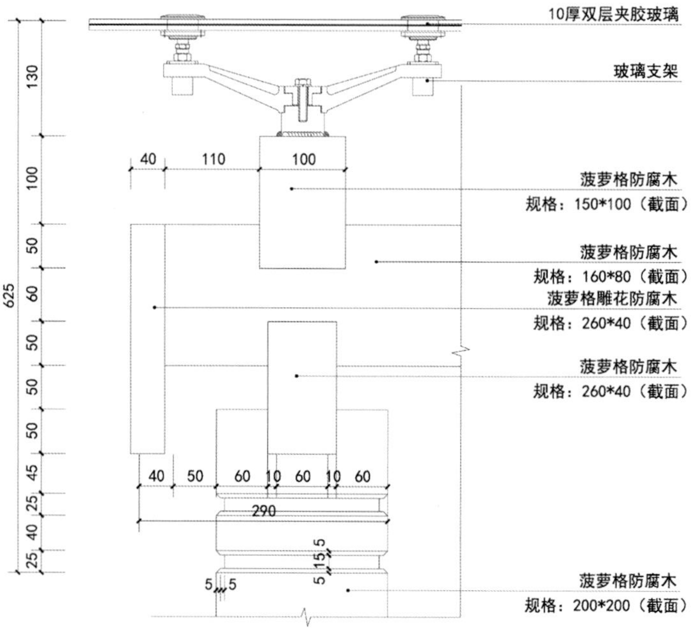

停车木廊架详图一

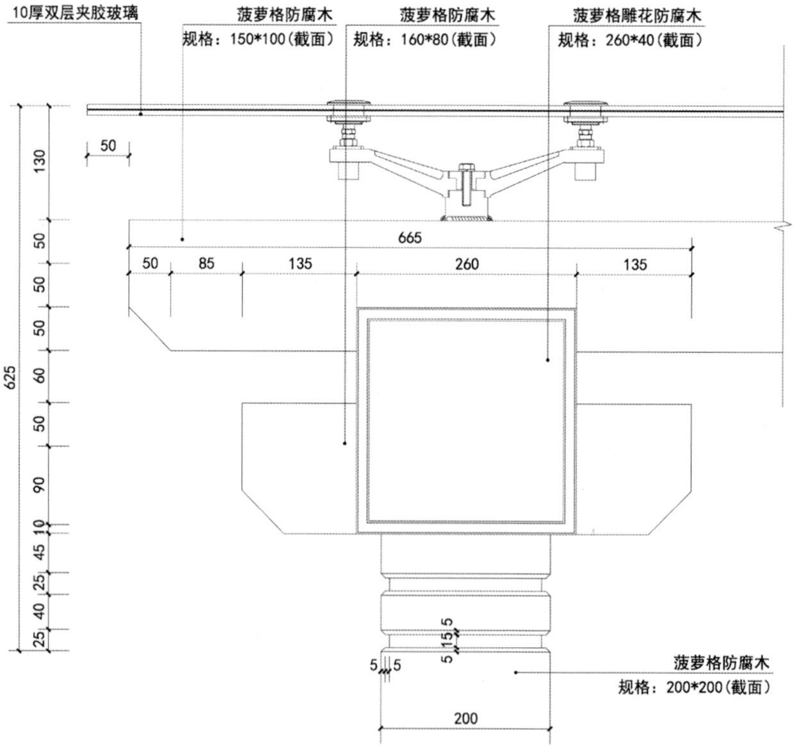

停车木廊架详图二

图 3-15　停车木廊架结构图（续）

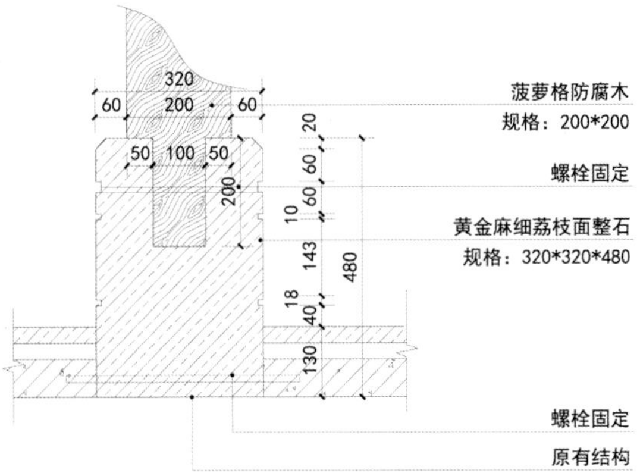

停车木廊架详图三

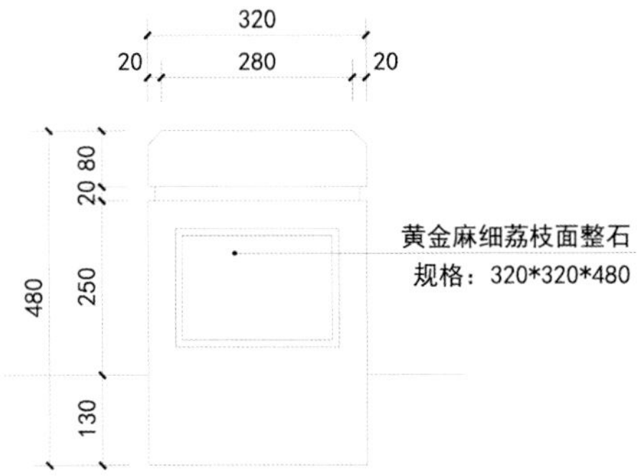

停车木廊架详图四

停车木廊架详图五

图 3-15　停车木廊架结构图（续）

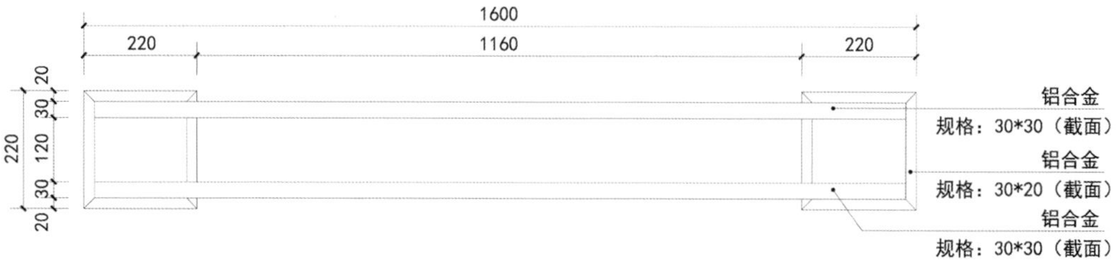

铁艺花架平面图

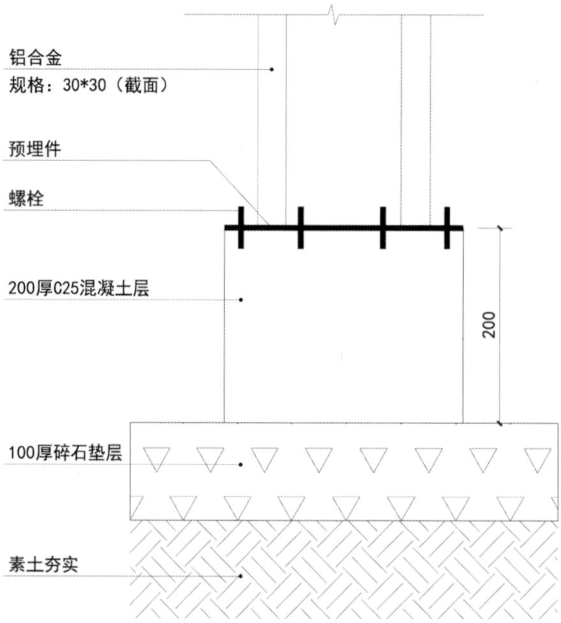

铁艺花架基础详图

图 3-16　铁艺花架结构图

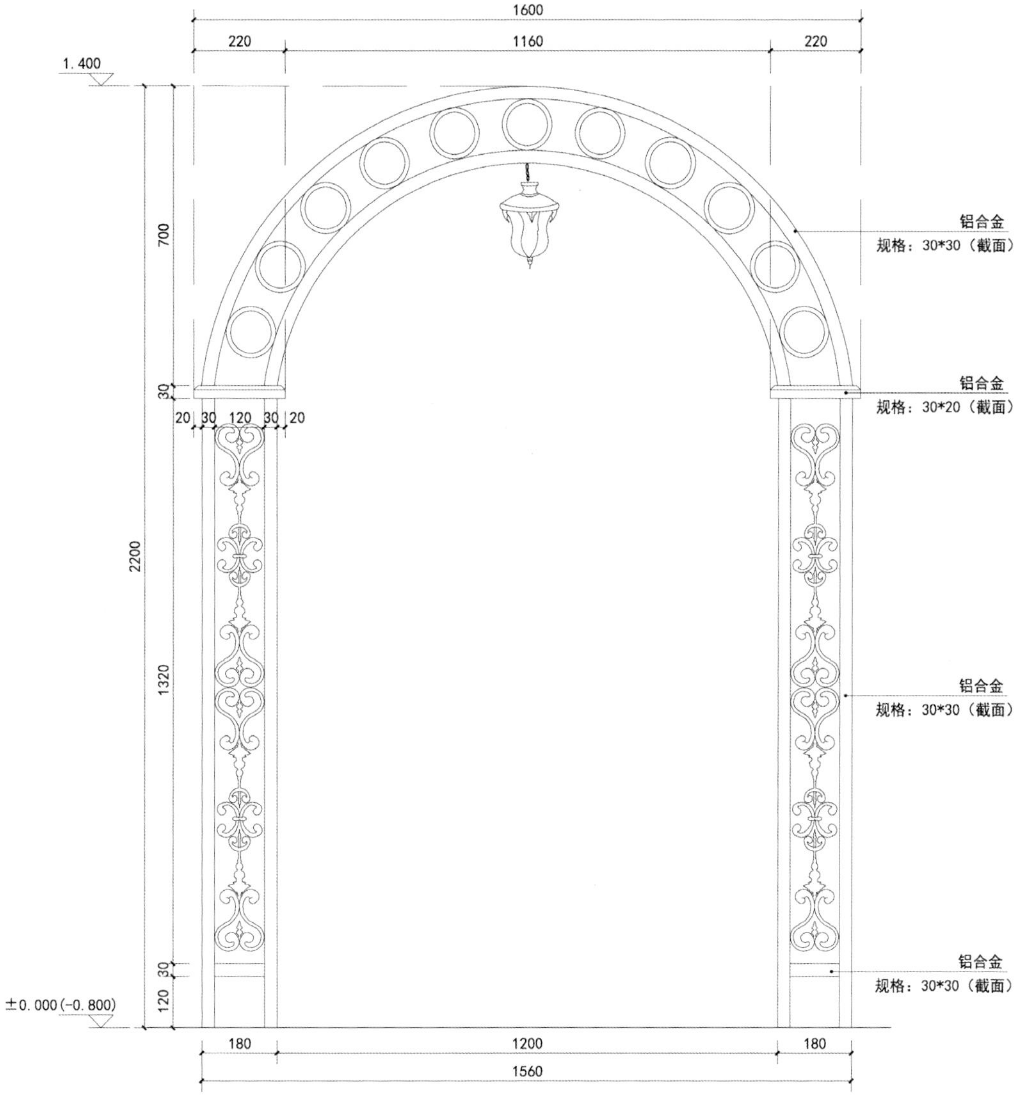

铁艺花架立面图

图 3-16　铁艺花架结构图（续）

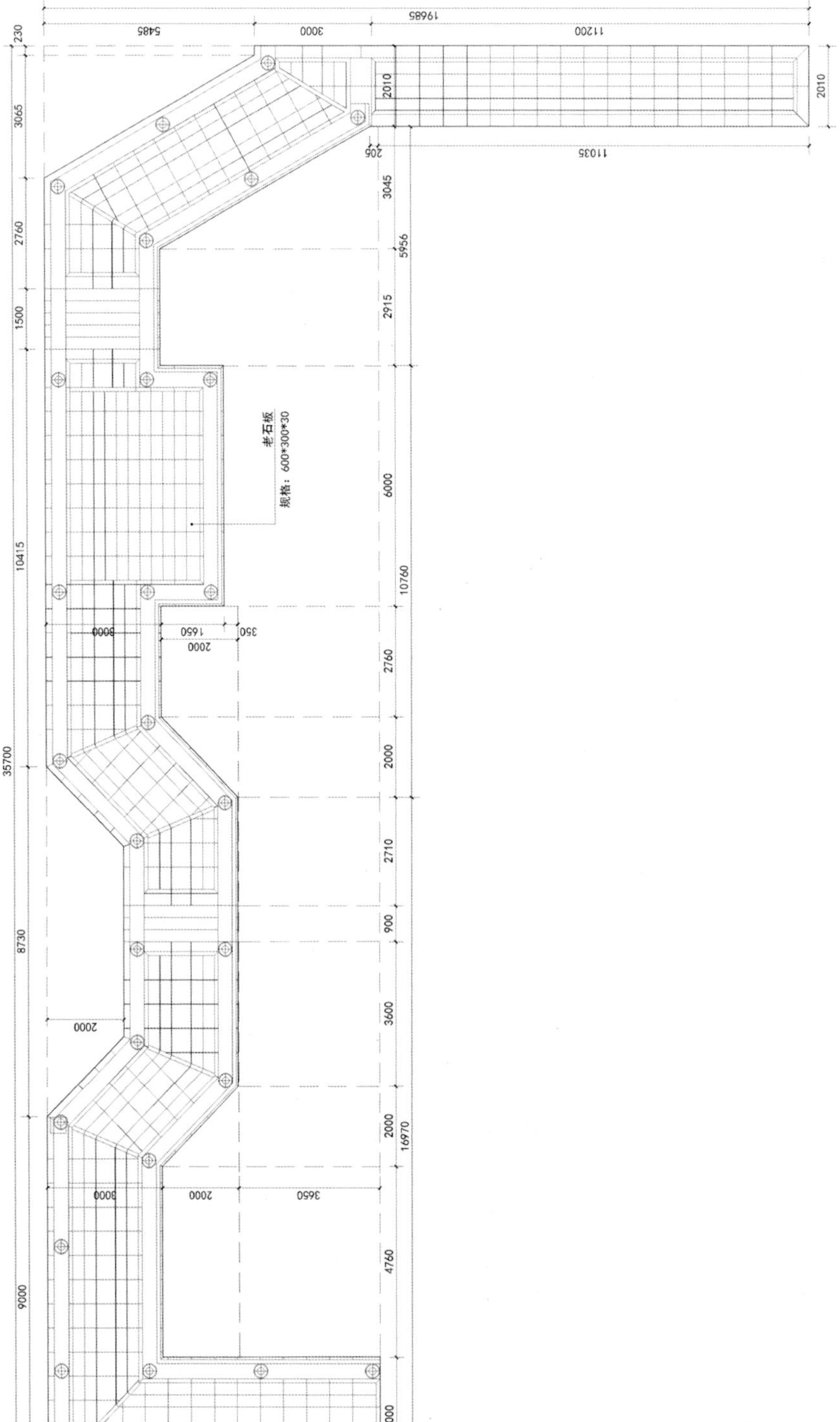

中式曲廊铺装平面图

图 3-17 中式曲廊结构图

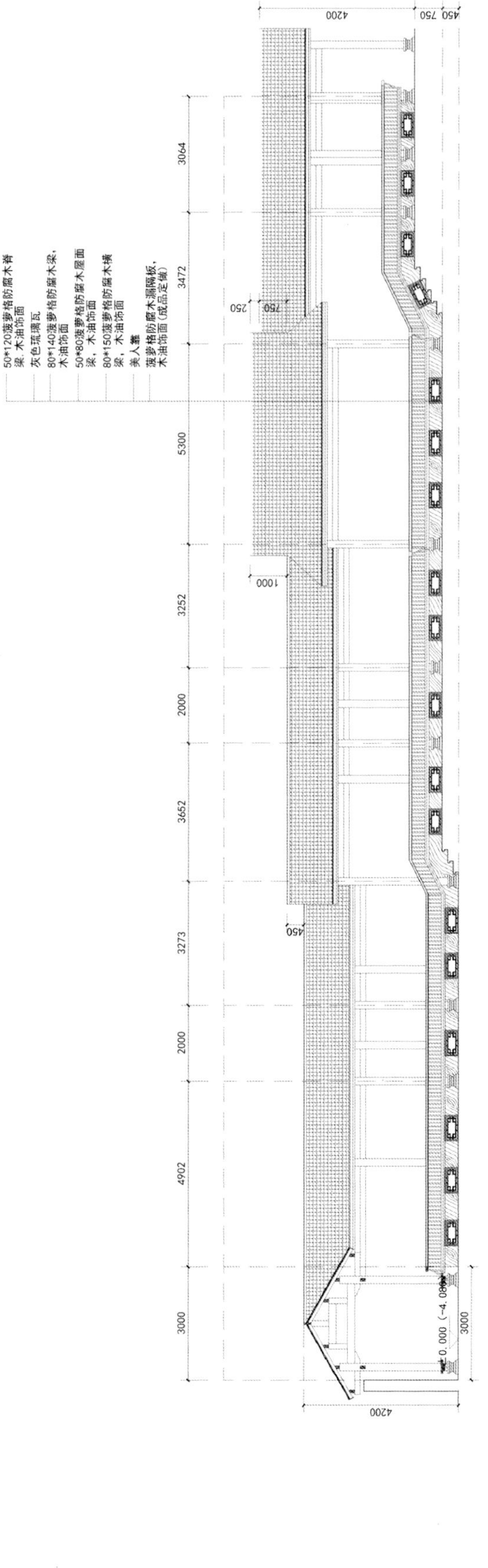

图 3−17　中式曲廊结构图（续）

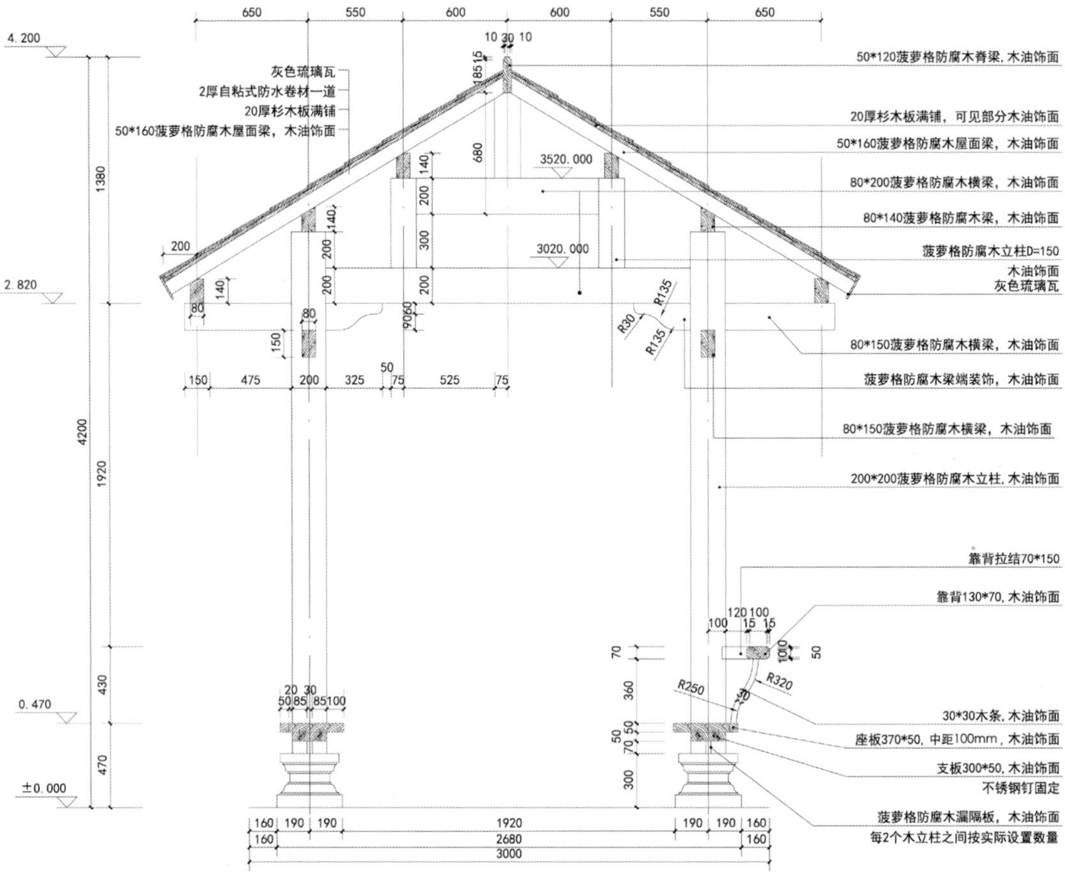

中式曲廊侧立面图

图 3-17 中式曲廊结构图（续）

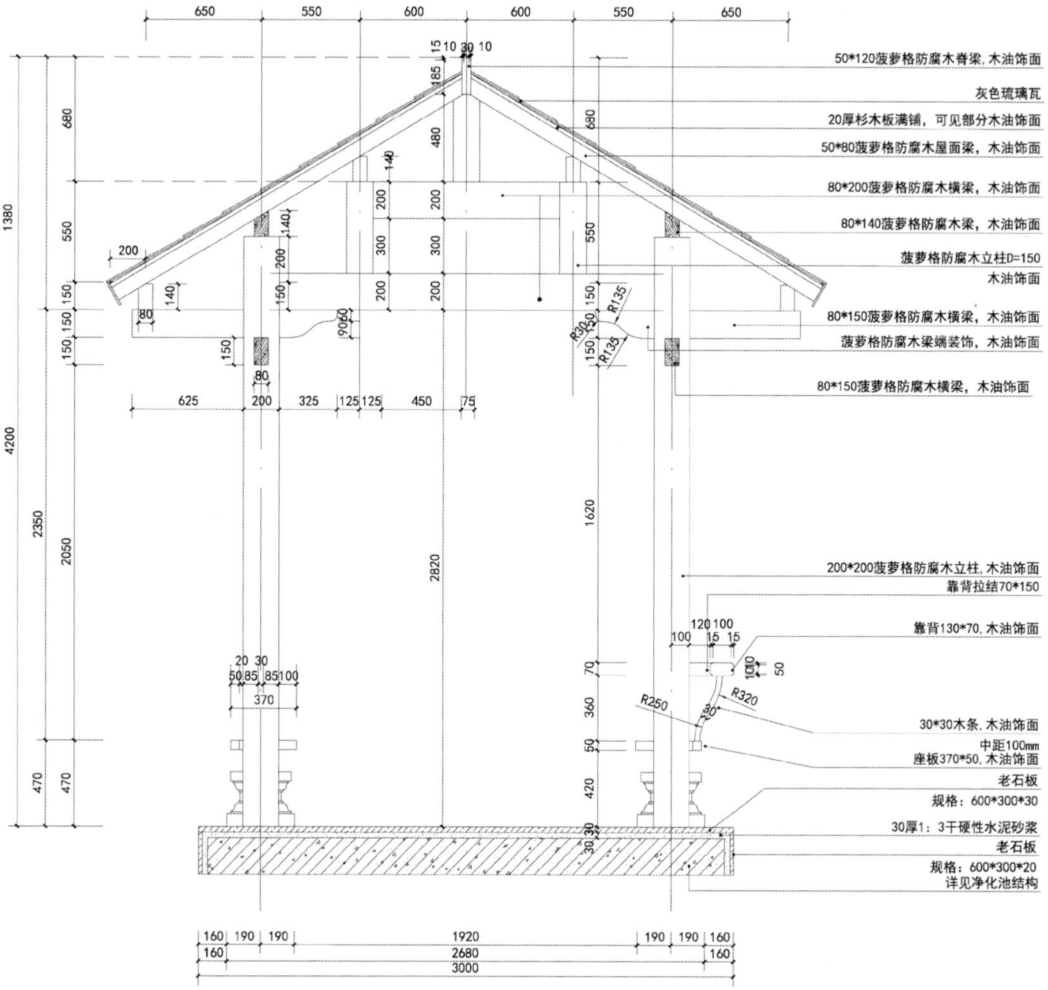

中式曲廊剖面图

图 3-17 中式曲廊结构图（续）

6 景墙

景墙是指景观墙，艺术装饰性强，在庭院内部作为隔断，具有划分空间的作用。景墙设计特别注重材料、色彩、纹理、装饰、光影效果等，又因景墙为实体，因此，还需考虑其与植物、水景的组合以及景墙排水处理。景墙施工图重在展示墙面设计，图纸包括总平面图、平面图、立面图、剖面图、基础结构图（图 3-18 至图 3-20），立面装饰需绘制大样图，景墙基础一般采用钢筋混凝土基础，基础深度根据景墙高度和材料决定。

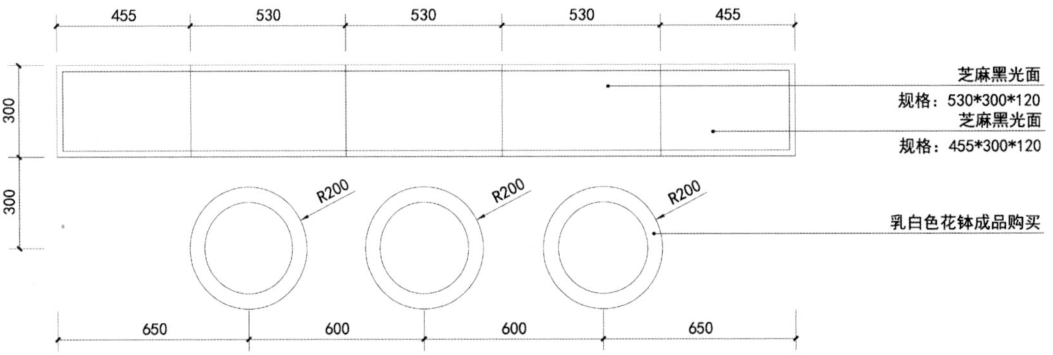

欧式流水景墙平面图

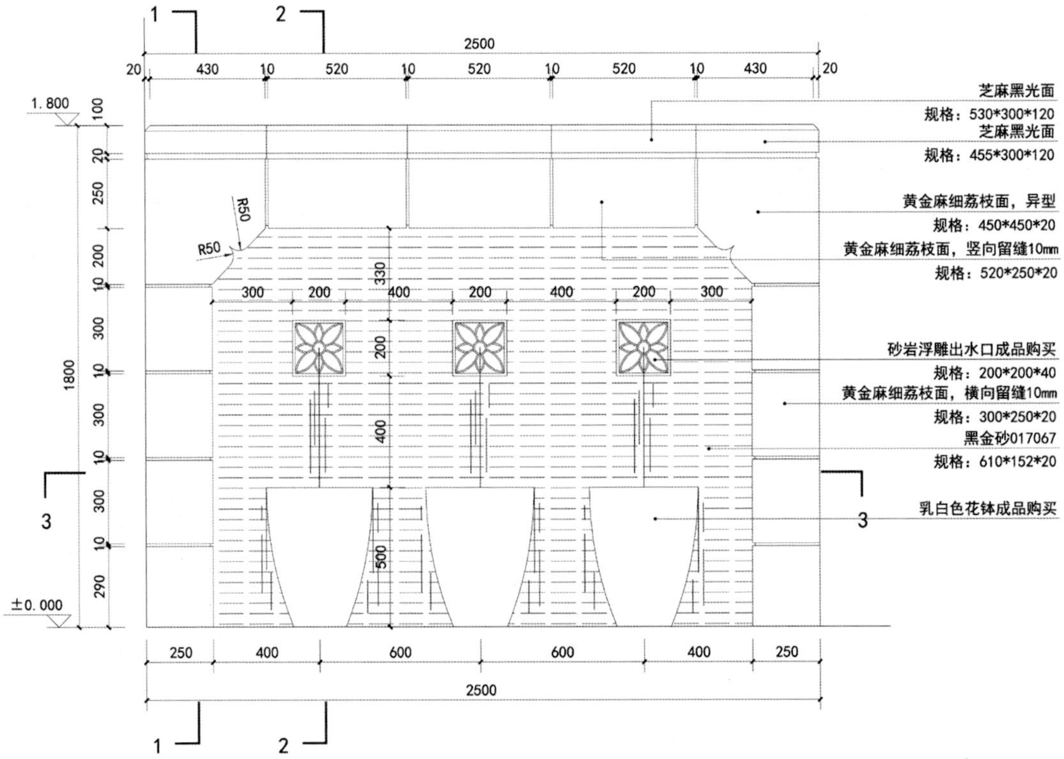

欧式流水景墙立面图

图 3-18　欧式流水景墙结构图

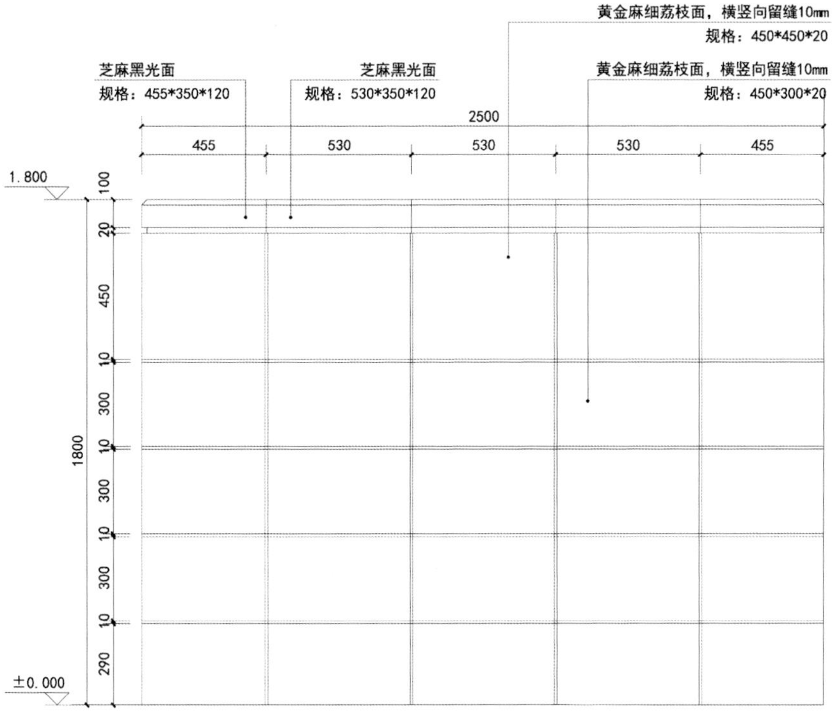

欧式流水景墙背立面图

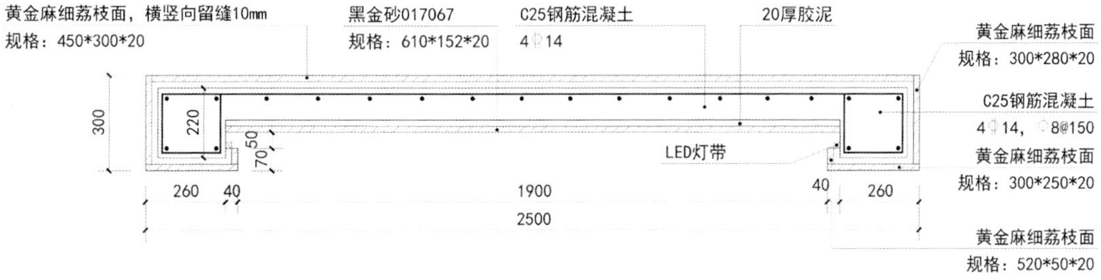

欧式流水景墙 3-3 剖面图

图 3-18　欧式流水景墙结构图（续）

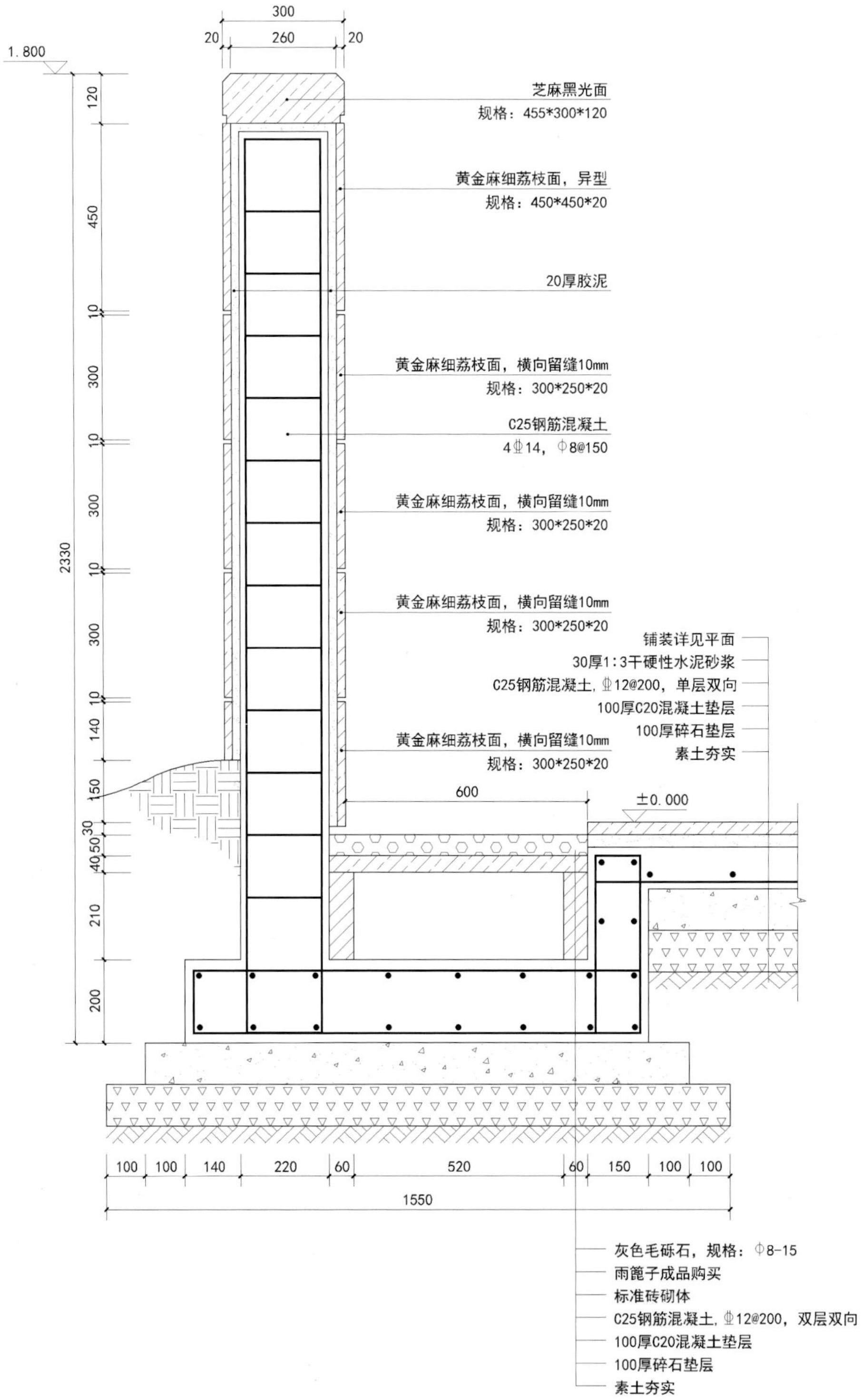
300
20
260
20
1.800
芝麻黑光面
规格：455*300*120
黄金麻细荔枝面，异型
规格：450*450*20
20厚胶泥
黄金麻细荔枝面，横向留缝10mm
规格：300*250*20
C25钢筋混凝土
4Φ14，Φ8@150
黄金麻细荔枝面，横向留缝10mm
规格：300*250*20
黄金麻细荔枝面，横向留缝10mm
规格：300*250*20
铺装详见平面
30厚1:3干硬性水泥砂浆
C25钢筋混凝土，Φ12@200，单层双向
100厚C20混凝土垫层
100厚碎石垫层
素土夯实
黄金麻细荔枝面，横向留缝10mm
规格：300*250*20
600
±0.000
120
450
10
300
10
300
10
300
10
140
150
30
50
40
210
200
2330
100
100
140
220
60
520
60
150
100
100
1550
灰色毛砾石，规格：Φ8-15
雨篦子成品购买
标准砖砌体
C25钢筋混凝土，Φ12@200，双层双向
100厚C20混凝土垫层
100厚碎石垫层
素土夯实

欧式流水景墙 1-1 剖面图

图 3-18　欧式流水景墙结构图（续）

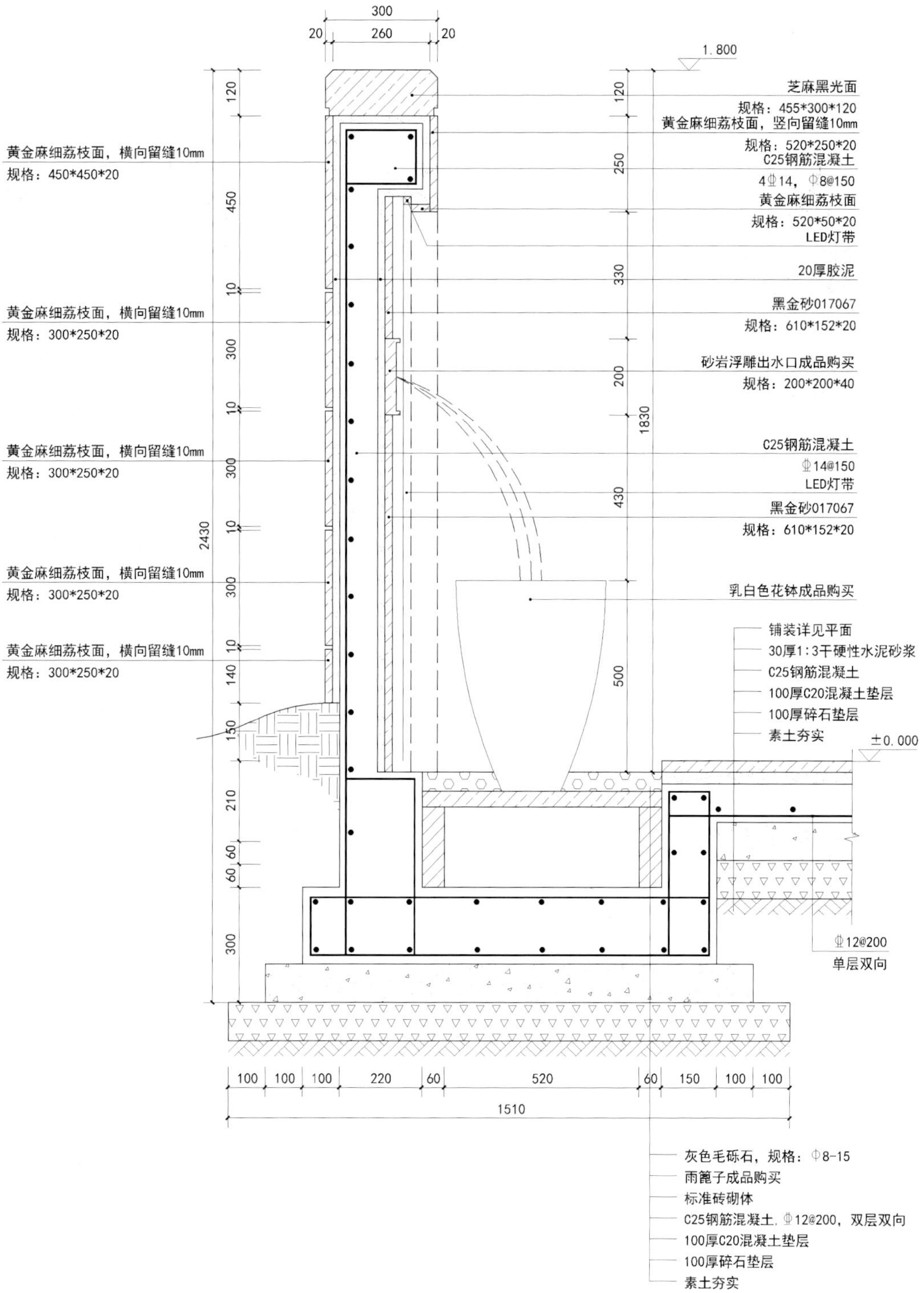

欧式流水景墙 2-2 剖面图

图 3-18　欧式流水景墙结构图（续）

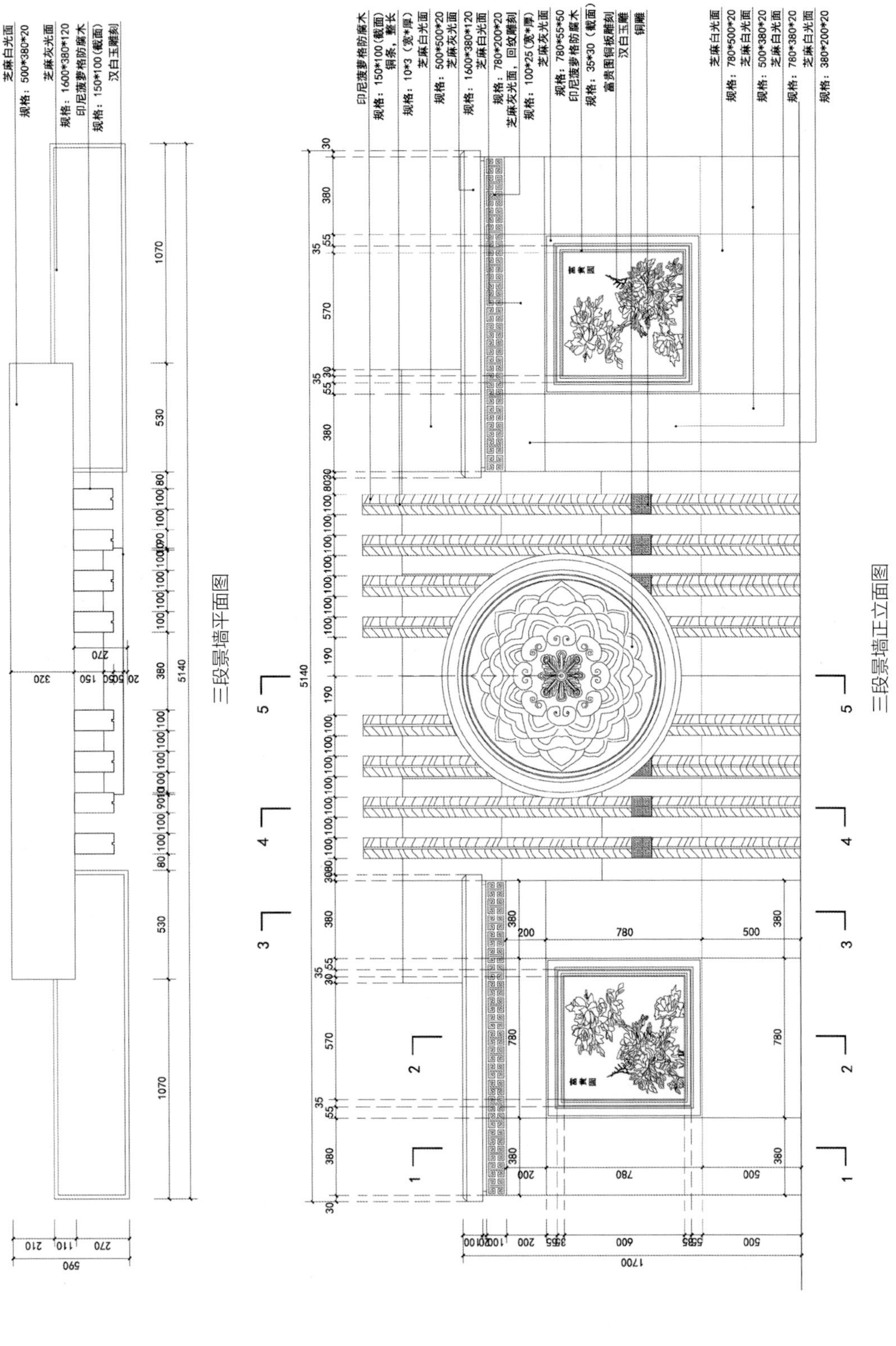

图 3-19　三段景墙结构图

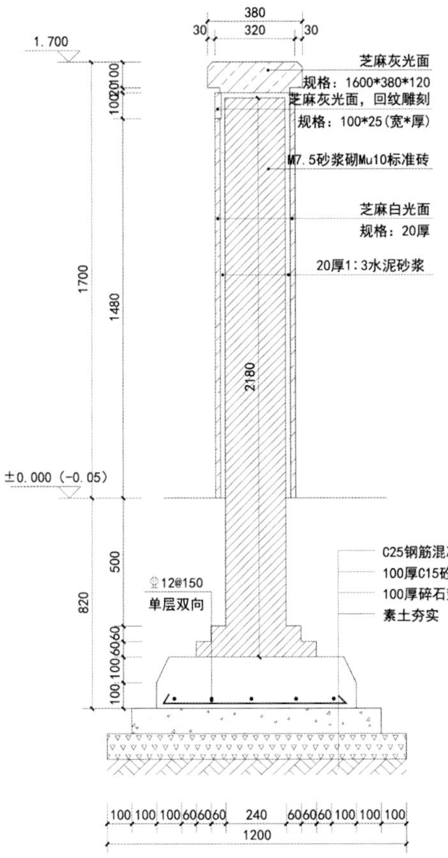

三段景墙 1-1 剖面图

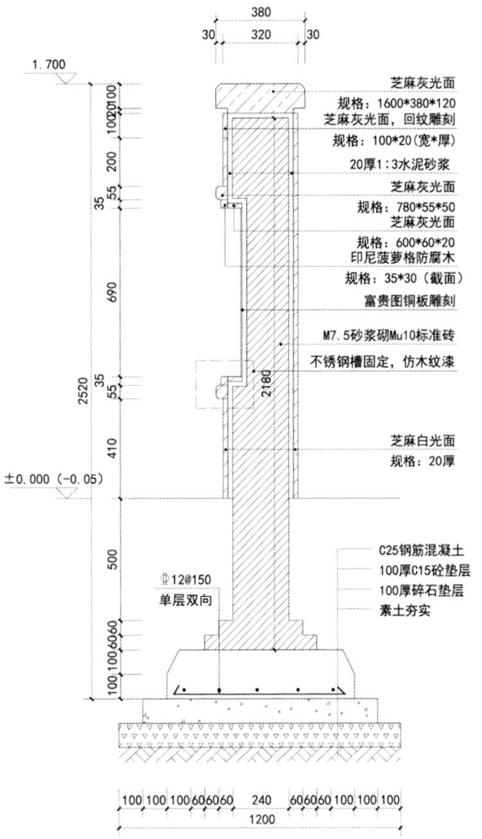

三段景墙 2-2 剖面图

图 3-19　三段景墙结构图（续）

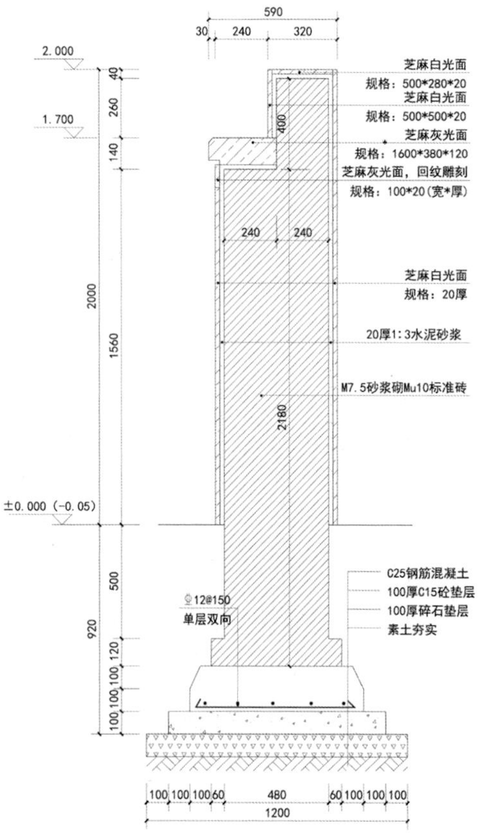

三段景墙 3-3 剖面图

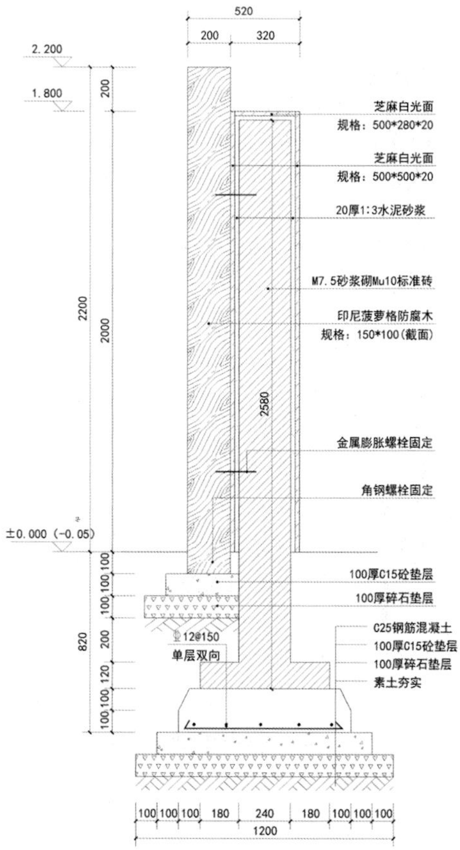

三段景墙 4-4 剖面图

图 3-19　三段景墙结构图（续）

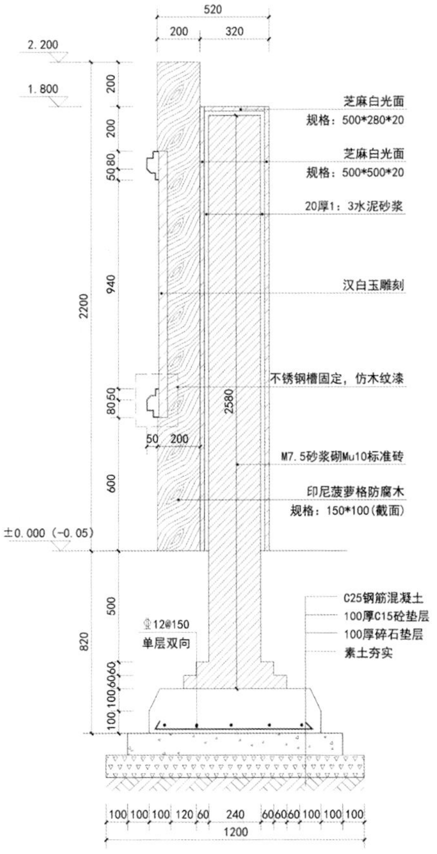

三段景墙 5-5 剖面图

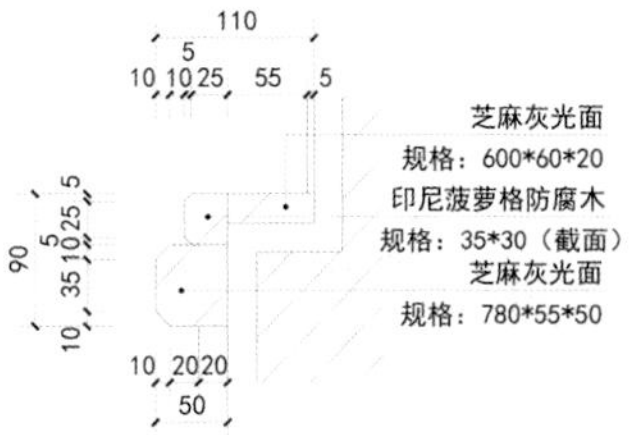

不锈钢槽大样图（2-2）

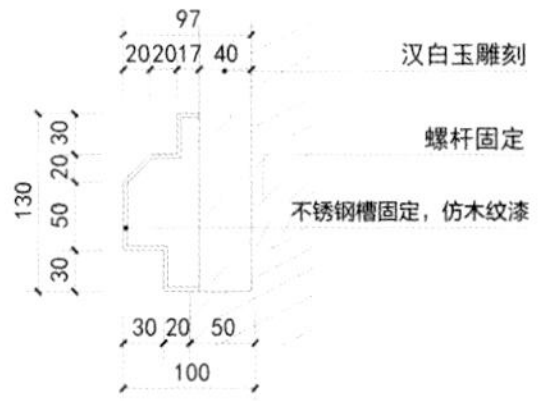

不锈钢槽大样图（5-5）

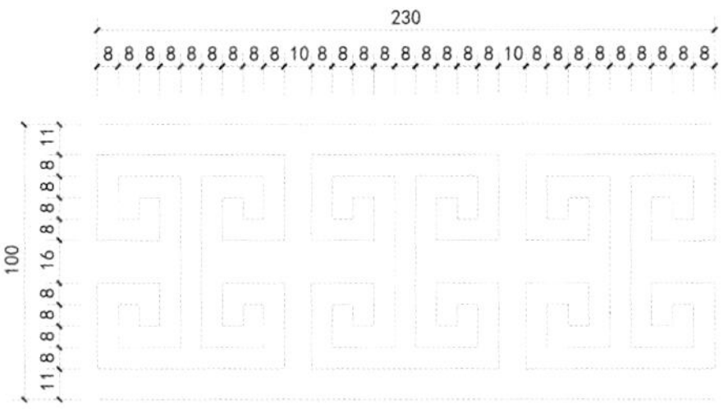

墙头回纹装饰大样图

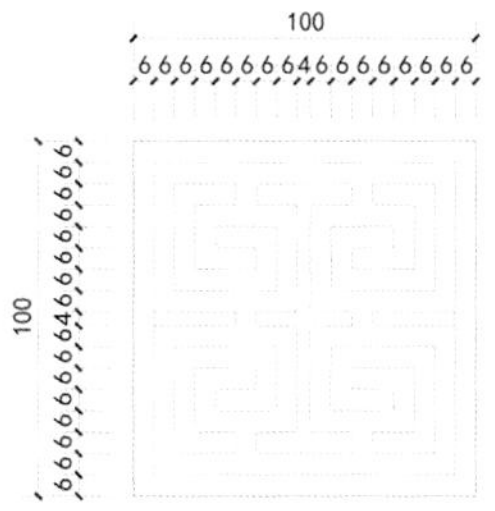

景墙立面装饰回纹大样图

图 3-19　三段景墙结构图（续）

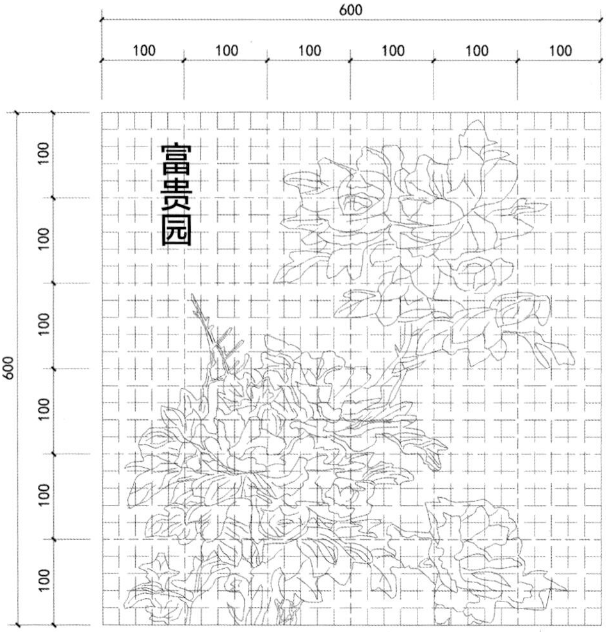

“富贵园”装饰大样图

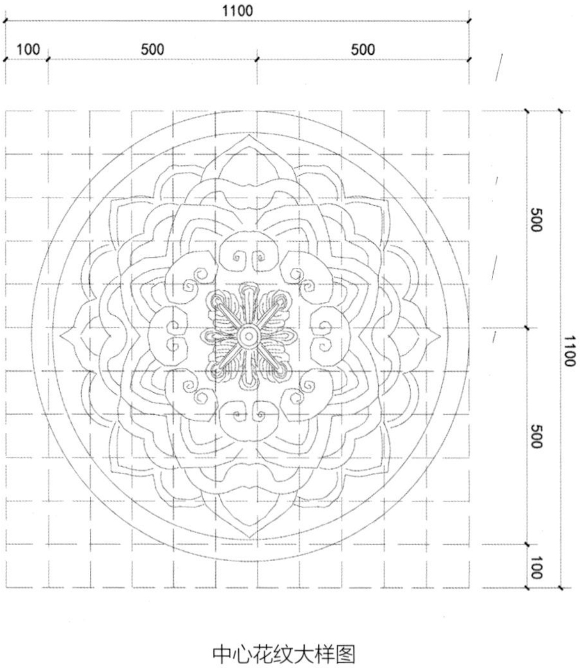

中心花纹大样图

图 3-19　三段景墙结构图（续）

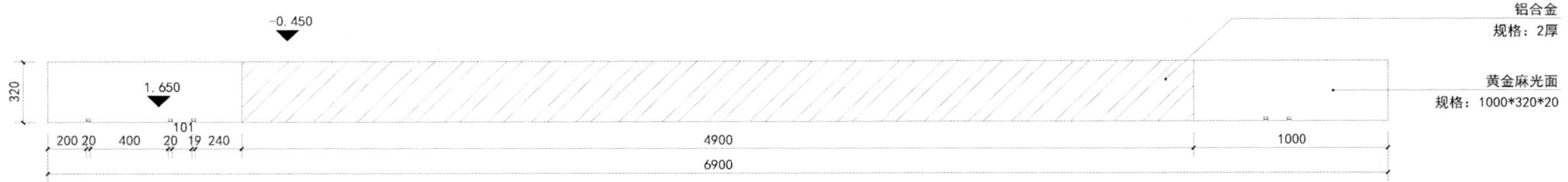

金属景墙平面图

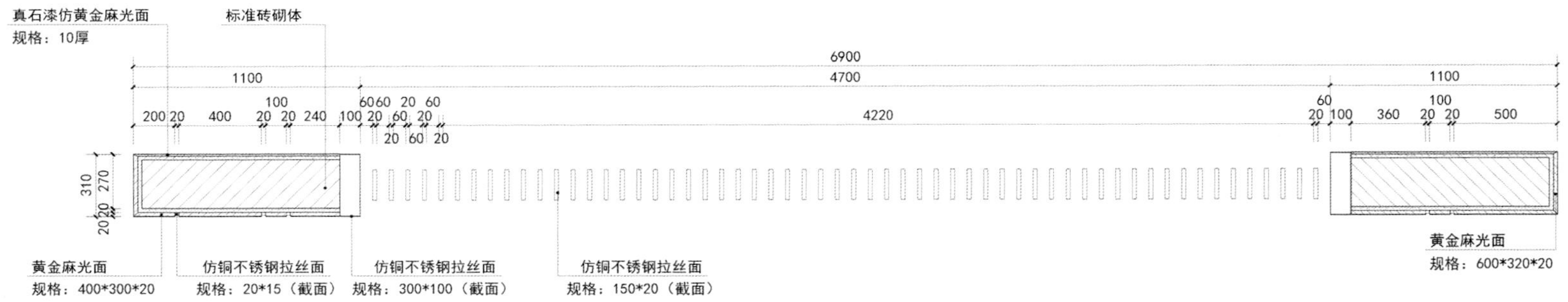

金属景墙横剖图

图 3-20　金属景墙结构图

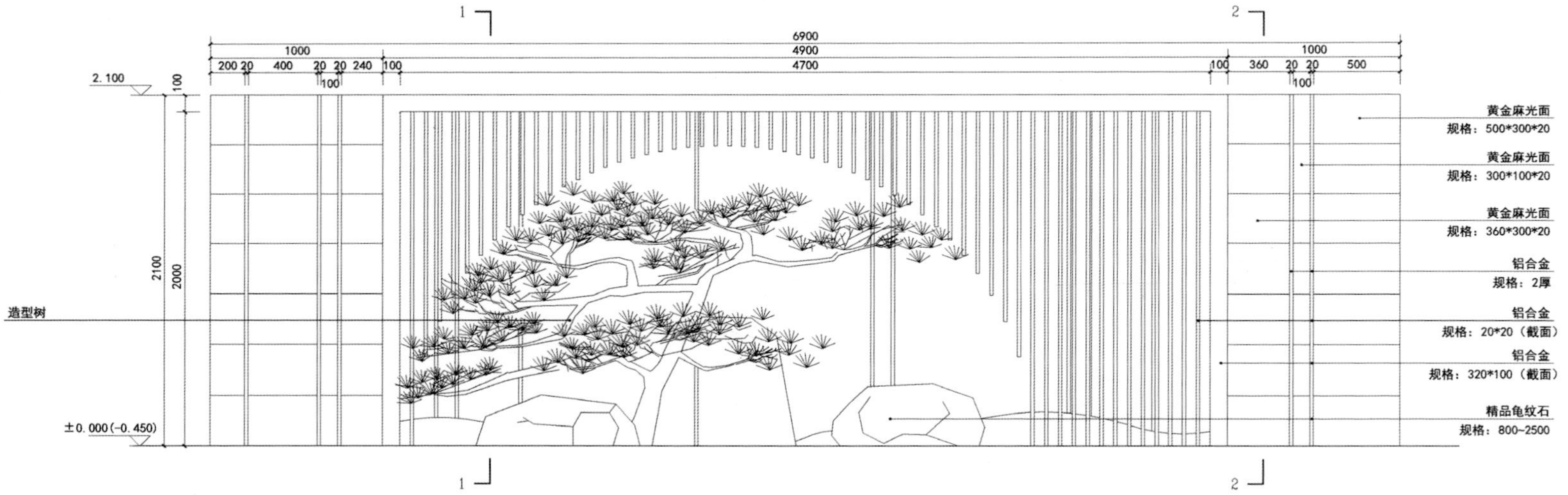
6900
1000
4900
1000
200 20 400 20 20 240 100
4700
100 360 20 20 500
100
100
100
2.100
±0.000(-0.450)
2100
2000
造型树
黄金麻光面
规格：500*300*20
黄金麻光面
规格：300*100*20
黄金麻光面
规格：360*300*20
铝合金
规格：2厚
铝合金
规格：20*20（截面）
铝合金
规格：320*100（截面）
精品龟纹石
规格：800~2500
1
1
2
2

金属景墙立面图

图 3-20　金属景墙结构图（续）

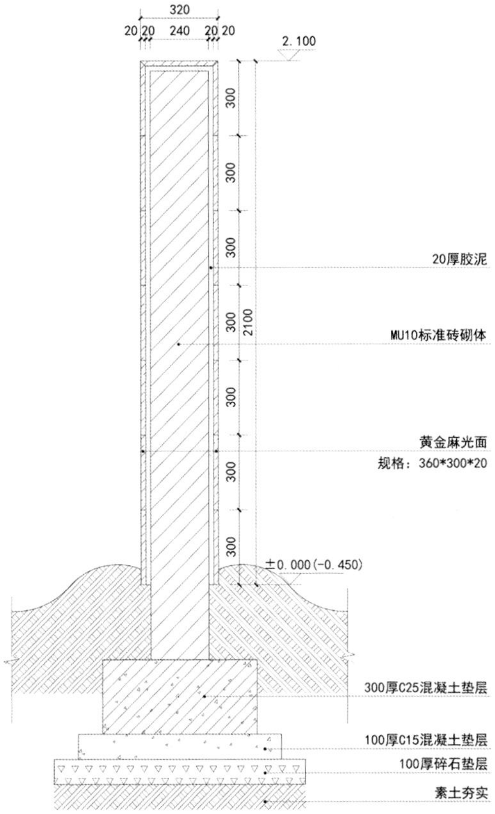

金属景墙 1-1 剖面图

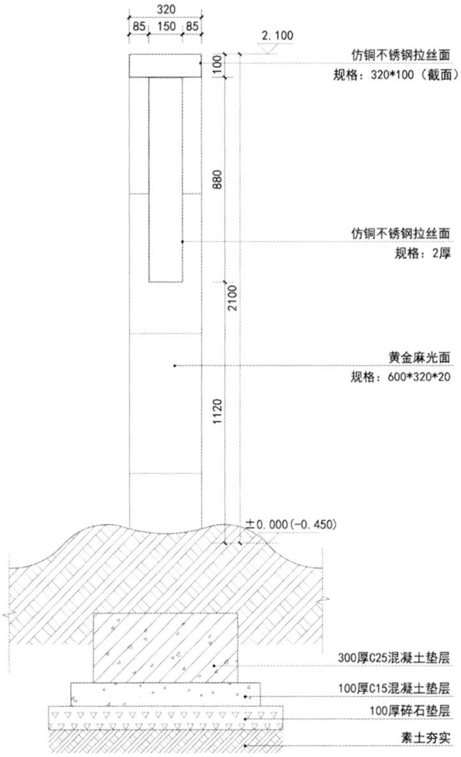

金属景墙 2-2 剖面图

图 3-20 金属景墙结构图（续）

7 铺装

庭院中会用到许多不同的铺装材料（图 3-21 至图 3-28），施工图绘制时分为平面和剖面结构两类图纸，庭院面积不大，可在总平面图中绘制详细的铺装拼法，图中标明铺装场地的尺寸、铺装材料名称、规格和大小。不同材料的基础结构做法不同，各不同结构需一一绘出，结构一致时只需要绘制通用结构图即可。

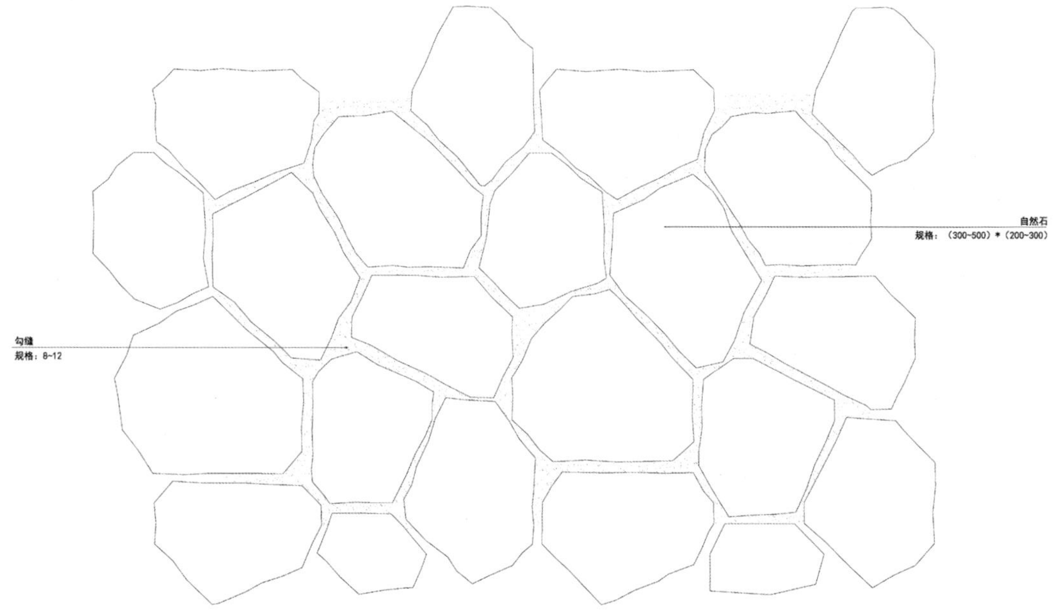

冰裂纹铺装平面图

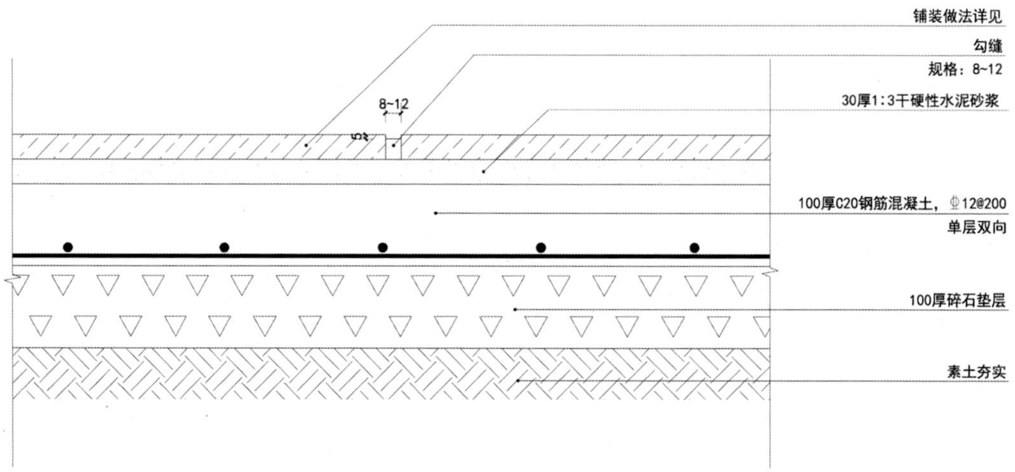

冰裂纹铺装详图

图 3-21　冰裂纹铺装结构图

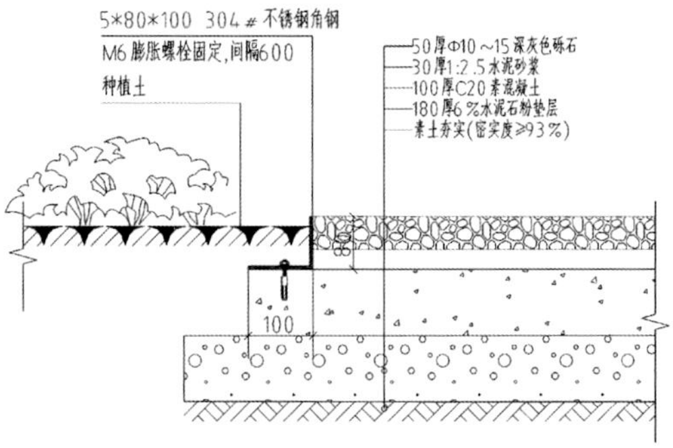

图 3-22　砂地铺装详图

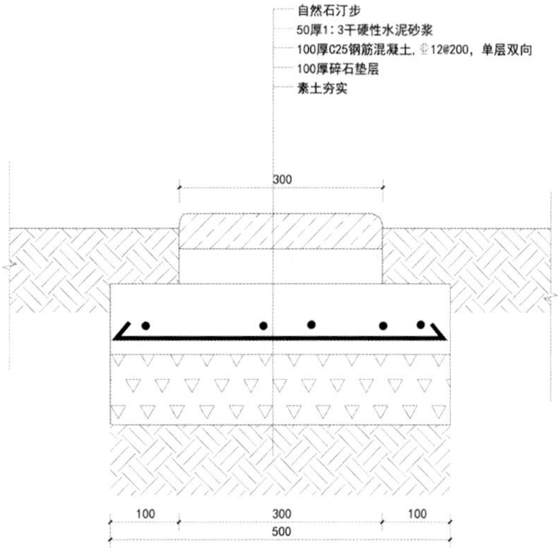

图 3-23　自然石汀步详图

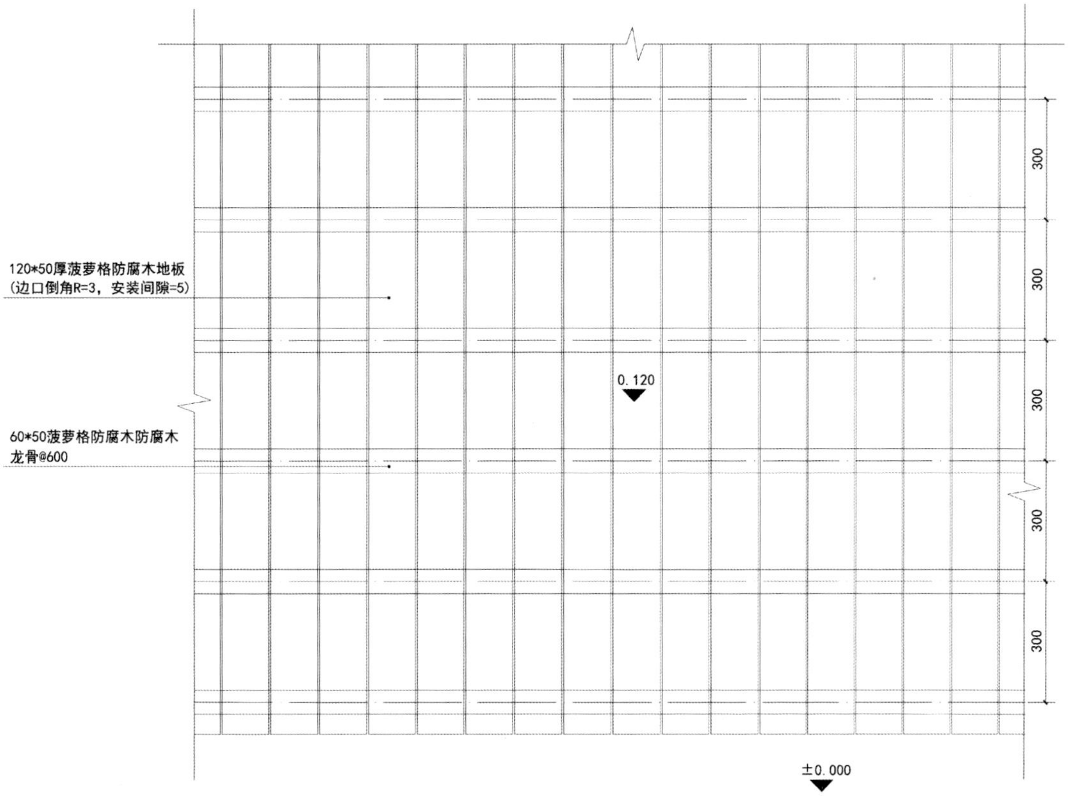

木平台平面图

图 3-24　木平台结构图

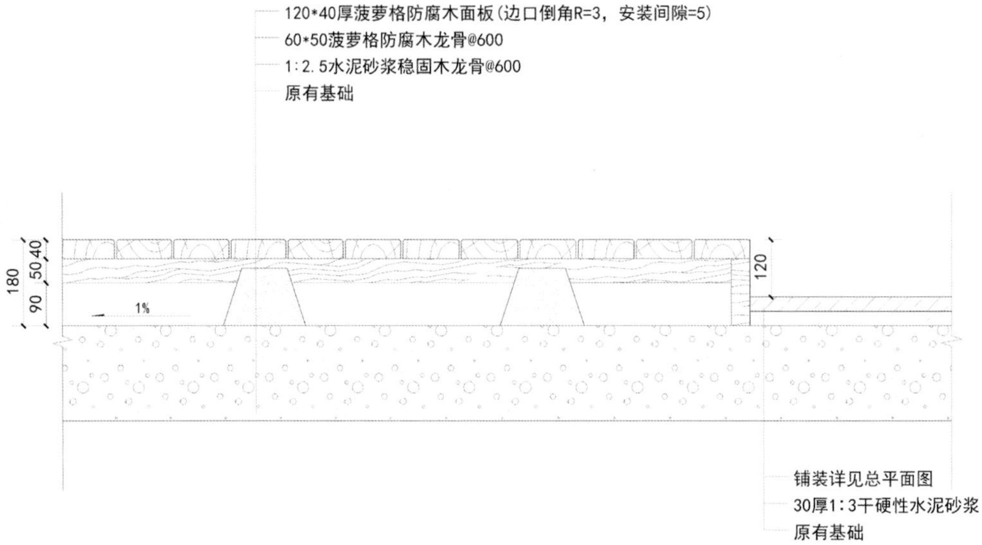

木平台剖面图一

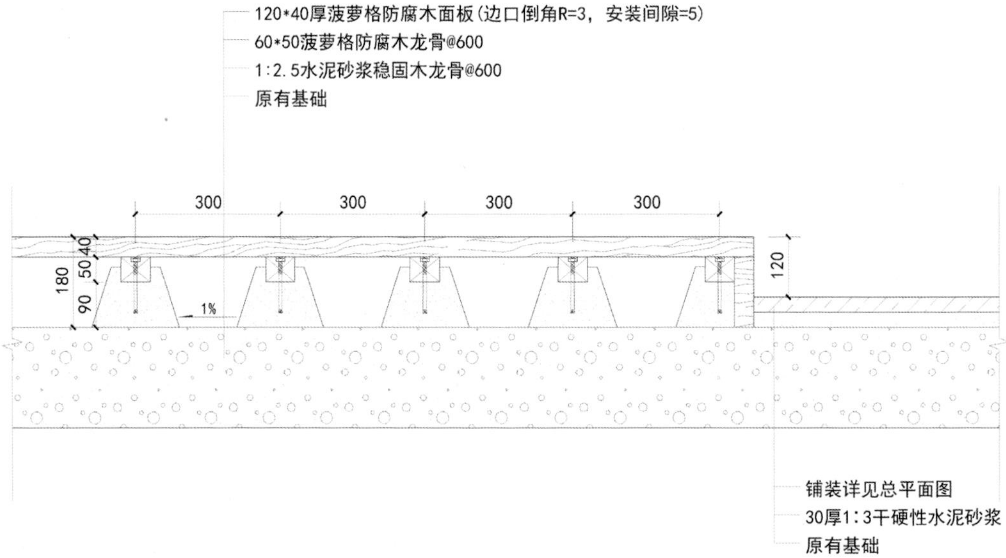

木平台剖面图二

图 3-24　**木平台结构图（续）**

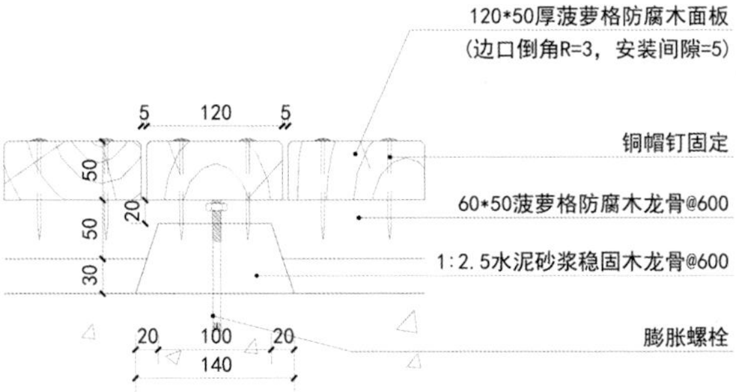

木平台节点图

图 3-24　木平台结构图（续）

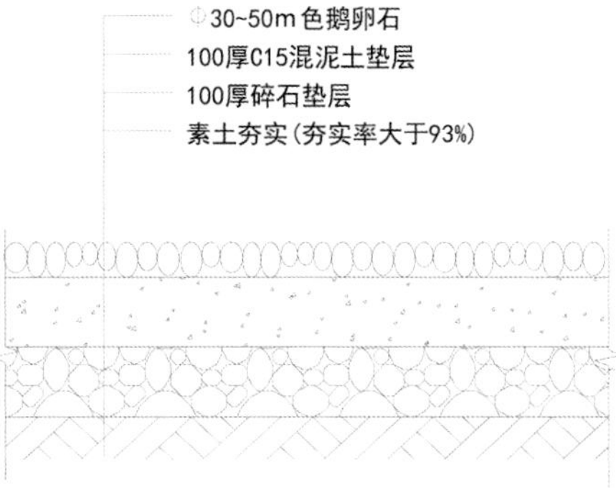

图 3-25　鹅卵石铺装详图

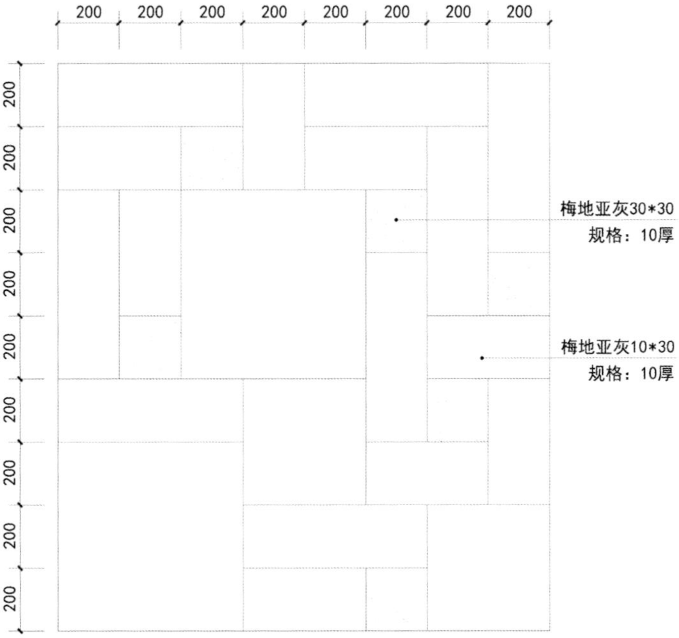

图 3-26　罗马拼铺装详图

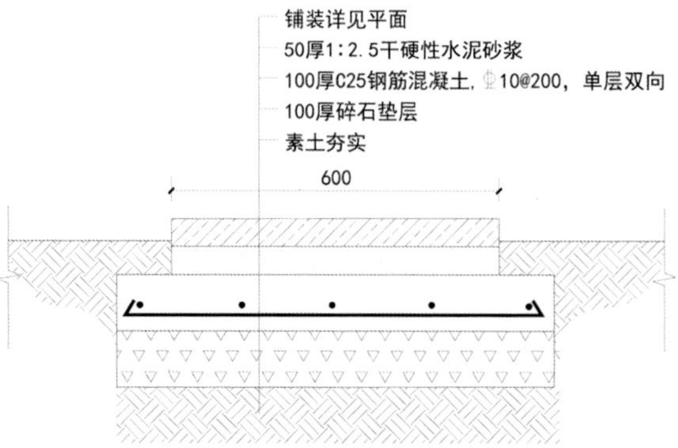

图 3-27　园路做法详图

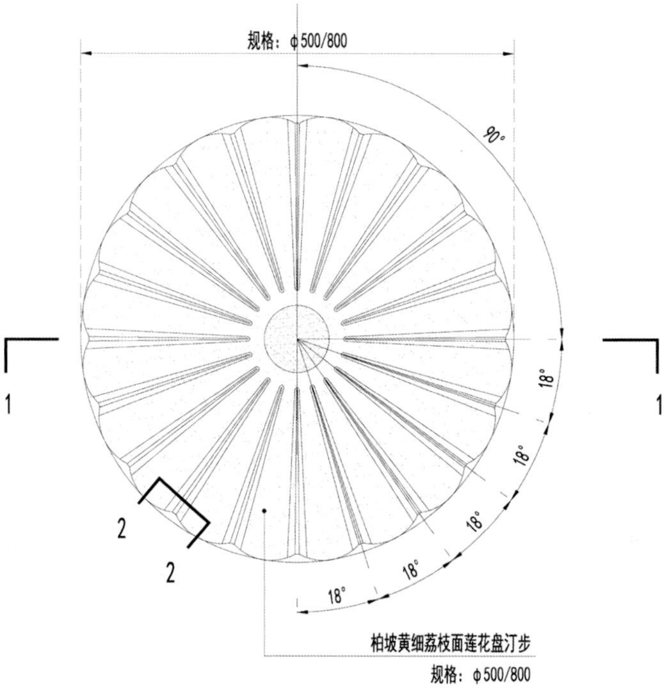

圆形汀步平面图

图 3-28　圆形汀步结构图

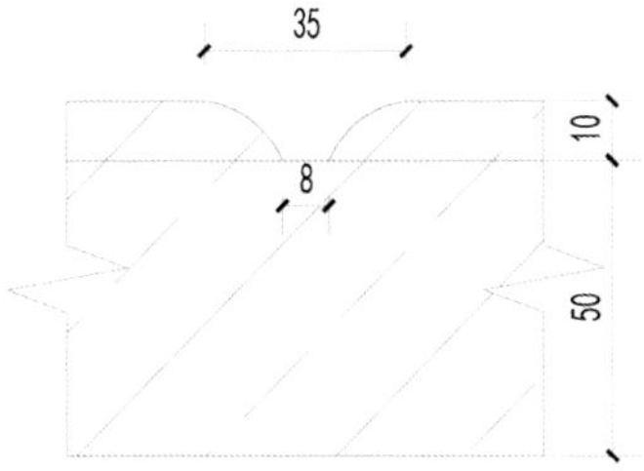

圆形汀步大样图一

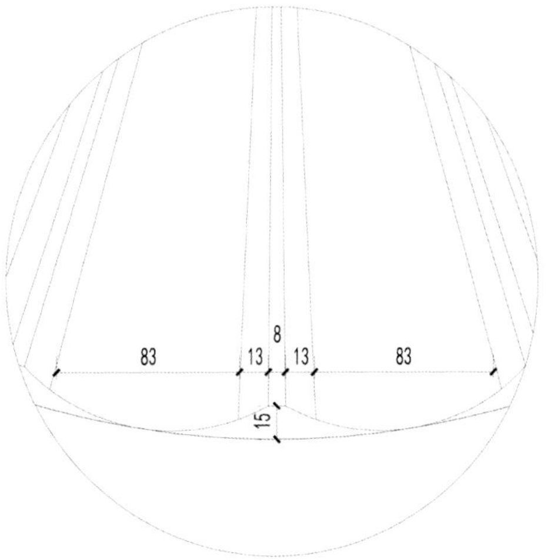

圆形汀步大样图二

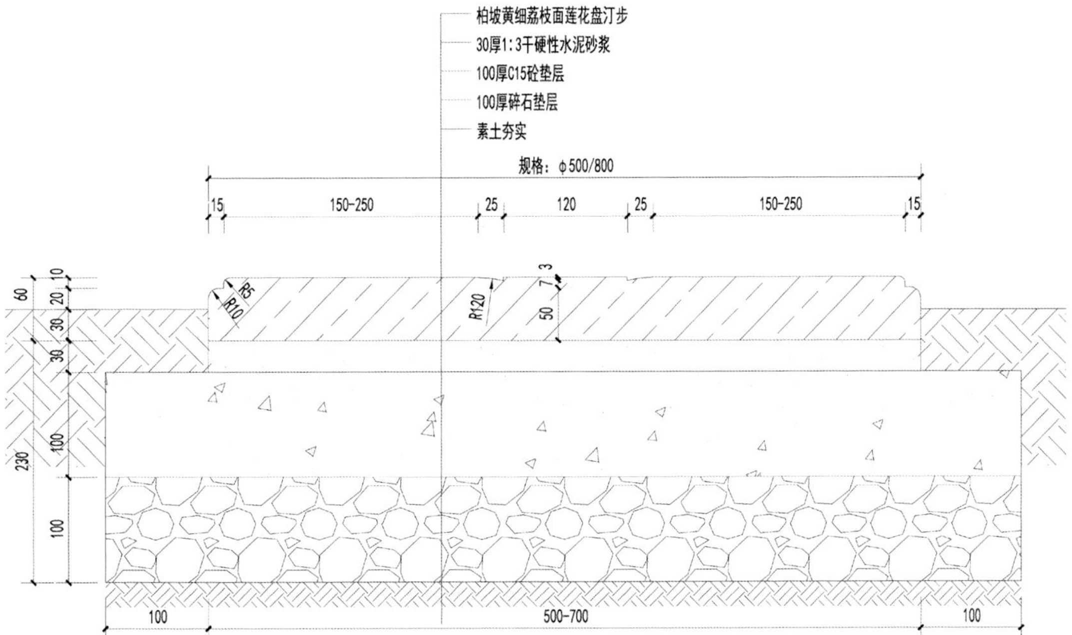

圆形汀步剖面图

图 3-28　圆形汀步结构图（续）

8 园桥

庭院中园桥或架于水面之上，或与旱溪相结合，营造小桥流水人家之风。按材质分，园桥有石质、木质、竹质、钢筋混凝土质之分；按形式分，有平桥、曲桥、拱桥、亭桥、廊桥以及单跨、多跨之分（图 3-29 至图 3-32）。庭院园桥的设计需特别注意造型和意境，要求体量适宜，形式得当，除园桥自身结构之外，尤其要关注栏杆和铺装的设计和选择。

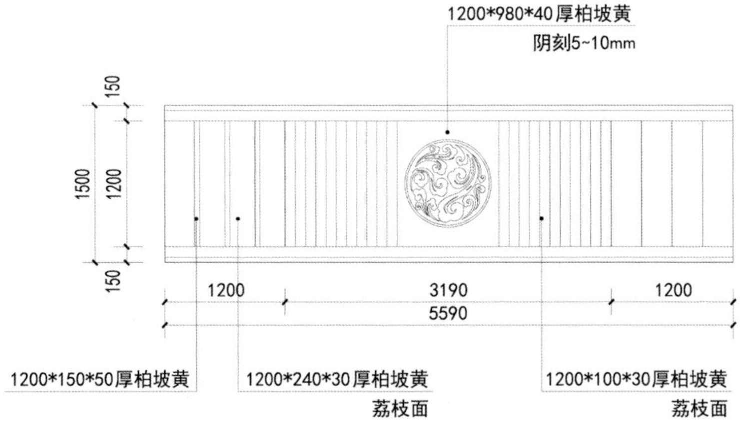

拱桥平面图

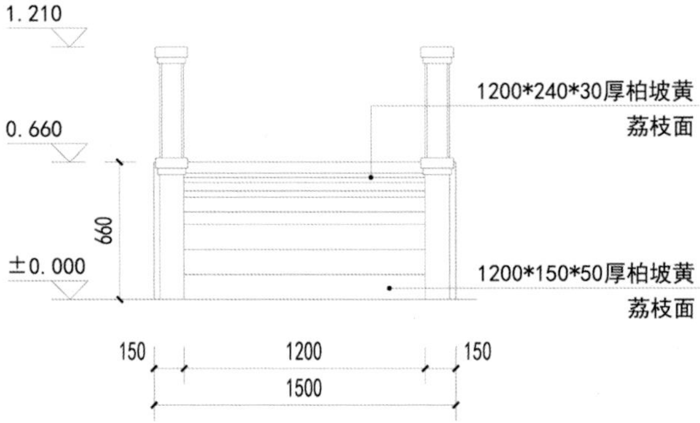

拱桥正立面图

图 3-29 钢筋混凝土拱桥结构图

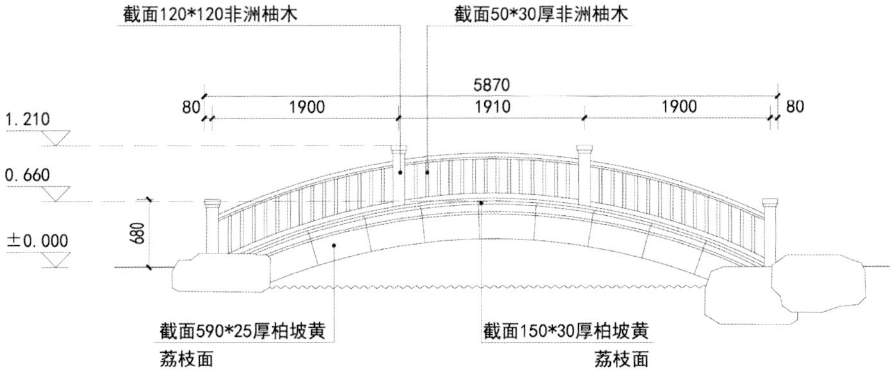

拱桥侧立面图

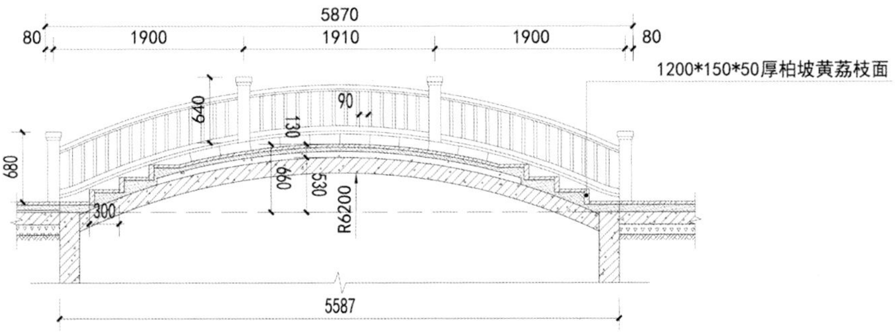

拱桥 1-1 剖面图

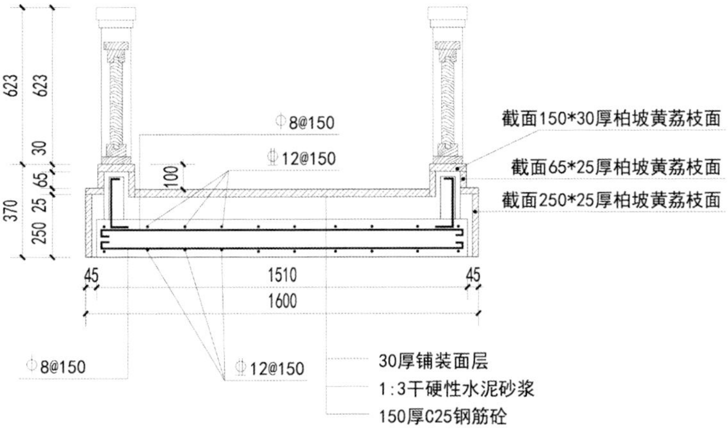

拱桥 2-2 剖面图

图 3-29 钢筋混凝土拱桥结构图（续）

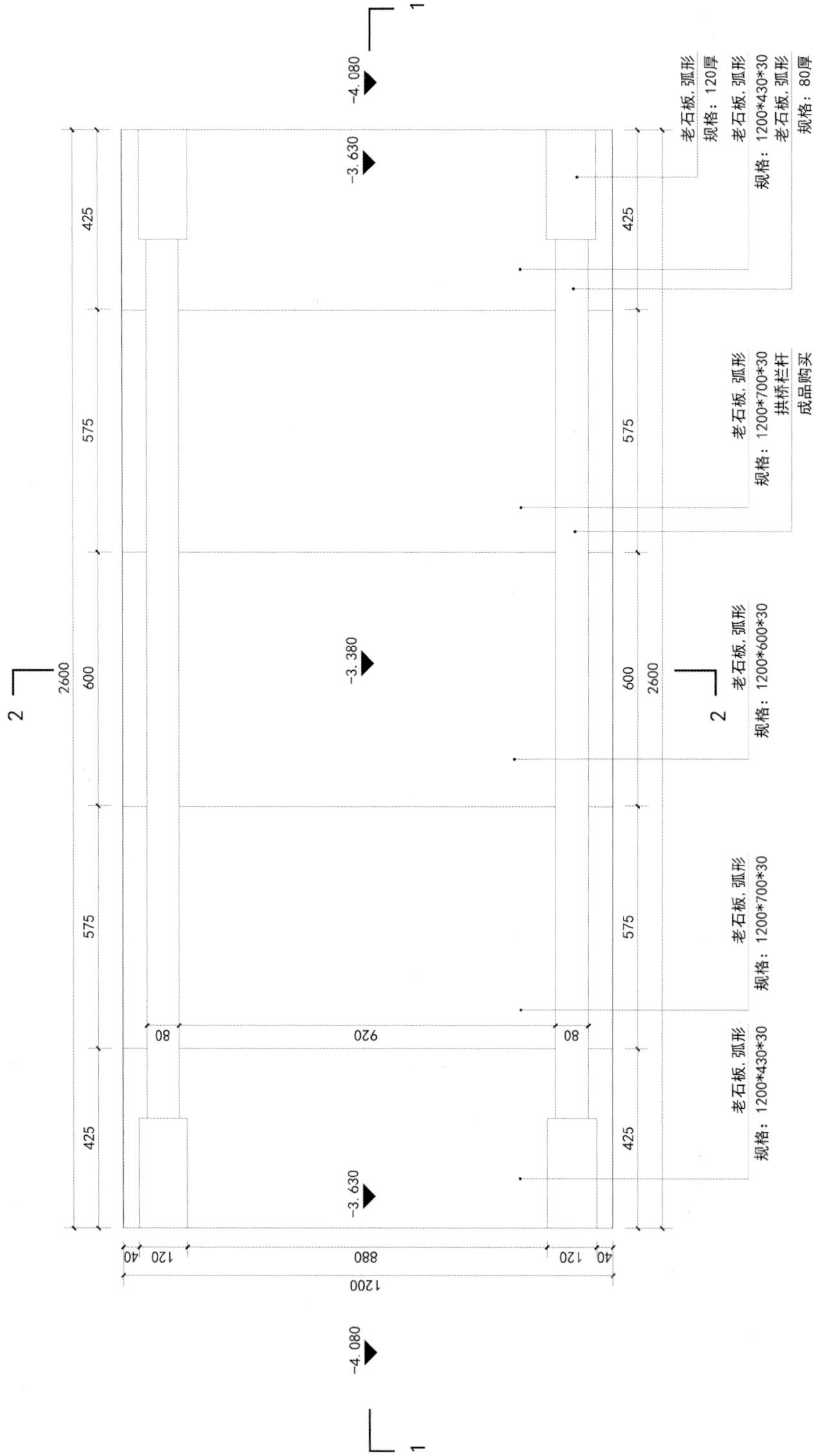

石拱桥平面图

图 3-30　石拱桥结构图

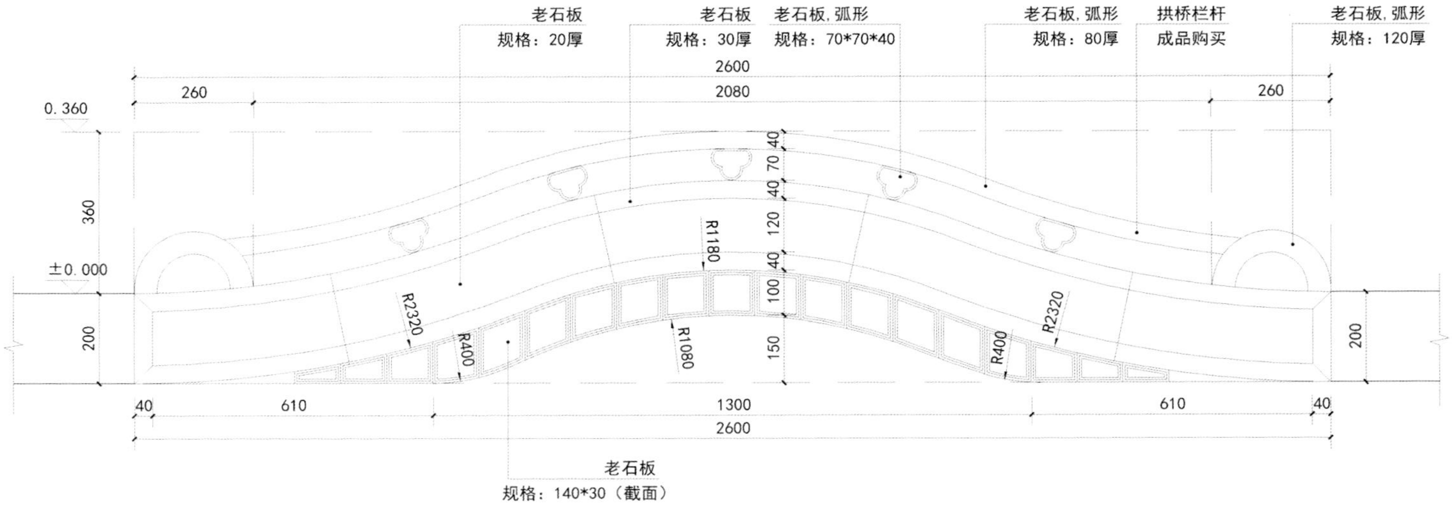

石拱桥立面图

图 3-30　石拱桥结构图（续）

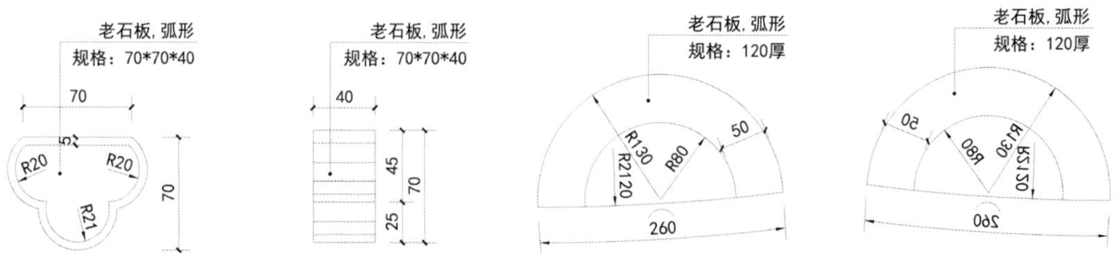

石拱桥详图

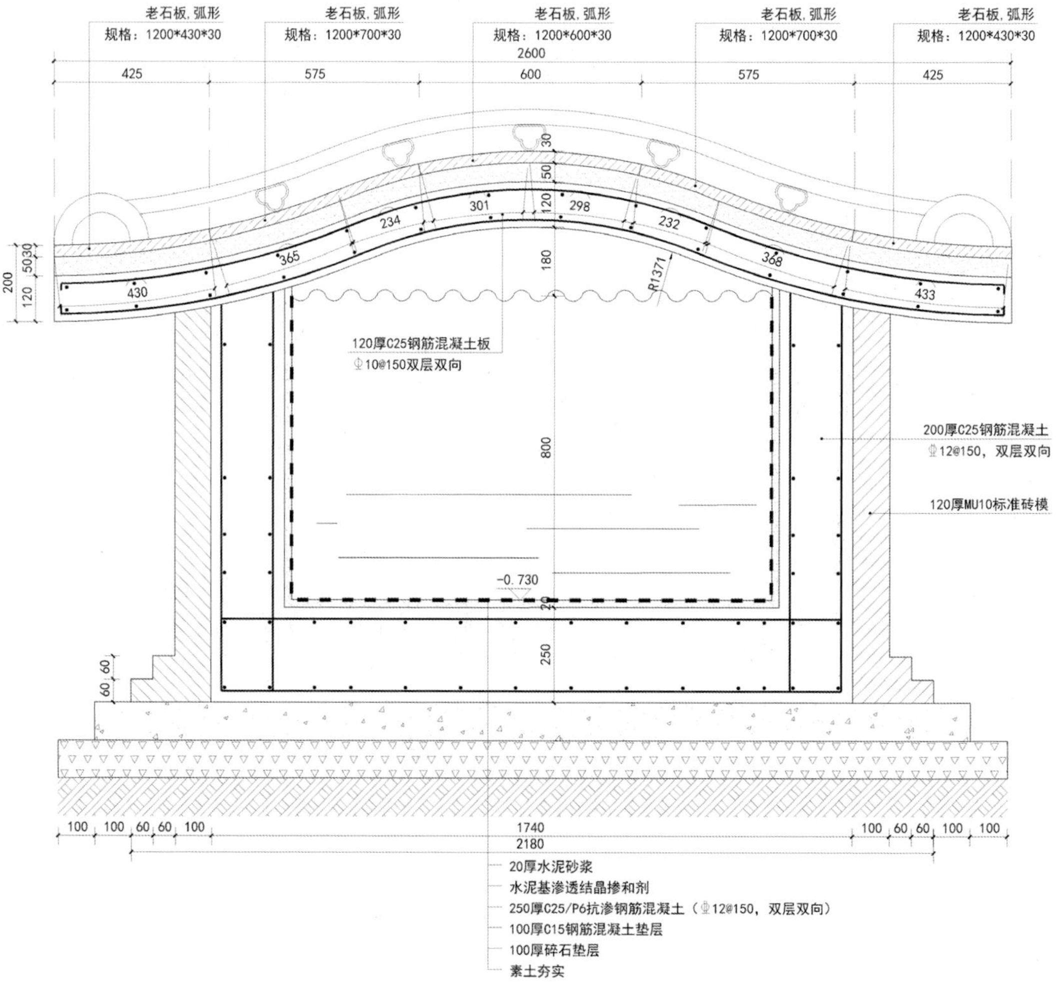

石拱桥 1-1 剖面图

图 3-30　石拱桥结构图（续）

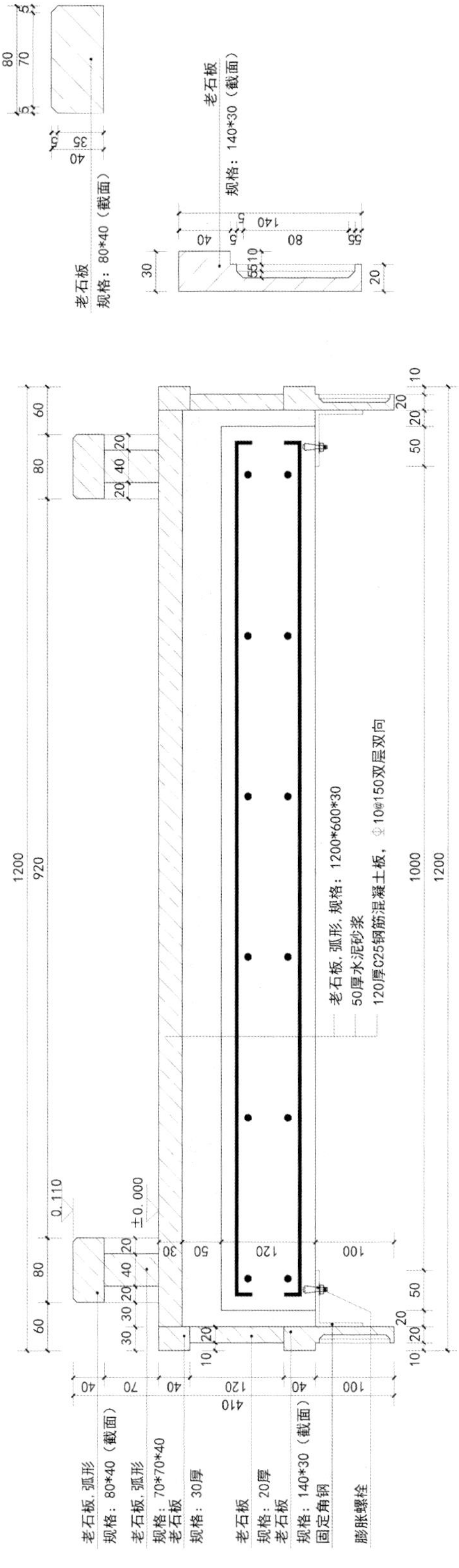

石拱桥 2-2 剖面图

图 3-30　石拱桥结构图（续）

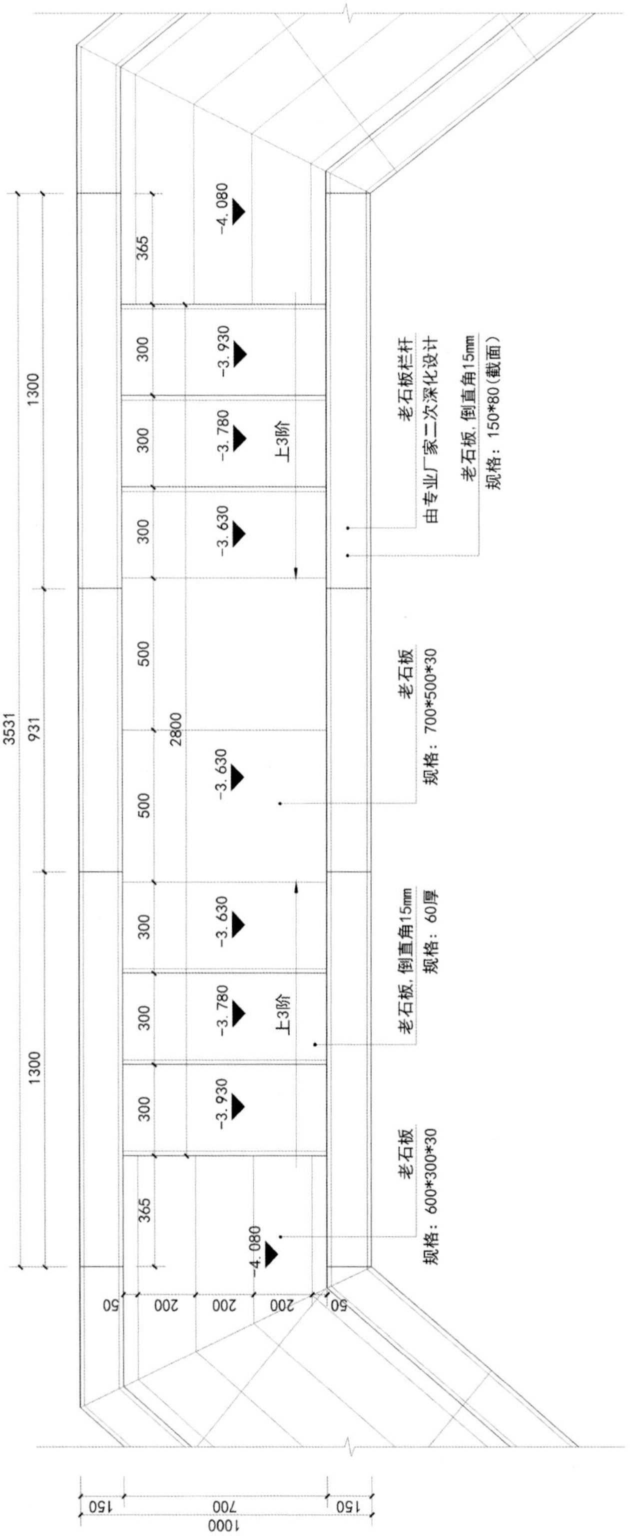

曲桥平面图

图 3-31 曲桥结构图

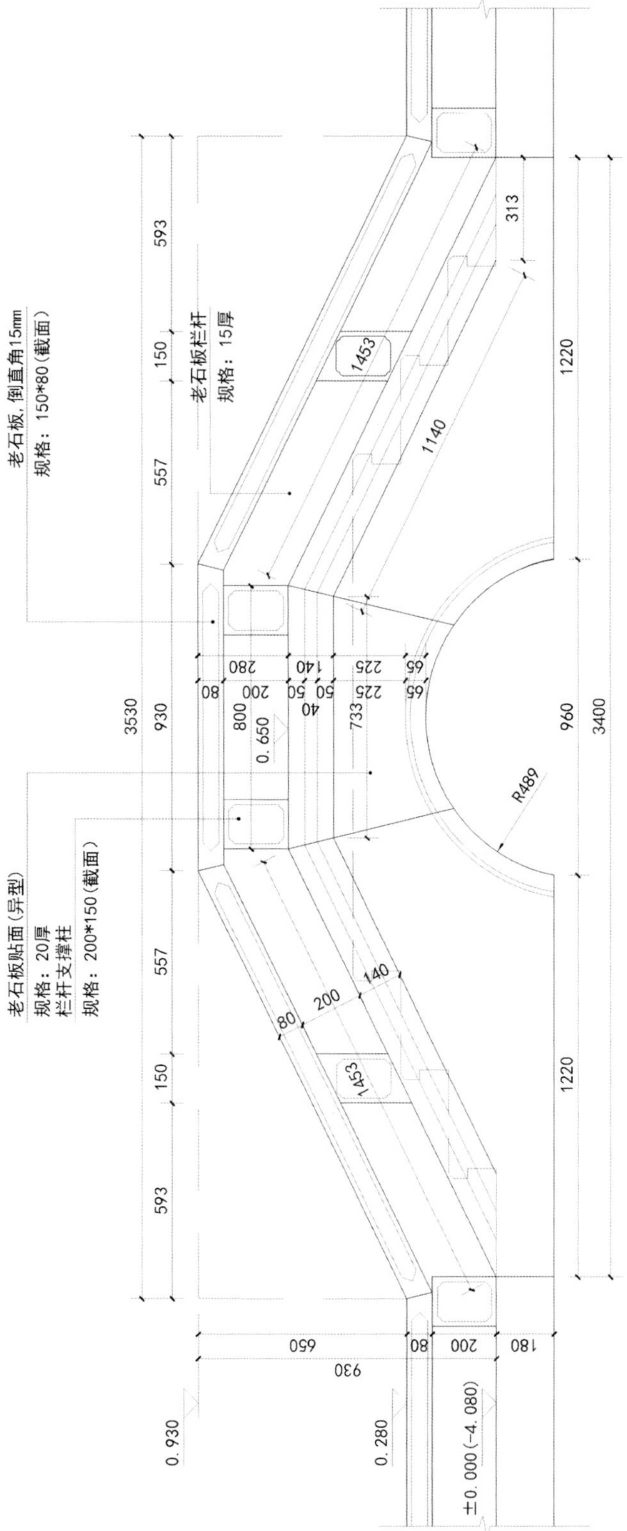

曲桥立面图

图 3-31　曲桥结构图（续）

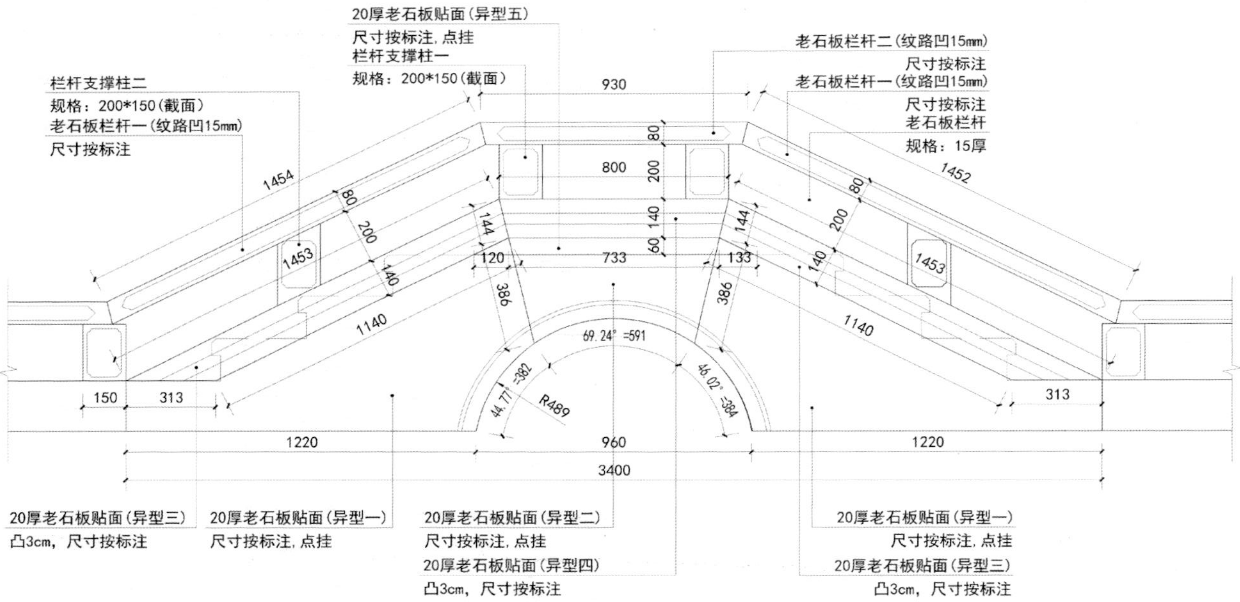
20厚老石板贴面（异型五）
尺寸按标注，点挂
栏杆支撑柱一
规格：200*150（截面）
栏杆支撑柱二
规格：200*150（截面）
老石板栏杆一（纹路凹15mm）
尺寸按标注
老石板栏杆二（纹路凹15mm）
尺寸按标注
老石板栏杆一（纹路凹15mm）
尺寸按标注
老石板栏杆
规格：15厚
930
1454
1452
80
200
140
144
800
60
120
733
133
386
1453
1140
69.24° =591
44.77° =382
46.02° =384
R489
150
313
1220
960
3400
20厚老石板贴面（异型三）
凸3cm，尺寸按标注
20厚老石板贴面（异型一）
尺寸按标注，点挂
20厚老石板贴面（异型二）
尺寸按标注，点挂
20厚老石板贴面（异型四）
凸3cm，尺寸按标注
20厚老石板贴面（异型一）
尺寸按标注，点挂
20厚老石板贴面（异型三）
凸3cm，尺寸按标注

曲桥石材尺寸立面图

图 3-31　曲桥结构图（续）

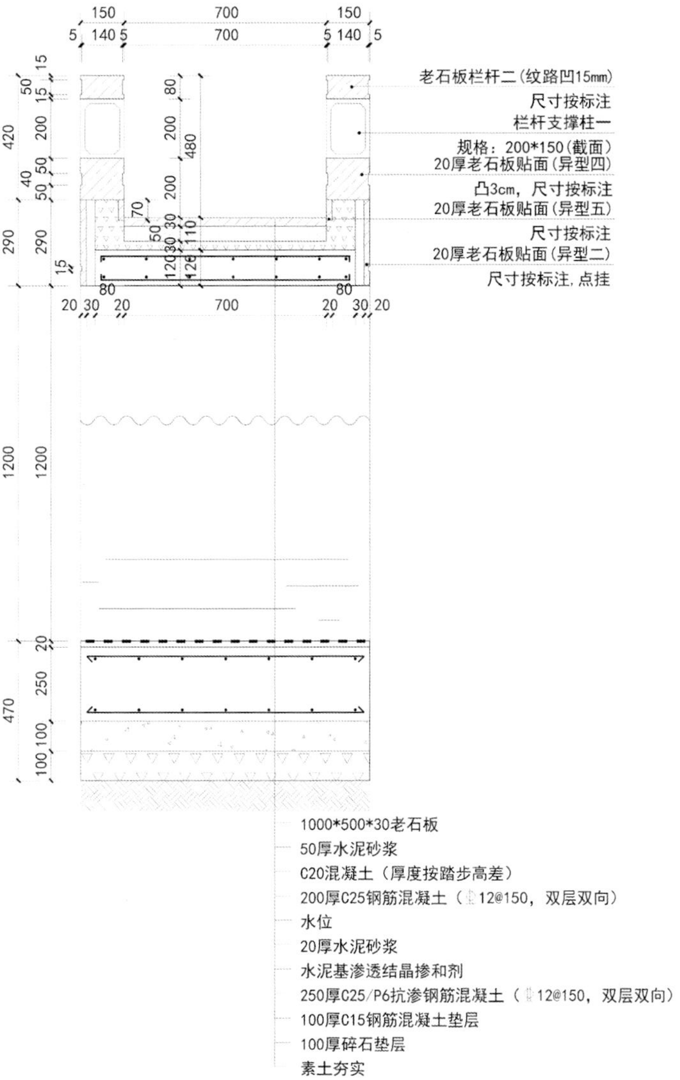
老石板栏杆二(纹路凹15mm)
尺寸按标注
栏杆支撑柱一
规格：200*150(截面)
20厚老石板贴面(异型四)
凸3cm，尺寸按标注
20厚老石板贴面(异型五)
尺寸按标注
20厚老石板贴面(异型二)
尺寸按标注，点挂
1000*500*30老石板
50厚水泥砂浆
C20混凝土（厚度按踏步高差）
200厚C25钢筋混凝土（12@150，双层双向）
水位
20厚水泥砂浆
水泥基渗透结晶掺和剂
250厚C25/P6抗渗钢筋混凝土（12@150，双层双向）
100厚C15钢筋混凝土垫层
100厚碎石垫层
素土夯实

曲桥 1-1 剖面图

图 3-31　曲桥结构图（续）

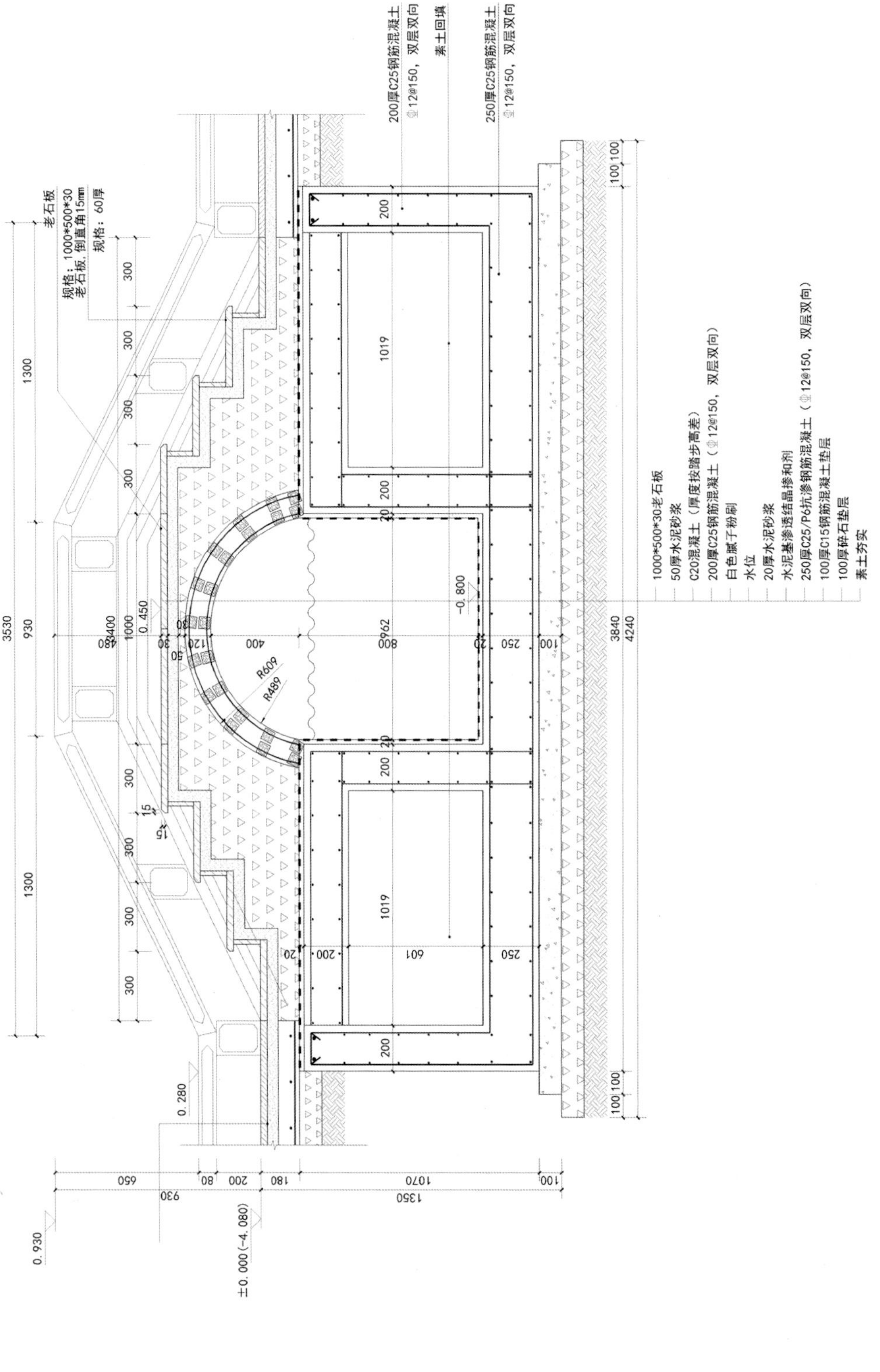
老石板
规格：1000*500*30
老石板，倒直角15mm
规格：60厚
200厚C25钢筋混凝土
⏀12@150，双层双向
素土回填
250厚C25钢筋混凝土
⏀12@150，双层双向
1000*500*30老石板
50厚水泥砂浆
C20混凝土（厚度按踏步高差）
200厚C25钢筋混凝土（⏀12@150，双层双向）
白色腻子粉刷
水位
20厚水泥砂浆
水泥基渗透结晶掺和剂
250厚C25/P6抗渗钢筋混凝土（⏀12@150，双层双向）
100厚C15钢筋混凝土垫层
100厚碎石垫层
素土夯实
R609
R489
0.450
-0.800
0.280
0.930
±0.000（-4.080）
3530
3840
4240

曲桥 2-2 剖面图

图 3-31　曲桥结构图（续）

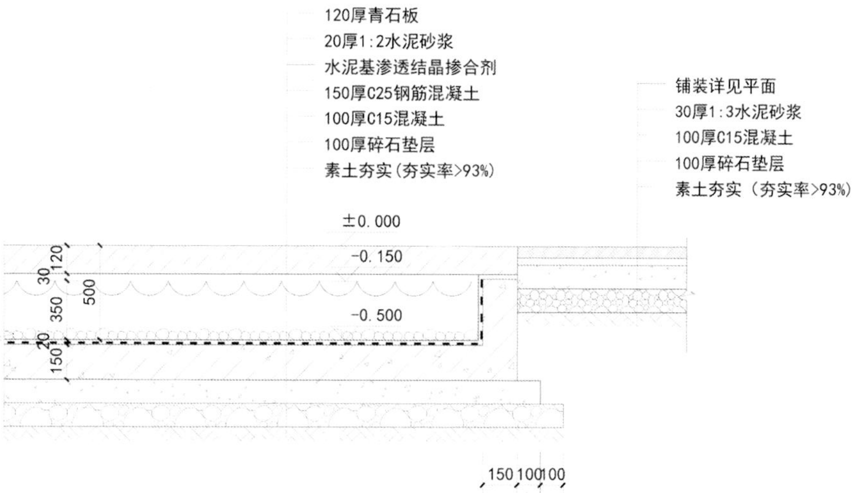

图 3-32　石板桥剖面图

9 台阶

地势有高差之处设台阶或坡道，而台阶比坡道更显高差之美，为庭院景观的纵向空间提供了良好的基础。台阶设计追求景观效果，需赋个性和自然之美，具有较强的形式美、韵律美和光影美等特征，可成为庭院的亮点之景。台阶踏步需尺度合宜、比例协调，设计遵守基本设计原则，合理选择台阶材料。台阶的施工图（图 3-33 至图 3-36）有平面图、立面图和基础结构图等。

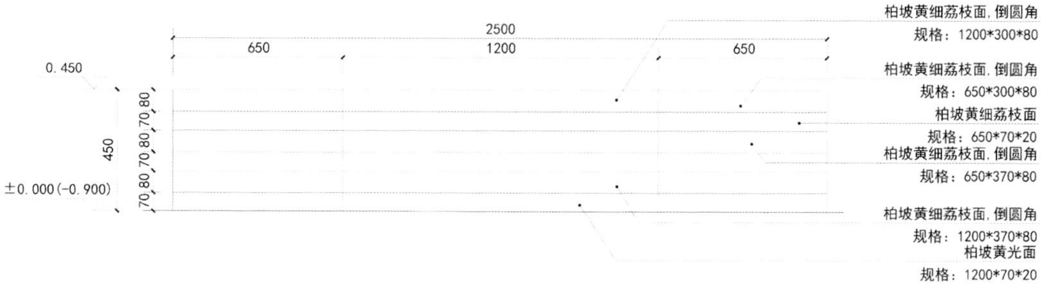

混凝土台阶立面图

图 3-33　混凝土台阶结构图

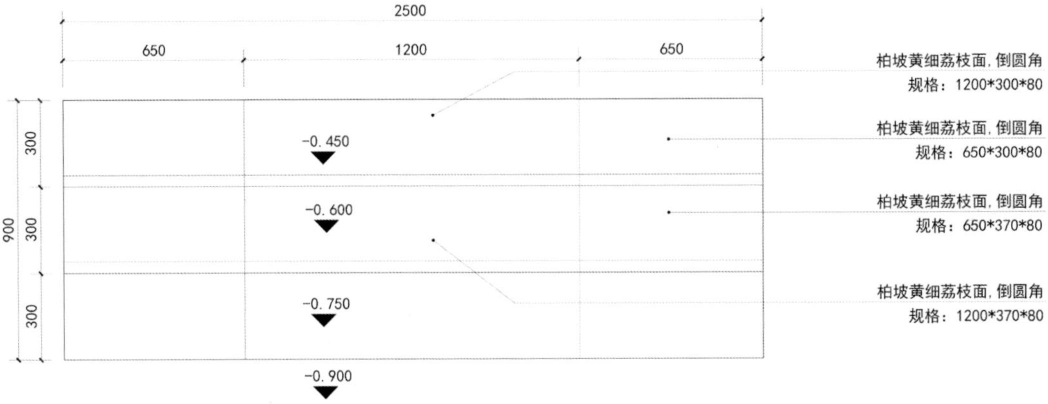

混凝土台阶平面图

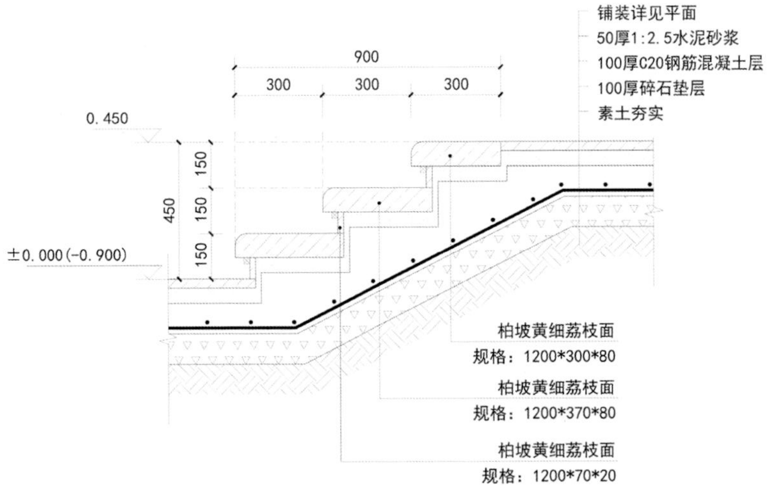

混凝土台阶剖面图

图 3-33　混凝土台阶结构图（续）

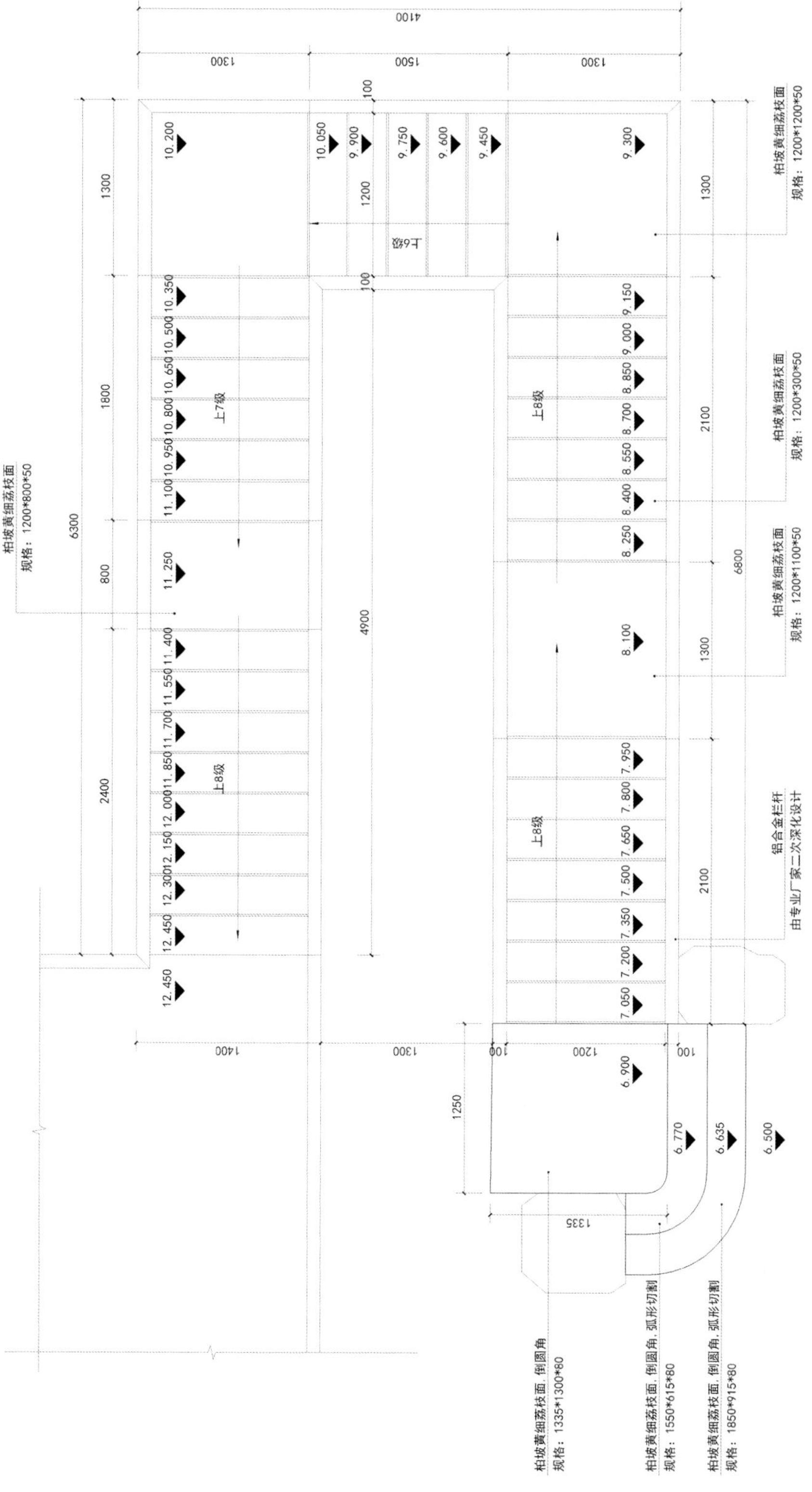

钢结构楼梯平面图

图 3-34 钢结构楼梯结构图

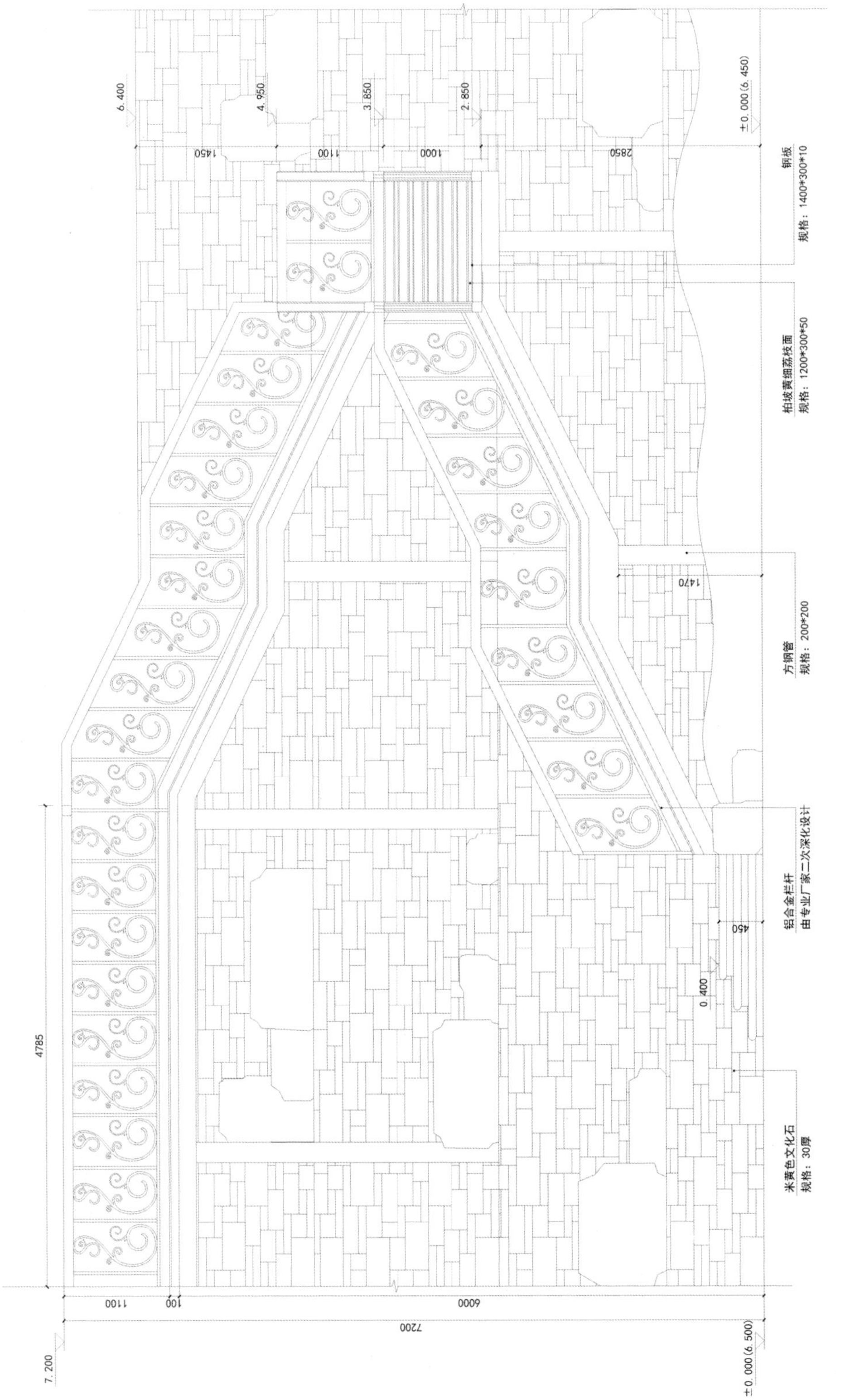

钢结构楼梯正立面图

图 3–34　钢结构楼梯结构图（续）

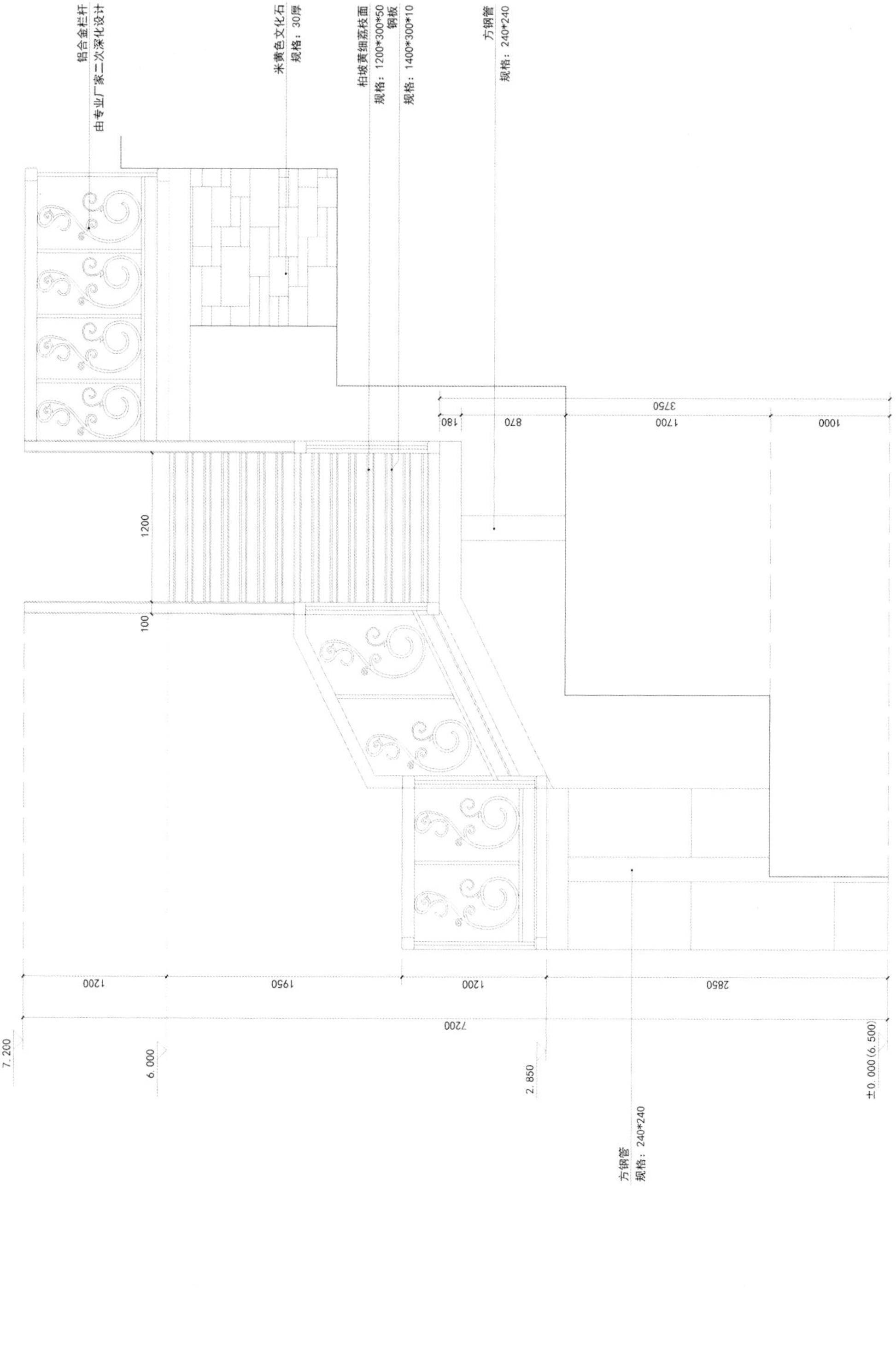

钢结构楼梯侧立面图

图 3-34 钢结构楼梯结构图（续）

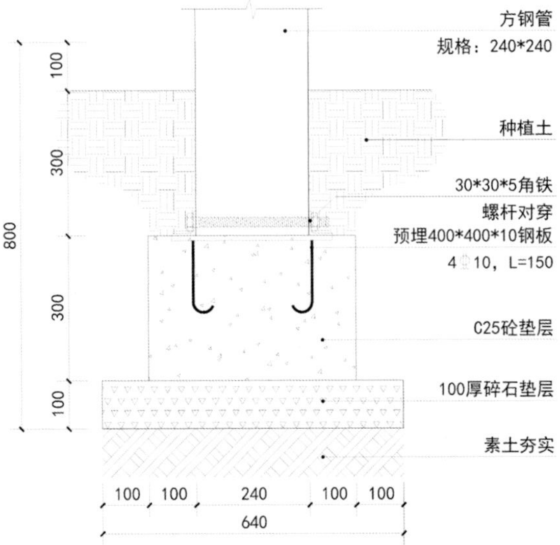

钢结构楼梯柱子基础剖面图

图 3-34　钢结构楼梯结构图（续）

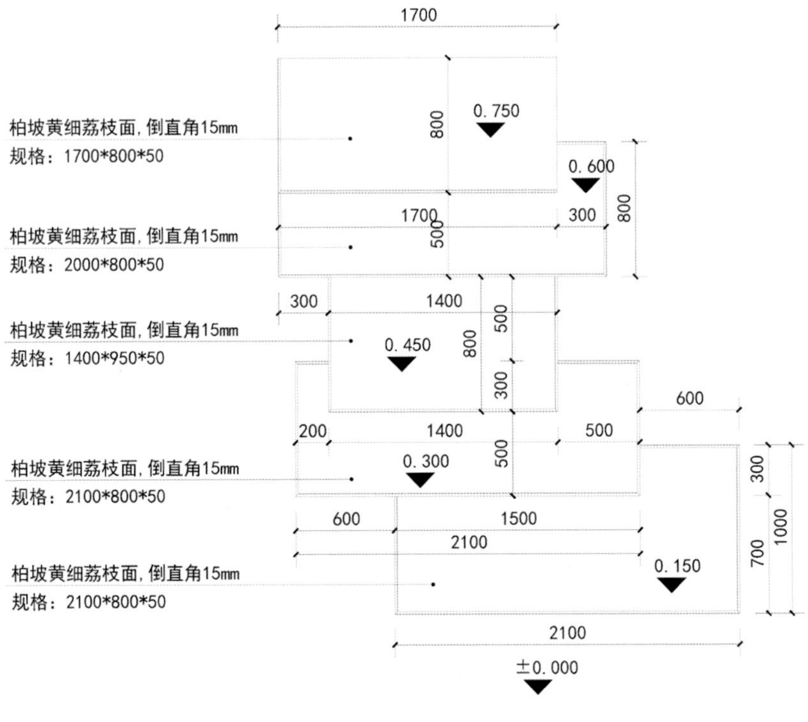

现代台阶平面图

图 3-35　现代台阶结构图

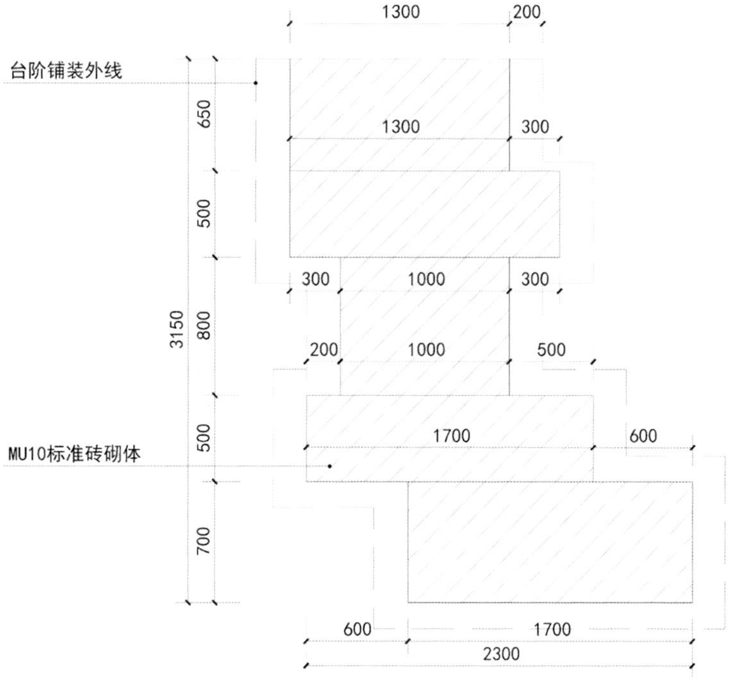

现代台阶基础平面图

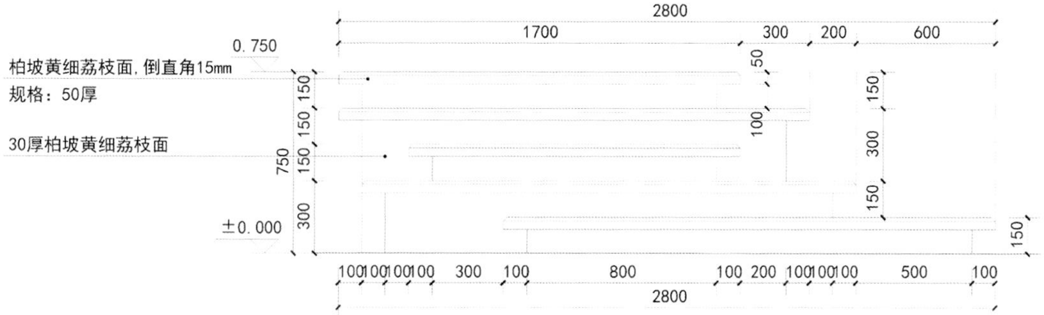

现代台阶立面图

图 3-35　现代台阶结构图（续）

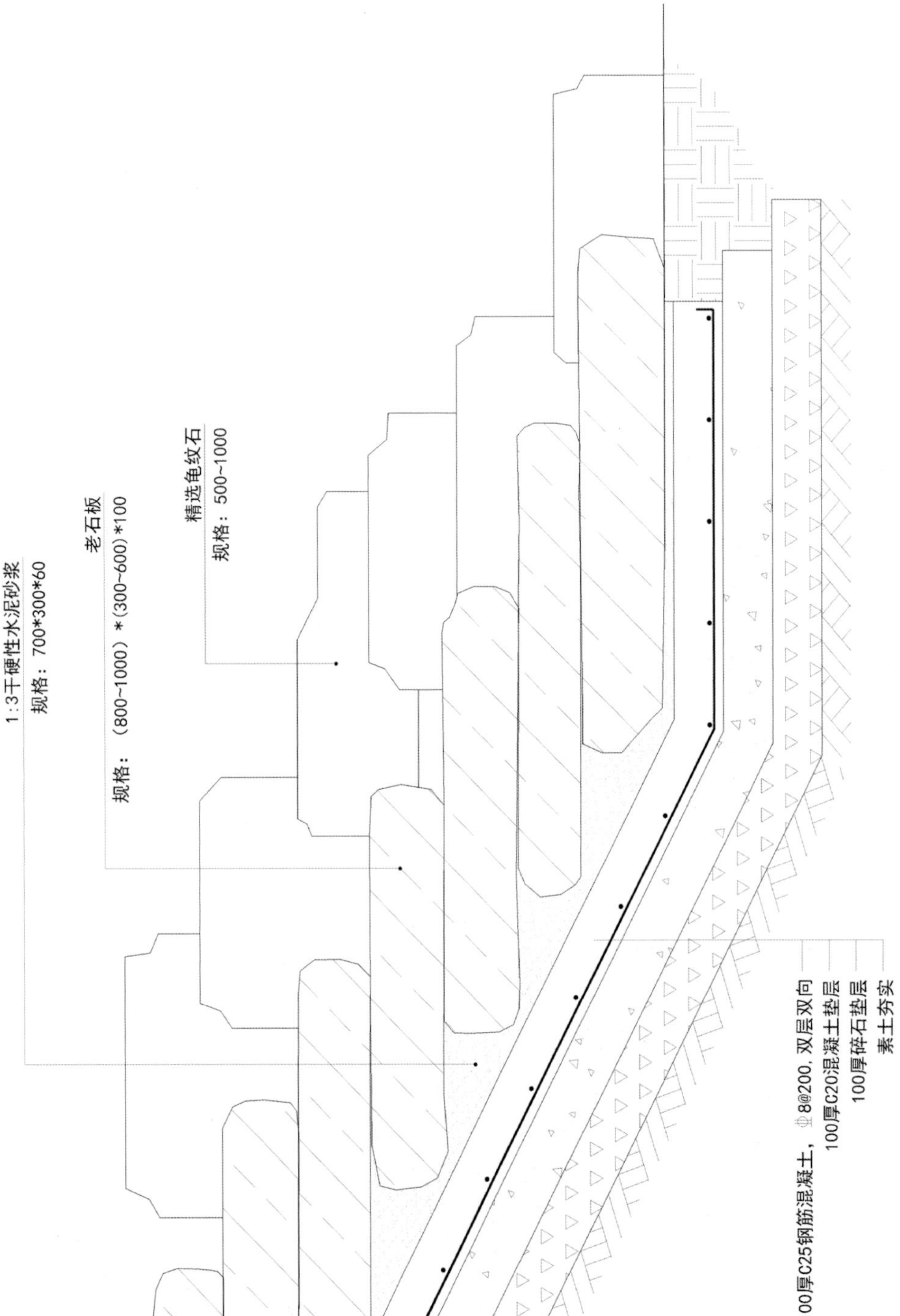

图 3-36　老石板台阶做法详图

10 种植池

种植池是种植植物的人工构筑物，植物植于绿地内和植于种植池内效果完全不同，植于绿地内时重点是赏植物之景，而植于种植池内，若将种植池进行线条设计和艺术造型，其自身是一景、与植物组合是一景，丰富的空间体验更是一景。同时，种植池也可与台阶相结合，丰富竖向景观。种植池的施工图（图 3-37 至图 3-40）绘制时首先是外在轮廓的设定，然后是材料的选择和结构的支撑。但构筑物式的种植池是固定、不可移动的，庭院中也会放置可移动和更换的小品种植池，所有的废旧材料、有趣的容器都可以作为植物种植池。

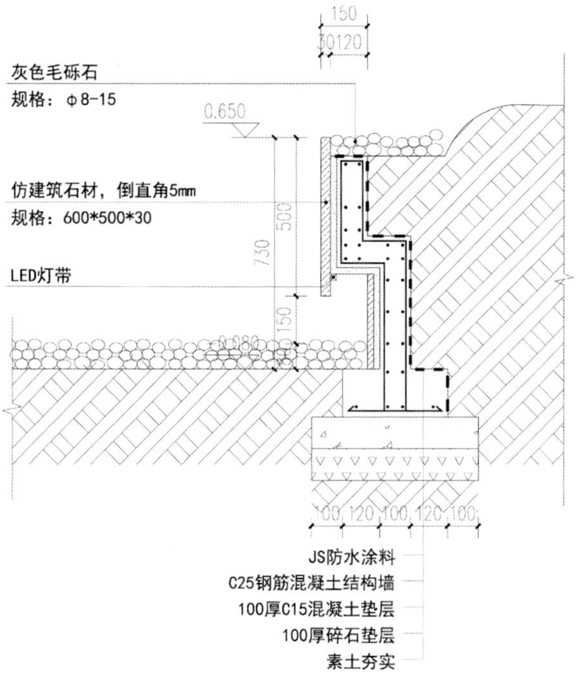

混凝土花坛 1-1 剖面图

图 3-37　混凝土花坛结构图

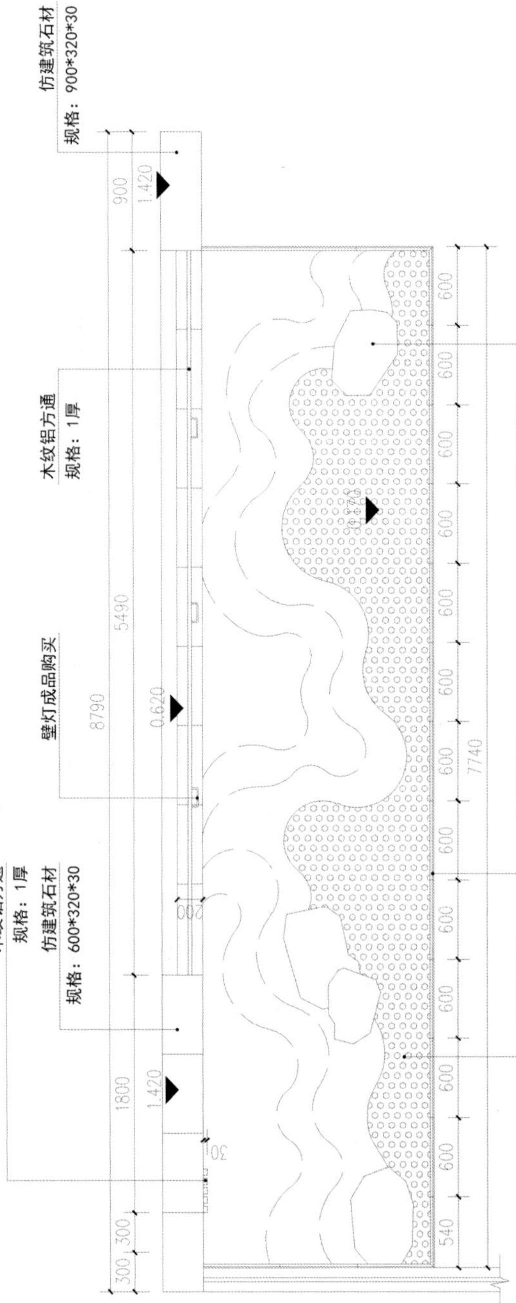

混凝土花坛平面图

图 3-37　混凝土花坛结构图（续）

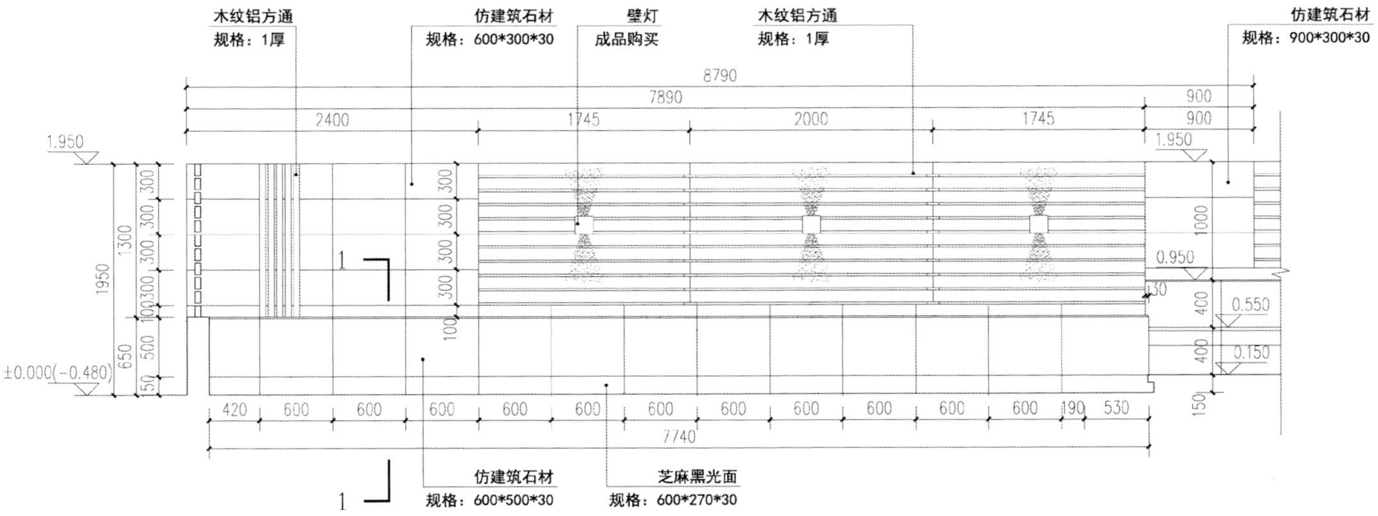

混凝土花坛立面图

图 3-37 混凝土花坛结构图（续）

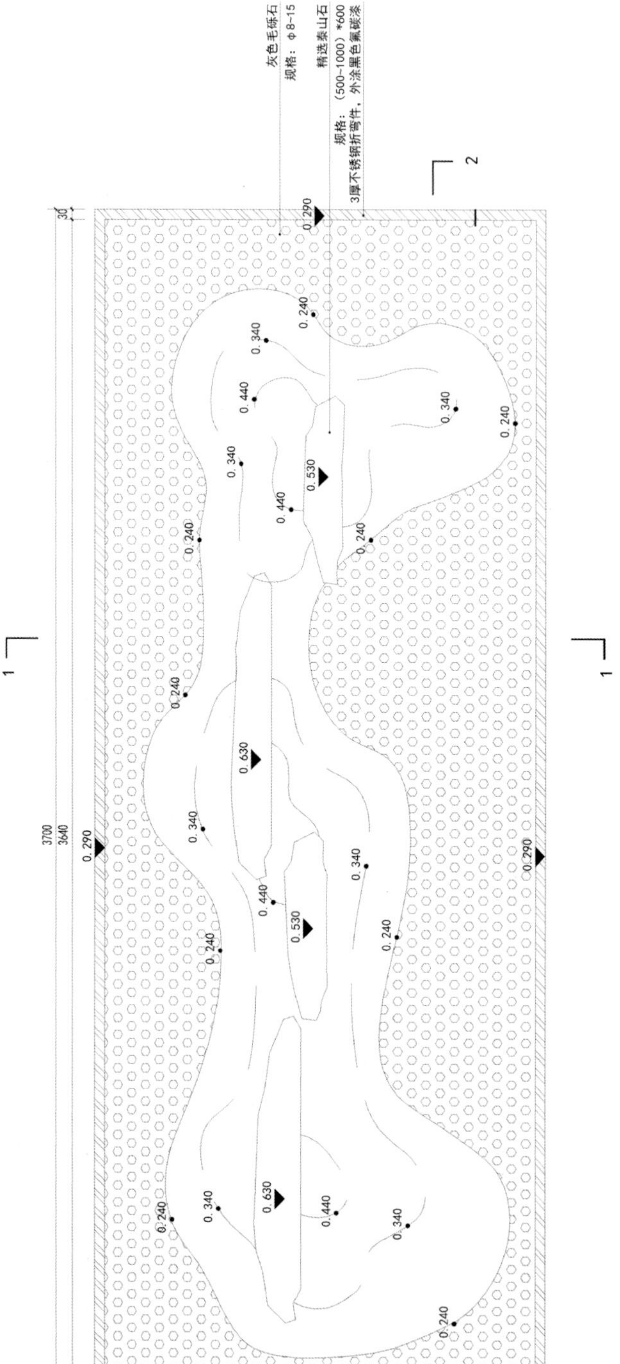

金属花坛平面图

图 3-38　金属花坛结构图

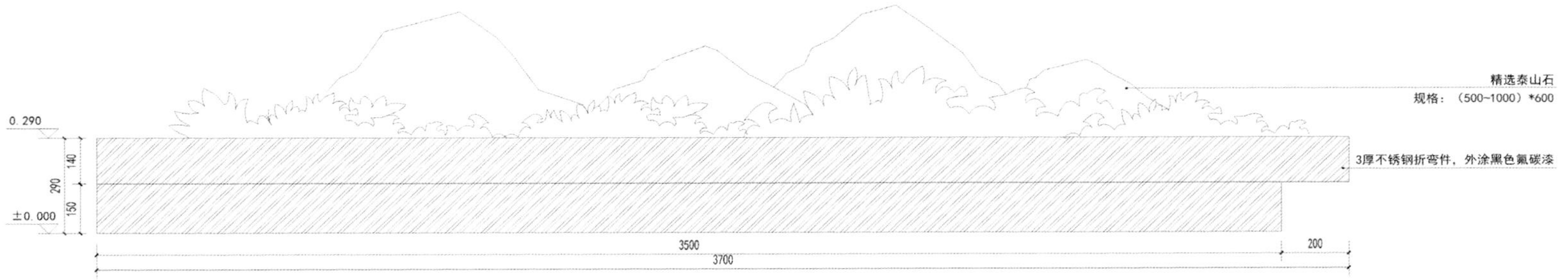

金属花坛立面图

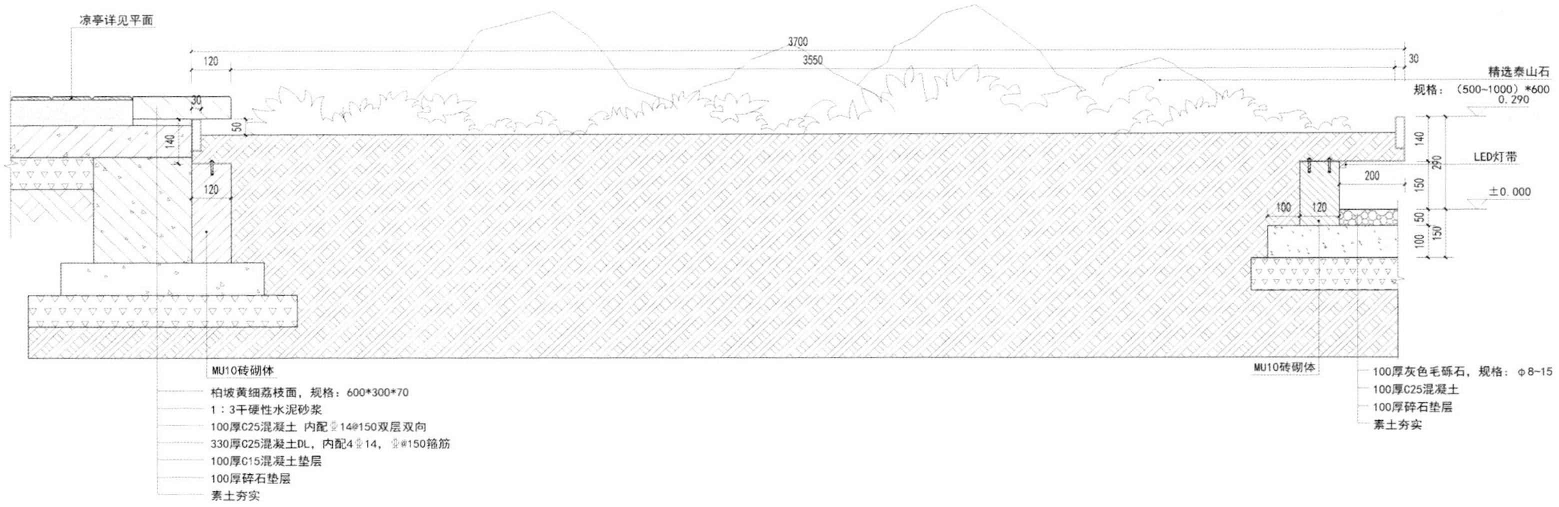

金属花坛 2-2 剖面图

图 3-38　金属花坛结构图（续）

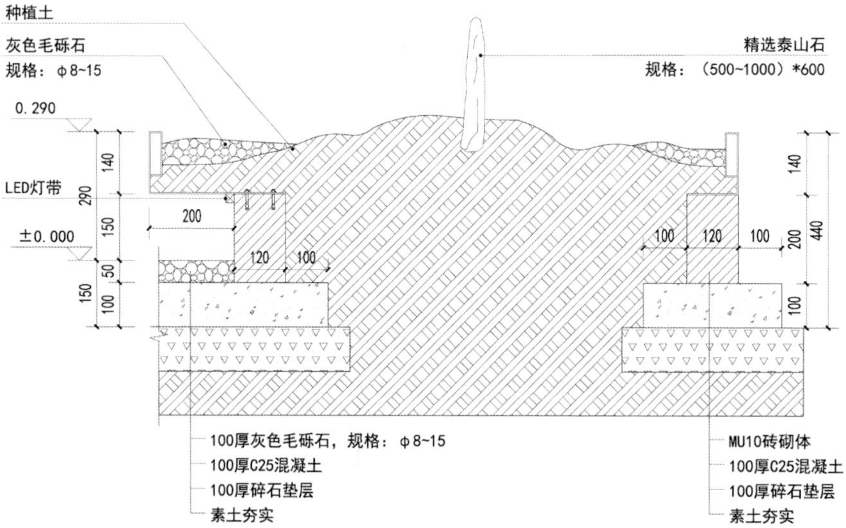

金属花坛 1-1 剖面图

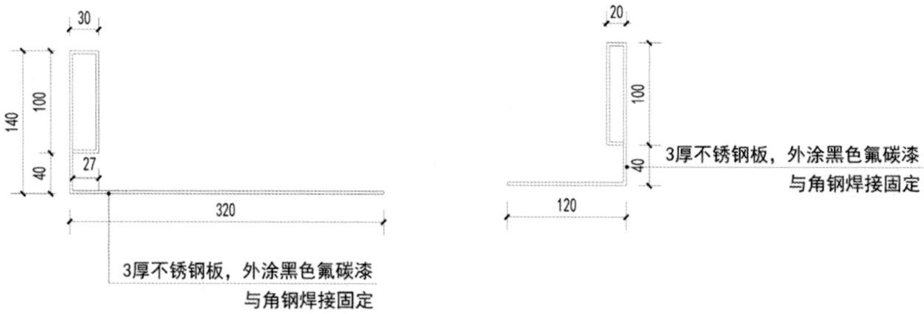

金属花坛详图

图 3-38　金属花坛结构图（续）

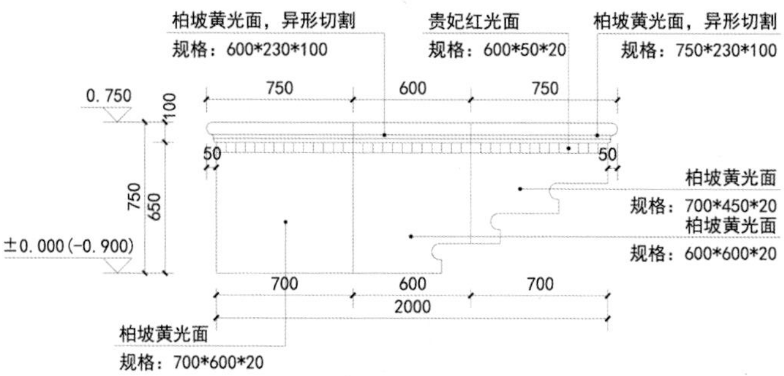

砖砌花坛侧立面图

图 3-39　砖砌花坛结构图

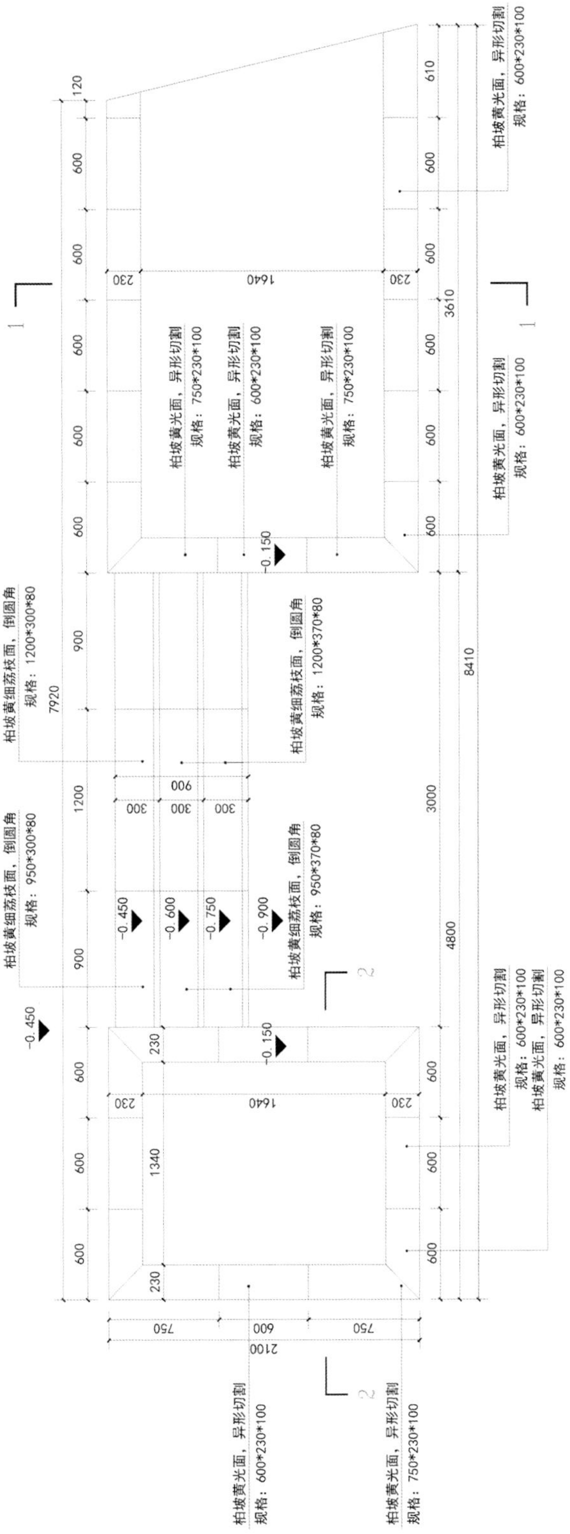
柏坡黄光面，异形切割
规格：600*230*100
柏坡黄光面，异形切割
规格：750*230*100
柏坡黄细荔枝面，倒圆角
规格：1200*300*80
柏坡黄细荔枝面，倒圆角
规格：950*300*80
柏坡黄细荔枝面，倒圆角
规格：1200*370*80
柏坡黄细荔枝面，倒圆角
规格：950*370*80
-0.150
-0.450
-0.600
-0.750
-0.900
7920
8410
4800
3000
3610
2100
1640
1340

砖砌花坛平面图

图 3-39 砖砌花坛结构图（续）

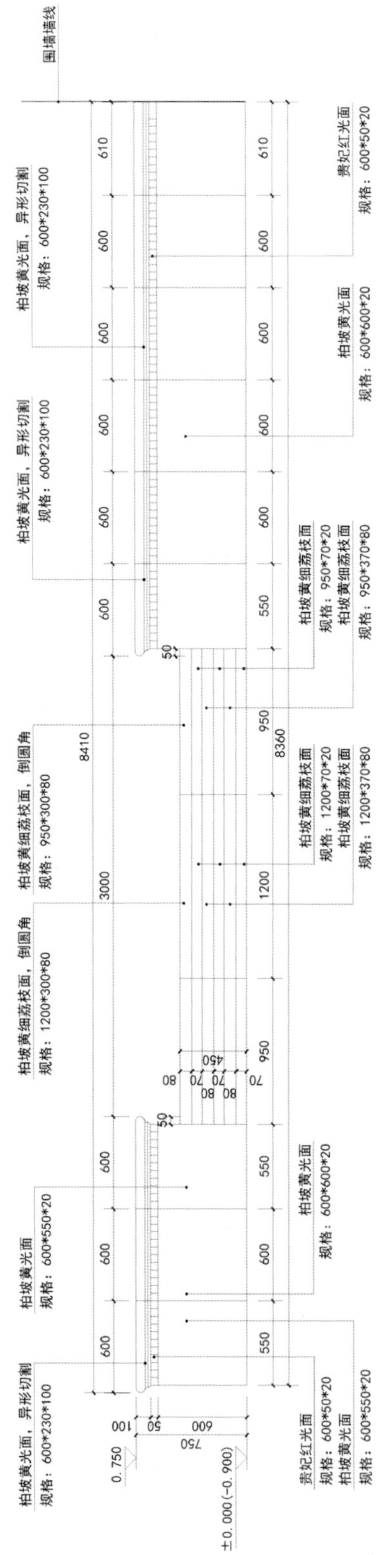
围墙墙线
柏坡黄光面，异形切割
规格：600*230*100
柏坡黄光面
规格：600*550*20
柏坡黄细荔枝面，倒圆角
规格：1200*300*80
柏坡黄细荔枝面，倒圆角
规格：950*300*80
8410
3000
贵妃红光面
规格：600*50*20
柏坡黄光面
规格：600*550*20
柏坡黄光面
规格：600*600*20
柏坡黄细荔枝面
规格：1200*70*20
柏坡黄细荔枝面
规格：1200*370*80
柏坡黄细荔枝面
规格：950*70*20
柏坡黄细荔枝面
规格：950*370*80
8360
0.750
±0.000（-0.900）
750
600
100
50
610
600
550
950
1200
450
80
70

砖砌花坛正立面图

图 3-39　砖砌花坛结构图（续）

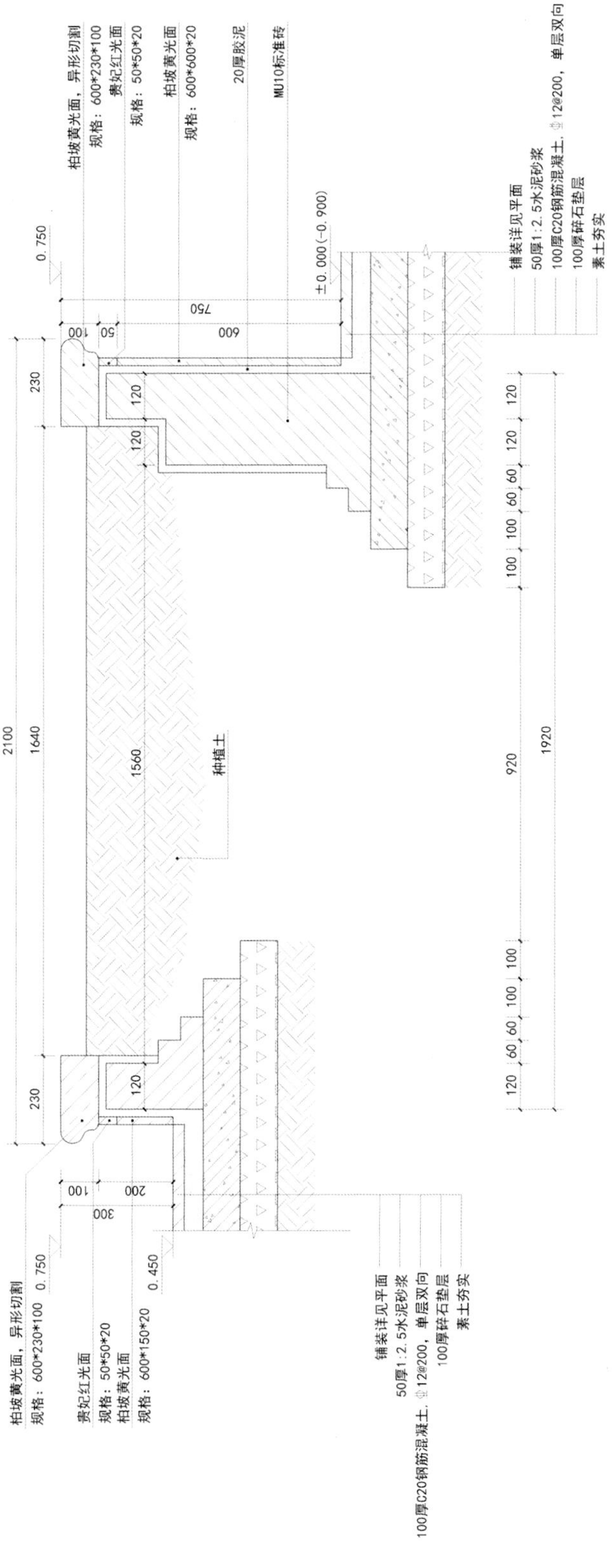
柏坡黄光面，异形切割
规格：600*230*100
贵妃红光面
规格：50*50*20
柏坡黄光面
规格：600*600*20
20厚胶泥
MU10标准砖
0.750
±0.000(-0.900)
铺装详见平面
50厚1:2.5水泥砂浆
100厚C20钢筋混凝土，⌀12@200，单层双向
100厚碎石垫层
素土夯实
种植土
柏坡黄光面，异形切割
规格：600*230*100
贵妃红光面
规格：50*50*20
柏坡黄光面
规格：600*150*20
0.450
2100
1640
1560
1920
920
230
120
750
600
100
50
300
200
60

砖砌花坛 1-1 剖面图

图 3-39 砖砌花坛结构图（续）

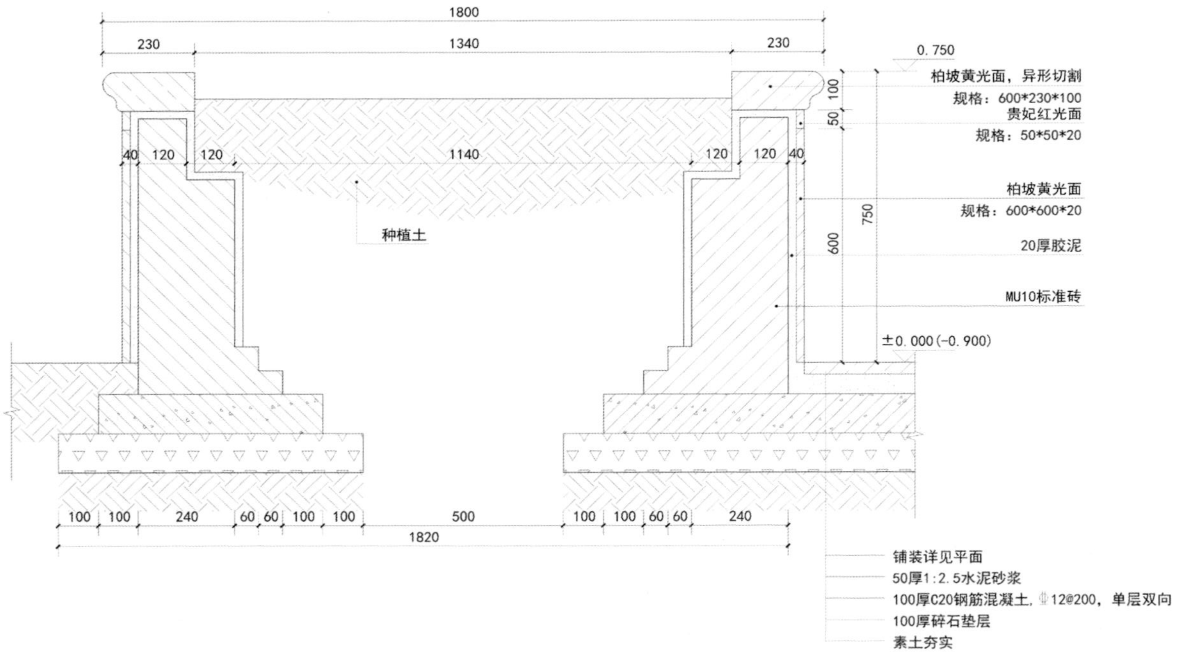

砖砌花坛 2-2 剖面图

图 3-39　砖砌花坛结构图（续）

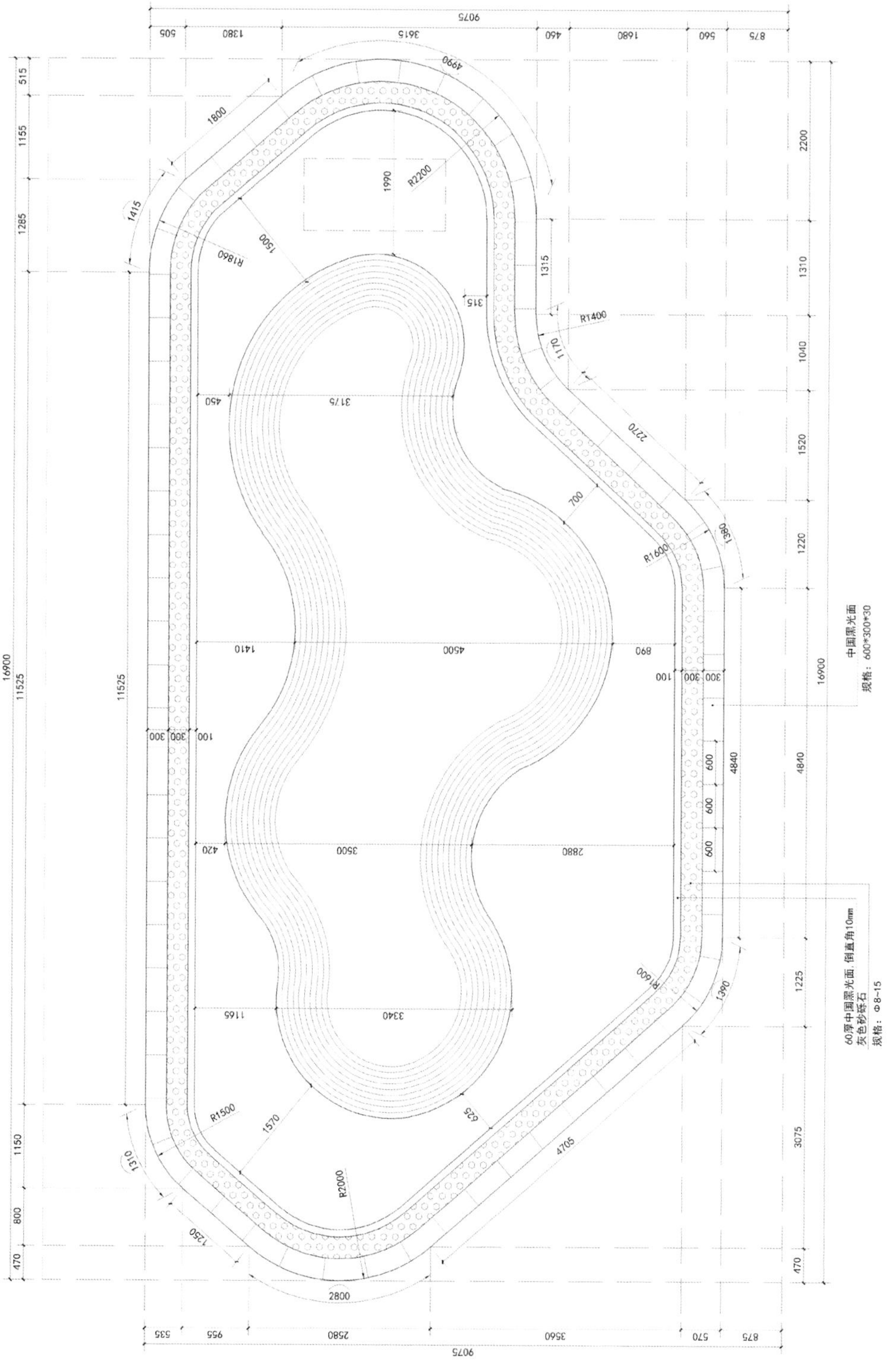

弧形叠层花坛平面图

图 3-40　弧形叠层花坛结构图

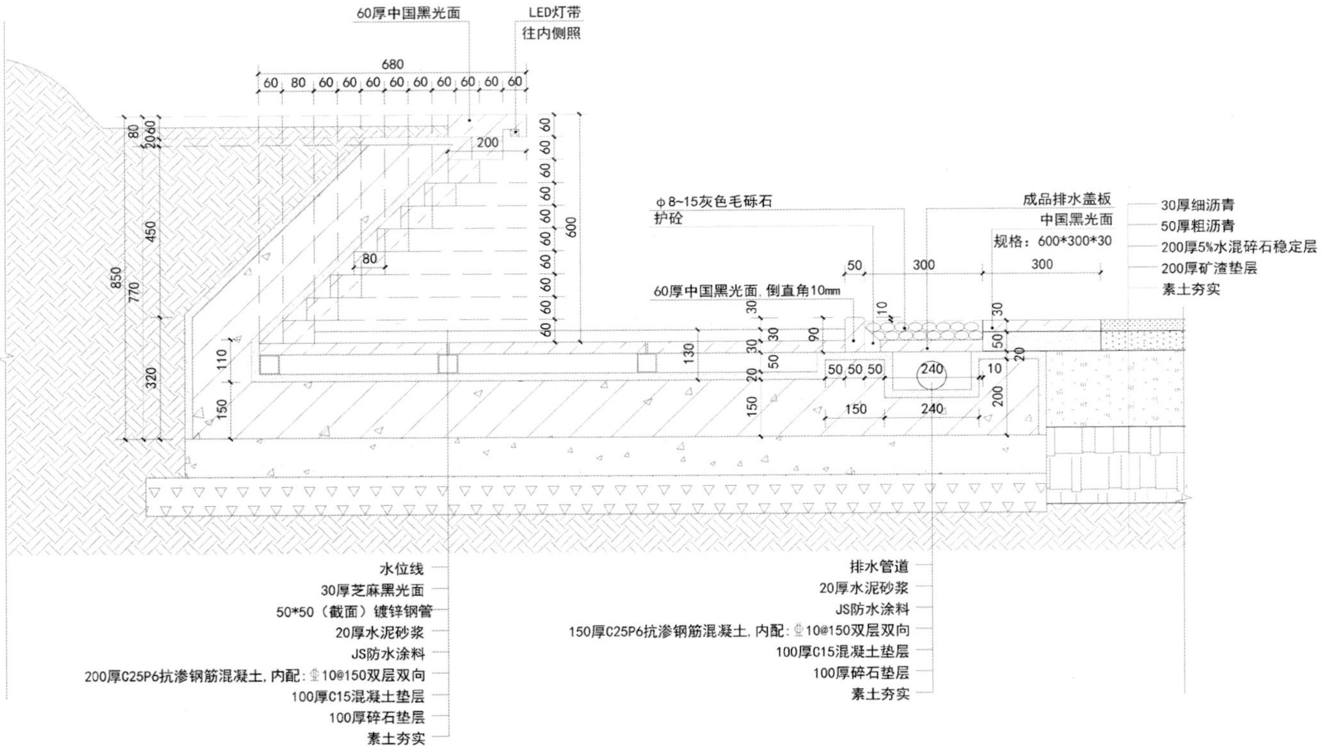

弧形叠层花坛剖面图

图 3-40　弧形叠层花坛结构图（续）

11 假山

庭院假山的设计在于假山材料的选择、山形的设计和结构的设计三方面内容，施工图包括总平面图、平面图、立面图和结构图（图 3–41）。总平面图标出假山在全园的位置及其与周围的环境关系；平面图中需绘制假山的平面轮廓，并在图中标明主峰、次峰和配峰的位置和标高；立面图结合平面图绘制，需反映假山立面全貌，如峰、峦、洞、壑的相互位置，正立面、侧立面、背立面缺一不可，图中标明相应的各峰标高；基础结构图可与立面图相结合，绘制立剖面图，也可单独绘制，主要反映假山的基础承重结构。

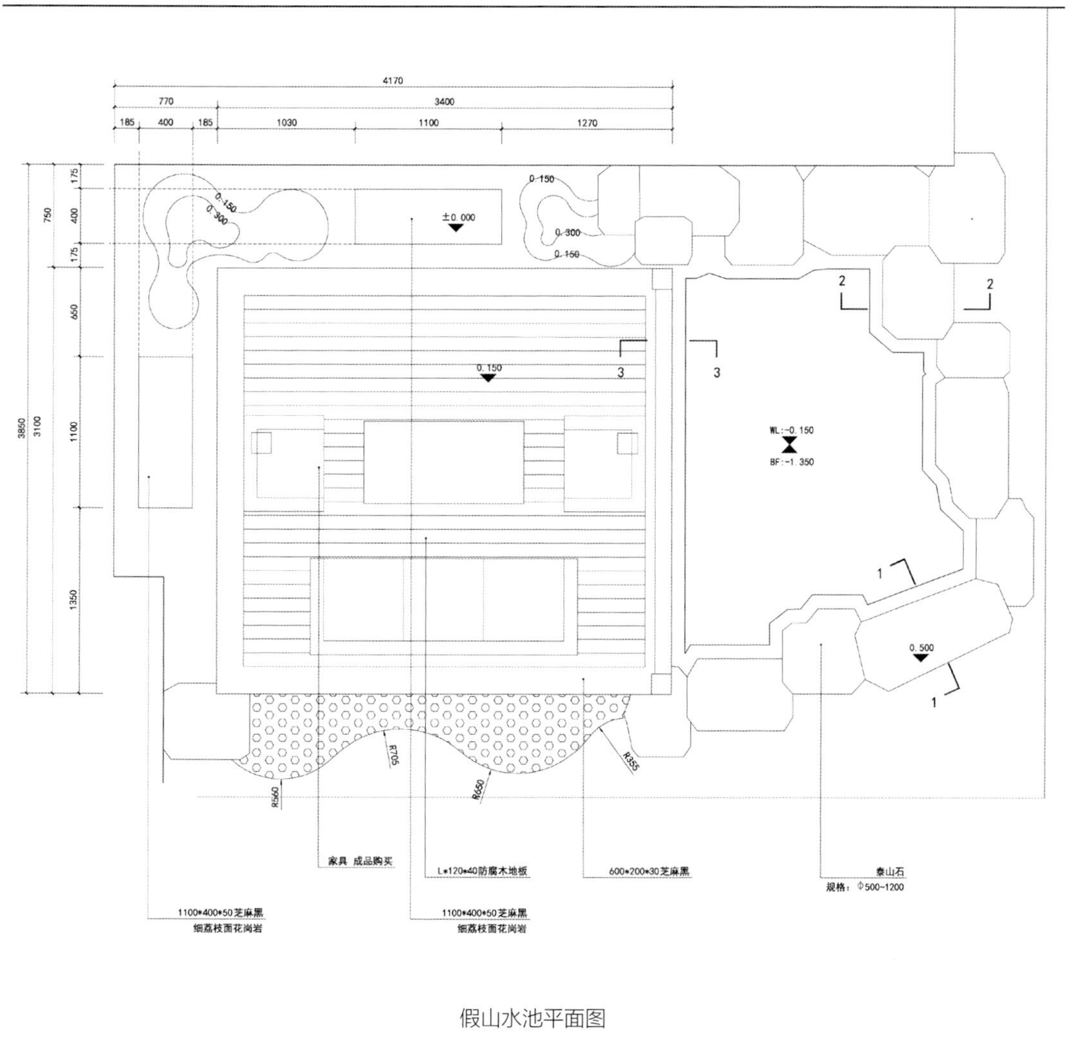

假山水池平面图

图 3–41　假山水池结构图

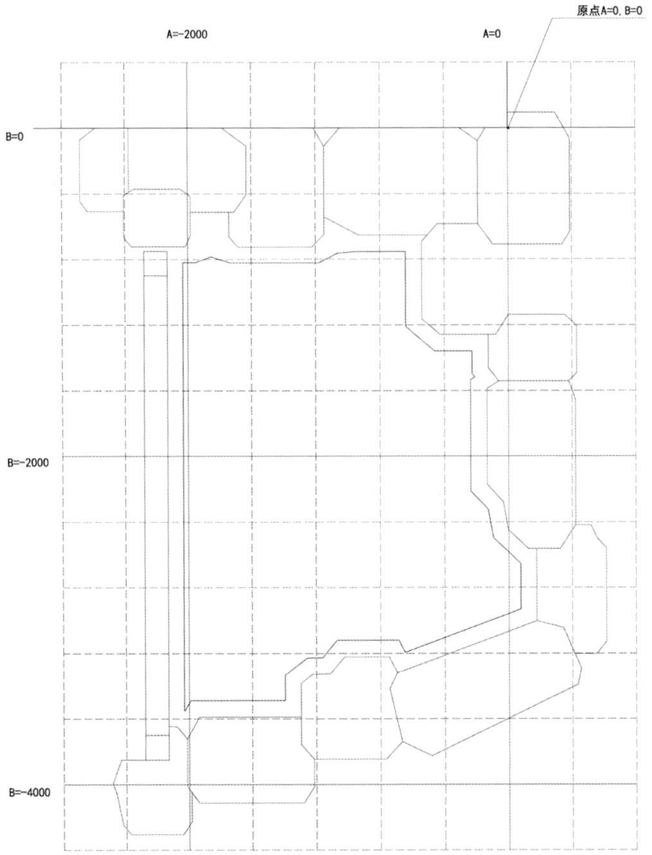

假山水池网格定位图

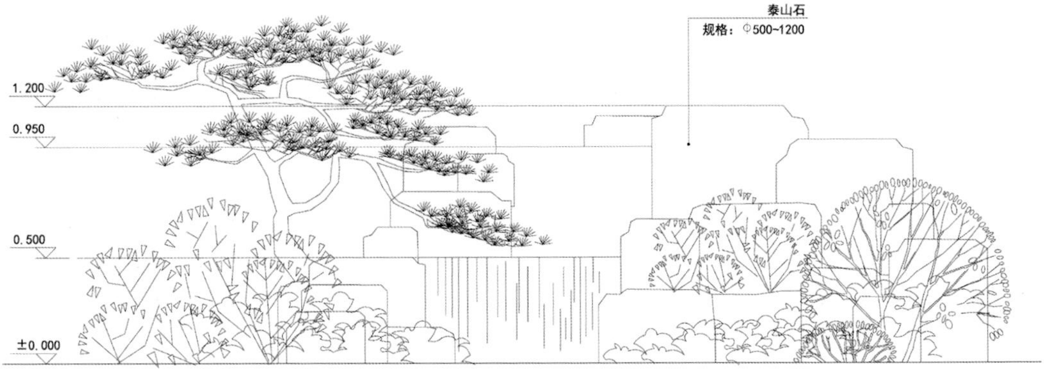

假山水池立面图

图 3-41　假山水池结构图（续）

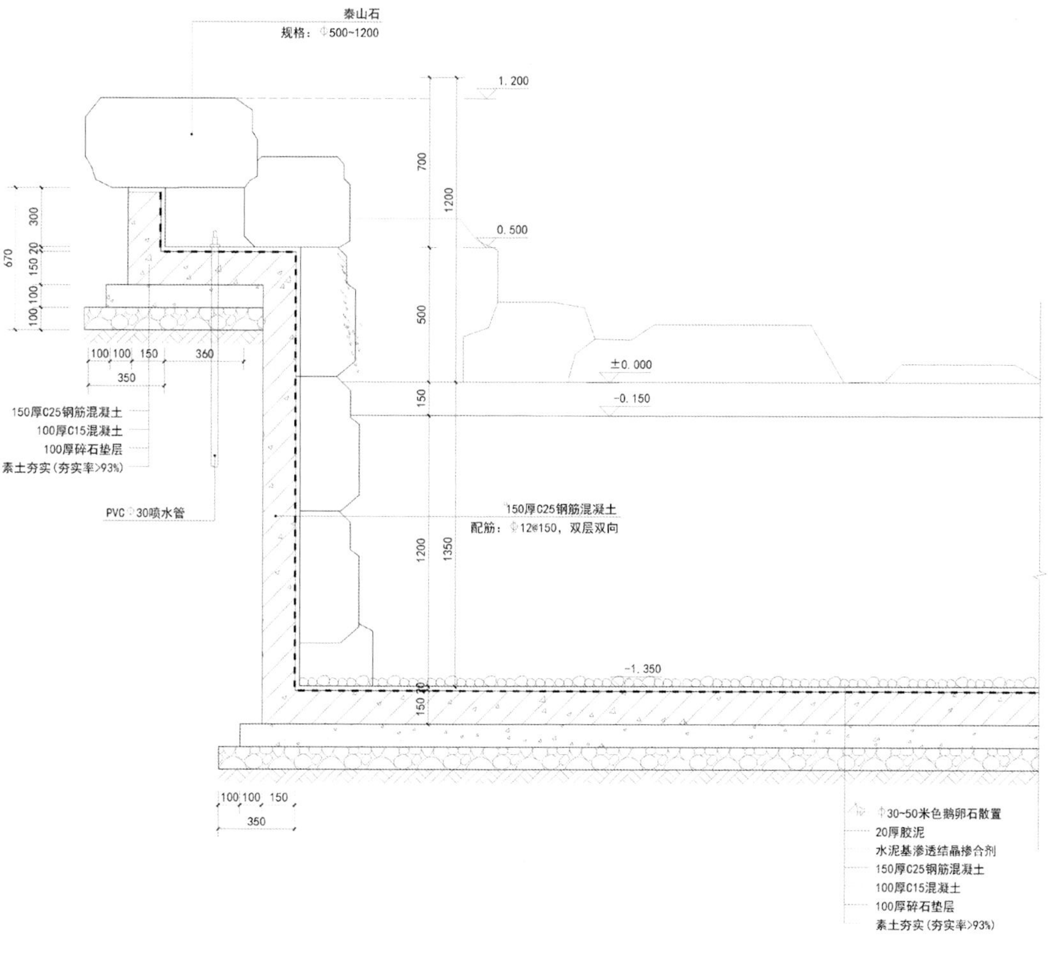
泰山石
规格：Φ500~1200
1.200
0.500
±0.000
-0.150
-1.350
700
1200
500
150
1200
1350
150
30
300
20
150
100
100
670
100 100 150 360
350
150厚C25钢筋混凝土
100厚C15混凝土
100厚碎石垫层
素土夯实（夯实率>93%）
PVC Φ30喷水管
150厚C25钢筋混凝土
配筋：Φ12@150，双层双向
100 100 150
350
Φ30~50米色鹅卵石散置
20厚胶泥
水泥基渗透结晶掺合剂
150厚C25钢筋混凝土
100厚C15混凝土
100厚碎石垫层
素土夯实（夯实率>93%）

1-1 剖面图

图 3-41 假山水池结构图（续）

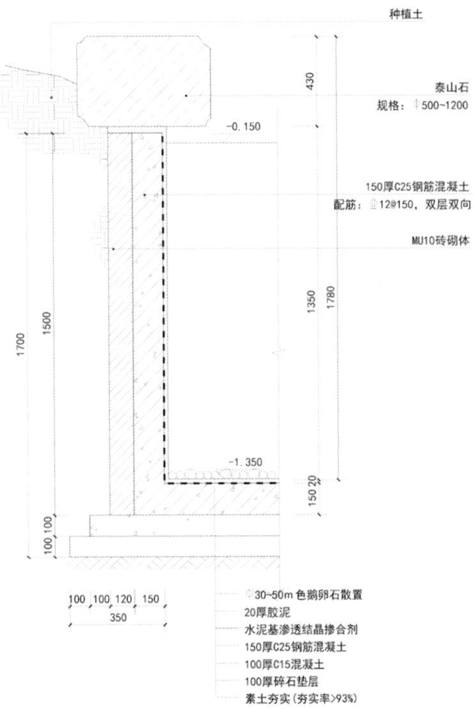

2-2 剖面图

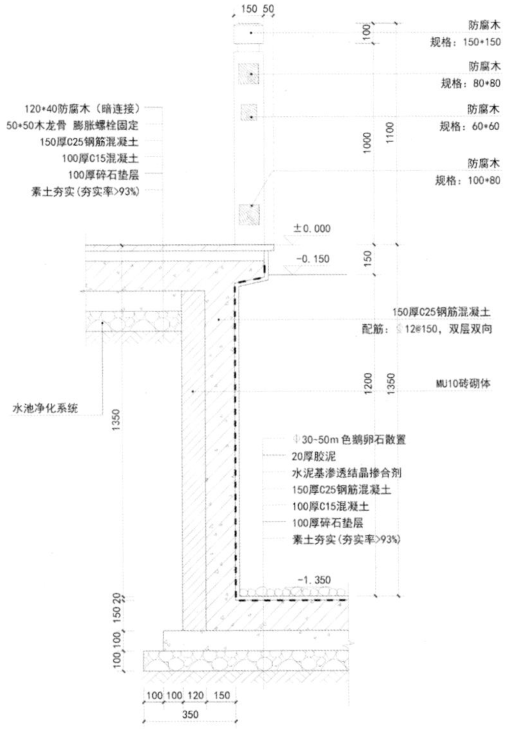

3-3 剖面

图 3-41 假山水池结构图（续）

12 水池

水池可分为刚性结构水池和柔性结构水池，刚性结构水池池底和池壁均配钢筋，防漏性好，柔性结构水池常用玻璃布沥青席、三元乙丙橡胶薄膜等柔性材料。水池结构形式丰富，刚性结构水池较为常用，其结构包括压顶、池壁、池底、防水层、基础、施工缝、变形缝 7 个部分。施工图需绘制平面图、立面图、剖面图和管线布置图（图 3-42 至图 3-44）。水池平面图主要显示平面位置和尺寸，表明进水口、泄水口和溢水口在平面图中的位置；立面图中反映水池的立面高差变化和立面细节；剖面图反映水池的内部结构，图中标注出从地基到池壁顶的材料、厚度和水位标高等。

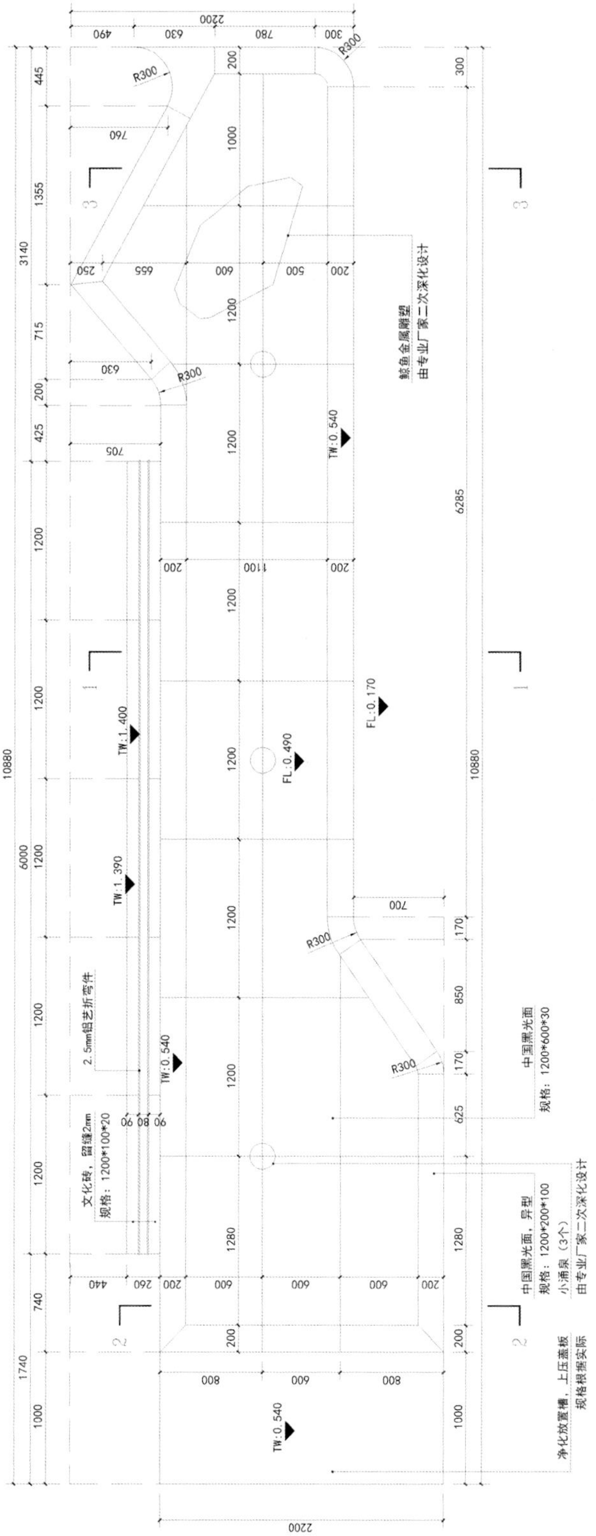

镜面水池平面图

图 3-42　镜面水池结构图

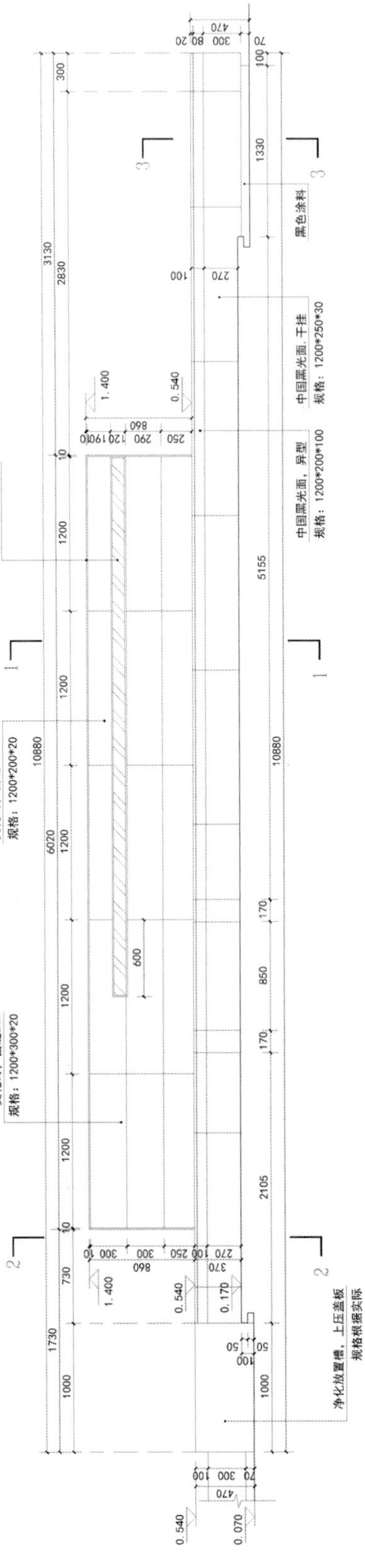

镜面水池正立面图

图 3-42　镜面水池结构图（续）

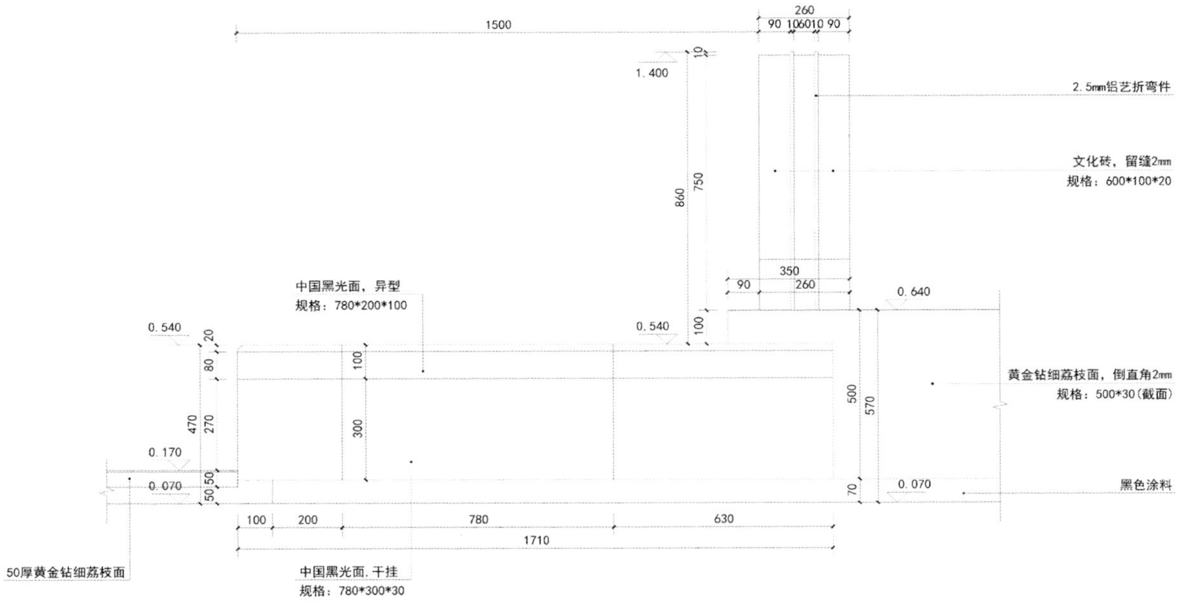

镜面水池侧立面图

图 3-42　镜面水池结构图（续）

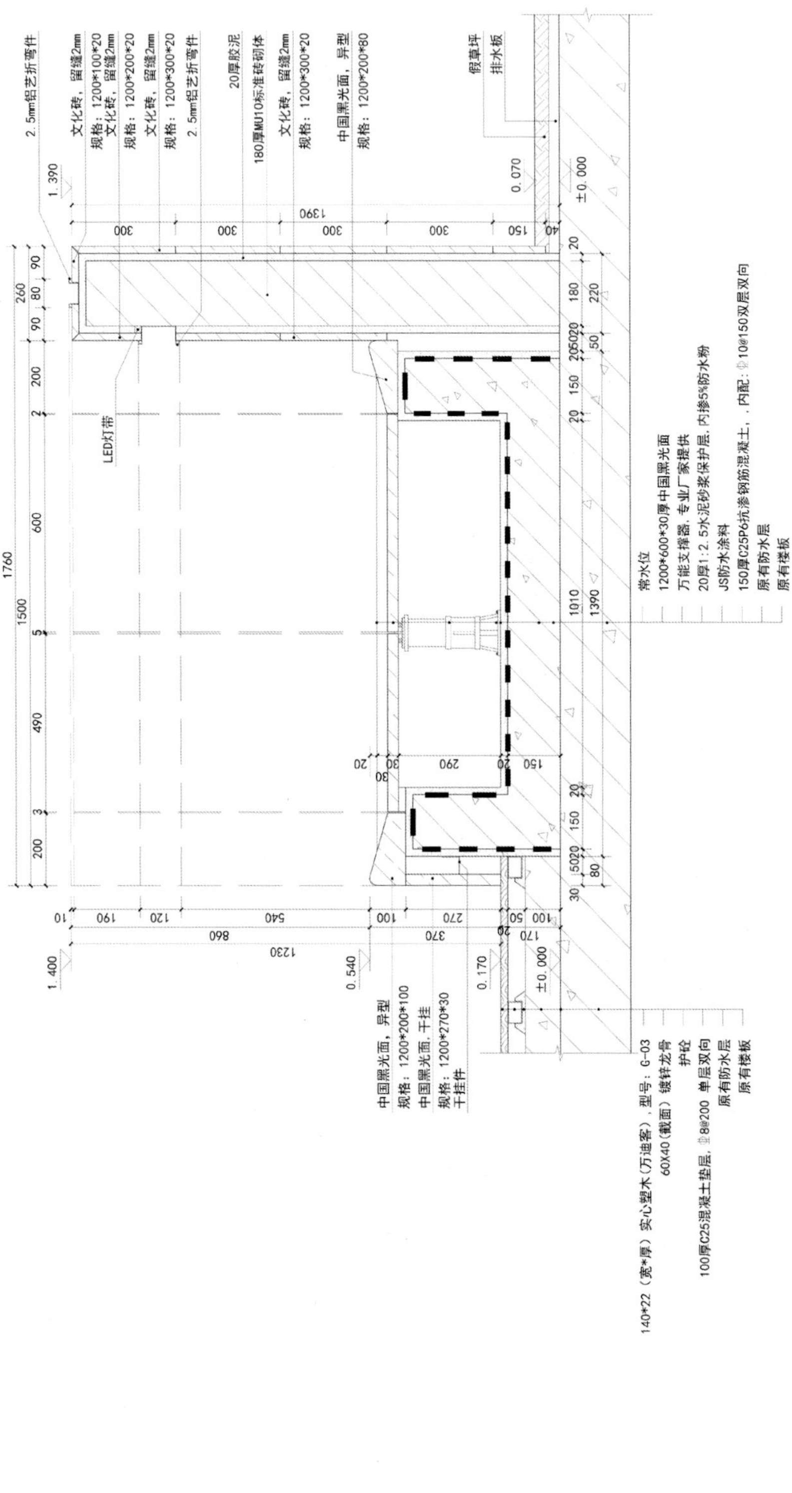

镜面水池 1-1 剖面图

图 3-42 镜面水池结构图（续）

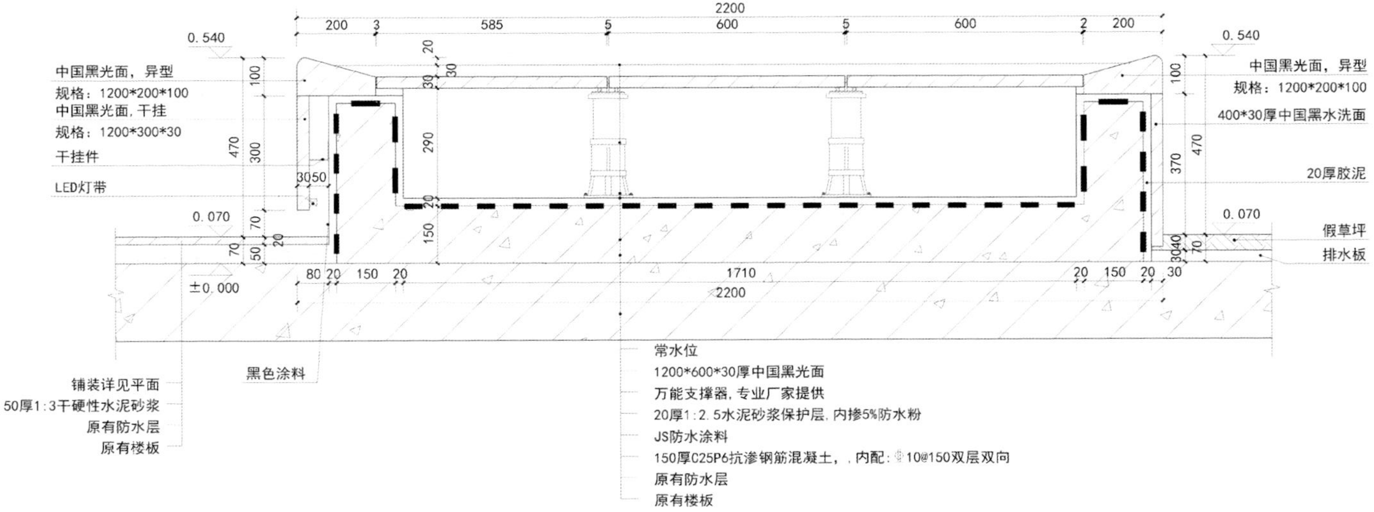

镜面水池 2-2 剖面图

图 3-42　镜面水池结构图（续）

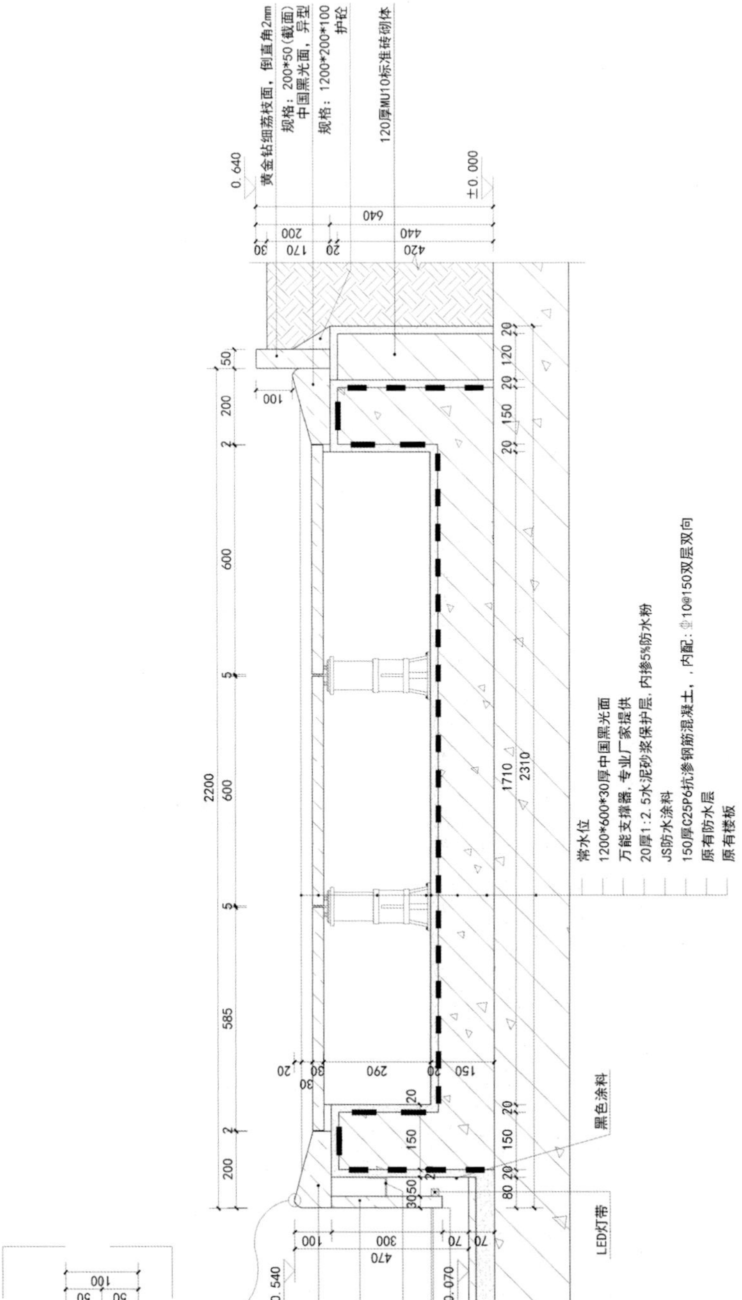

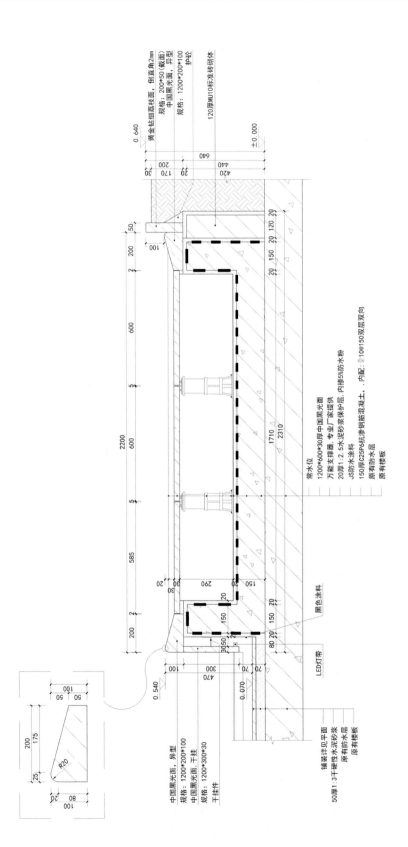

镜面水池 3-3 剖面图

图 3-42 镜面水池结构图（续）

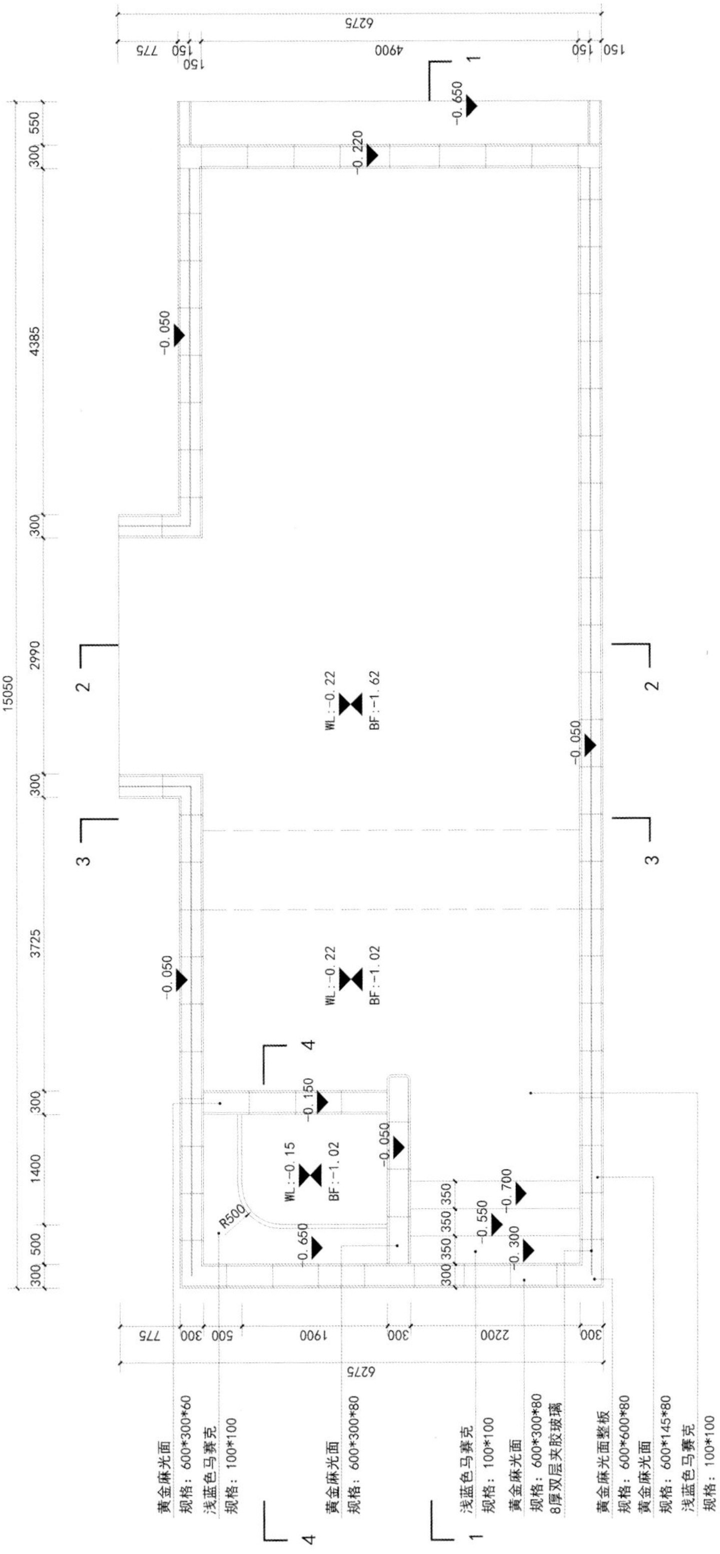

6275
775 150 150 4900 150 150
15050
550 300 4385 300 2990 300 3725 300 1400 500 300
-0.650
-0.220
-0.050
WL:-0.22 BF:-1.62
WL:-0.22 BF:-1.02
WL:-0.15 BF:-1.02
-0.150
-0.650
-0.550
-0.700
-0.300
R500
350 350 350 300
775 300 500 1900 300 2200 300
黄金麻光面
规格：600*300*60
浅蓝色马赛克
规格：100*100
黄金麻光面
规格：600*300*80
浅蓝色马赛克
规格：100*100
黄金麻光面
规格：600*300*80
8厚双层夹胶玻璃
黄金麻光面整板
规格：600*600*80
黄金麻光面
规格：600*145*80
浅蓝色马赛克
规格：100*100

泳池平面图

图 3-43 泳池结构图

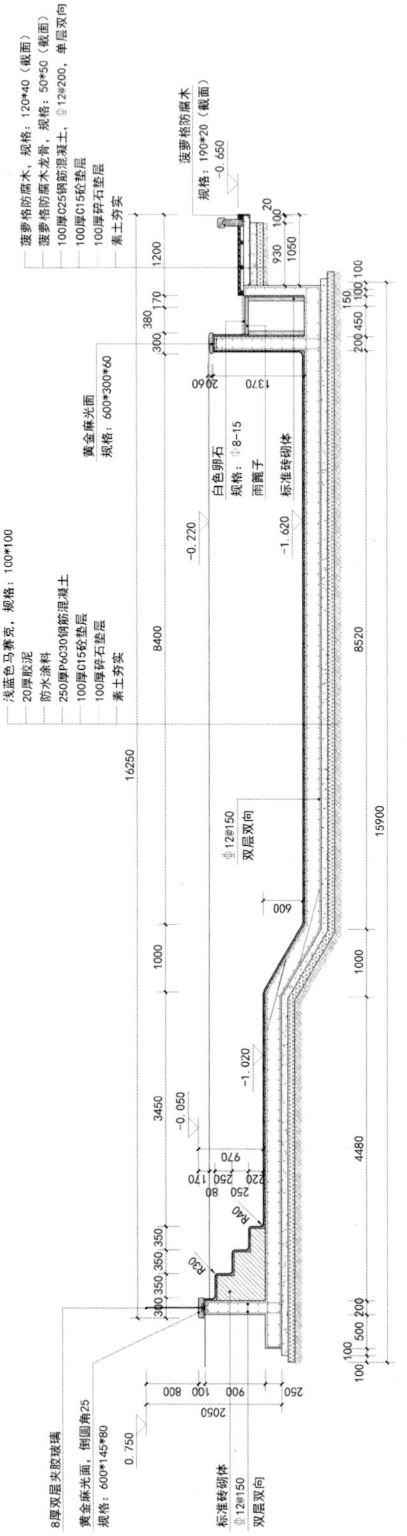
菠萝格防腐木，规格：120*40（截面）
菠萝格防腐木龙骨，规格：50*50（截面）
100厚C25钢筋混凝土，⌀12@200，单层双向
100厚C15砼垫层
100厚碎石垫层
素土夯实
菠萝格防腐木
规格：190*20（截面）
-0.650
黄金麻光面
规格：600*300*60
白色卵石
规格：⌀8-15
雨篦子
标准砖砌体
浅蓝色马赛克，规格：100*100
20厚胶泥
防水涂料
250厚P6C30钢筋混凝土
100厚C15砼垫层
100厚碎石垫层
素土夯实
-0.220
-1.620
⌀12@150
双层双向
-1.020
-0.050
8厚双层夹胶玻璃
黄金麻光面，倒圆角25
规格：600*145*80
0.750
标准砖砌体
⌀12@150
双层双向

泳池 1-1 剖面图

图 3-43 泳池结构图（续）

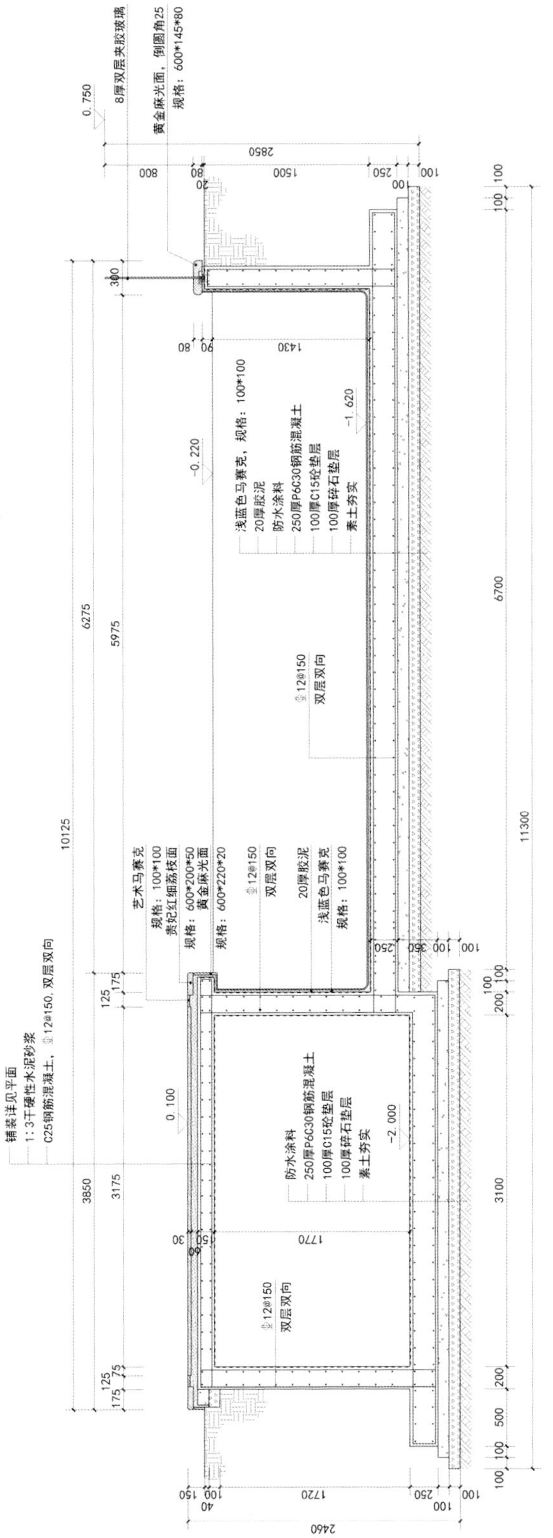
8厚双层夹胶玻璃
黄金麻光面，倒圆角25
规格：600*145*80
0.750
浅蓝色马赛克，规格：100*100
20厚胶泥
防水涂料
250厚P6C30钢筋混凝土
100厚C15砼垫层
100厚碎石垫层
素土夯实
-0.220
-1.620
⌀12@150
双层双向
艺术马赛克
规格：100*100
贵妃红细荔枝面
规格：600*200*50
黄金麻光面
规格：600*220*20
20厚胶泥
浅蓝色马赛克
规格：100*100
铺装详见平面
1:3干硬性水泥砂浆
C25钢筋混凝土，⌀12@150，双层双向
0.100
防水涂料
250厚P6C30钢筋混凝土
100厚C15砼垫层
100厚碎石垫层
素土夯实
-2.000
2850
1500
1430
10125
6275
5975
6700
11300
3850
3175
3100
1770
1720
2460

泳池 2-2 剖面图

图 3-43 泳池结构图（续）

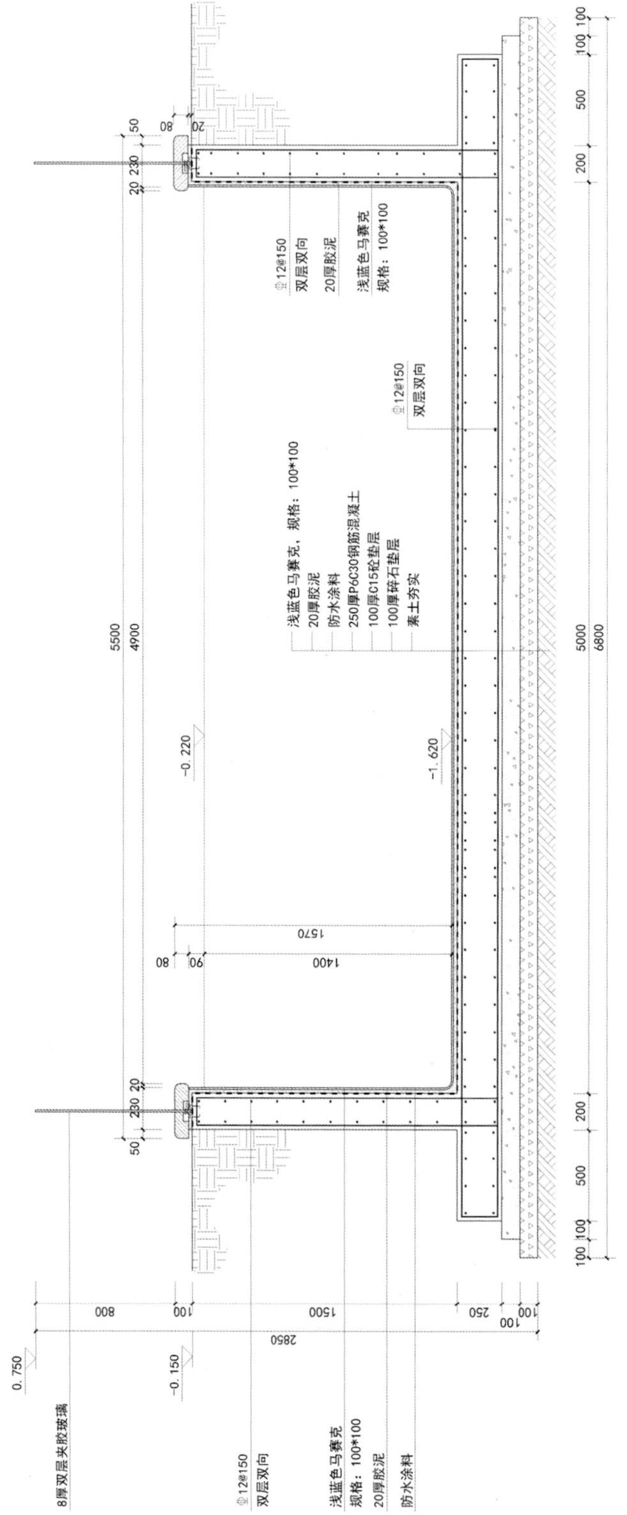

泳池 3-3 剖面图

图 3-43 泳池结构图（续）

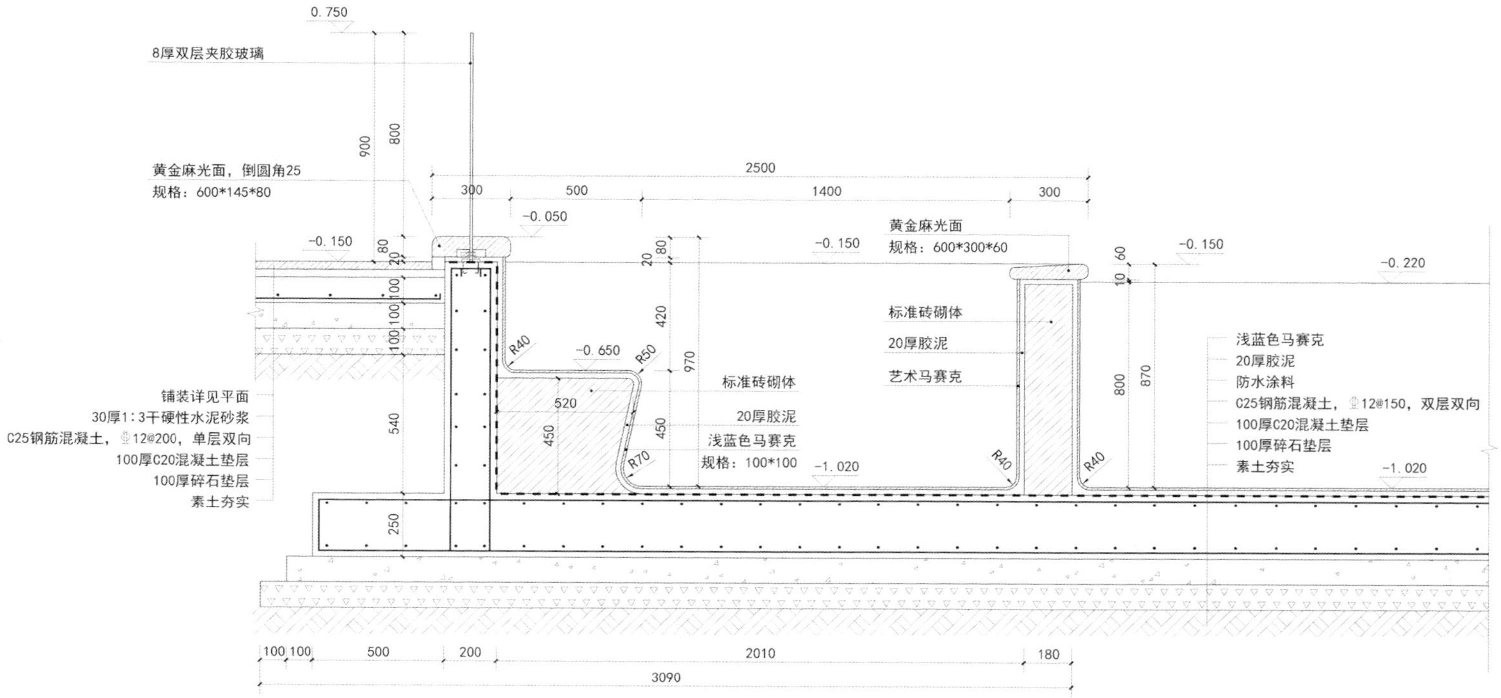
0.750
8厚双层夹胶玻璃
900
800
黄金麻光面，倒圆角25
规格：600*145*80
2500
300
500
1400
300
-0.050
-0.150
80
20
100
100
100
黄金麻光面
规格：600*300*60
-0.150
60
10
-0.220
R40
-0.650
R50
420
970
标准砖砌体
20厚胶泥
艺术马赛克
800
870
浅蓝色马赛克
20厚胶泥
防水涂料
C25钢筋混凝土，⌀12@150，双层双向
100厚C20混凝土垫层
100厚碎石垫层
素土夯实
标准砖砌体
520
540
450
450
20厚胶泥
浅蓝色马赛克
规格：100*100
R70
-1.020
R40
R40
-1.020
铺装详见平面
30厚1:3干硬性水泥砂浆
C25钢筋混凝土，⌀12@200，单层双向
100厚C20混凝土垫层
100厚碎石垫层
素土夯实
250
100
100
500
200
2010
180
3090

泳池 4-4 剖面图

图 3-43　泳池结构图（续）

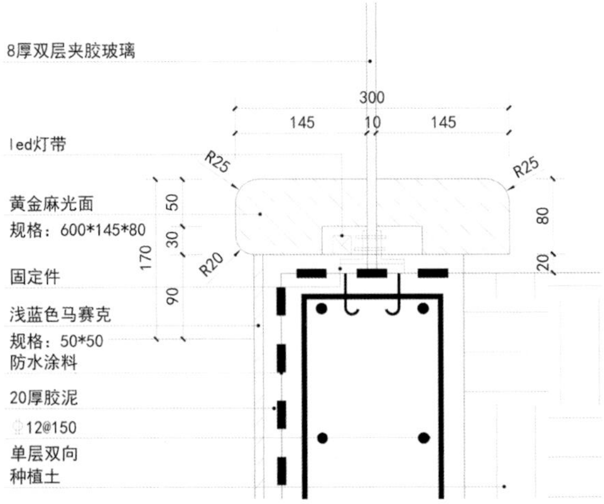

泳池详图

图 3-43　泳池结构图（续）

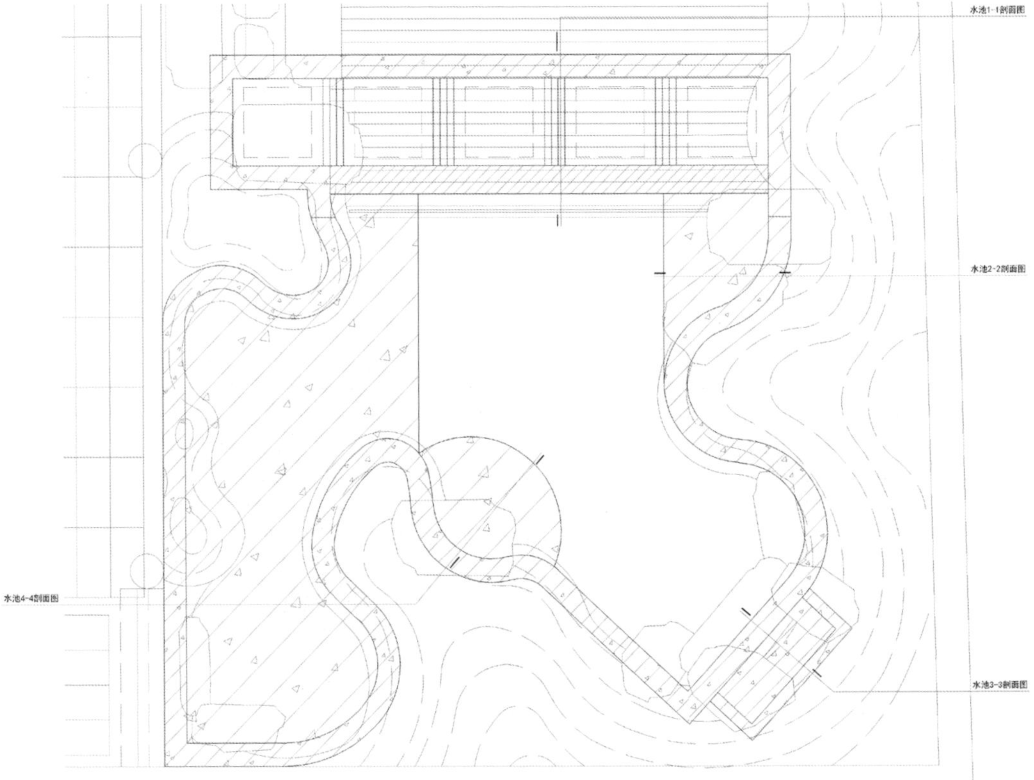

锦鲤鱼池剖切位置平面图

图 3-44　锦鲤鱼池结构图

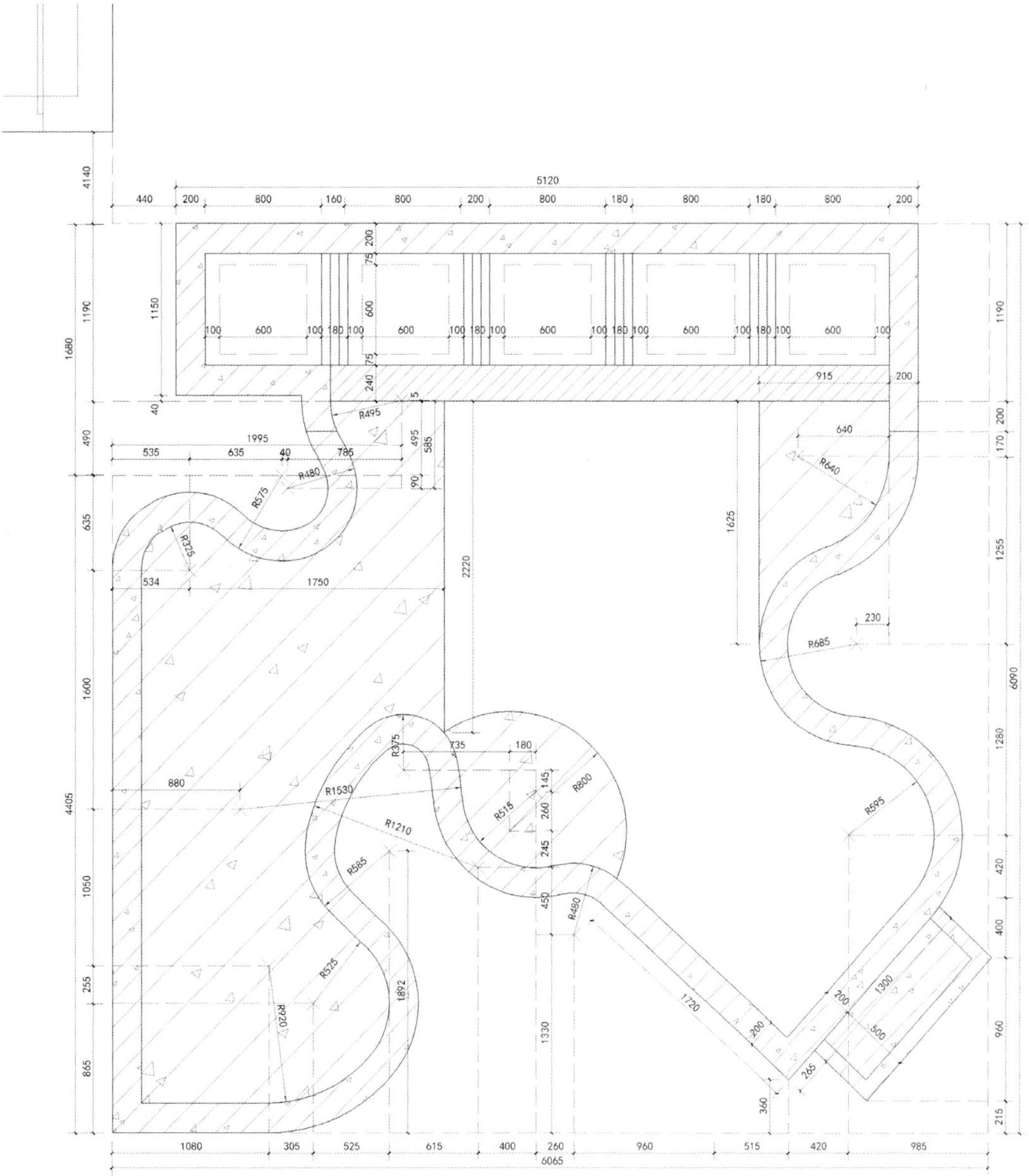

锦鲤鱼池尺寸平面图

图 3-44　锦鲤鱼池结构图（续）

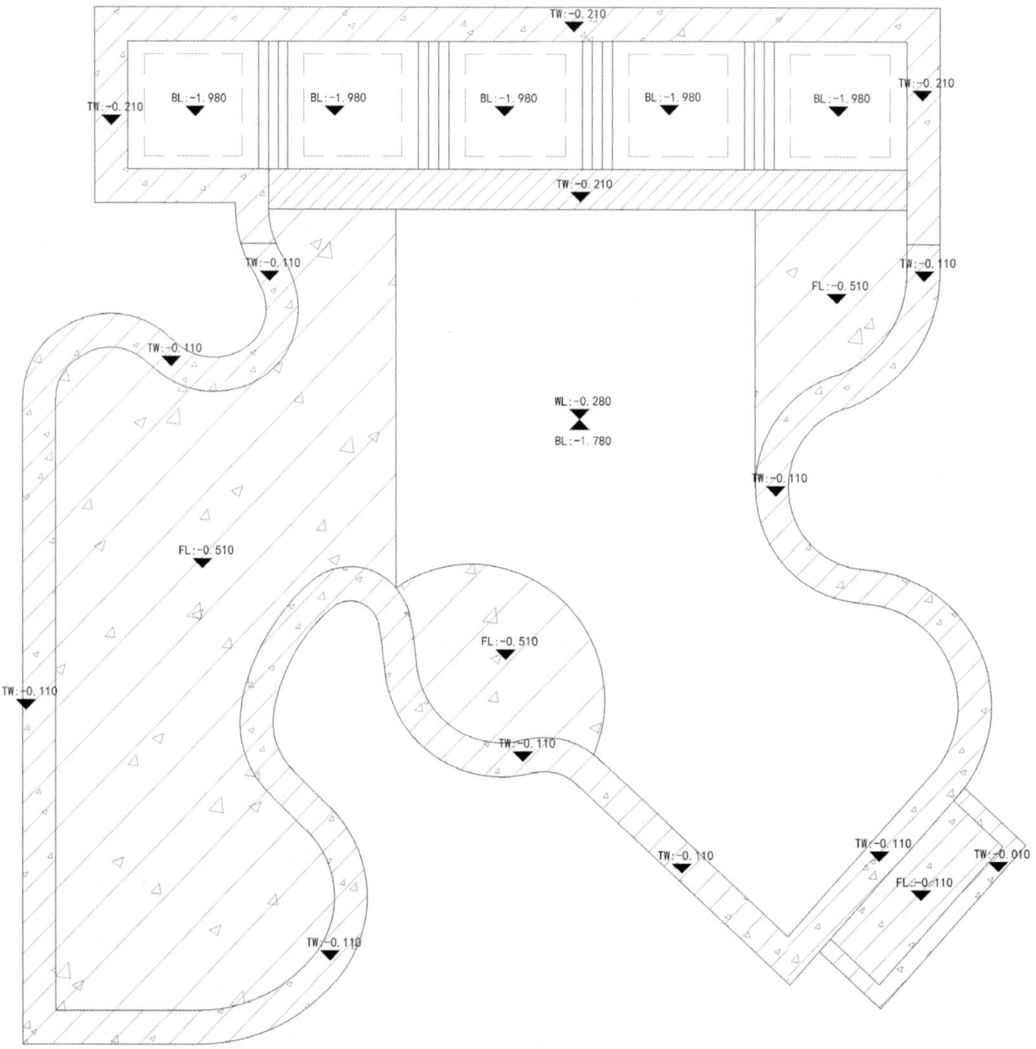

锦鲤鱼池标高平面图

图 3-44　锦鲤鱼池结构图（续）

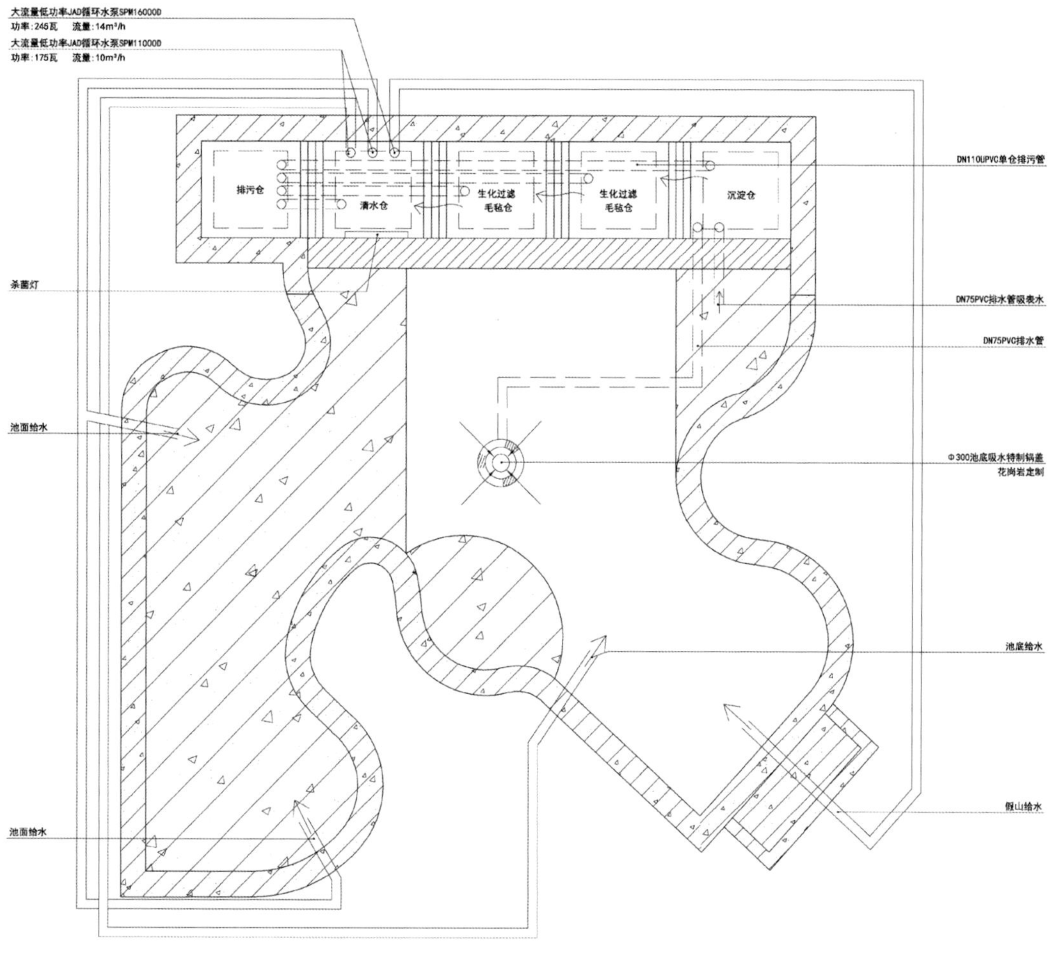

锦鲤鱼池管道结构平面图

图 3-44　锦鲤鱼池结构图（续）

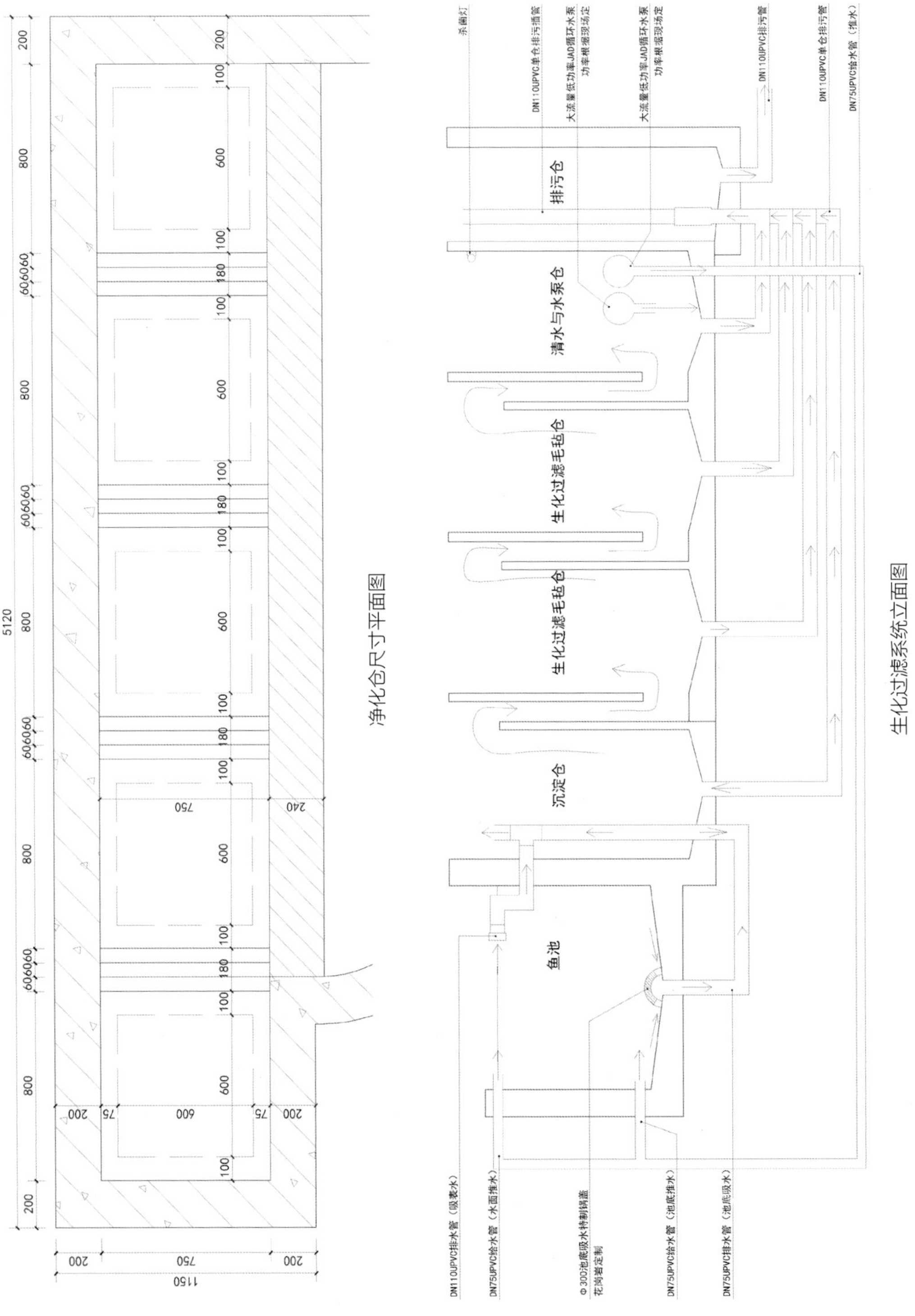
净化仓尺寸平面图
5120
1150
生化过滤系统立面图
排污仓
清水与水泵仓
生化过滤毛毡仓
生化过滤毛毡仓
沉淀仓
鱼池
杀菌灯
DN110UPVC单仓排污插管
大流量低功率JAD循环水泵 功率根据现场定
大流量低功率JAD循环水泵 功率根据现场定
DN110UPVC排污管
DN110UPVC单仓排污管
DN75UPVC给水管（推水）
DN110UPVC排水管（吸表水）
DN75UPVC给水管（水面推水）
Φ300池底吸水特制锅盖 花岗岩定制
DN75UPVC给水管（池底推水）
DN75UPVC排水管（池底吸水）

图 3-44 锦鲤鱼池结构图（续）

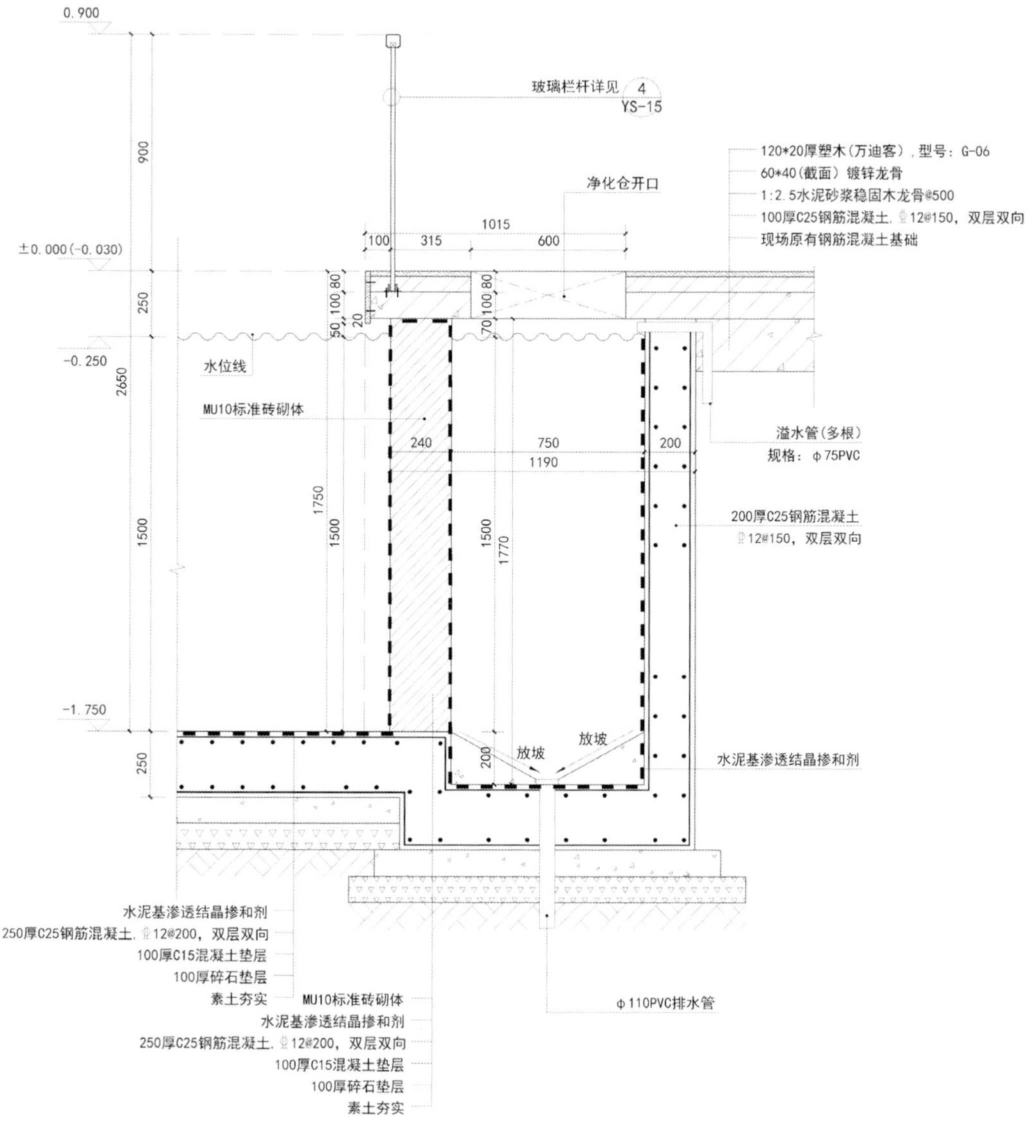

0.900
玻璃栏杆详见 4 YS-15
900
120*20厚塑木(万迪客)，型号：G-06
60*40(截面) 镀锌龙骨
1:2.5水泥砂浆稳固木龙骨@500
100厚C25钢筋混凝土，12@150，双层双向
现场原有钢筋混凝土基础
净化仓开口
1015
100
315
600
±0.000(-0.030)
250
-0.250
水位线
2650
MU10标准砖砌体
240
750
200
1190
溢水管(多根)
规格：φ75PVC
200厚C25钢筋混凝土
12@150，双层双向
1750
1500
1770
-1.750
放坡
水泥基渗透结晶掺和剂
水泥基渗透结晶掺和剂
250厚C25钢筋混凝土，12@200，双层双向
100厚C15混凝土垫层
100厚碎石垫层
素土夯实
MU10标准砖砌体
水泥基渗透结晶掺和剂
250厚C25钢筋混凝土，12@200，双层双向
100厚C15混凝土垫层
100厚碎石垫层
素土夯实
φ110PVC排水管

锦鲤鱼池 1-1 剖面图

图 3-44 锦鲤鱼池结构图（续）

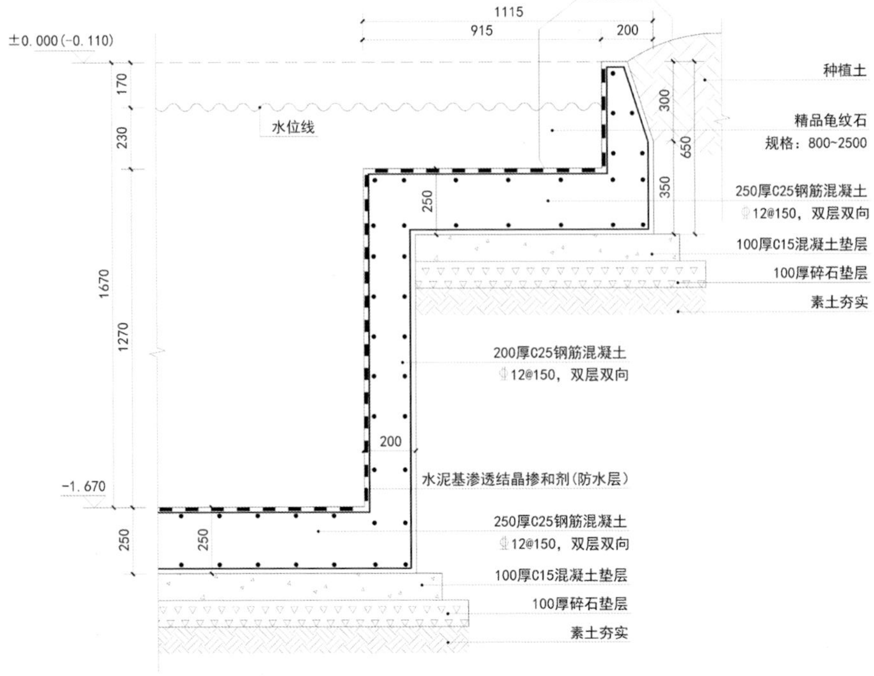

锦鲤鱼池尺寸平面图

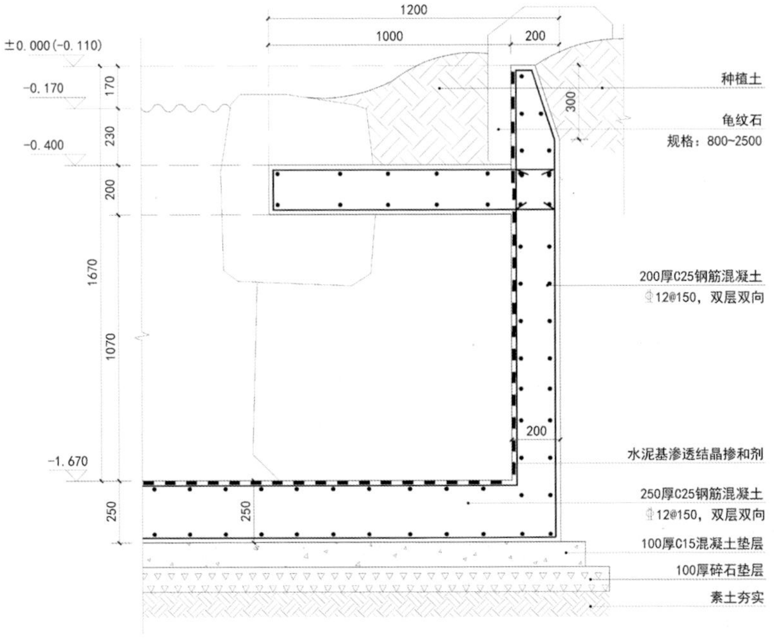

锦鲤鱼池 4-4 剖面图

图 3-44　锦鲤鱼池结构图（续）

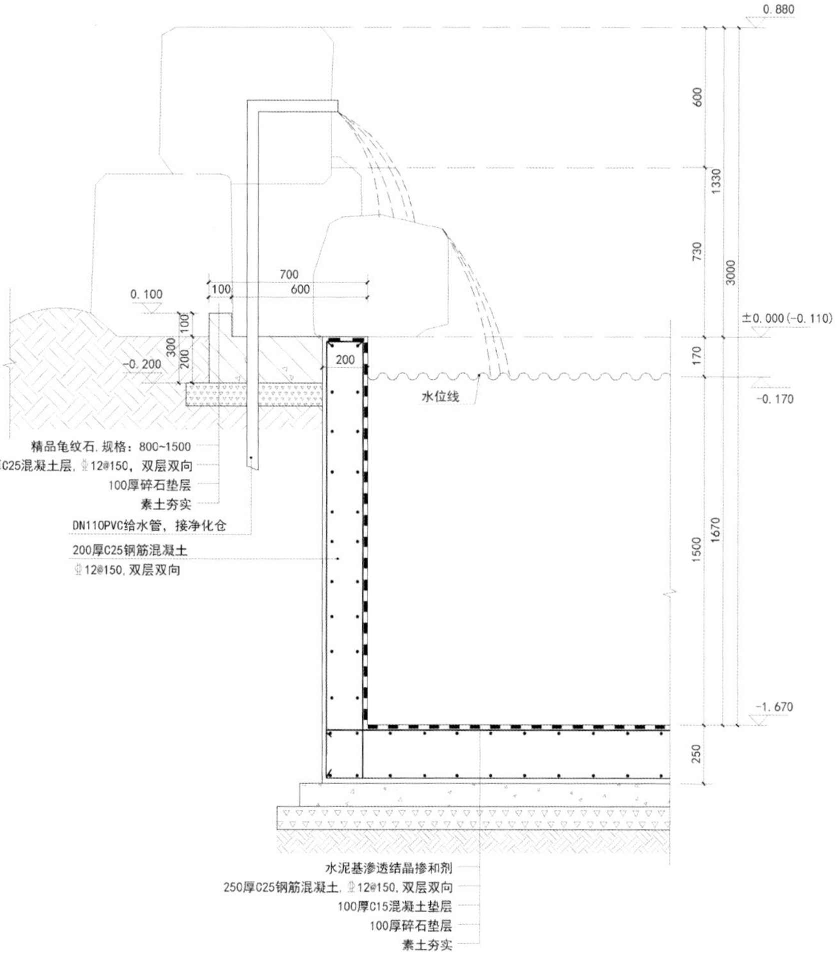

锦鲤鱼池 3-3 剖面图

图 3-44 锦鲤鱼池结构图（续）

13 瀑布与跌水

瀑布和跌水属于落水。瀑布由上游水源、落水口、瀑身和承水潭几部分组成；常见的跌水形式有两种，一种是各层中设分水槽，水经堰口溢出，另一种是不设分水槽，水从顶部逐层翻滚而下。人工瀑布和跌水的流动性常用循环水泵维持，水量过大则能耗大，因此庭院瀑布和跌水景观规模一般不大。庭院中瀑布与跌水常与假山结合，施工图可结合假山、水池绘制（图 3-45 至图 3-46）。

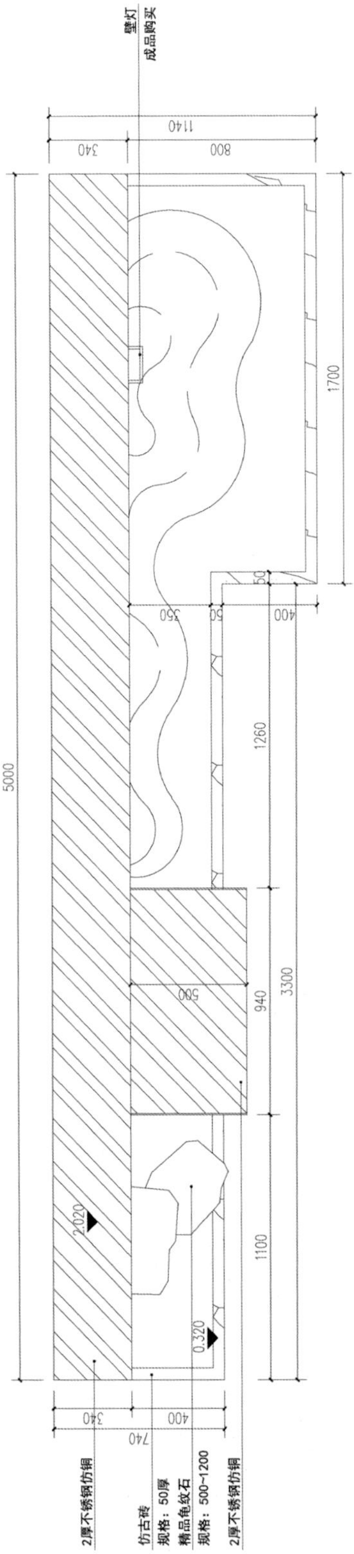

景墙跌水平面图

图 3-45 景墙跌水结构图

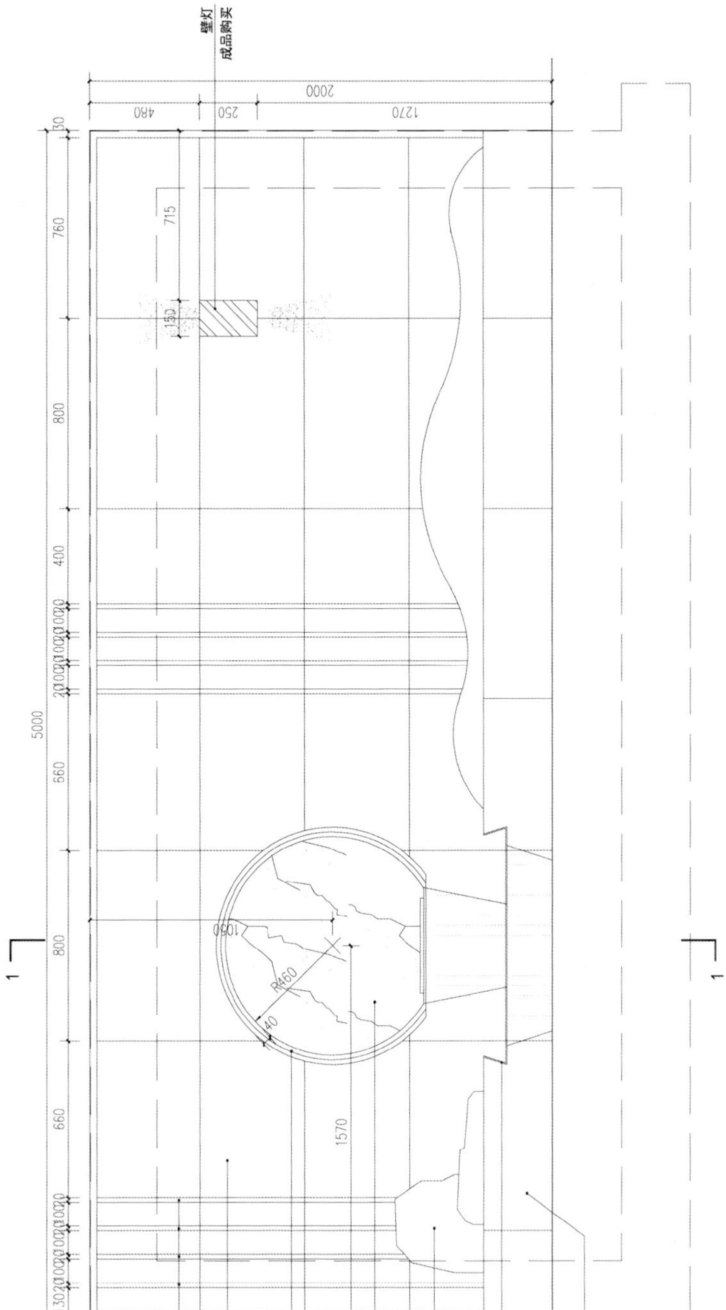

景墙跌水立面图

图 3-45　景墙跌水结构图（续）

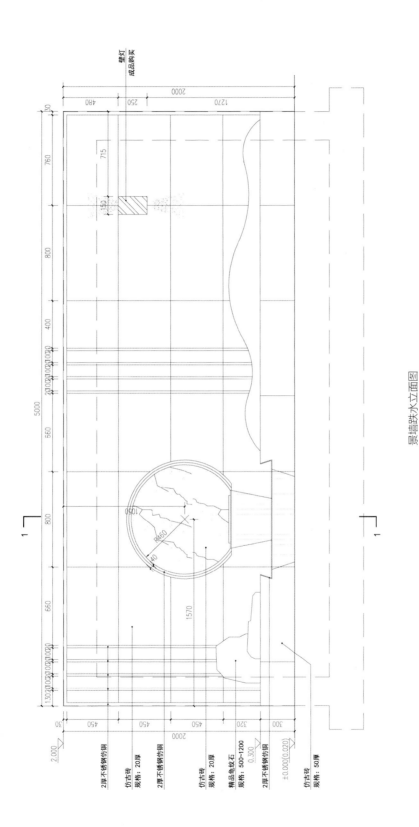

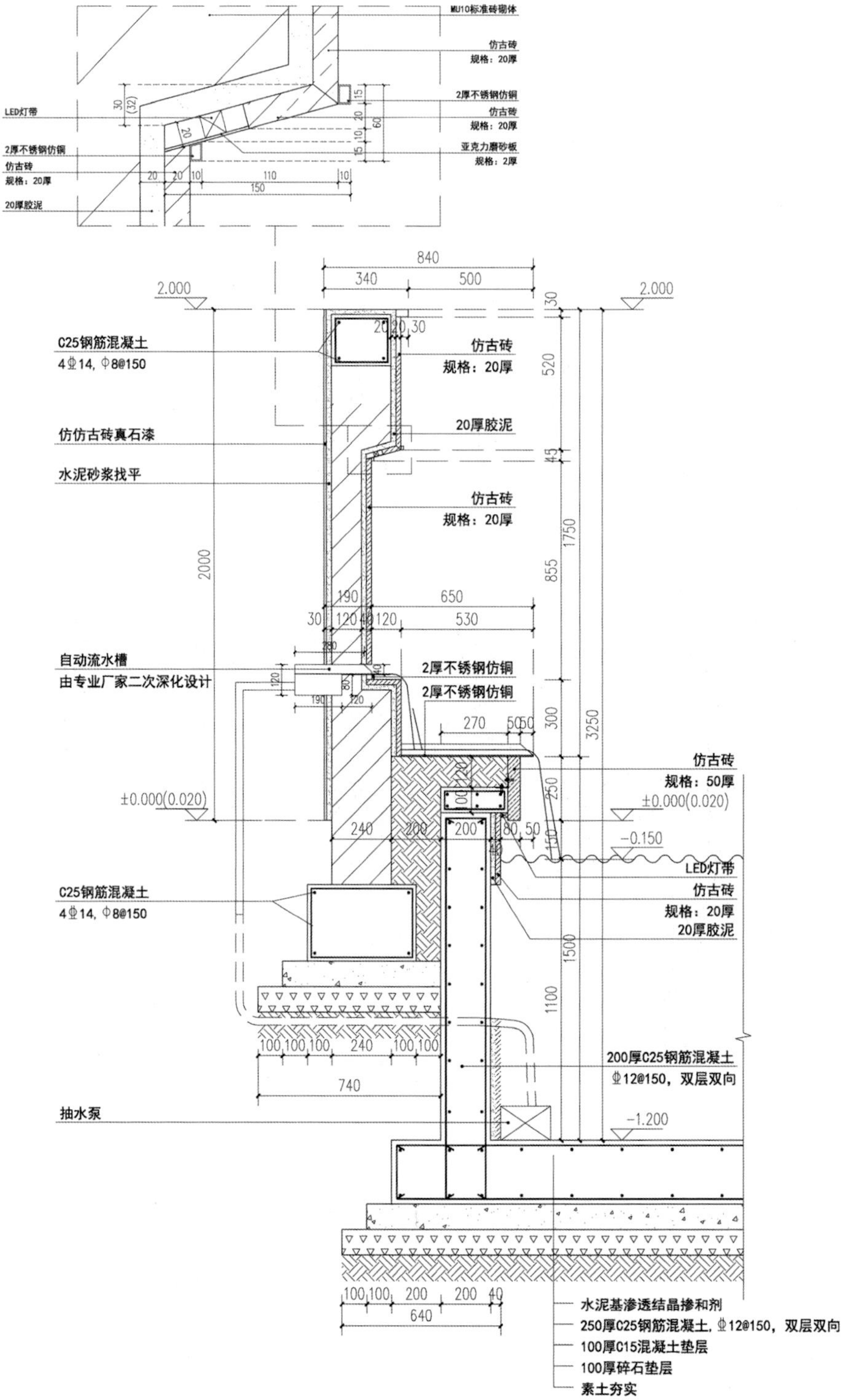

景墙跌水剖面图

图 3-45　景墙跌水结构图（续）

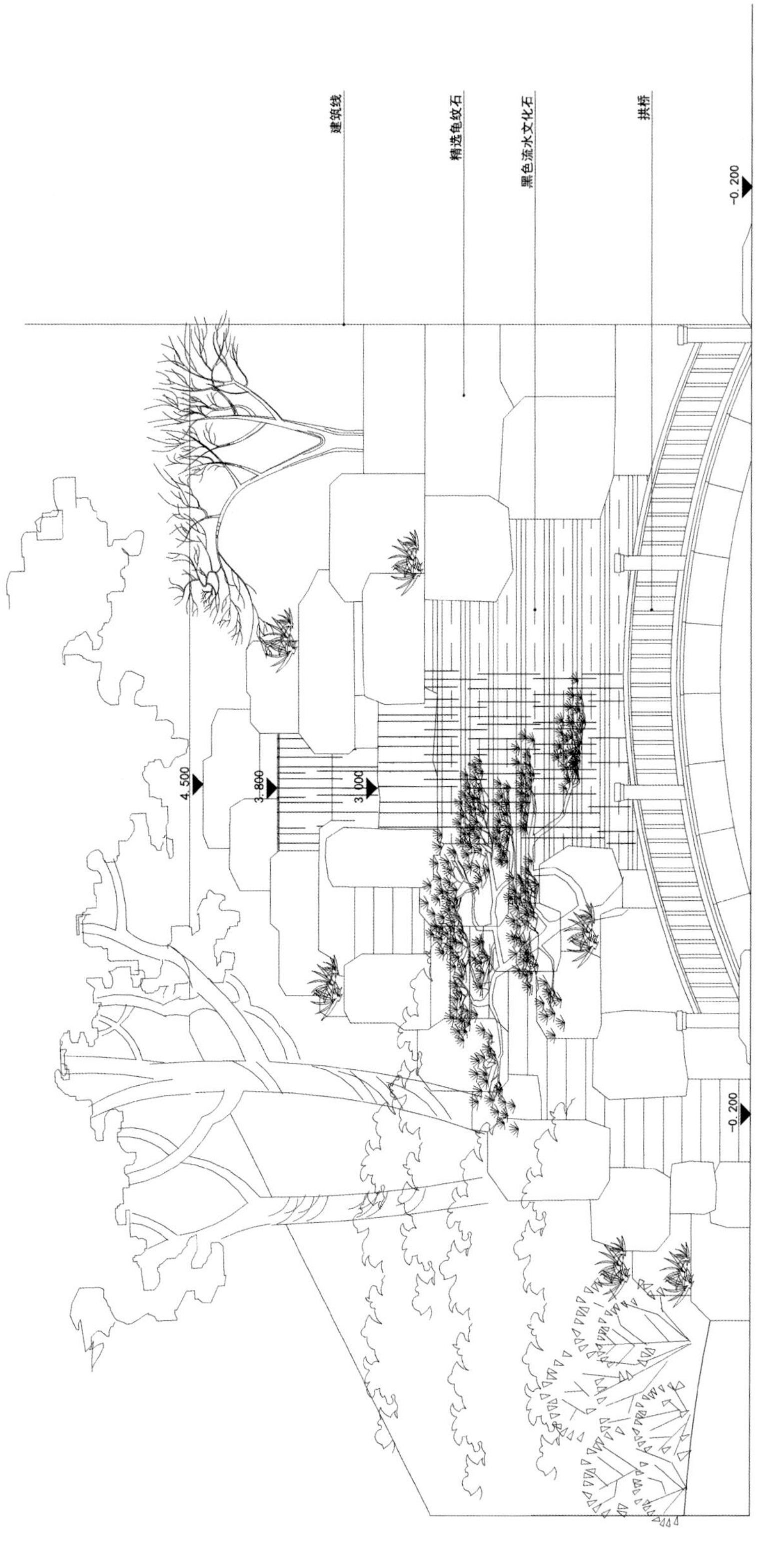

假山叠水立面图

图 3-46　假山跌水结构图

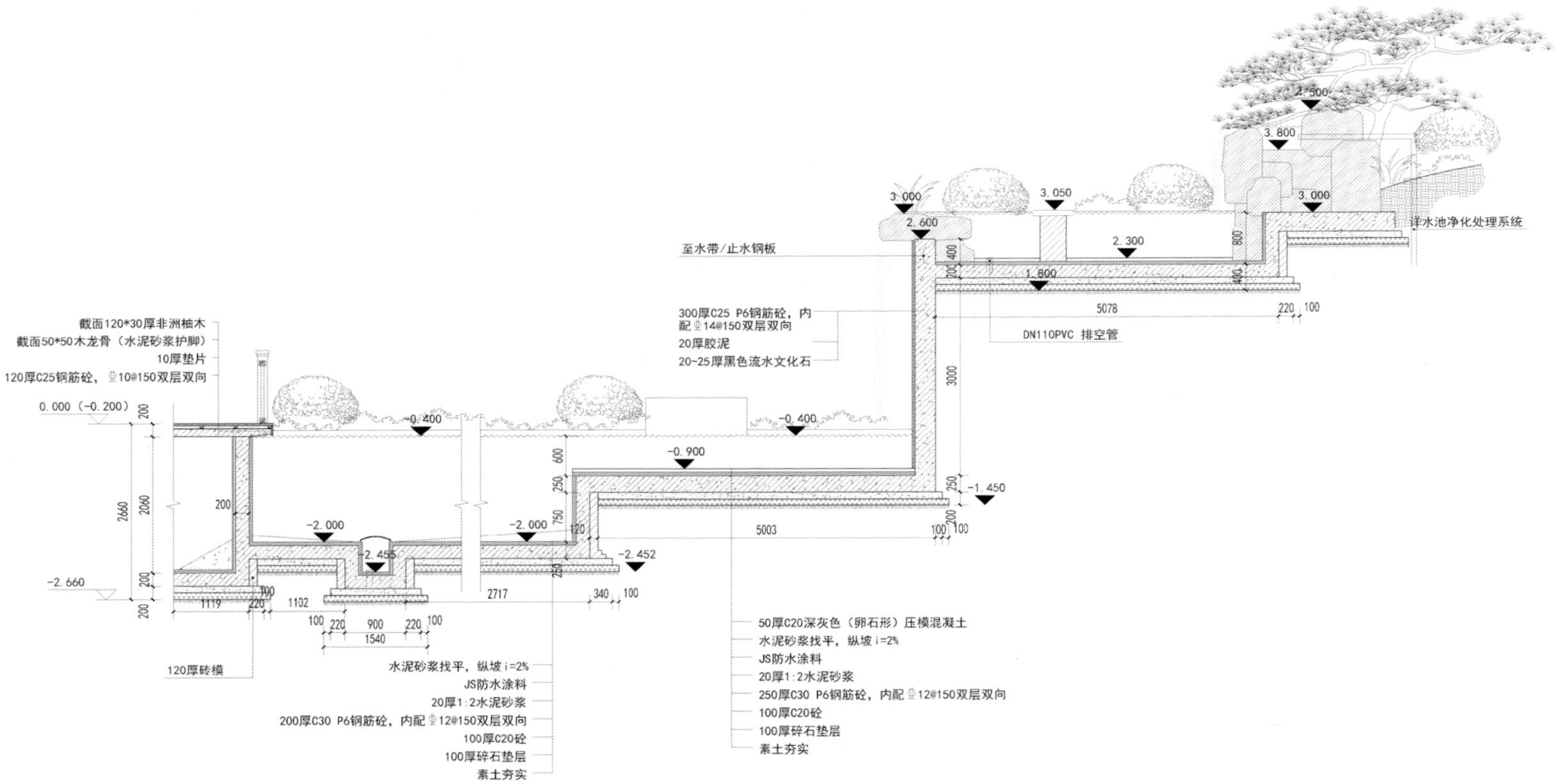

假山叠水剖面图

图 3-46 假山跌水结构图（续）

14 驳岸

驳岸形式以重力式结构为主，庭院中常用山石驳岸和砌石驳岸（图 3-47 至图 3-49）。驳岸常见结构由基础、墙身和压顶三部分组成。压顶为驳岸顶端之构造，墙身为驳岸主体部分，基础是驳岸的底层结构，以桩基、灰土基础、混凝土、钢筋混凝土、块石基础为主。另外，还有沉降缝、伸缩缝和泄水孔等构造。

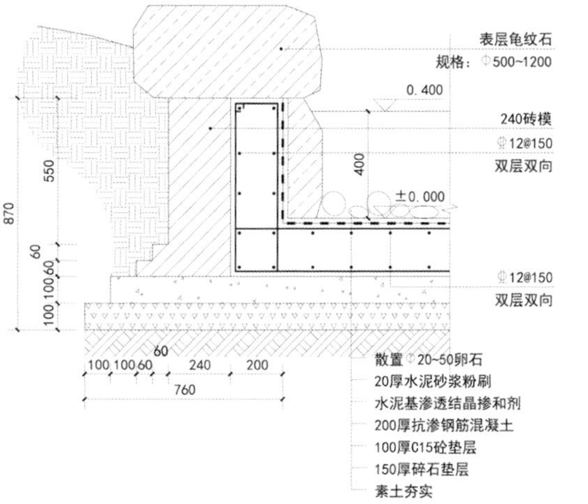

图 3-47　石头驳岸详图

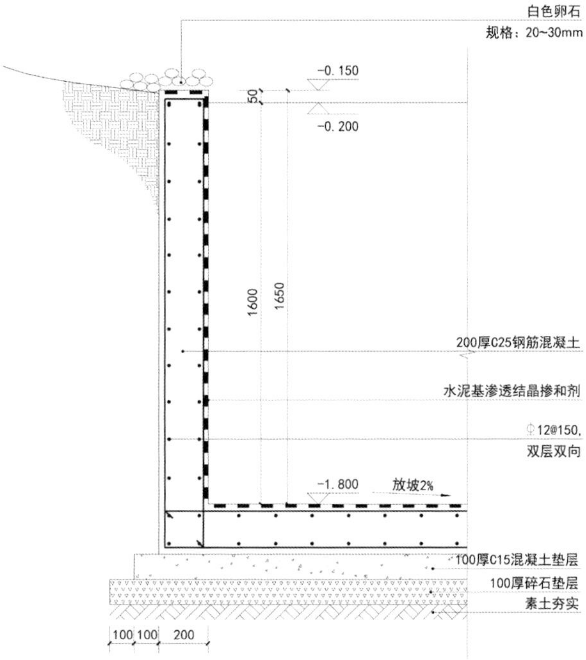

图 3-48　绿岛驳岸线图

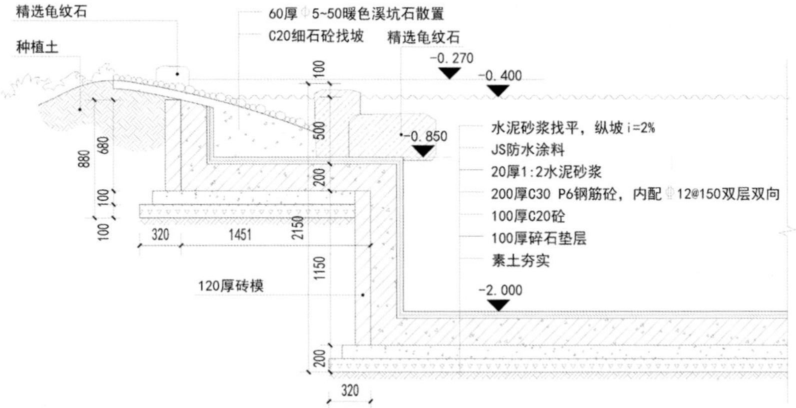

钢筋混凝土驳岸（鹅卵石）

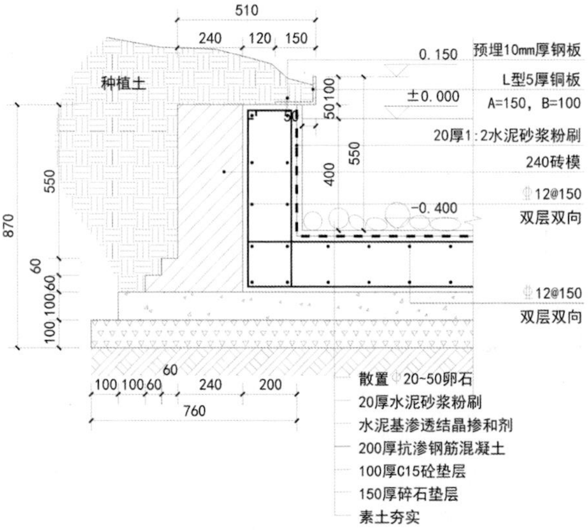

钢筋混凝土驳岸（金属）

图 3-49　钢筋混凝土结构图

15 挡土墙

挡土墙为支承路基防止填土或土体变形失稳而设，也具美化庭院的功能。庭院中的挡土墙独具设计风格，创意十足。现代庭院中挡土墙类型主要有 3 种，分别是混凝土型、石砖堆砌型和木桩型。挡土墙设计注重材料质感的体现和立面空间的展现，施工工艺要科学合理，基础需平整稳定，结构牢固可靠（图 3-50 至图 3-51）。

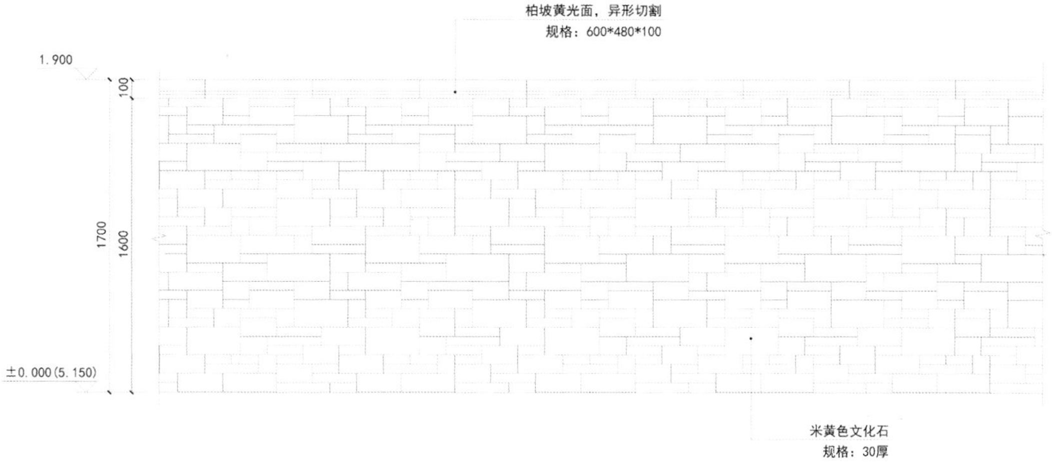

文化石挡墙立面图

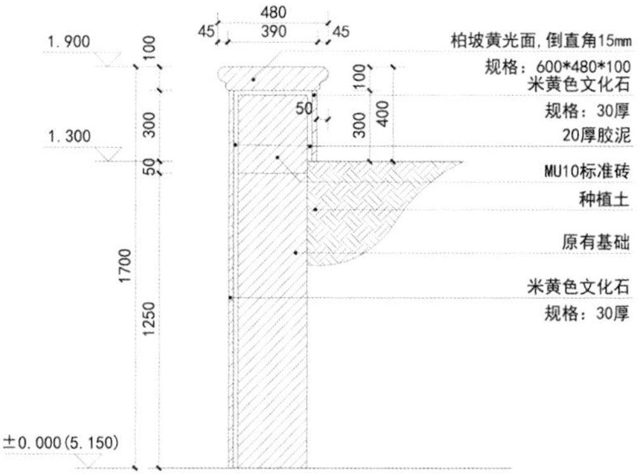

文化石挡墙剖面图

图 3-50　文化石挡墙结构图

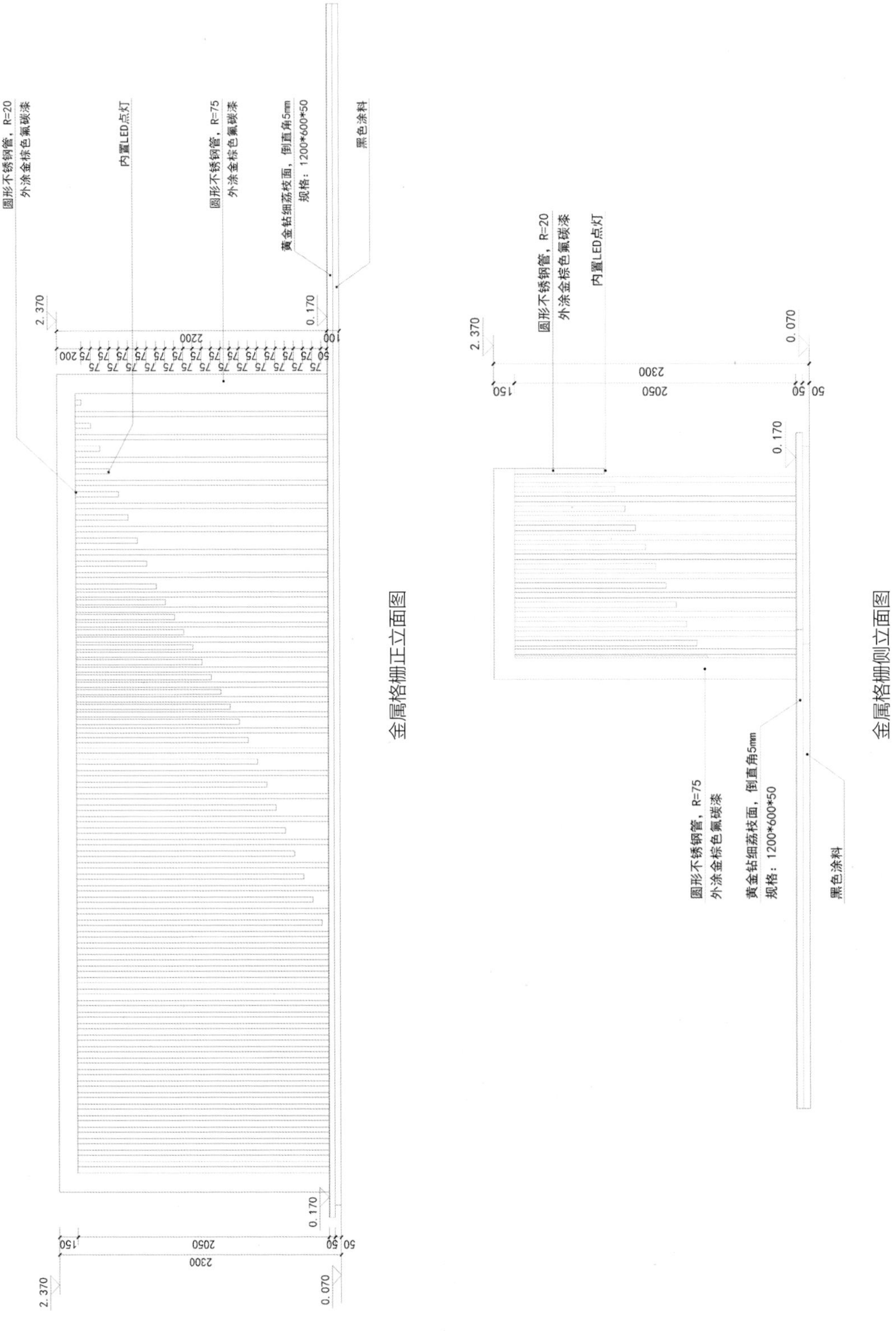
圆形不锈钢管，R=20
外涂金棕色氟碳漆
内置LED点灯
圆形不锈钢管，R=75
外涂金棕色氟碳漆
黄金钻细荔枝面，倒直角5mm
规格：1200*600*50
黑色涂料
2.370
0.170
0.070
2200
2300
2050
150
50
100
金属格栅正立面图
金属格栅侧立面图

图 3–51　金属格栅结构图

16 栅栏

庭院内部常用的围合方式就是栅栏，栅栏简单随意，不似围墙厚重，自然也没有围墙经久耐用，却显得生动活泼。栅栏材料多为木材，金属、竹子、混凝土或塑料也可选择，栅栏不高，基础结构较为简单，对立面的装饰设计要求较高，施工图中重点展示立面效果以及材料规格、尺寸和结构做法（图 3-52 至图 3-55）。

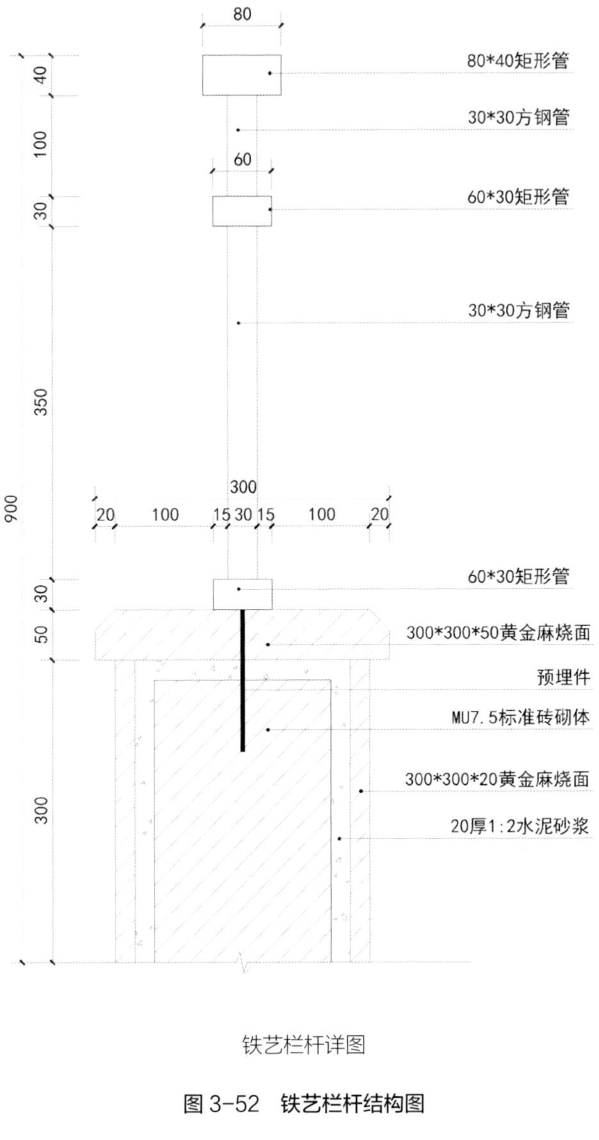

铁艺栏杆详图

图 3-52　铁艺栏杆结构图

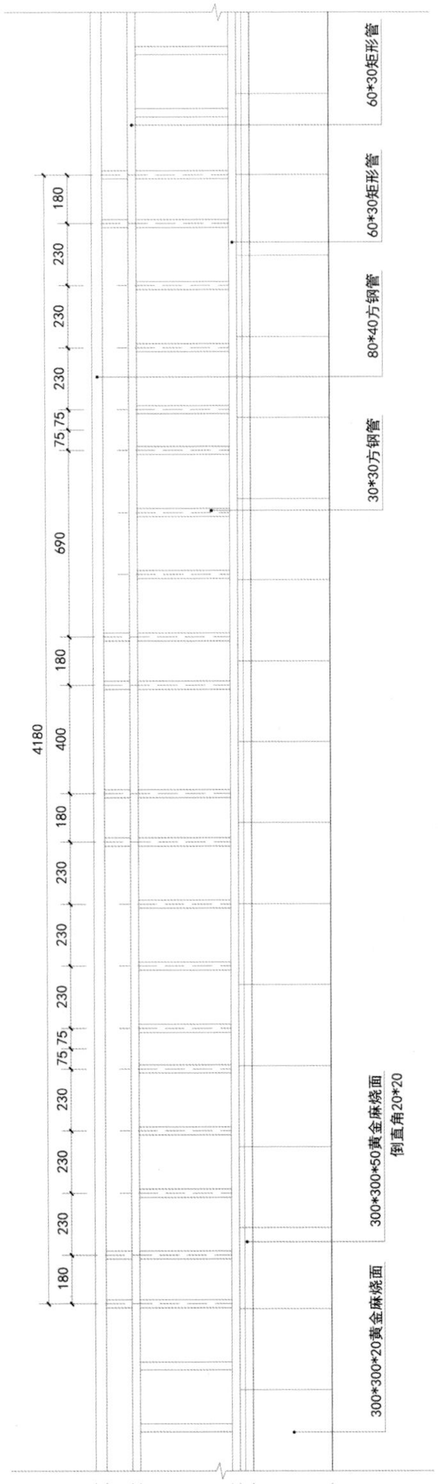

铁艺栏杆标准段

图 3-52　铁艺栏杆结构图（续）

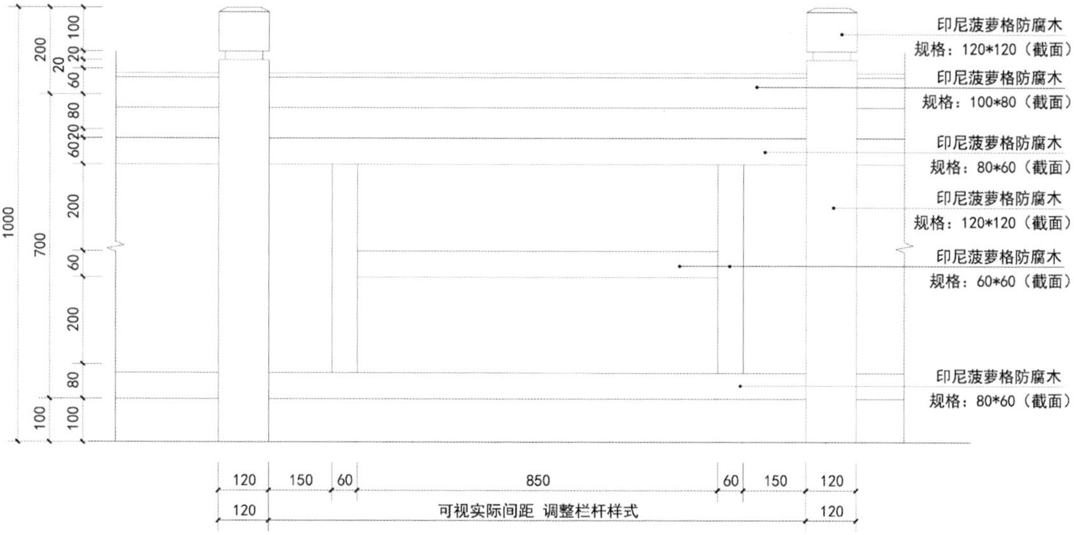

菠萝格防腐木栏杆标准段

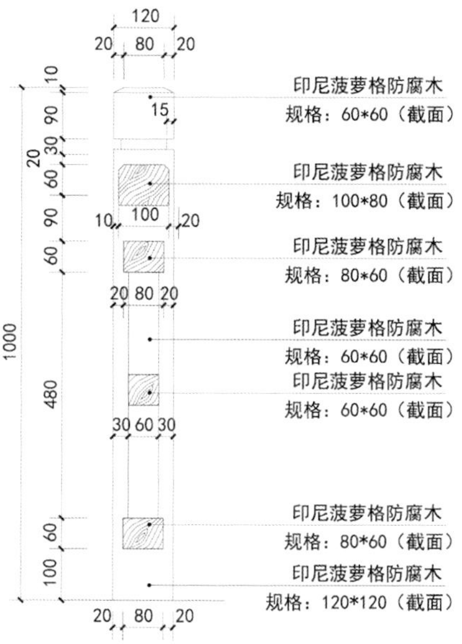

菠萝格防腐木剖面图

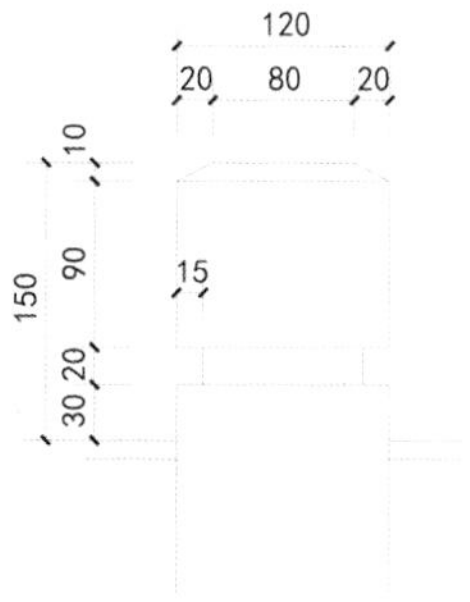

菠萝格防腐木大样图一

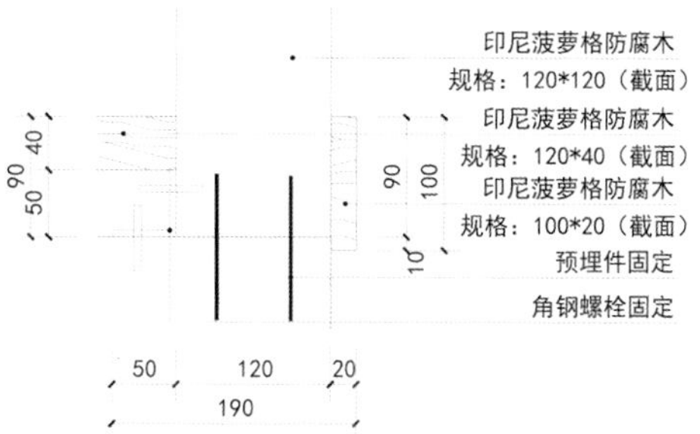

菠萝格防腐木大样图二

图 3-53　菠萝格防腐木结构图

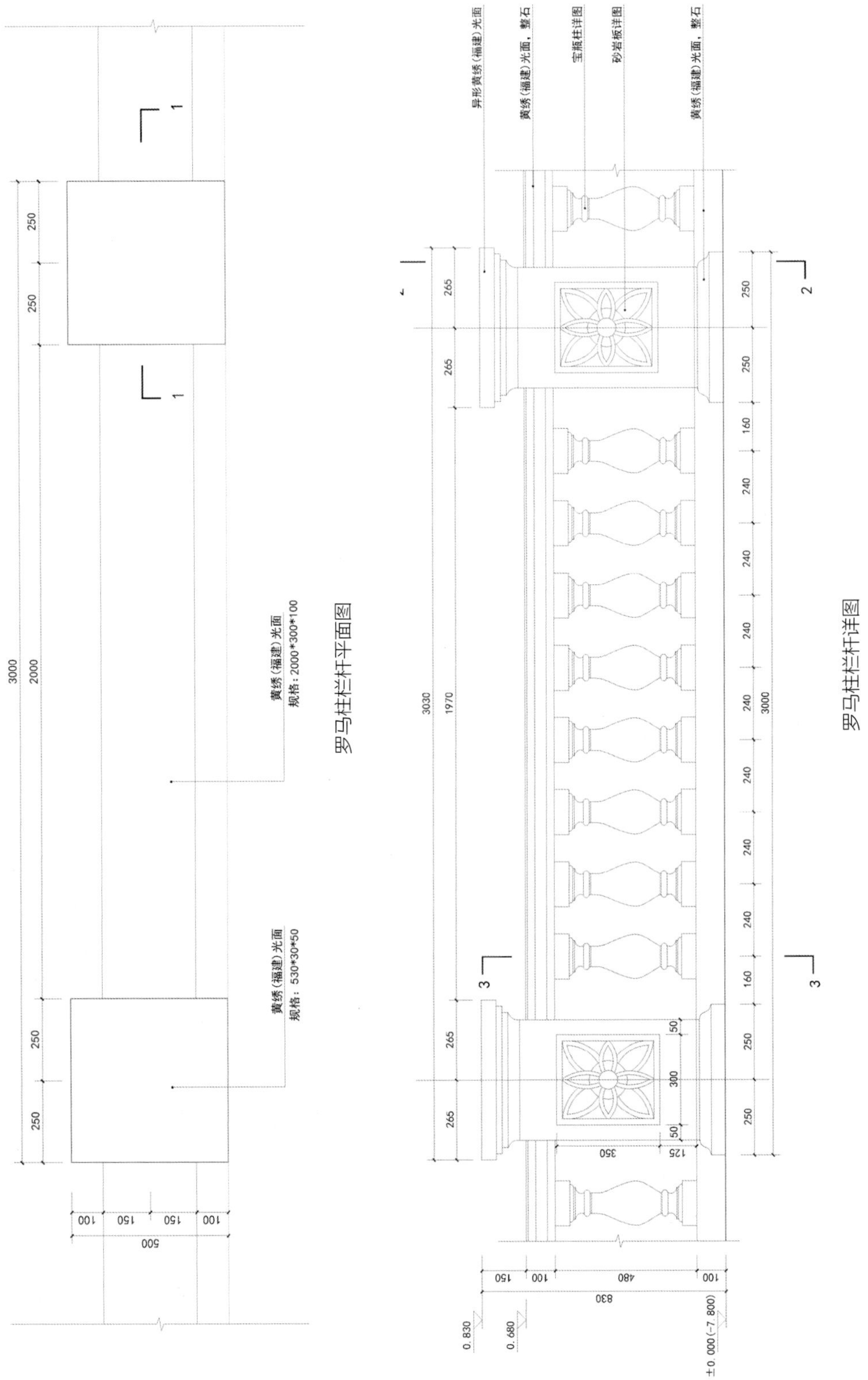

图 3-54 罗马柱栏杆结构图

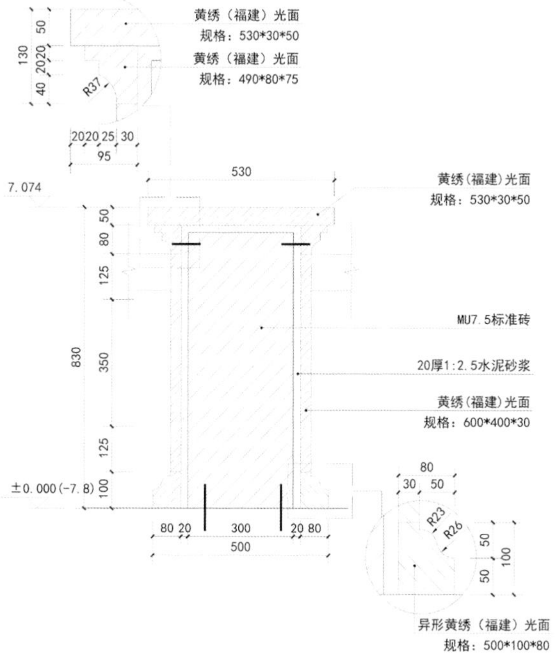

罗马柱栏杆 1-1 剖面图

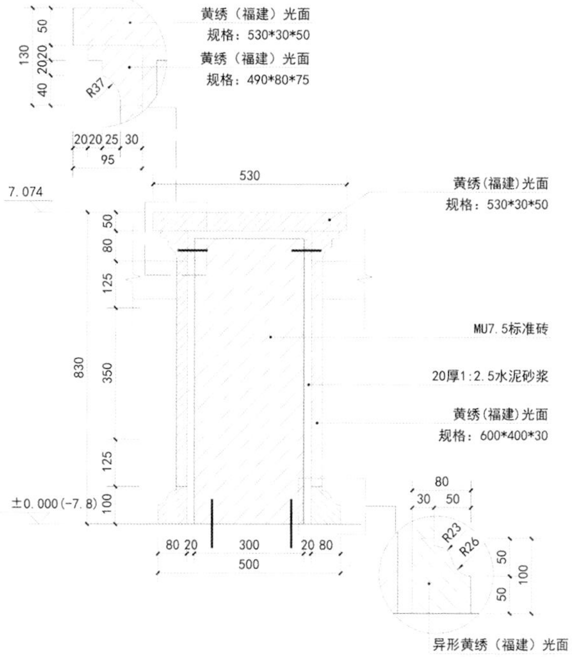

罗马柱栏杆 2-2 剖面图

图 3-54　罗马柱栏杆结构图（续）

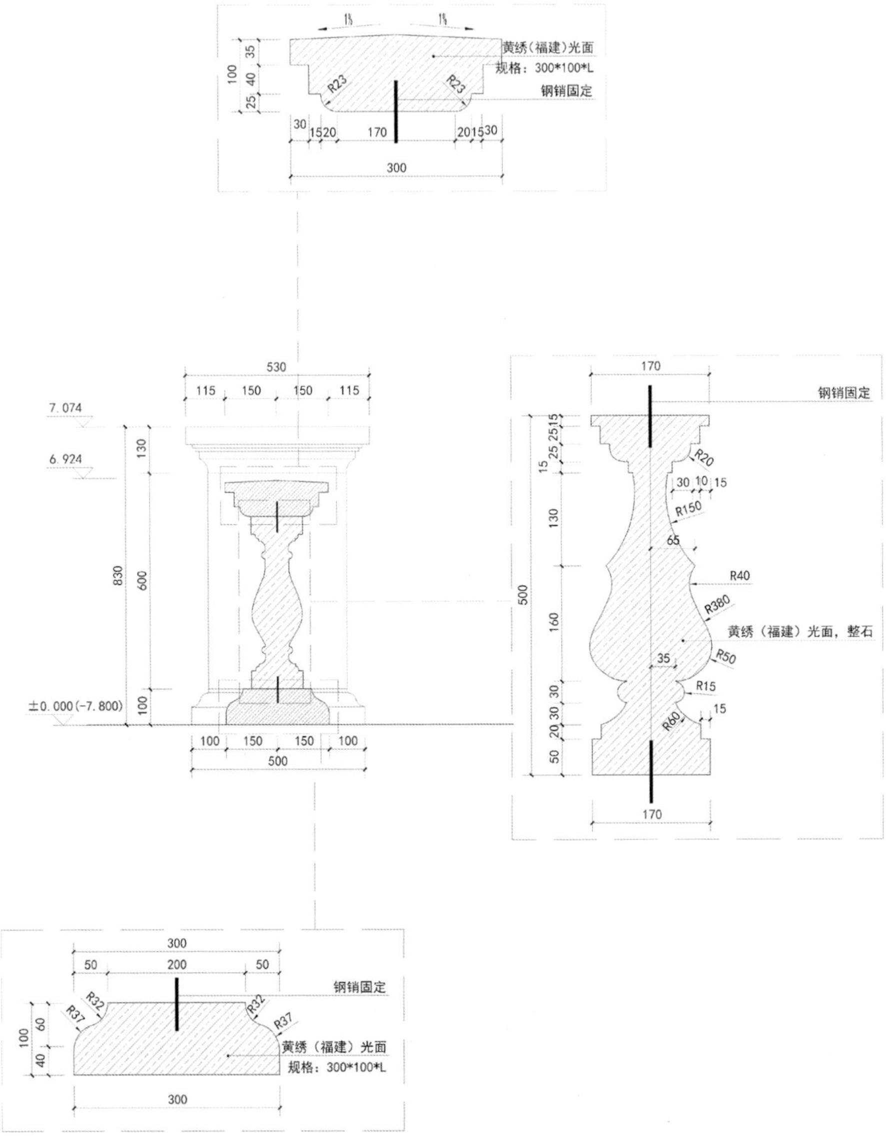

罗马柱栏杆 3-3 剖面图

图 3-54　罗马柱栏杆结构图（续）

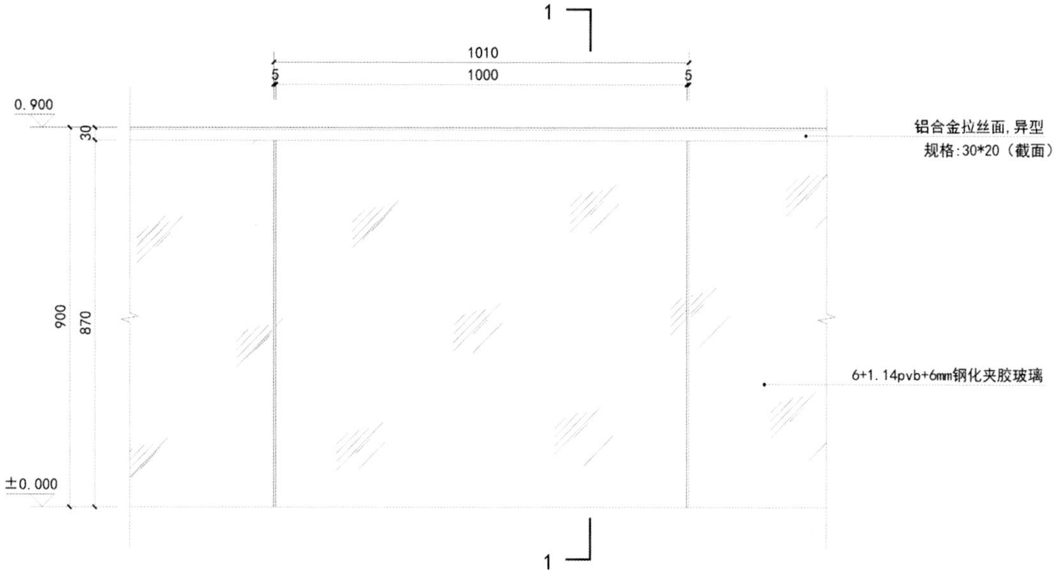

玻璃栏杆立面图

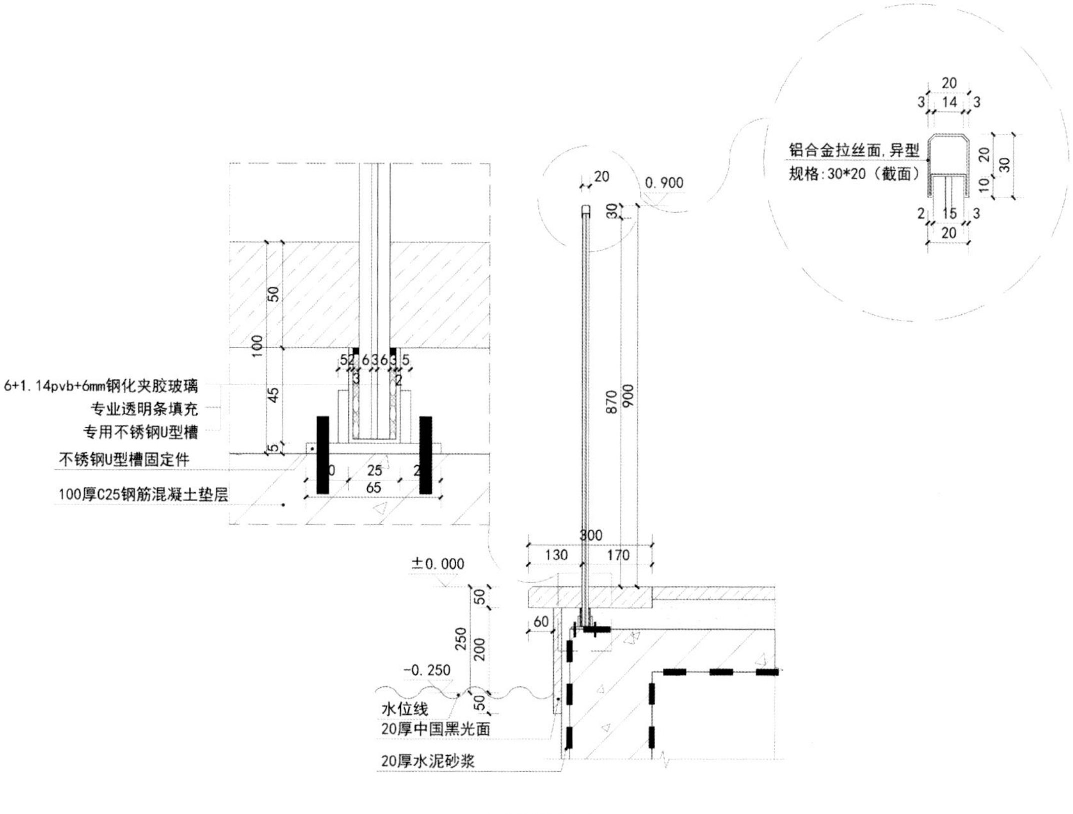

玻璃栏杆详图

图 3-55　玻璃栏杆结构图

17 围墙

围墙是庭院与外界的分隔物，是庭院空间的围护物，持久耐用。庭院围墙形式多样，可作砖墙、混凝土墙、预制混凝土砌块墙和石面墙等实墙，也可作篱墙、树墙、花墙等植物墙。围墙应该具有一定的稳固性，施工图设计时要注意其高厚比、墙面接缝、墙体材料和装饰、雨水侵蚀以及地基沉降等问题（图 3-56 至图 3-57），结合庭院风格一一做好应对。

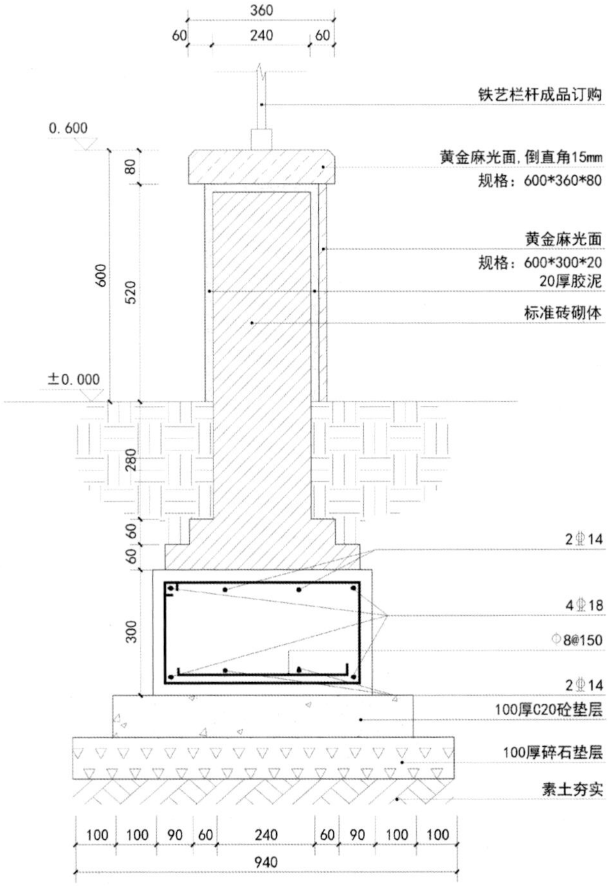

铁艺栏杆围墙详图

图 3-56 铁艺栏杆围墙结构图

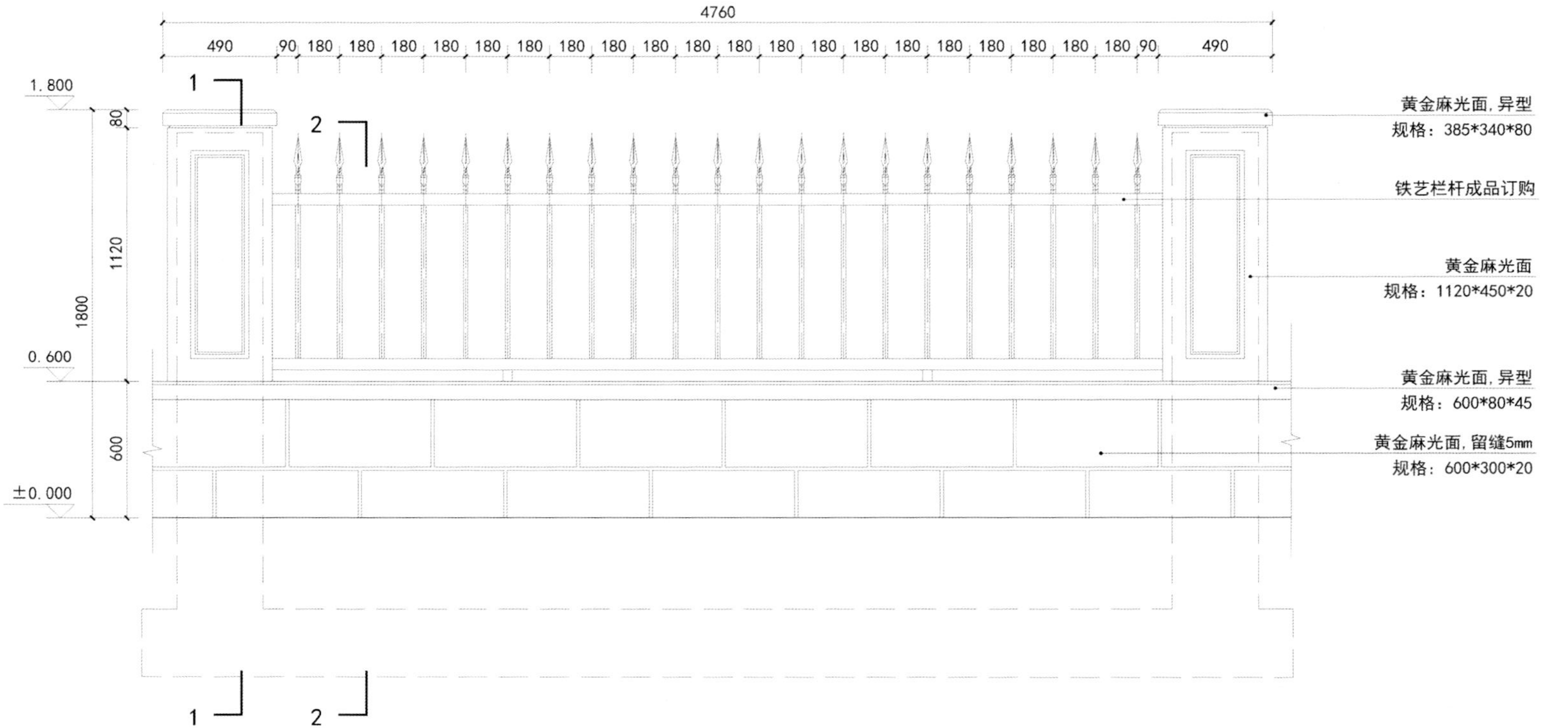

铁艺栏杆围墙标准段

图 3-56　铁艺栏杆围墙结构图（续）

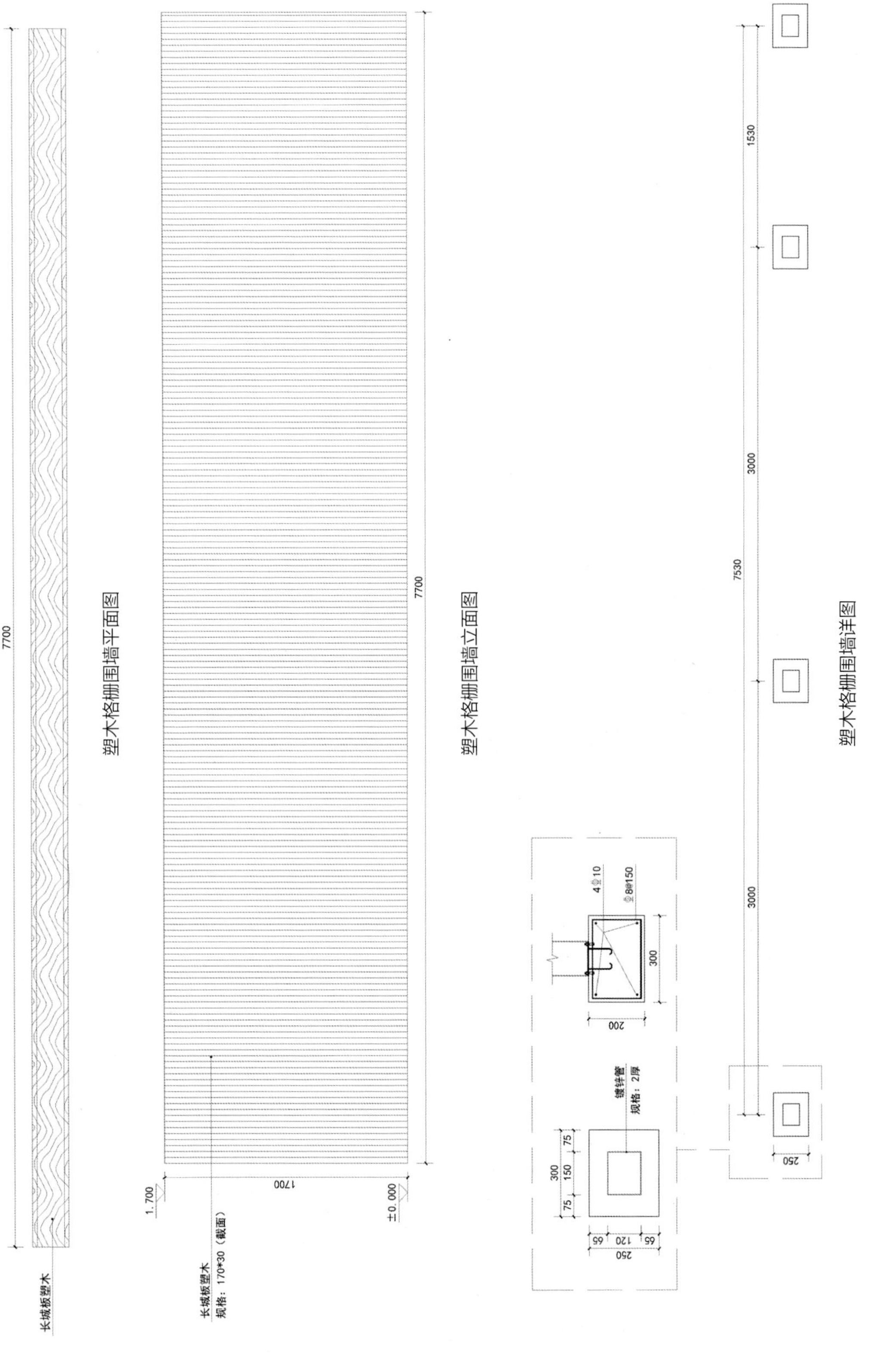

图 3-57 塑木格栅围墙结构图

18 园门

园门是指庭院入口大门，除需维持庭院私密性之外，还承担车辆和人入院通行之用，而且园门是庭院给人的第一印象，设计应简洁大气，视觉体验感强，常用材料是木门和铁艺门，施工图绘制时重点应突出园门立面、材料的选择和组合、规格尺寸等（图 3–58 至图 3–59）。

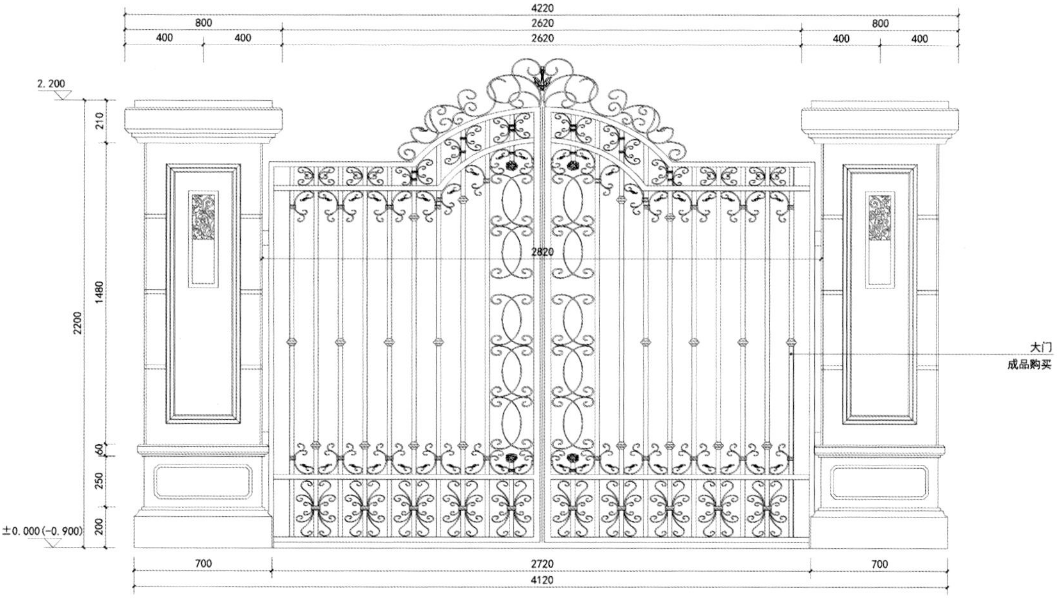

欧式园门正立面图

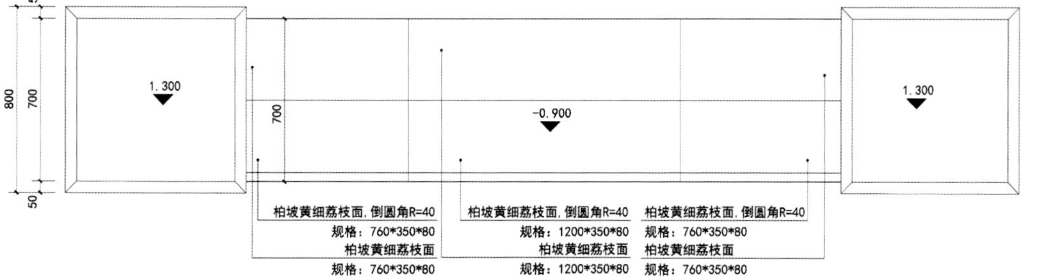

欧式园门平面图

图 3–58　欧式园门结构图

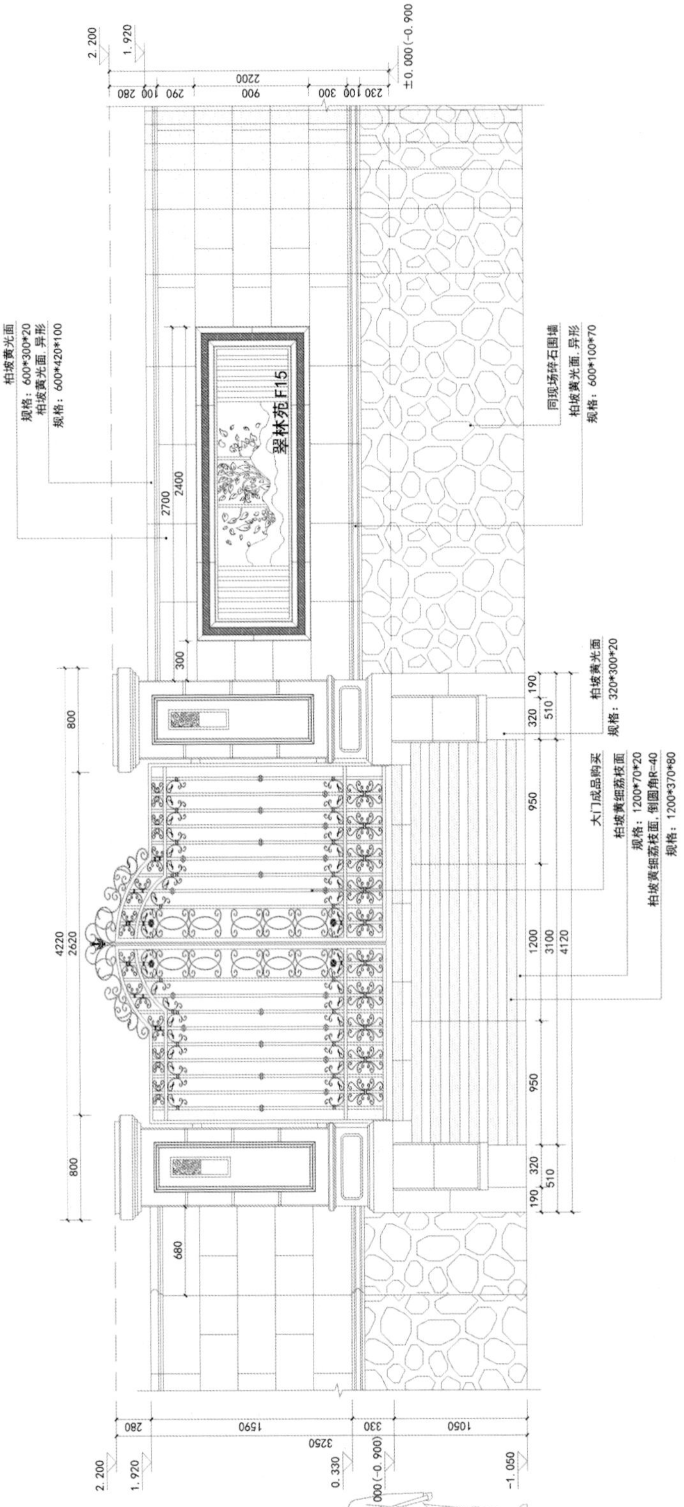

欧式园门大立面图

图 3-58 欧式园门结构图（续）

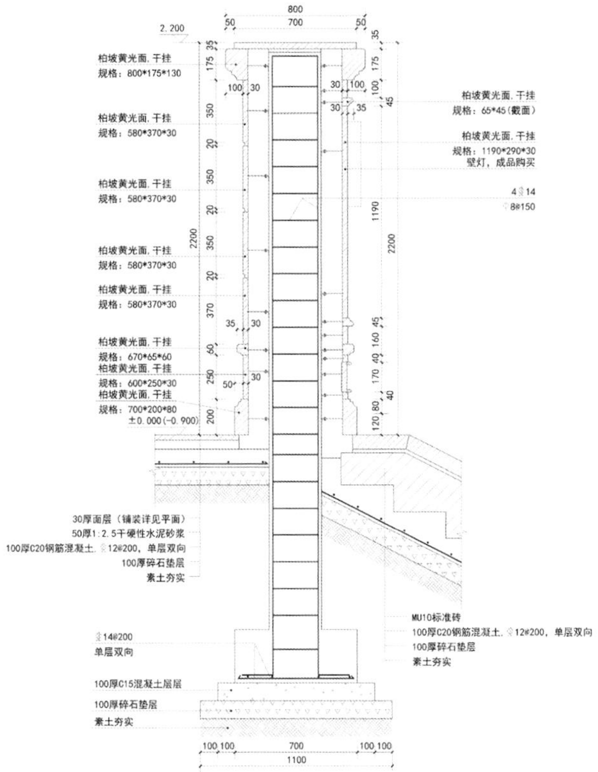

欧式园门门柱竖剖图

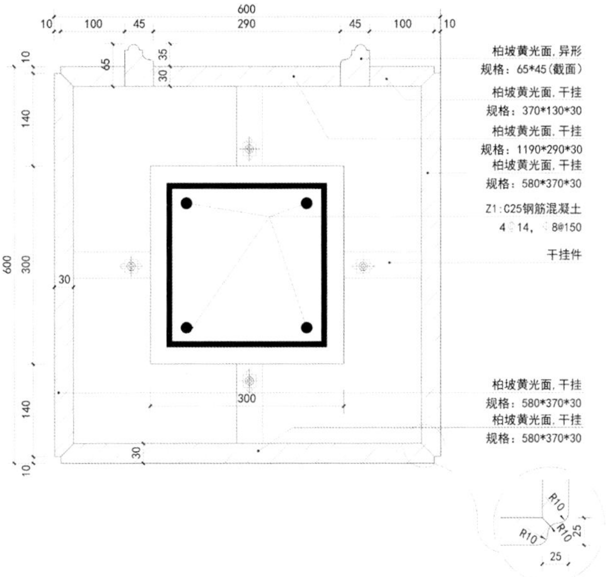

欧式园门门柱横剖图

图 3-58 欧式园门结构图（续）

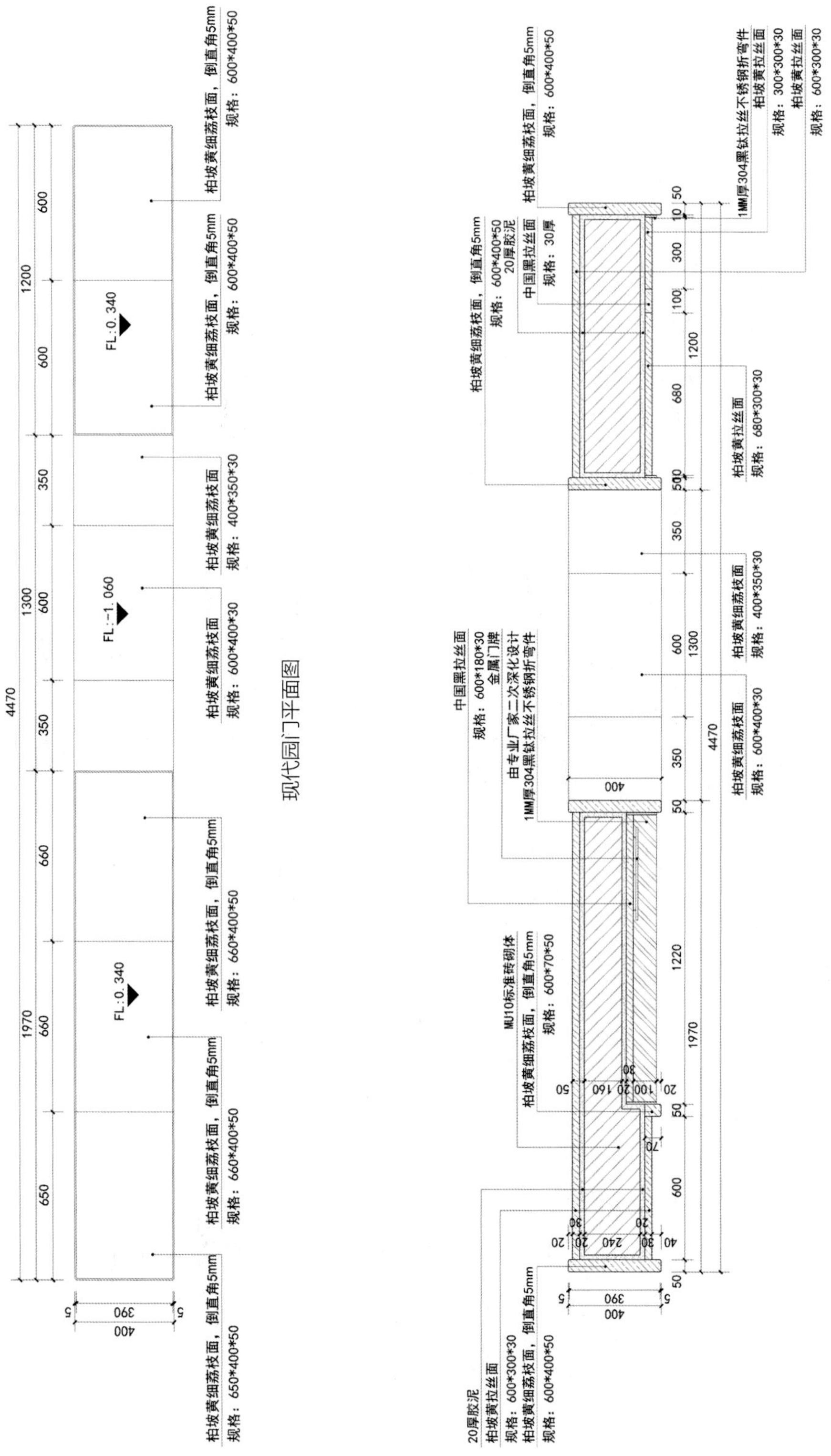

图 3-59　现代园门结构图

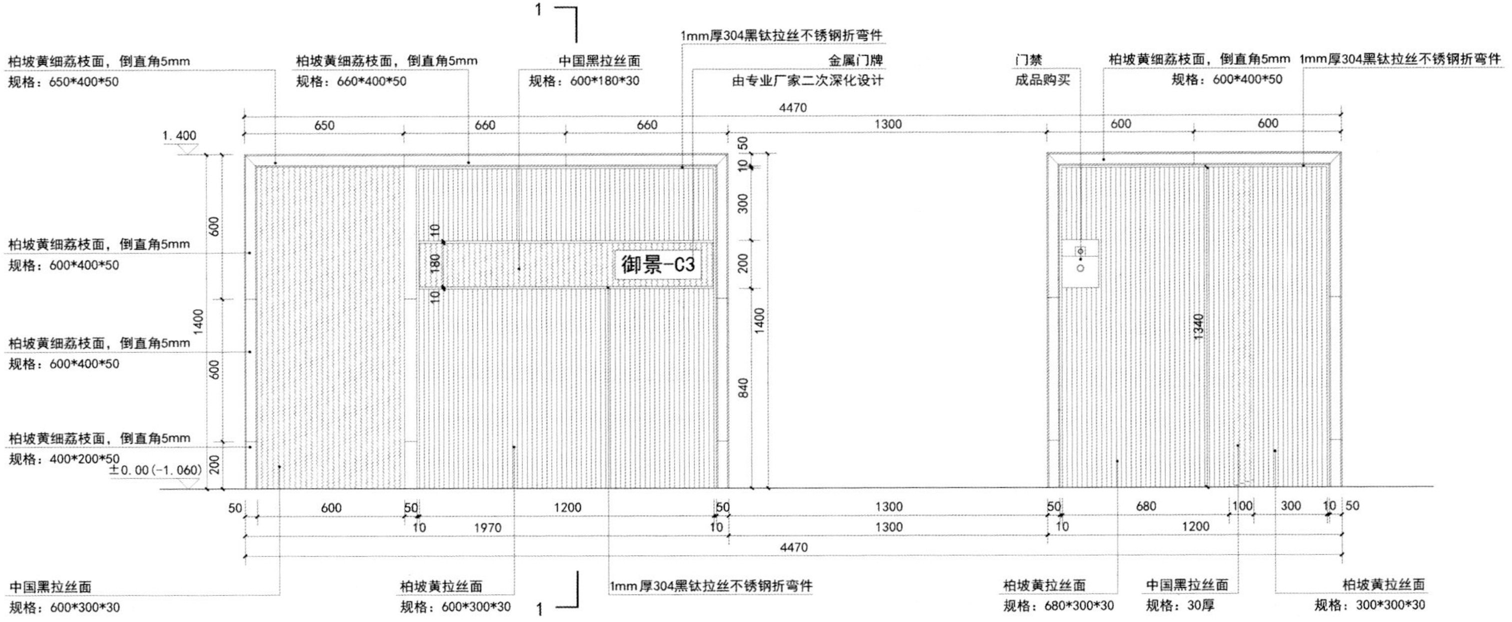

现代园门立面图

图 3-59　现代园门结构图（续）

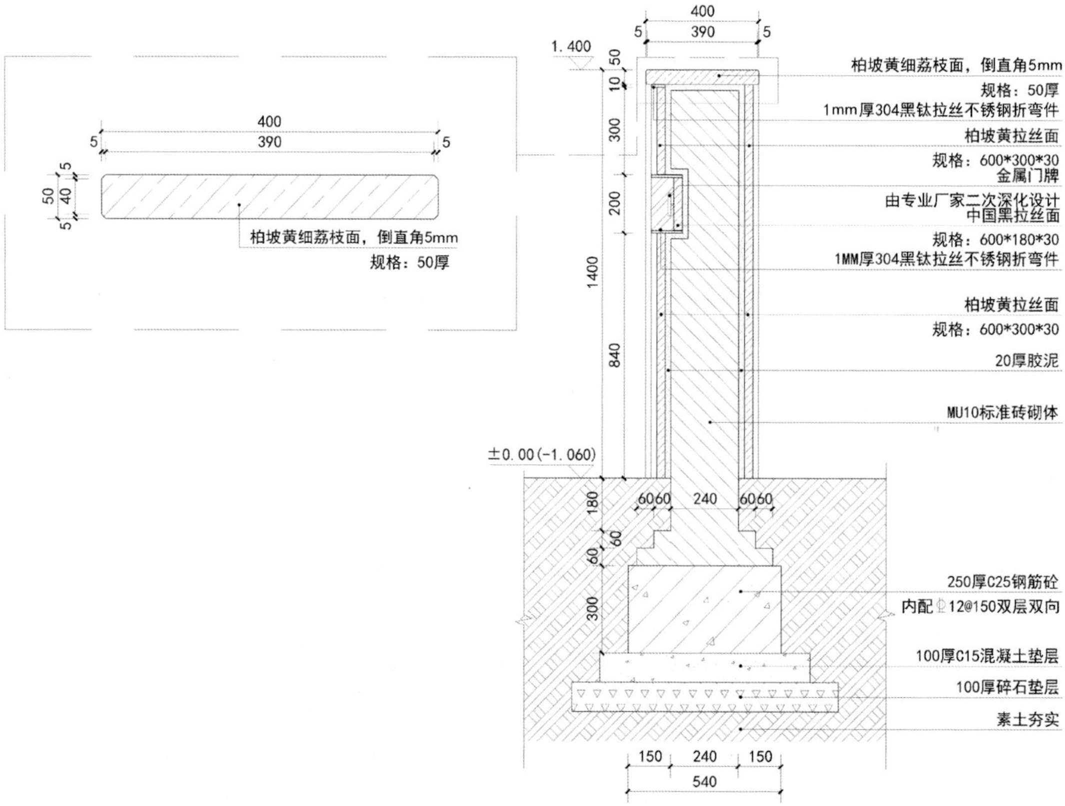

现代园门 1-1 剖面图

图 3-59　现代园门结构图（续）

19 植物

庭院植物的施工图设计包括 3 个部分，首先是植物种植平面图（图 3-60），分为上层木和下层木两张，平面图中明确标示出设计植物的种类、位置、规格、数量以及植物配置类型等，图例大小为植物冠幅大小，平面图上需绘制直角坐标网格，网格大小一般为 2m × 2m。其次为植物配置表（图 3-61），表中写明序号、图例、树种、数量、单位、规格、备注等，乔木和灌木、球类以株为单位，地被色块植物以 m^2 为单位，大乔木规格为胸径、冠幅和株高，花灌木为地径、冠幅和株高，地被类植物标明冠幅、株高或长度以及每平方米种植的株树。最后是种植设计说明（图 3-62），说明中需详细写明苗木的栽植和养护管理要点。

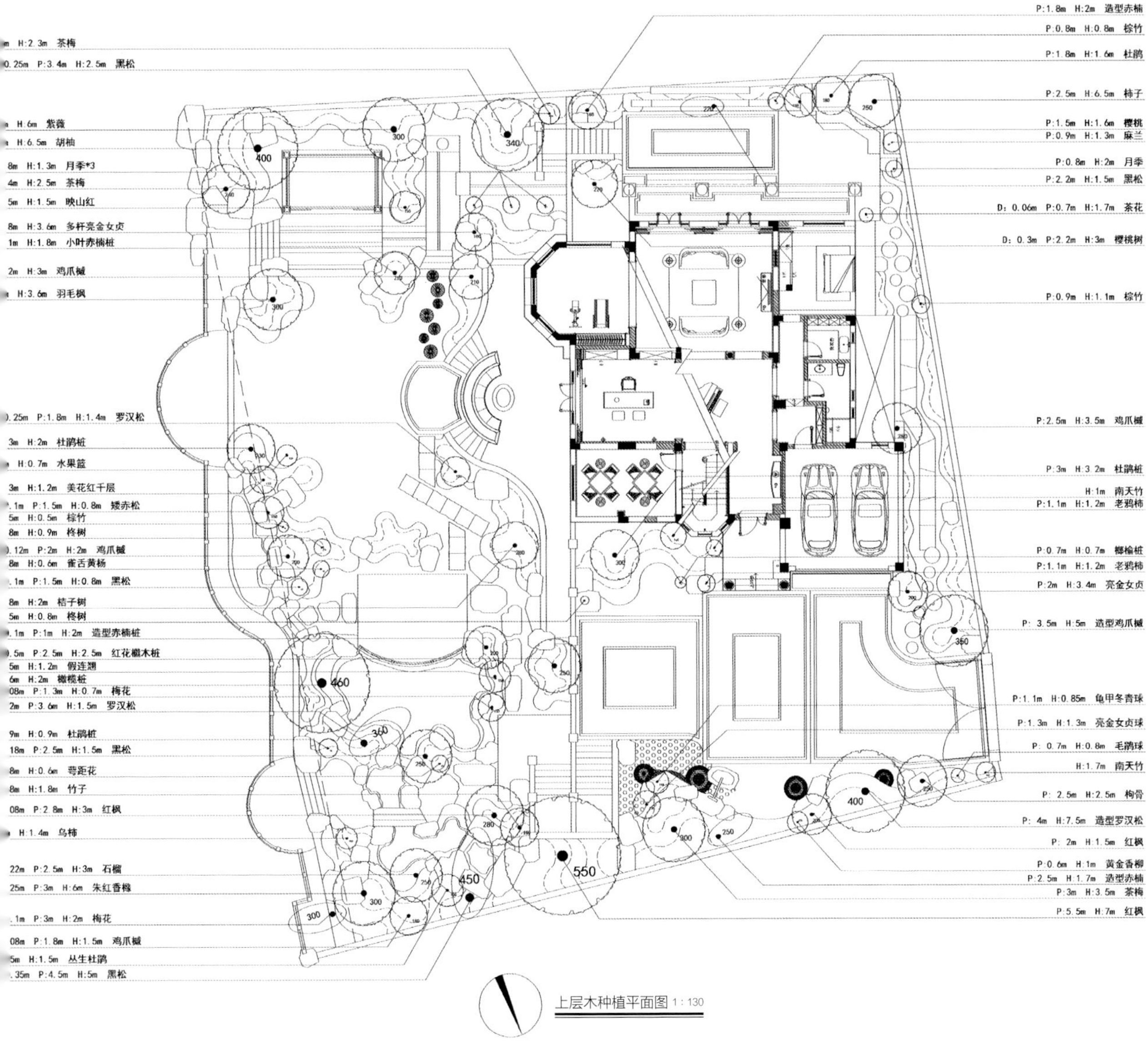

P:1.8m H:2m 造型赤楠
P:0.8m H:0.8m 棕竹
P:1.8m H:1.6m 杜鹃
P:2.5m H:6.5m 柿子
P:1.5m H:1.6m 樱桃
P:0.9m H:1.3m 麻兰
P:0.8m H:2m 月季
P:2.2m H:1.5m 黑松
D:0.06m P:0.7m H:1.7m 茶花
D:0.3m P:2.2m H:3m 樱桃树
P:0.9m H:1.1m 棕竹
P:2.5m H:3.5m 鸡爪槭
P:3m H:3.2m 杜鹃桩
H:1m 南天竹
P:1.1m H:1.2m 老鸦柿
P:0.7m H:0.7m 榔榆桩
P:1.1m H:1.2m 老鸦柿
P:2m H:3.4m 亮金女贞
P:3.5m H:5m 造型鸡爪槭
P:1.1m H:0.85m 龟甲冬青球
P:1.3m H:1.3m 亮金女贞球
P:0.7m H:0.8m 毛鹃球
H:1.7m 南天竹
P:2.5m H:2.5m 枸骨
P:4m H:7.5m 造型罗汉松
P:2m H:1.5m 红枫
P:0.6m H:1m 黄金香柳
P:2.5m H:1.7m 造型赤楠
P:3m H:3.5m 茶梅
P:5.5m H:7m 红枫
m H:2.3m 茶梅
0.25m P:3.4m H:2.5m 黑松
m H:6m 紫薇
m H:6.5m 胡柚
8m H:1.3m 月季*3
4m H:2.5m 茶梅
5m H:1.5m 映山红
8m H:3.6m 多杆亮金女贞
1m H:1.8m 小叶赤楠桩
2m H:3m 鸡爪槭
H:3.6m 羽毛枫
0.25m P:1.8m H:1.4m 罗汉松
3m H:2m 杜鹃桩
H:0.7m 水果篮
3m H:1.2m 美花红千层
.1m P:1.5m H:0.8m 矮赤松
5m H:0.5m 棕竹
8m H:0.9m 柃树
0.12m P:2m H:2m 鸡爪槭
8m H:0.6m 雀舌黄杨
.1m P:1.5m H:0.8m 黑松
8m H:2m 桔子树
5m H:0.8m 柃树
.1m P:1m H:2m 造型赤楠桩
.5m P:2.5m H:2.5m 红花檵木桩
5m H:1.2m 假连翘
6m H:2m 橄榄桩
08m P:1.3m H:0.7m 梅花
2m P:3.6m H:1.5m 罗汉松
9m H:0.9m 杜鹃桩
18m P:2.5m H:1.5m 黑松
8m H:0.6m 萼距花
8m H:1.8m 竹子
08m P:2.8m H:3m 红枫
H:1.4m 乌柿
22m P:2.5m H:3m 石榴
25m P:3m H:6m 朱红香橼
.1m P:3m H:2m 梅花
08m P:1.8m H:1.5m 鸡爪槭
5m H:1.5m 丛生杜鹃
.35m P:4.5m H:5m 黑松
400
300
340
300
300
460
360
450
550
400
300
250
350
北
上层木种植平面图 1:130

图 3-60 植物种植平面图

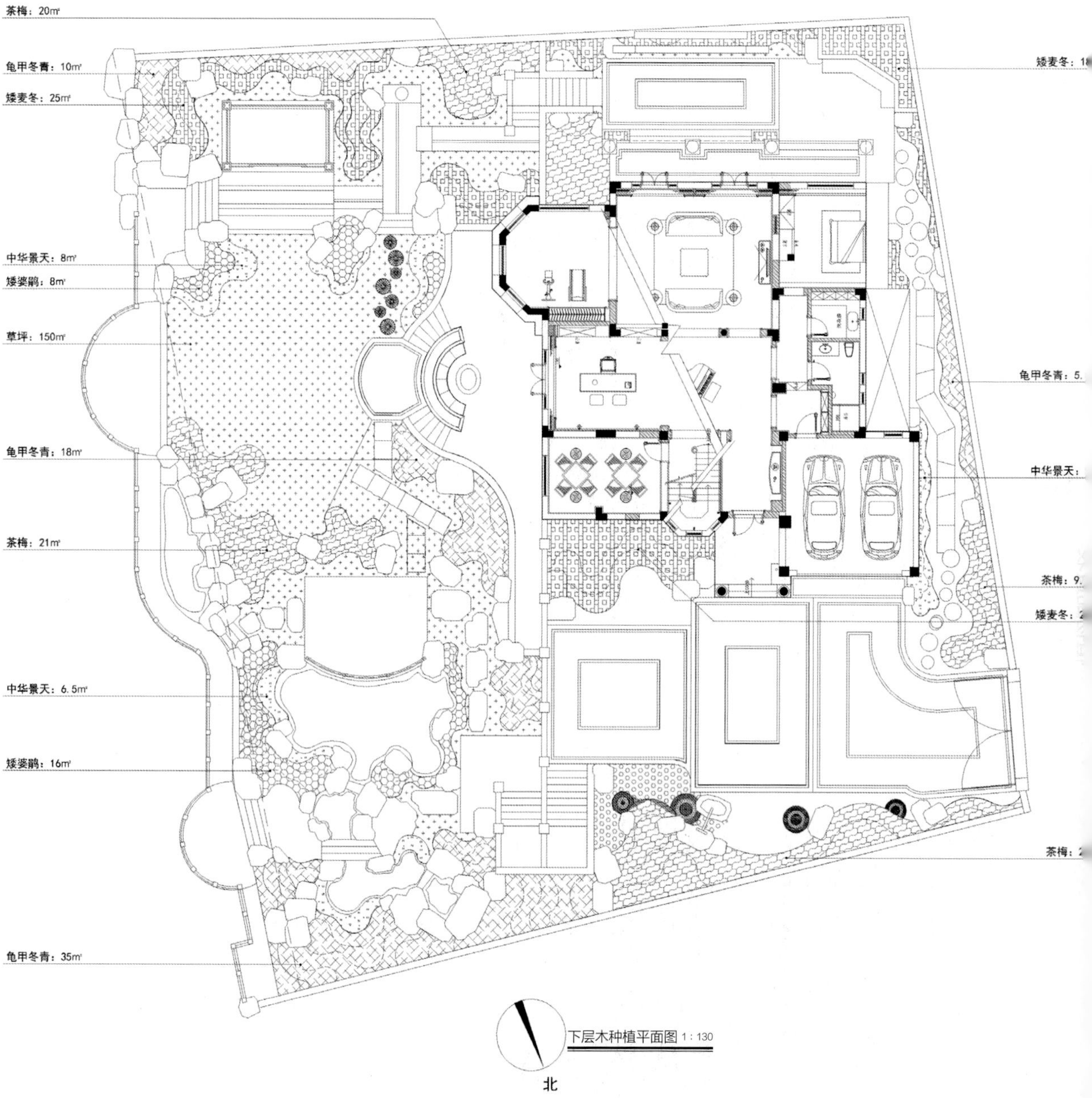

图 3-60　植物种植平面图（续）

植物配置表

序号	苗木名称	图例	规格（cm）胸（地）径	冠幅（P）	高度（H）	单位	数量	备注
1	造型罗汉松			4m	7.5m	株	1	造型树由设计师定
2	罗汉松		0.2m	3.6m	1.5m	株	1	造型树由设计师定
3	罗汉松		0.25m	1.8m	1.4m	株	1	造型树由设计师定
4	矮赤松		0.1m	1.5m	0.8m	株	1	造型树由设计师定
5	黑松		0.35m	4.5m	5m	株	1	造型树由设计师定
6	黑松		0.25m	3.4m	2.5m	株	1	造型树由设计师定
7	黑松		0.18m	2.5m	1.5m	株	1	造型树由设计师定
8	黑松			2.2m	1.5m	株	1	造型树由设计师定
9	黑松		0.1m	1.5m	0.8m	株	1	造型树由设计师定
10	橄榄桩			4.6m	2m	株	1	造型树由设计师定
11	橄榄桩			0.7m	0.7m	株	1	造型树由设计师定
12	杜鹃桩			3m	3.2m	株	1	造型树由设计师定
13	杜鹃桩			2.3m	2m	株	1	造型树由设计师定
14	杜鹃桩			0.69m	0.9m	株	1	造型树由设计师定
15	红花檵木桩		0.5m	2.5m	2.5m	株	1	造型树由设计师定
16	亮金女贞			2m	3.4m	株	1	造型树由设计师定
17	多杆亮金女贞			1.8m	3.6m	株	1	造型树由设计师定
18	造型赤楠			2.5m	1.7m	株	1	造型树由设计师定
19	小叶赤楠桩			2.1m	1.8m	株	1	造型树由设计师定
20	造型赤楠			1.8m	2m	株	1	造型树由设计师定
21	造型赤楠		0.1m	1m	2m	株	1	造型树由设计师定
22	造型鸡爪槭			3.5m	5m	株	1	全冠，树形飘逸，精品苗，由设计师把关定稿
23	鸡爪槭			2.5m	3.5m	株	1	全冠，树形飘逸，精品苗，由设计师把关定稿
24	鸡爪槭			2.2m	3m	株	1	全冠，树形飘逸，精品苗，由设计师把关定稿
25	鸡爪槭		0.12m	2m	2m	株	1	全冠，树形飘逸，精品苗，由设计师把关定稿
26	鸡爪槭		0.08m	1.8m	1.5m	株	1	全冠，树形飘逸，精品苗，由设计师把关定稿
27	红枫			5.5m	7m	株	1	全冠，树形飘逸，精品苗，由设计师把关定稿
28	红枫		0.08m	2.8m	3m	株	1	全冠，树形飘逸，精品苗，由设计师把关定稿
29	红枫			2m	1.5m	株	1	全冠，树形飘逸，精品苗，由设计师把关定稿
30	羽毛枫			3m	3.6m	株	1	全冠，树形飘逸，精品苗，由设计师把关定稿
31	胡柚			4m	6.5m	株	1	全冠，树形饱满，果树苗，由设计师把关定稿
32	朱红香橼		0.25m	3m	6m	株	1	全冠，树形饱满，果树苗，由设计师把关定稿
33	桔子树			2.8m	2m	株	1	全冠，树形饱满，果树苗，由设计师把关定稿
34	石榴		0.22m	2.5m	3m	株	1	全冠，树形饱满，果树苗，由设计师把关定稿
35	樱桃树		0.3m	2.2m	3m	株	1	全冠，树形饱满，果树苗，由设计师把关定稿
36	樱桃			1.5m	1.6m	株	1	全冠，树形饱满，果树苗，由设计师把关定稿
37	老鸦柿			1.1m	1.2m	株	1	全冠，树形饱满，果树苗，由设计师把关定稿
38	老鸦柿			1.1m	1.2m	株	1	全冠，树形饱满，果树苗，由设计师把关定稿
39	乌柿			1m	1.4m	株	1	全冠，树形饱满，果树苗，由设计师把关定稿
40	柿子			2.5m	6.5m	株	1	全冠，树形饱满，果树苗，由设计师把关定稿
41	棕树			0.5m	0.8m	株	1	全冠，树形饱满，精品苗，由设计师把关定稿
42	棕树			0.8m	0.9m	株	1	全冠，树形饱满，精品苗，由设计师把关定稿
43	枸骨			2.5m	2.5m	株	1	全冠，树形饱满，精品苗，由设计师把关定稿
44	雀舌黄杨			0.8m	0.6m	株	1	全冠，树形饱满，精品苗，由设计师把关定稿
45	黄金香柳			0.6m	1m	株	1	全冠，树形饱满，精品苗，由设计师把关定稿
46	棕竹			0.9m	1.1m	株	1	全冠，树形飘逸，精品苗，由设计师把关定稿
47	棕竹			0.8m	0.8m	株	1	全冠，树形飘逸，精品苗，由设计师把关定稿
48	棕竹			0.5m	0.5m	株	1	全冠，树形飘逸，精品苗，由设计师把关定稿
49	竹子			1.8m	1.8m	株	1	全冠，树形飘逸，精品苗，由设计师把关定稿
50	南天竹				1.7m	株	1	全冠，树形飘逸，精品苗，由设计师把关定稿
51	南天竹				1m	株	1	全冠，树形飘逸，精品苗，由设计师把关定稿
52	紫薇			3m	6m	株	1	全冠，树形饱满，精品苗，由设计师把关定稿
53	梅花		0.1m	3m	2m	株	1	全冠，树形饱满，精品苗，由设计师把关定稿
54	梅花		0.08m	1.3m	0.7m	株	1	全冠，树形饱满，精品苗，由设计师把关定稿
55	茶梅			3m	3.5m	株	1	全冠，树形饱满，精品苗，由设计师把关定稿
56	茶梅			1m	2.3m	株	1	全冠，树形饱满，精品苗，由设计师把关定稿
57	茶梅			2.4m	2.5m	株	1	全冠，树形饱满，精品苗，由设计师把关定稿
58	杜鹃			1.8m	1.6m	株	1	全冠，树形饱满，精品苗，由设计师把关定稿
59	丛生杜鹃			1.5m	1.5m	株	1	全冠，树形饱满，精品苗，由设计师把关定稿
60	映山红			1.5m	1.5m	株	1	全冠，树形饱满，精品苗，由设计师把关定稿
61	假连翘			1.5m	1.2m	株	1	全冠，树形饱满，精品苗，由设计师把关定稿
62	美花红千层			1.3m	1.2m	株	1	全冠，树形饱满，精品苗，由设计师把关定稿
63	水果蓝			1m	0.7m	株	1	全冠，树形饱满，精品苗，由设计师把关定稿
64	麻兰			0.9m	1.3m	株	1	全冠，树形饱满，精品苗，由设计师把关定稿
65	月季			0.8m	2m	株	1	全冠，树形饱满，精品苗，由设计师把关定稿
66	月季			0.8m	1.3	株	3	全冠，树形饱满，精品苗，由设计师把关定稿
67	霉距花			0.8m	0.6m	株	1	全冠，树形饱满，精品苗，由设计师把关定稿
68	茶花		0.06m	0.7m	1.7m	株	1	全冠，树形饱满，精品苗，由设计师把关定稿
69	龟甲冬青球			1.1m	0.85m	株	1	精品球，球形饱满，由设计师把关定稿
70	亮金女贞球			1.3m	1.3m	株	1	精品球，球形饱满，由设计师把关定稿
71	毛鹃球			0.7m	0.8m	株	1	精品球，球形饱满，由设计师把关定稿
72	矮麦冬					㎡	63	密植
73	茶梅			25-35	35-40	㎡	76.5	
74	矮婆鹃			25-30	35-40	㎡	24	49株/㎡
75	中华景天					㎡	19.5	
76	龟甲冬青			25-30	30-40	㎡	68.5	
77	草坪					㎡	150	

图 3-61　植物配置表

■ 为保证绿化施工效果能达到设计意图，确保绿化施工质量要求作具体说明如下：

1、设计合同书及甲方提供的相关建议和意见

2、甲方确认的方案设计图和扩初设计图及本项目相应的建筑设计图纸

3、国家行业标准，当地绿化常规规范要求及工程主管部门的要求

4、设计人员现场考察，测量极其记录，其他相关专业施工设计图

■ 绿化设计意图和效果

通过不同树种间的搭配和选择，利用高度、疏密、群落、个体、季相的变化，营造不同的景观效果，形成适合人居需求的植物构造环境

一、种植土壤要求

适宜植物生长的最佳土壤要酸碱适中，排水良好，疏松肥沃，不含建筑和生活垃圾，且无毒害物质

1、整理地形

1　翻土深度应不小于30cm，如栽植地为坚土、重粘土等不透气土层或排水不良、不透气的废基，栽乔木深度按1.2m，灌木按0.6m 范围予以清理。地形整理应严格按照竖向设计的要求设计。整理后地形应流畅美观，利于排水临近土墙的土壤高度应低于墙顶30~50mm。地面种植带，种植后土壤高度应比临　近路的道牙略低于30~50mm。

2　种植土应选用土质均匀的有机质土，要求富含有机质，颗粒均匀，有肥力。对不符合要求的土壤进行改良达到使用标准。土壤改良可通过深翻熟化，客土改良，培土掺沙和施肥等措施来提高土壤肥力。

3　苗木种植土厚度应满足植物生长要求，保证大乔木种植土厚度不小于1.2m，亚乔木种植土厚不小于0.9m，大灌木土厚不小于0.6m，小灌木及藤木类土厚不小于0.4m，草本植物土厚度应不下于0.3m。

4　草坪、花卉种植地、播种地应施足基肥，耧平耙细，去除杂物，平整度和坡度应符合设计要求。

5　施工中为了改良土壤弥补绿地土壤肥力不足，使植物恢复生长后能尽快见效需要对植物施足基肥。单主干的乔木要求尽量保留顶端生长点。苗木选择时应满足苗木表所列苗木高度范围以便施肥后进行1次约30cm深的翻耕，使肥与土壤充分均匀，做到肥土相融。

二、绿化选苗的具体要求如下：

苗木是园林绿化的物质基础，优质苗木是实现优良工程的必要条件，苗木应符合行业标准，具备生长健壮，枝繁叶茂、冠型整齐、色泽正常、根系成熟、无病虫害和机械损伤等基本条件。

1　严格按设计规格选苗，保证移植根系完好，带土球，包括结实牢固的苗木，要求施工单位对苗木进行前期的技术处理，保证苗木符合设计要求。关于苗木各项规格指标说明如下：

a、高度（H）：指苗木经常规处理（人工修剪等）后的自然高度。

b、杆高（GH）：指具明显主干树种之杆高（如棕榈科植物）。

c、胸径（Φ）：指乔木距离地面1.2米高的平均直径

d、地径（D）：适用于棕榈科植物和单干花灌木及藤本植物，从主干离地面0.1m处测量。

e、冠幅（P）：指苗木经过常规处理后的枝冠正投影的正交直径平均值。在保证苗木移植成活和满足交通运输要求的前提下尽量保留苗木的原有冠幅，以利于绿化效果尽快体现。

f、土球：为保证树木移植成活及迅速恢复生长，需要对乔灌木带土球栽植。

2　所有植物必须经过检疫，必须健康、新鲜、无病虫害、无缺乏矿物质症状，生长旺盛而不老化，树皮无认为损伤或虫眼等。

3　所有苗木的树冠应生长茂盛，分枝均衡，整冠饱满，能充分体现个体的自然景观美。

4　截干乔木锯口处要干净、光滑、无撕裂或分裂。正常截口应用修补剂防止水分蒸发，保证成活。

三、种植放样

1、按施工平面图所标具体尺寸定点放线；如为不规则造型，应用方格网法及图中比例尺寸定点放线。图中未标明尺寸的种植，按比例依实放线定点。要求定点放线准确，符合施工设计要求。

2、本地无苗源的树种对本地无苗源或苗源不足的树种，应提前寻找苗源并在苗源地对所选苗木进行处理和检疫，以保证移植到现场　的苗木有良好的绿化初期效果。

3、花草树木的包装、运输，按园林市场常规处理，保证苗木质量。

四、挖穴

1、栽苗木之前应以所定的灰点为中心向下挖穴，穴的大小依土球规格情况而定。带土球的应比土球大16~20cm，栽裸根苗的穴应保证根系充分舒展，穴的深度一般比土球高度稍深10~20cm，穴的形状一般为圆形，但尽量保证上下口径大小一致。

2、种植穴中施入基肥，基肥上面覆盖土壤，厚度要大于5cm，避免树根直接接触肥料，造成烧根。

3、当遇到种植池小于所种乔木土球时，应先进行乔木种植再进行硬景施工。

五、苗木种植注意事项

1、种植乔木时，应根据人的最佳观赏点及乔木本身来调整乔木的种植面。将乔木的最佳观赏面正对人的最佳观赏点，并使木种植后的阴阳面与乔木本身的阴阳面保持吻合，以利植物尽快恢复生长。

2、棚架植物栽植。在花架柱子外侧挖种植穴栽种方法与一般树木相同，但要注意藤蔓的牵引和固定。

3、种植地被时，应按“品”字形种植且植物带边缘轮廓种植密度应大于规定密度，以形成流畅的边线，同时轮廓边在立面上应成弧形，使相临两种植物的过渡自然。植株与草皮相接处进行压边处理，有一定的倾斜角度（参照下面示意图）。

4、草皮设计种植的地面土层必须符合土质要求，清理杂物，平整至所需坡度，均匀撒施基肥，与土拌匀草皮采用密铺的方式种植，草块厚度3~5CM。铺后浇足水，待半干后压实，使草与土壤充分接触。

5、支撑要求：

为了使种植好的苗木不因土壤沉降或风力的影响而发生歪斜，我们需对刚完成种植尚未浇定根水的大树木进行支撑处理，不同植株用不同的支撑手法，以当地施工规范为准。

六、后期养护管理注意事项

园林绿化保养工作的好坏直接影响了苗木的生长，进而影响了日后的绿化效果，要求施工单位管养措施符合项目当地的相关规范要求。

七、绿化施工过程中注意事项及施工图与现场不符合处的施工处理

1、施工单位在挖穴时注意地下管线走向保证不挖坏地下管线和构筑物，遇到问题应向设计单位和建设单位反映。树木与地下管道、建筑及构筑物等间距情况要实施而定。

2、以上绿化设计说明中涉及内容若与项目当地相关标准或规范存在差异，以当地标准或规范为准。

■ 绿化设计要根据植物的生态习性和观赏价值合理搭配，通过层次的高低和植株疏密的对比来体现效果，为了方便施工单位清楚设计意图，对植株的施工处理方式进行了大概的整理如下：

一、水边植物种植形式

水边配置的植物，种植时应使其枝叶有部分下垂，贴近水面，同时遮盖水边泥土，美化驳岸等。

1、探水型小乔木驳岸示意图：要求选用探水型树形，树形外弯一侧探出水面不等，客观表现植物的趋向水性的美学形态征。

2、自然型小灌木驳岸边配植法：要求枝叶有部分下垂，贴近水面，同时遮盖水边泥土等。

二、自然搭配的植物种植要求

1、不同树种搭配：根据树种体形特征进行搭配，要求体量相当，在空间上达到平衡协调得当。

a、不同形态乔木之间的搭配

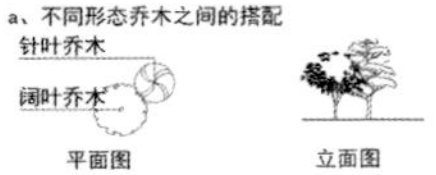

b、中高层植物之间的搭配

c、乔灌草之间的搭配

d、不同树种搭配（层次围和）

图 3-62　种植设计说明

参考文献

陈淑君，黄敏强，2015. 庭院景观与绿化设计 [M]. 北京：机械工业出版社 .

黄一真，2011. 超旺的庭院与植物庭院风水 [M]. 长沙：湖南美术出版社 .

蒋丽霞，2018. 现代江南别墅庭院营建探索 [D]. 杭州：浙江农林大学 .

李丹，2021. 传统村落保护视角下的“菜单式”庭院景观设计研究——以绵阳市曾家垭村为例 [D]. 绵阳：西南科技大学 .

李映彤，2010. 小庭院山石设计 [M]. 北京：机械工业出版社 .

李映彤，2010. 小庭院水景设计 [M]. 北京：机械工业出版社 .

罗晨，2017. 江南庭院景观设计的研究与应用 [D]. 天津：天津科技大学 .

马媛，2010. 别墅庭院景观设计研究 [D]. 杨凌： 西北农林科技大学 .

宁荣荣，李娜 . 2016. 庭院工程设计与施工从入门到精髓 [M]. 北京：化学工业出版社 .

彭尼 · 斯威夫特，2008. 庭园风格与设计 [M]. 梁瑞清，赵君，译 . 贵阳：贵州科技出版社 .

秦岩，2009. 中国园林建筑设计传统理法与继承研究 [D]. 北京：北京林业大学 .

沈娜，2017. 别墅庭院景观设计研究 [D]. 西安：西安建筑科技大学 .

孙永，2019. 园林小品在中式庭院景观中的应用探索 [D]. 济南：齐鲁工业大学 .

王晓晓，2020. 景观小品设计 [M]. 重庆：重庆大学出版社 .

王雪垠，2015. 别墅庭院照明设计研究 [D]. 天津：天津工业大学 .

王彦栋，2021. 图解庭园小景观建造设计 [M]. 北京：机械工业出版社 .

王颖，2018. 地域语境下“四位一体”独立式住宅庭院景观设计方法研究 [D]. 长沙：湖南大学 .

谢明洋，赵珂，2013. 庭院景观设计 [M]. 北京：人民邮电出版社 .

徐帮学，2015. 庭院水景山石设计 [M]. 北京：化学工业出版社 .

徐帮学，2015. 庭院整体布局设计 [M]. 北京：化学工业出版社 .

徐帮学，2015. 庭院亭台轩榭设计 [M]. 北京：化学工业出版社 .
徐帮学，2015. 庭院植物花卉设计 [M]. 北京：化学工业出版社 .
徐苏海，2005. 庭院空间的景观设计研究 [D]. 南京：南京林业大学 .
姚彬，2013. 关于庭院空间景观设计的研究分析 [D]. 杭州：浙江大学 .
于童，2013. 现代别墅庭院景观设计研究 [D]. 大连：大连工业大学 .
曾晓丽，2013. 现代别墅庭院地域风格景观设计研究 [D]. 西安：西安建筑科技大学 .
翟艳，赵倩，2015. 景观空间分析 [M]. 北京：中国建筑工业出版社 .
张榕珊，2017. 中式庭院景观设计研究与实践 [D]. 杭州：浙江农林大学 .